国家出版基金项目
NATIONAL PUBLICATION FOUNDATION

"十三五"国家重点出版物出版规划项目

中国生态环境演变与评估

国家生态屏障区
生态系统评估

傅伯杰　王晓峰　冯晓明　等　著

科学出版社
龍門書局
北京

内 容 简 介

　　生态屏障是生态文明建设中构建国家生态安全战略格局的重要组成部分，生态安全是生态屏障建设的目标，生态屏障则是生态安全的保障。本书围绕国家发展战略和生态保护监管的重大需求，以遥感调查为主要研究方法，系统分析了国家屏障区我国生态屏障区主要生态环境问题、生态系统格局、生态系统质量、生态系统胁迫、生态系统服务功能及其屏障效应等动态变化，探讨了国家生态屏障调整方案和调控策略。

　　本书适合生态学、环境科学、地理学等专业的科研和教学人员阅读，也可供相关管理部门参考。

图书在版编目(CIP)数据

国家生态屏障区生态系统评估／傅伯杰等著 . —北京：科学出版社，2017.5

（中国生态环境演变与评估）

"十三五"国家重点出版物出版规划项目　国家出版基金项目

ISBN 978-7-03-051704-3

Ⅰ.①国… Ⅱ.①傅… Ⅲ.①生态系–评估–中国 Ⅳ.①X321.2

中国版本图书馆 CIP 数据核字（2017）第 023628 号

责任编辑：李　敏　张　菊　刘　超／责任校对：张凤琴
责任印制：肖　兴／封面设计：黄华斌

科学出版社 出版

北京东黄城根北街 16 号
邮政编码：100717
http://www.sciencep.com

中国科学院印刷厂 印刷
科学出版社发行　各地新华书店经销

*

2017 年 5 月第　一　版　　开本：787×1092　1/16
2017 年 5 月第一次印刷　　印张：25 1/2
字数：653 000

定价：268.00 元
（如有印装质量问题，我社负责调换）

《国家生态屏障区生态系统评估》编委会

总　序

　　我国国土辽阔，地形复杂，生物多样性丰富，拥有森林、草地、湿地、荒漠、海洋、农田和城市等各类生态系统，为中华民族繁衍、华夏文明昌盛与传承提供了支撑。但长期的开发历史、巨大的人口压力和脆弱的生态环境条件，导致我国生态系统退化严重，生态服务功能下降，生态安全受到严重威胁。尤其 2000 年以来，我国经济与城镇化快速的发展、高强度的资源开发、严重的自然灾害等给生态环境带来前所未有的冲击：2010 年提前 10 年实现 GDP 比 2000 年翻两番的目标；实施了三峡工程、青藏铁路、南水北调等一大批大型建设工程；发生了南方冰雪冻害、汶川大地震、西南大旱、玉树地震、南方洪涝、松花江洪水、舟曲特大山洪泥石流等一系列重大自然灾害事件，对我国生态系统造成巨大的影响。同时，2000 年以来，我国生态保护与建设力度加大，规模巨大，先后启动了天然林保护、退耕还林还草、退田还湖等一系列生态保护与建设工程。进入 21 世纪以来，我国生态环境状况与趋势如何以及生态安全面临怎样的挑战，是建设生态文明与经济社会发展所迫切需要明确的重要科学问题。经国务院批准，环境保护部、中国科学院于 2012 年 1 月联合启动了"全国生态环境十年变化（2000—2010 年）调查评估"工作，旨在全面认识我国生态环境状况，揭示我国生态系统格局、生态系统质量、生态系统服务功能、生态环境问题及其变化趋势和原因，研究提出新时期我国生态环境保护的对策，为我国生态文明建设与生态保护工作提供系统、可靠的科学依据。简言之，就是"摸清家底，发现问题，找出原因，提出对策"。

　　"全国生态环境十年变化（2000—2010 年）调查评估"工作历时 3 年，经过 139 个单位、3000 余名专业科技人员的共同努力，取得了丰硕成果：建立了"天地一体化"生态系统调查技术体系，获取了高精度的全国生态系统类型数据；建立了基于遥感数据的生态系统分类体系，为全国和区域生态系统评估奠定了基础；构建了生态系统"格局–质量–功能–问题–胁迫"评估框架与技术体系，推动了我国区域生态系统评估工作；揭示了全国生态环境十年变化时空特征，为我国生态保护与建设提供了科学支撑。项目成果已应用于国家与地方生态文明建设规划、全国生态功能区划修编、重点生态功能区调整、国家生态保护红线框架规划，以及国家与地方生态保护、城市与区域发展规划和生态保护政策的制定，并为国家与各地区社会经济发展"十三五"规划、京津冀交通一体化发展生态保护规划、京津冀协同发展生态环境保护规划等重要区域发展规划提供了重要技术支撑。此外，项目建立的多尺度大规模生态环境遥感调查技术体系等成果，直接推动了国家级和省级自然保护区人类活动监管、生物多样性保护优先区监管、全国生态资产核算、矿产资源开发监管、海岸带变化遥感监测等十余项新型遥感监测业务的发展，显著提升了我国生态环境保护管理决策的能力和水平。

《中国生态环境演变与评估》丛书系统地展示了"全国生态环境十年变化（2000—2010 年）调查评估"的主要成果，包括：全国生态系统格局、生态系统服务功能、生态环境问题特征及其变化，以及长江、黄河、海河、辽河、珠江等重点流域，国家生态屏障区，典型城市群，五大经济区等主要区域的生态环境状况及变化评估。丛书的出版，将为全面认识国家和典型区域的生态环境现状及其变化趋势、推动我国生态文明建设提供科学支撑。

因丛书覆盖面广、涉及学科领域多，加上作者水平有限等原因，丛书中可能存在许多不足和谬误，敬请读者批评指正。

《中国生态环境演变与评估》丛书编委会

2016 年 9 月

前　　言

生态屏障是生态文明建设中构建国家生态安全战略格局的重要组成部分，奠定着全国生态安全格局。近年来，随着全球气候变暖、人口剧增及资源的不断开发利用，众多生态问题日益突出。巨大的人口压力和长期的生态系统开发利用导致我国生态系统服务功能严重退化，由此引发出一系列生态环境问题，威胁着我国生态安全。为了进一步保护环境，促进区域可持续发展，我国在主体功能区划中，明确提出了构建以青藏高原生态屏障、黄土高原—川滇生态屏障、东北森林带、北方防沙带和南方丘陵山地带以及大江大河重要水系为骨架，以其他国家重点生态功能区为重要支撑，以点状分布的国家禁止开发区域为重要组成的生态安全战略格局。

环保部"全国生态环境十年变化（2000—2010 年）遥感调查与评估"项目专题设置了第四课题"国家生态屏障带生态环境十年评估"，专题围绕国家发展战略和生态保护监管的重大需求，以遥感调查为主，结合地面调查/核查工作，系统获取国家生态屏障区2000～2010 年生态系统格局、生态系统质量和主导生态服务功能变化情况，评估其变化趋势对国家生态安全格局的影响，并提出屏障区建设对策与建议。

本书共 7 章。第 1 章主要介绍了生态屏障国内外研究进展、存在的问题及研究趋势，重点探讨了生态屏障与生态安全、生态系统服务等相关概念的关系，并简要介绍了国家屏障区的基本概况。第 2 章重点分析评估了屏障区水土流失、沙漠化、石漠化、草地退化、湿地退化、森林退化以及冰川变化等生态环境问题十年变化。第 3 章全面分析了国家屏障区及各屏障区（带）生态类型、格局及其变化。第 4 章全面分析了国家屏障区及各屏障区（带）生态类型、格局及其变化。第 5 章利用植被覆盖度、NPP 年总量和叶面积指数等指标多尺度评估了国家屏障区（带）生态系统质量变化特征，并定性分析了其驱动因子。第 6 章系统分析"两屏三带"水源涵养、水土保持、防风固沙、生物多样性及碳固定等生态服务功能时空变化特征，并定量探讨了生态系统屏障效应。第 7 章总结了本书主要结论，并提出了国家屏障区生态系统提升管理建议。

本书写作分工如下：第 1 章，傅伯杰、王晓峰、尹礼唱、冯晓明；第 2 章，王晓峰、冯晓明、尹礼唱、张园、勒斯木初、卫新东；第 3 章，王晓峰、王效科、谈明洪、李秀彬、王克林、肖飞艳、王丽、张惠远、黄琦、郭敏；第 4 章，王晓峰、冯晓明、王效科、谈明洪、李秀彬、王克林、刘丽丽；第 5 章，冯晓明、王晓峰，饶胜、金陶陶、张强、牟雪洁、张照营、黄琦、陈皓；第 7 章，王晓峰、傅伯杰、冯晓明、张明阳、辛良杰、张惠远、陈皓。全书由傅伯杰，王晓峰和冯晓明统稿并校稿。

　　由于作者研究领域和学识的限制，书中难免有不足之处，敬请读者不吝批评、赐教。

傅伯杰

2016 年 4 月

目　　录

第1章 | 绪 论

1.1 国家生态屏障研究意义

生态屏障是生态文明建设中构建国家生态安全战略格局的重要组成部分，奠定了我国生态安全格局。但由于巨大的人口压力和长期的生态系统开发利用导致我国生态系统服务功能严重退化，由此引发一系列生态环境问题，威胁着我国的生态安全。近年来，我国加大了生态建设的投入，建立了不同类型的生态屏障，使生态环境得到一定的改善。但一方面由于生态问题的复杂性，存在生态治理难等问题，另一方面生态屏障建设前期论证和规划不足，缺乏有效的科学指导，还存在较大的盲目性和不确定性，导致我国生态环境的总体形势依然十分严峻。因此，开展生态屏障生态评估，促进区域生态环境建设，提升区域生态系统服务功能是我国目前急需解决的关键科学问题和前沿领域。

1.1.1 空间区划是区域可持续发展的重要基础

空间区划是地理学的传统工作和重要研究内容，是从区域角度观察和研究地域综合体，探讨区域单元的形成发展、分异组合、划分合并和相互联系，是对过程和类型综合研究的概括和总结。进行区域空间区划在资源合理开发利用、生态建设及环境保护、改善生态环境、提高人们的生活水平和生存质量、增强区域可持续发展能力与竞争能力等方面，发挥着积极的作用。

中国是开展区划工作最为活跃的国家，其区划思想最早可溯源到春秋战国时期的《尚书·禹贡》和《管子·地员篇》等地理著作。中国现代区划工作始于20世纪30年代，但早期的分区研究多以气候、地形、地貌、土壤、植被等自然要素的空间分异规律为依据，进行自然要素区划和综合自然区划研究。在认识自然地带性规律基础上，根据生产力布局的需求，开展了农业区划、经济区划以及部门区划等研究。90年代以来，随着社会经济的发展以及环境问题的出现，主要开展了生态区划以及生态经济区划等研究。上述研究成果不仅对指导工农业生产、资源环境利用和保护及区域可持续发展提供了科学支撑，同时对区划工作理论和方法进行了有益的探索。

1.1.2 主体功能区划是优化国土有序发展的重要举措

国土空间是宝贵资源，是我们赖以生存和发展的家园。我国辽阔的陆地国土和海洋国土，是中华民族繁衍生息和永续发展的家园。为了使我们的家园更美好、经济更发达、区域更协调、人民更富裕、社会更和谐，为了给我们的后代留下天更蓝、地更绿、水更清的家园，必须推进形成主体功能区，科学开发我们的家园。

国土空间优化的开发利用，一方面有力地支撑了国民经济的快速发展和社会进步，另一方面也出现了一些必须高度重视和需要着力解决的突出问题。虽然区域发展战略一直被作为国家总体发展战略的重要组成部分，而且在推动现代化进程中发挥了重要的作用，但同发达国家相比较，我国在空间发展的有序性方面仍然存在显著的差距。由于长期追求经济的高速增长，在不同空间尺度上都存在着人与自然、生产与生活、生态系统内部各部分之间的关系不协调，结果造成区域生态环境破坏，经济发展缓慢甚至倒退等众多问题，对区域生态安全构成威胁，影响了区域可持续发展。更重要的是我国对未来区域开发领域中的问题，如土地开发利用的分布、人口产业城镇的布局、重要发展轴带和功能性通道的分布、资源储备和生态屏障的分布等方面尚无明确的答案。因此进行区域社会、经济、环境和人口综合、系统的区域发展功能规划（即主体功能区划）显得尤为重要和紧迫。

为了促进区域社会经济系统协调发展，国家"十一五"规划纲要提出了"推进形成主体功能区"战略构想。相关学者对主体功能规划的理论依据进行了探讨，并在不同尺度进行了试点研究，有力地促进了国土资源的有序发展。

1.1.3　生态屏障建设是区域可持续发展的重要保障

生态退化、环境恶化是当今世界共同面临的难题。随着经济全球化进程的加快，围绕资源环境的竞争更加激烈。守护绿水青山，留住蓝天白云，是全体人民福祉所系，也是对子孙后代义不容辞的责任。近年来，中国加大了生态建设的投入，通过退耕还林（草）和荒漠化治理等生态工程，使生态环境得到一定的改善，但生态环境的总体形势依然严峻。经 2004 年第七次全国森林资源清查，同 1999 年第六次全国森林资源清查相比，森林面积净增 20.543 万 km^2，全国森林覆盖率由 18.21% 提高到 20.36%。2000~2004 年荒漠化、沙化土地年均净减少面积分别为 7585km^2 和 1823km^2；2005~2009 年年均净减少面积分别为 2491km^2 和 1717km^2。但是中国森林龄组结构不尽合理，中幼龄林在森林生态系统中占主导地位，其中人工造林面积占全球人工造林面积的 73%，天然林和次生林面临的退化压力和威胁依然存在，并且营造林难度越来越大，现有宜林地质量好的仅占 11%。草地生态系统退化，单位面积产肉量仅为世界平均水平的 30%。1978~2008 年，沼泽湿地减少了 5700km^2，湿地面积在萎缩，功能持续退化。监测表明，2009 年中国有 31 万 km^2 具有明显沙化趋势的土地，其中川西北、塔里木河下游等局部地区沙化土地仍在扩展。虽然中国北方荒漠化地区植被总体上处于初步恢复阶段，但是自我调节能力较弱，稳定性较差，难以在短期内形成稳定的生态系统。脆弱的生态环境、有限的自然资源、低下的生态系统服务能力与不断增长的经济社会需求是中国生态环境与社会经济之间的主要矛盾。在水资源短缺、水土流失、荒漠化、生物多样性减少等生态环境问题基础上，加上巨大的人口压力和资源开发扰动，生态系统服务已成为严重制约中国社会经济可持续发展的重要因素，其状况与变化趋势威胁着我们未来的生态安全和人类福祉。面对全球生态环境退化带来的生态危机，一场寻求可持续发展的生态革命正在兴起，旨在倡导一种和谐的人地关系，安全和持续的社会发展模式，而生态安全已成为国家安全的重要组成部分。因此，加强生态系统管理，提升生态系统服务能力，构建国家生态屏障以保障中国生态安全是当务之急。

1.2　国内外研究进展

1.2.1　生态屏障的关注程度日益提高

生态屏障涉及环境科学与资源利用、林业、农业经济、经济体制改革、宏观经济管理与可持续发展等众多学科，是一个很宽泛的概念。在中国知网以主题"生态屏障"进行文献检索查询（2016 年 7 月 10 日），共有 5123 条（图 1-1）。

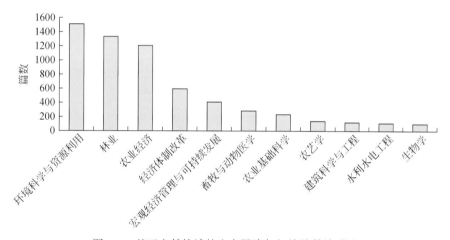

图 1-1　基于文献统计的生态屏障与相关学科关系图

从环境科学与资源利用类涉及生态屏障的关键词按照发表年度统计，结果表明，自1983 年以来生态屏障受到人们关注，尤其是 2000 年以来，人类对生态屏障的关注越来越多，如图 1-2 所示。

在中国知网上以篇名包含"生态屏障"和"生态安全屏障"搜索（截止日期为 2016年 7 月 10 日），剔除不符合要求的，共计 586 条记录。通过 Citespace Ⅲ（3.8. R5）软件，设置阈值为（1，2，20）、（3，3，20）和（3，3，20），Top N% 为 1%，绘制关键词时区视图，定量分析 1992 ~ 2016 年生态屏障领域的研究热点与研究趋势。

时区视图是一种侧重从时间维度上来表示知识演进的视图（Chen，2006），结合表 1-1 和图 1-3 可知，关于生态屏障研究初期的关键词是生态环境和绿色生态环境，表明我国在环境建设初期，将植树种草等绿化行为等价于生态屏障建设。2000 年开始，学者们逐渐将研究视角投放到生态屏障上，尤其是 2001 年四川省林学会召开首次"建设长江上游生

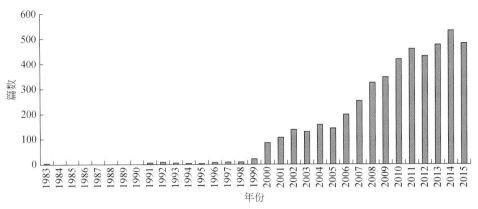

图 1-2　基于时间序列的生态屏障文献统计图

态屏障学术研讨会"，相关研究开始有了显著性的增加，主要集中在生态屏障、生态建设、林业建设、天然林保护和生态保护方面，并且将长江上游作为我国重要的生态屏障区域。

表 1-1　关键词变化表

frequency（频率）	keyword（关键词）	year（年份）	frequency（频率）	keyword（关键词）	year（年份）
86	生态建设	1999	21	京津风沙源	2008
84	生态安全屏障	2006	20	森林面积	2011
82	生态屏障	2001	18	林地面积	2009
74	绿色生态屏障	1992	18	退耕还林工程	2009
72	生态环境	1991	18	生态林业	2013
41	天然林保护	2000	17	对策	2002
39	森林资源	1998	15	生态环境保护	1994
36	生态文明	2009	14	三峡库区	2009
35	林业建设	2000	14	湿地保护	2011
32	造林绿化	2000	14	生态补偿	2013
25	防沙治沙	2000	14	退耕还林还草	2000
25	国家林业局	2001	13	"三北"防护林	2011
24	生态保护	2003	13	北方生态	1999
23	生态安全	2009	13	长江上游	2001
23	林业产业	2009	12	经济发展	2002

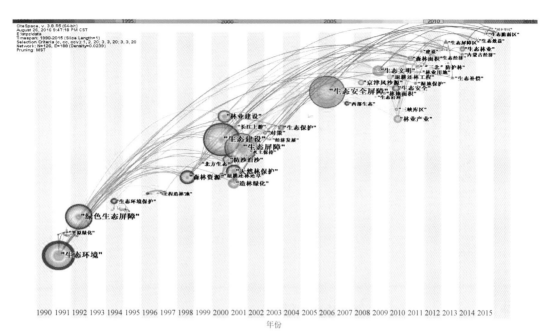

图 1-3　生态屏障的时区视图

为了促进社会经济与生态环境的和谐发展，相关学者开展了大量的生态安全相关研究。生态安全是国家安全的重要组成部分，是社会经济良性发展的基础。在一定程度，生态安全是生态建设的目标，是一个相对的概念，而生态屏障是生态安全落地的有力抓手，通过生态屏障建设才能实现生态安全。因此，随着研究的深入，生态屏障相关研究越来越受到重视，并且一直受到广泛的关注。研究内容集中在生态安全屏障、生态安全、生态文明、生态补偿、生态林业、湿地保护等方面，由生态系统建设转向对生态安全的保护，强调进行生态补偿。

对区域生态安全具有重要影响的关键地带是生态建设的重点地区。通过生态建设，一方面，通过有效保护措施，将有利于对本区域可持续发展的自然生态系统进行有效保护，使其生态功能得到有效发挥；另一方面通过恢复和重建措施，对已退化或正在退化的对区域生态安全构成不同程度威胁的生态系统进行有效保护，并达到自然地带客观上应达到的水平；同时，通过一些改进措施，对一些低效生态系统进行改造，提升其生态功能。随着生态系统服务功能研究的深入，不同关键生态屏障带生态服务功能提升将是今后研究的热点和重点领域。

1.2.2　生态屏障理论得到有益探索

"屏障"在汉语中指一种障碍或遮蔽、阻挡之物，它属于一种功能物；在英语中多用barrier 或 shelter 来表达，意指阻止物或庇护所；生态是一个科学术语，它包含了生物及其所处的环境之间的关系。"生态屏障"一词源自于我国社会生产实践，并非一个严谨的科学术语。

近年来，不同学者对从不同角度对生态屏障的基本概念、科学内涵等进行了探讨（表1-2）。杨冬生认为"生态屏障"是指"一个物质能量良性循环的生态系统，它的输入、输出对相邻环境具有保护性作用"，但未进一步探讨其内涵。陈国阶认为"生态屏障"指"生态系统的结构和功能，能起到维护生态安全的作用，包括生态系统本身处于较完善的稳定良性循环状态，处于顶级群落或向顶级群落演化的状态；同时，生态系统的结构和功能符合人类生存与发展的生态要求"。潘开文认为生态屏障是一个区域的关键地段，具有良好结构的生态系统（很显然植被生态系统是生态屏障的主体及第一要素，但不是全部），依靠其自我维持与自我调控能力，对系统外或内的生态环境与生物具有生态学意义的保护作用与功能，是维护区域乃至国家生态安全与可持续发展的结构与功能体系。冉瑞平认为生态屏障是位于特定区域的具有良性生态功能的巨型生态系统，该生态系统既是屏障区域的生态安全系统，同时又是下游（或下风）区域生态环境的"过滤器""净化器"和"稳定器"。钟祥浩认为生态安全屏障是在特定地域条件下的生态系统结构与生态过程处于不受破坏或少受破坏与威胁状态，在空间上形成多层次、有序化的稳定格局，既与区域自然环境相协调，又与区域人文环境相和谐，能为区域人类生存和发展提供可持续的生态服务，并对邻近环境乃至更大尺度环境的安全起到保障作用。

表1-2 生态屏障概念

作者	时间/（年.月）	概念与内涵	主要观点	角度
杨冬生	2002.2	生态屏障是一个物质能量良性循环的生态系统，它的输入、输出对相邻环境具有保护性的作用	强调对环境的保护作用	物质和能量循环
宝音	2002.3	这种内蒙古生态环境对周边地区乃至全国和邻近国家的生态环境起保护作用，免遭其危害，保障生态安全的生态效应称为内蒙古生态屏障	内蒙古生态环境的保护作用	区域、保障
陈国阶	2002.5	生态屏障中的生态系统的结构和功能，能起到维护生态安全的作用，包括生态系统本身处于较完善的稳定良性循环状态，处于顶级群落或向顶级群落演化的状态，同时，它也符合人类生存和发展的生态要求	强调能起到维护生态安全作用，并符合人类生存和发展需求	结构、功能
潘开文	2004.3	生态屏障是一个区域的关键地段，具有良好结构的生态系统（很显然植被生态系统是生态屏障的主体及第一要素，但不是全部），依靠其自身的自我维持与自我调控能力，对系统外或内的生态环境与生物具有生态学意义的保护作用与功能，是维护区域乃至国家生态安全与可持续发展的结构与功能体系	生态功能的自我恢复，不同尺度上作用不一致	区域、自我调节
冉瑞平	2005.3	生态屏障是位于特定区域的具有良性生态功能的巨型生态系统，该生态系统是屏障区域的生态安全系统，同时又是下游（或下风）区域生态环境的"过滤器""净化器"和"稳定器"	对该区域与下游（下风）区域均有作用	区域

作者	时间 /(年.月)	概念与内涵	主要观点	角度
王玉宽	2005.4	生态屏障是处于某一特定区域的复合生态系统，其结构与功能符合人类生存和发展的生态要求	复合生态系统，且有要求	区域、要求
钟祥浩	2006.2	山地生态屏障指一定山地条件下的生态系统结构与生态过程处于不受或少受破坏与威胁状态，在空间上形成多层次、有序化的稳定格局，既与山地自然环境相协调，又与山地人文环境相和谐，能为人类生存和发展提供可持续的生态服务，并对邻近环境或大尺度环境的安全起到保障作用	在山地条件，与山地自然环境、人文环境均协调且提供环境安全保障	协调性、保护性
钟祥浩	2010.5	生态安全屏障在特定地域条件下的生态系统结构与生态过程处于不受破坏或少受破坏与威胁状态，在空间上形成多层次、有序化的稳定格局，既与区域自然环境相协调，又与区域人文环境相和谐，能为区域人类生存和发展提供可持续的生态服务，并对邻近环境乃至更大尺度环境的安全起到保障作用	特定地域下，与区域自然环境和人文环境相协调且提供环境安全保障	区域、协调性、保护性
吕添贵	2011.6	生态屏障是以流域基础单元，强调生态系统的综合评价状态、结构，以及维持生态系统的健康、完整性、承载服务功能，使流域成为湖泊、陆地的生态屏障和物质能量交换通道，以期在流域尺度内实现效益的最大化和社会经济的可持续发展	强调流域作为物质能量交换通道	流域作用

尽管不同学者对于"生态屏障"的表述和理解有一定的差异，无论是着重对环境的保护作用，还是强调维护生态安全的作用，他们都认为生态屏障不仅要具有良好生态系统功能，同时强调生态屏障本身的保护作用，并符合人类生存与发展的需求。他们的表述对于正确认识和深入理解"生态屏障"的内涵，无疑具有重要的启迪作用。

1.2.3　不同尺度生态屏障得到实践

生态屏障建设主要是对关键地带不同生态系统通过防御、保护、恢复和提升等措施，发挥其生态功能，谋求生态安全。我国是一个生态脆弱的国家，存在诸多的生态问题，森林覆盖较低，土地沙漠化、水土流失和土地退化等问题尤为突出。为了改善生存环境，众多劳动者在不同时期已开展了大量的生态实践。在古代，长城不仅是一个重要的军事工程，更是一条重要生态屏障，在防御土地沙漠化方面发挥了重要的作用。在国家层面，中国政府于20世纪末和21世纪初相继启动了一些旨在保护环境、遏制生态持续退化的重大工程，主要包括天然林保护工程、退耕还林还草工程、"三北"防护林工程、京津风沙源治理工程、野生动植物保护和生态保护区建设等重大工程项目。客观来讲，上述生态工程的实施，区域植被覆盖度得到显著提高，发挥了不同生态系统在防风固沙、土壤保持、水源涵养、生物多样性维持等方面的功能，区域生态环境得到一定的改善。在区域尺度，城市生态安全屏障、高标准农田防护体系、防洪堤坝的建设也有一定程度的尝试。

1.3 存在的问题及研究趋势

1.3.1 存在问题

(1) 生态屏障基础理论需要进一步完善

生态屏障具有重要的防护作用，对区域生态环境具有重要的意义。随着土地沙漠化、森林锐减、全球变化、污染等一系列环境问题的出现，无论政府还是科技工作者都认识到进行生态屏障建设的重要性，并对一些关键地段、关键生态类型提出建设意见和措施。

尽管目前我国已建立了不同的生态屏障类型，但生态屏障建设还存在较大的盲目性和不确定性。相对来讲，生态屏障理论还处在发展状态，由于生态屏障的复杂性和特殊性，生态屏障理论体系尚未形成。什么是生态屏障、生态屏障的内涵等还需要进一步明晰。生态屏障有哪些类型、如何分类还需进一步细化。在哪里建立生态屏障，怎样建立生态屏障还需科学探讨。生态屏障有何效应，如何评估生态屏障？生态屏障和生态安全、生态屏障和生态系统服务存在怎样的相关关系？对上述问题还不能给出清晰的答案，这也是制约生态屏障建设的重要因素。

(2) 生态屏障建设具有较大的盲目性

我国各级政府已开展了一系列生态工程，重要的天然林和生态林得到保护，水土流失率有效下降，风沙危害减轻，草原植被得带初步恢复，防护固沙和水土保持能力显著增强。但从整体看，我国生态环境状况"局部改善、整体恶化"的趋势还未得到根本性的改善。一方面由于生态问题的复杂性，存在生态治理难等问题；另一方面也存在前期论证和规划不足，缺乏有效的科学指导，生态建设还具有较大的盲目性。相关学者指出生态屏障不完全等于"山川秀美"，生态屏障建设具有复杂性、多样性，因此要因地制宜，避免一刀切；要树立系统、综合、全局观点，要在生态问题基础上，根据生态学及相关理论基础，建立科学的生态屏障建设方法体系。

(3) 生态屏障效应评估缺乏有效手段

在一定范围内，能满足人类特定生态要求并处于与人类社会发展密切相关的特定区域的复合生态系统，具有一定的生态服务功能并具有一定的空间效应，这种空间效应可称生态屏障效应。生态系统服务功能辐射效益评估的最终目的就是为区域生态系统的协调管理提供决策依据。但由于生态系统给人类提供的服务是多样的，服务之间是非线性的，存在突变、阈值、补偿和替代等复杂性特征，因此生态系统服务空间流动更具有复杂性，如何有效评估生态屏障效益，尤其是辐射效益有待进一步探索。

1.3.2　研究趋势

地域分异规律是认识地表自然地理环境特征的重要途径，是进行自然区划的基础，对于合理利用自然资源，因地制宜进行生产布局有指导作用。生态位（ecological niche）是指一个种群在生态系统中，在时间空间上所占据的位置及其与相关种群之间的功能关系与作用。生态系统服务功能是人类直接或间接从生态系统得到的收益，包括供给功能、调节功能、文化功能以及支持功能。生态屏障是我国生态建设的重要组成部分，生态屏障建设要在地带性分异规律基础上，针对不同的生态问题，根据不同的生态位，在保护地带性植被基础上，通过生态建设，提升区域生态系统服务功能，促进区域生态安全。因此后续研究要加强生态屏障内涵探讨，探究不同地域、不同生态系统类型生态位及其生态系统服务之间的相关性、限制因素和提升措施。

尽管目前有关生态系统服务功能的研究有很多，但是，由于对生态系统大部分服务功能缺乏深入的生态学理解，能够为决策提供依据的生态学信息仍然非常少。区域生态系统服务功能效益评估是衡量生态建设成败的重要环节，也是跨区占用或不公平占用及其补偿机制的重要基础。近年来关于生态系统服务功能对人类的作用机理方面的研究逐渐受到关注，解宇峰借鉴生态服务半径相关理论，利用地理信息系统（GIS）技术通过建构生态辐射模型，尝试把生态用地同建设用地二者联系起来。韩永伟针对生态系统服务功能的流动特性，探索提出了生态系统服务功能辐射效益的概念与内涵，采用风蚀输沙率模型和沙尘空间传输模型，评估了黑河下游重要生态功能区防风固沙功能的辐射效益。实际上，以上模型都未能定量地解释生态系统服务功能的空间响应机制。随着多学科交叉，热动力学的理论被广泛应用于生态系统的非平衡过程研究。将热动力学引用到生态系统非平衡过程稳定态的研究已有很多尝试。随着研究的深入，基于生态服务的熵模型模拟生态屏障空间辐射效应将是今后研究的重点。

1.4　生态屏障类型及特点

许多学者分别从物质和能量循环、区域性、结构和功能、要求、安全保障性、自然环境与人文环境的协调性、经济发展、流域作用等方面阐述了生态屏障及相关概念，对我们理解生态屏障概念具有重大的启发意义。本书尝试从生态屏障的保护机制、保护对象、保护范围及自身主体范围来对生态屏障概念进行新的理解。

1.4.1　生态屏障的概念及内涵

（1）生态屏障概念

生态屏障是人为建立的关键区域，是一个地域和功能概念，它具有明确的保护对象和防御对象。生态屏障是指位于特定区域的具有良性生态功能的复合生态系统，该生态系统是屏障区域的生态安全系统或屏障区域的生态防御系统，是保护对象的"过滤器""净化器"和"稳定器"。

（2）生态屏障的内涵

生态屏障内涵示意图如图1-4所示，图1-4（a）表示生态系统服务受益区和供给区处于相同位置，生态屏障处于受益区或供给区的外围，对不良因素起到阻隔作用；图1-4（b）表示生态系统服务无方向性的向四周扩散，供给区和受益区相邻，生态屏障处于供给区的四周，起到对不良因素的阻隔和促进生态系统服务流的作用；当生态系统服务供给区和受益区不重合即供给和需求存在空间错位，两者之间存在连接区域，会产生生态系统服务流动，连接区域影响着生态系统服务流动过程。图1-4（c）和图1-4（d）表示生态系统服务从供给区到达受益区存在方向性，需要连接区，使生态系统服务沿连接区到达受益区，其中前者表示生态系统服务受到某一个特定因素的影响，后者表示生态系统服务受到多种因素的共同作用。

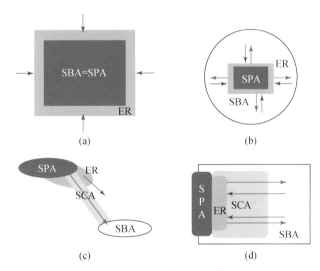

图 1-4　生态屏障内涵示意图

注：SPA 表示生态系统服务供给区；SBA 表示生态系统服务受益区；SCA 表示生态系统服务连接区；ER（ecological barrier）表示生态屏障；红色箭头表示不良因素的干扰方向；绿色箭头表示生态系统服务流方向；本图根据 Fisher 等（2009）修改

1）生态屏障是一个复合生态系统。生态屏障是在自然环境基础上，经过人工改良和提升而建立的复合生态系统，它具有一定的空间跨度，在空间呈封闭或半封闭分布。生态屏障多处于过渡地带，是自然和人工、草地和森林等多重生态系统的交织区域，是典型的复合型生态系统。

2）生态屏障具有明确的保护对象。生态屏障的保护对象即为提供正生态系统服务的供给区，可以是一个关键的物种或者有能够提供服务的自然系统生态系统或人工生态系统，如一片水域、一片农田、或者一片林地，防止其受到外界的干扰而使得其服务功能受到影响。它可能是重要的水源涵养区、生物多样性保护区、土壤保持功能区、防风固沙生态功能区或洪水调蓄生态功能区，也可能是优质农产品或林产品提供功能区。

3）生态屏障具有明确的防御对象。生态屏障的防御对象为反生态系统服务区，反生态系统服务区对周围地区的生态、经济和社会等具有潜在威胁或者是不利于人类发展的诸多生态问题，如冻融侵蚀、沙漠化、石漠化和水土流失等，生态屏障把该问题限制在一定效应范围或一定程度内，防止其进一步扩散或扩大，减少或降低其对周围环境的影响。

4）生态屏障能提升生态系统服务。生态系统服务流动存在"汇"效应即中间损耗，正效益中的"汇"可能使得某些生态系统服务减少甚至无法从供给区到达受益区，而生态屏障通过对不良因素的缓冲与阻隔起到减少"汇"效应，促进生态系统服务有序流动，增加受益区的生态系统服务。如黄河上游（生态系统服务供给区）的水通过河道（连接区域）流经黄土高原地区（生态系统服务受益区），该区的退耕还林还草工程（生态屏障）减少了水土流失问题，较大地增加了黄土高原地区水源涵养服务；当"源"为反生态系统服务区，服务流的存在使反生态系统服务通过媒介影响成为受益区，在此"汇"效应起到了正向作用，生态屏障能够增强汇效应，如京津风沙源治理工程对京津沙尘暴的缓解起到了积极作用（覃云斌等，2013）。

5）生态屏障建设的最终目的是实现区域生态安全。生态安全是生态屏障建设的目标，而生态屏障是生态安全的抓手。生态安全是 21 世纪人类社会可持续发展所面临的一个新主题，是国家安全的重要组成部分，与国防安全、金融安全等具有同等重要的战略地位。生态安全的基础是生态系统自身的安全，生态屏障是一种复合的生态系统，建设生态屏障有助于增加该区域生物多样性，提高该区域生态系统的自我恢复能力，维持生态系统健康；同时通过生态屏障建设能把危险源限制在一定空间并逐渐降低其威胁，或者通过生态屏障建设将一些对社会经济有威胁的风险排除在外；此外生态安全的体现之一是生态系统服务功能的提供，生态屏障不仅能够提供一定的生态系统服务功能，还能提升区域生态系统服务。

1.4.2　生态屏障类型

生态屏障类型划分是研究生态屏障的理论基础之一。根据是否存在人为因素的参与分为自然生态屏障、人工生态屏障或复合生态屏障，如秦岭是我国典型的天然生态屏障，高速公路绿化带是人工建筑的生态屏障，而三北防护林则是复合生态屏障；根据生态屏障是否可见，可划分为显性生态屏障和隐性生态屏障，如高大的山脉等是天然的生态屏障，并且具有显现性，但如降水和积温等气候因子对植被分布具有明显的制约作用，并且具有隐蔽性；根据生态屏障与生态系统服务的关系，可分为正向服务保护型、反向服务防护型、退化服务恢复型；根据屏障的主体的性质，可以分为软生态屏障和硬生态屏障。其中软屏障则是一条法律、一个告示、一个通知；而硬屏障更多的是物理的建筑，如一个栅栏，一排林木或者一片森林；根据生态屏障的形态可分为圆环型生态屏障、弧形生态屏障、直线型生态屏障及以上的相互结合型；从尺度上也可以划分大型生态屏障、中型生态屏障和小型生态屏障。如长城或者三北防护林则是大型屏障，一块农田的防护林或者一段河堤则是中型屏障，一个地埂或者一个地垄都是一个屏障。本书重点针对正向服务保护型、反向服务防护型、退化服务恢复型的生态屏障进行探讨。

（1）正向服务保护型生态屏障

正向服务保护型生态屏障是保护正向服务供给区不受外界干扰，将干扰通过屏障降到最低或者直接阻止在屏障外，受到保护的对象是屏障内部系统。由此可知，正向服务保护型生态屏障是用来减少、甚至隔绝与干扰源的接触，确保核心的资源不受到干扰源的负面影响，使得核心区能够变得稳定与可持续发展，以保障正向服务供给区提供源源不断的生态系统服务功能和人类福祉。如高标准农田以及森林等生态系统类型的屏障系统属于正向服务保护型。在我国两屏三带防护体系中，东北森林屏障带是典型的正向服务保护型屏障类型。如果正向生态系统服务供给区受到的外界干扰在不同方向是等量的，则通过缓冲区建立生态屏障，生态屏障呈环状。但如果干扰在空间上具有方向性，则针对干扰来源建立缓冲型防护体系，生态屏障呈半环形。

（2）反向服务防护型生态屏障

反向服务防护型生态屏障是通过生态屏障建设，把反生态系统服务供给区压缩在一定范围，防止反服务区进一步扩散，受保护对象是屏障外围系统。如我国两屏三带防护体系，北方防沙屏障带中的内蒙古防沙屏障带、河西走廊防沙屏障带及塔里木防沙屏障带是以防风为主，阻止沙漠的迁移，黄土高原—川滇生态屏障带是防止该区域水土流失的加剧而建立的，南方丘陵山地带主要是防止水土流失严重和植被破坏严重。由于反服务更多具有主导因子，如沙漠化受到地形和风向的影响，因此生态屏障多建在下风向、地形较高的地带，多呈半环状。

（3）服务退化恢复型生态屏障

服务退化恢复型生态屏障指由于自然或人为因素导致区域生态系统退化，生态系统服务衰减，威胁着区域生态安全，为逆转上述过程而实施的一系列恢复措施。两屏三带中的青藏高原生态屏障是一种服务退化恢复型生态屏障，青藏高原地区生态环境脆弱，对全球气候变暖及剧烈的人类活动十分敏感，存在着草地退化、冰川退化等，建设青藏高原生态屏障有助于增强对人为因素的抵抗力，降低青藏高原地区的生态脆弱性，恢复草地、冰川等生态系统服务，促进区域生态安全。

1.4.3　生态屏障的特点

由于生态屏障是一个复杂的复合生态系统，其特点是多样的，有关研究表明生态屏障具有定向目标性、经济复合性、区域分异性、功能的动态性，定向目标性指建设生态屏障的目标不同，其内涵也不同。经济复合性指生态屏障是一个复合的生态经济系统。区域分异性指由于不同地理区域存在自然属性，与社会经济属性的空间分异，生态屏障作为特定的生态系统，其结构和功能也因之而表现出区域分异性。功能的动态性指自其建成始期，生态屏障系统便处于一种动态的发展过程之中。在生态系统服务功能的基础上也有学者提出生态屏障具有尺度特征、整体性、动态性和不确定性、有限承载服务功能、持续发展性，但由于生态屏障的复杂性，仍有其他重要特点需要研究，本书认为生态屏障的根本特点是防护性、梯度性、指向性及动态性。

（1）防护性

防护性指生态屏障对反生态系统服务的防御或者对正生态系统服务的庇护。如针对沙漠化、水土流失等，生态屏障的建设将其限制在一定范围，防止其扩展及对周边环境的影响。或针对优质良田等，生态屏障的建设将外界的干扰等屏障在外，使其受到较小的干扰。

（2）梯度性

梯度性指根据保护的区域重要性或者反生态系统服务的严重程度而建立起不同等级的生态屏障。如我国自然保护区划分为核心区、缓冲区、实验区以及人为频繁活动区域。其中核心区是禁止人类活动，实验区可以开展一些科研活动，而外围则是人为频繁活动区域，这种划分体现了人类对其干扰的程度具有明显的差别。

（3）指向性

指向性是指生态屏障具有明显的方向性，即生态屏障始终是把危险源或者干扰因素排除在远离受保护对象外。如果是针对反生态系统服务供给区建立的生态屏障，则生态屏障是将反生态系统服务压缩在一定的空间，使其稳定、减弱甚至消失。而针对正向生态系统服务供给区建立的屏障则是将危险源排除在受保护对象的影响范围内。同时生态屏障的建设上，根据反生态系统服务的主导因素不同而选择建立在不同的方向上。

（4）动态性

生态屏障建设是一项复杂的系统工程，在建设初期阶段会不可避免地对生态环境造成影响（钟芸香，2010）。建设完成后，生态屏障不能直接产生效应，需要同环境的长期相互作用促进其内部各系统的健康发展，形成内部群落的顺行演替，从而才能起到较好的可持续的防御或保护作用。

1.4.4　生态屏障的功能

从一般描述性的角度看，生态屏障就是具有某些特殊防护功能的生态系统。从科学的角度作进一步的界定和解释，本研究生态屏障是指处于某一特定区域的复合生态系统，其结构和功能符合人类生存和发展的生态要求。根据相关研究表明，生态屏障具有过滤、缓冲、隔板、庇护所、水源涵养、精神美学等功能，也有提出生态屏障具有净化功能、调节与阻滞功能、土壤保持功能、水源涵养功能和生物多样性保育功能。由于人类的需求不同，生态屏障可以具有不同的外延特征。就目前我国提出建设的生态屏障而言，有以防风为主要功能的生态屏障，如北方防沙屏障带；有以保持土壤、涵养水源和保护生物多样性等为主要目标的生态屏障，如黄土高原—川滇生态屏障带、东北森林屏障和青藏高原生态屏障。但生态屏障概念的内涵强调生态屏障应当是能满足人类特定生态要求并处于与人类社会发展密切相关的特定区域的复合生态系统，因此，在建设生态屏障的社会实践中，应当充分认识人与生态环境的关系，明确人类的生态要求，结合生态系统功能的区域分异特征，选择那些在生态地位上处于重要的或关键的地段，建立具有明确生态目标的生态系统，而不是粗略的生态保护、生态建设或环境治理。

1.5 生态屏障与相关概念的关系

1.5.1 生态屏障与干扰源

干扰源是指生态屏障防御的对象，与其相对应的是非干扰源。非干扰源在某些因素的作用下能够向干扰源转变，干扰源与非干扰源是对立的区域，干扰源的减少能够促进非干扰源的发展。而生态屏障处于干扰源和非干扰源之间，在两者间形成一条缓冲带。理想状态下，当非干扰源环绕干扰源时，干扰源的影响会均匀的向外部四周扩散，生态屏障作为缓冲带能够减少影响扩散的速度，降低甚至排除干扰源对非干扰源的影响，当干扰源环绕于非干扰源四周，干扰源的影响会均匀的向内部扩散，生态屏障起到相同的作用，干扰源的影响随着距离的增加而衰减。而在实际中则更多的是处于非理想状态下，干扰源受到主导因素的影响，朝着主导因素的方向扩散。主导因素是多种多样的，不同干扰源的主导因素不一致，同一干扰源的主导因素在不同区域也不一致，需要实地调查确认其主导因素。生态屏障通过其内部合理的生态系统结构，对干扰源进行一定程度的调节，降低干扰源对非干扰源的影响。如建设防护林时，合理选择林木的种植密度能起到减少坡面水蚀的作用；高速公路沿线防护林带通过合理的林带配置、宽度、树种选取能对车辆尾气重金属污染起到较好的吸收屏障效果。由上述分析可知，生态屏障具有明确的保护对象即非干扰源，具有一定的主体范围即受主导因素驱动的关键区域，保护范围是非干扰源的重要性决定的，保护机制是通过生态屏障内部的各种生态系统对干扰源的调节，从侧面表明生态屏障主要能提供的生态系统服务是调节服务如气候调节、洪水调节、疾病调节、害虫调节和水土调节等。

1.5.2 生态屏障与生态安全

生态安全是 21 世纪人类社会可持续发展所面临的一个新主题，是国家安全的重要组成部分，与国防安全、金融安全等具有同等重要的战略地位。它包括自然生态安全、经济生态安全和社会生态安全，三者相互关联。生态安全的基础是自身生态系统的安全，自身生态系统安全的关键在于生态系统的健康性、完整性和可持续性。生态屏障建设的最终目的是实现区域生态安全，而生态屏障是生态安全的抓手。通过生态屏障建设，把危险源限制在一定空间并逐渐降低其威胁，或者通过生态屏障建设将一些对社会经济有威胁的风险排除在外，使人类持续获得优质资源即为生态安全。由生态屏障的定义可知，生态屏障是一种复合的生态系统，包括自然生态系统和人工生态系统，建设生态屏障有助于增加该区域生态系统的多样性，提高该区域生态系统的自我恢复能力，提升生态承载力，同时生态屏障具有屏障性，能够阻挡外界不良因素对该区域的影响，降低该区域的生态风险，逐步改善区域生态环境，营造良好的人居环境，打造吸引外资的硬环境因素，从而保障生态系统的健康性、完整性与可持续性。此外，生态安全的体现之一是生态系统服务功能的提供，而生态屏障能够提供一定的生态系统服务功能，如北方防沙屏障带的防风固沙功能、东北森林屏障带的林产品供给功能等，二者共同作用下，最终实现区域生态安全。

1.5.3 生态屏障与生态系统服务

生态屏障是一个区域的关键地段，其生态系统对区域具有重要作用。因此，具有良好结构的生态系统是生态屏障的主体及第一要素。它具有明确的保护对象和防御对象，是保护对象的"过滤器""净化器"和"稳定器"，是防御对象的"金箍圈"和"封存器"，对系统内部及其外部的生态环境与生物具有生态学意义的保护作用与功能，是维护区域乃至国家生态安全与可持续发展的结构与功能体系。这种功能性保护作用在小尺度上表现为对环境与生物的保护，在大尺度上则叠加为保障区域或国家的生态安全与可持续发展。而生态系统服务则是指人类直接或间接从生态系统得到的利益，主要包括向经济社会系统输入有用物质和能量、接受和转化来自经济社会系统的废弃物，以及直接向人类社会成员提供服务（如人们普遍享用洁净空气、水等舒适性资源）。生态屏障建设的目的是提高其生态服务质量，增强其防御能力。

1.6 屏障区地理位置和边界范围

1.6.1 屏障区划分依据

在"十一五"期间，从"建设富强民主文明和谐的社会主义现代化国家、确保中华民族永续发展"出发，推进形成主体功能区为目的，中国政府提出了构建国土空间的"三大战略格局"，即构建"两横三纵"为主体的城市化战略格局、构建"七区二十三带"为主体的农业战略格局和构建"两屏三带"为主体的生态安全战略格局，如图 1-5 所示。

其中"两屏三带"生态安全战略格局是"三大战略格局"的重要组成部分，也是城市化格局战略和农业战略格局的重要保障性格局。"两屏三带"生态安全战略格局是构建以青藏高原生态屏障、黄土高原—川滇生态屏障带、东北森林带、北方防沙屏障带和南方丘陵山地带以及大江大河重要水系为骨架，以其他国家重点生态功能区为重要支撑，以点状分布的国家禁止开发区为重要组成的生态安全战略格局。通过青藏高原生态屏障建设，要重点保护好多样、独特的生态系统，发挥涵养大江大河水源和调节气候的作用；通过黄土高原—川滇生态屏障带建设，要重点加强水土流失防治和天然植被保护，发挥保障长江、黄河中下游地区生态安全的作用；通过东北森林带建设，要重点保护好森林资源和生物多样性，发挥东北平原生态安全屏障的作用；通过北方防沙屏障带建设，要重点加强防护林建设、草原保护和防风固沙，对暂不具备治理条件的沙化土地实行封禁保护，发挥"三北"地区生态安全屏障的作用；通过南方丘陵山地带建设，要重点加强植被修复和水土流失防治，发挥华南和西南地区生态安全屏障的作用。

根据"十二五"规划纲要"两屏三带"生态安全战略格局图，本书在保证县域完整性基础上，最终确定了"两屏三带"生态屏障范围，如图1-6所示。屏障区总面积313.52万km²，约占我国陆地国土总面积的1/3，包括广西壮族自治区、贵州省、黑龙江省、内蒙古自治区、青海省、山西省、陕西省、四川省、西藏自治区、新疆维吾尔自治区和云南省等21省、市、自治区的732个区县，见表1-3。屏障区地形、气温、降水及生态类型分布状况分别如图1-7～图1-10所示。

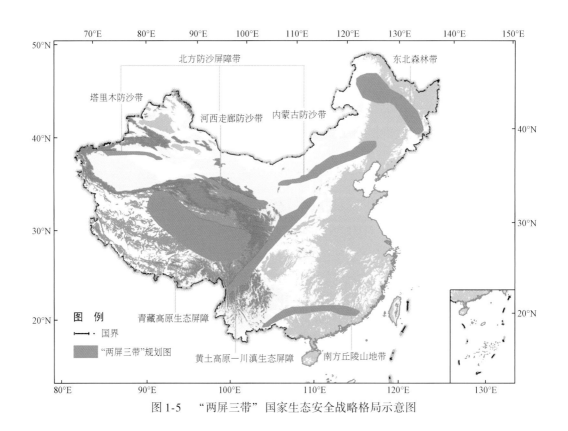

图 1-5 "两屏三带"国家生态安全战略格局示意图

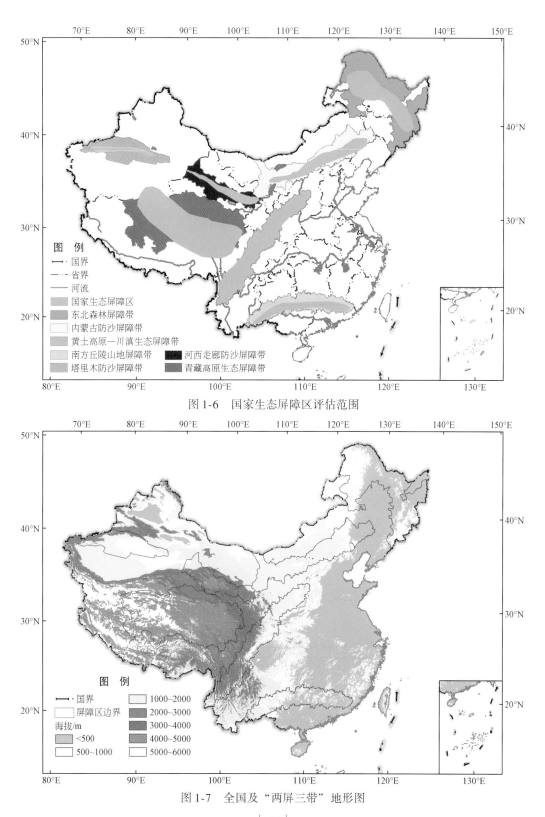

图 1-6 国家生态屏障区评估范围

图 1-7 全国及"两屏三带"地形图

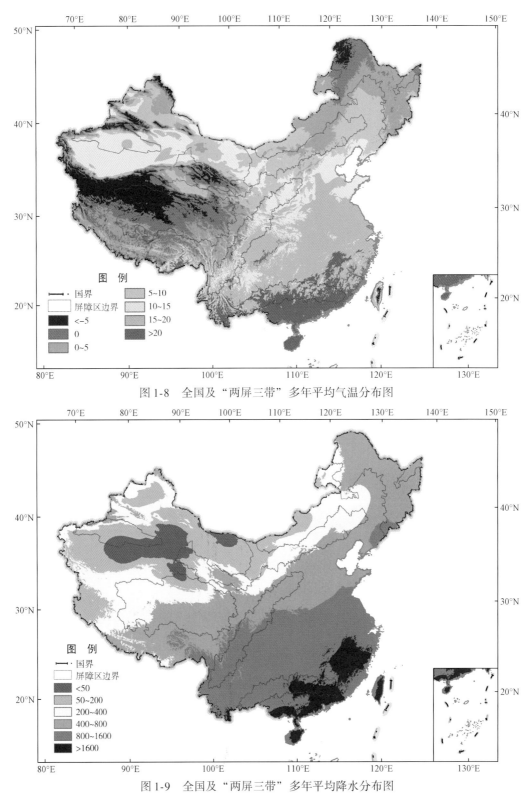

图 1-8　全国及"两屏三带"多年平均气温分布图

图 1-9　全国及"两屏三带"多年平均降水分布图

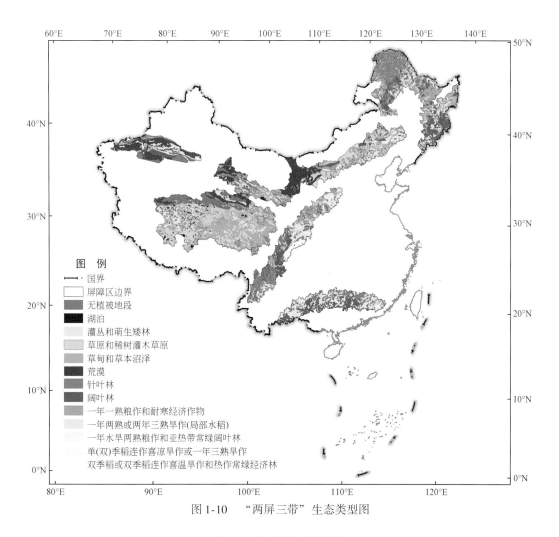

图 1-10　"两屏三带"生态类型图

表 1-3　屏障区区县统计表

屏障区	省、自治区、 直辖市	县/市
东北森林屏障带	黑龙江省	宝清县、北安市、宾县、勃利县、东宁县、方正县、海林市、鹤岗市市辖区、黑河市市辖区、呼玛县、虎林市、桦南县、鸡东县、鸡西市市辖区、嘉荫县、林口县、萝北县、密山市、漠河县、牡丹江市市辖区、木兰县、穆棱市、嫩江县、宁安市、七台河市市辖区、庆安县、饶河县、尚志市、绥芬河市、绥棱县、孙吴县、塔河县、汤原县、铁力市、通河县、五常市、五大连池市、逊克县、延寿县、伊春市市辖区
	吉林省	安图县、白山市市辖区、敦化市、抚松县、和龙市、桦甸市、珲春市、集安市、蛟河市、靖宇县、临江市、柳河县、龙井市、舒兰市、通化县、通化市市辖区、图们市、汪清县、延吉市、长白朝鲜族自治县

续表

屏障区	省、自治区、直辖市		县/市
东北森林屏障带	内蒙古自治区		阿尔山市、阿荣旗、额尔古纳市、鄂伦春自治旗、鄂温克族自治旗、根河市、科尔沁右翼前旗、莫力达瓦达斡尔族自治旗、牙克石市、扎兰屯市
川滇—黄土高原生态屏障	黄土高原生态屏障	甘肃省	
		天水市	秦安县、张家川回族自治县、清水县、天水市市辖区
		庆阳市	华池县、合水县、庆阳县、镇原县、宁县、西峰市、正宁县
		平凉市	平凉市市辖区、泾川县、庄浪县、崇信县、华亭县、灵台县
		宁夏回族自治区 固原市	彭阳县、隆德县、泾源县
		陕西省 榆林市	佳县、米脂县、子洲县、绥德县、吴堡县、子长县、清涧县
		延安市	安塞县、志丹县、延川县、宝塔区、延长县、甘泉县、宜川县、富县、洛川县、黄龙县、黄陵县
		铜川市	宜君县
		宝鸡市	陇县、千阳县
		咸阳市	旬邑县、长武县、彬县
		山西省	吉县、大宁县、蒲县、汾西县、隰县、永和县、交口县、石楼县、孝义市、中阳县、汾阳市、文水县、柳林县、离石区、交城县、方山县、古交市、娄烦县、临县
	川滇生态屏障	四川省	九寨沟县、松潘县、平武县、青川县、广元市市区、南江县、旺苍县、黑水县、广元市市辖区、江油市、剑阁县、茂县、北川县、苍溪县、理县、梓潼县、阆中市、安县、绵阳市、辖区、汶川县、小金县、绵竹市、什邡市、盐亭县、彭州市、三台县、德阳市市辖区、都江堰市、中江县、射洪县、广汉市、新都县、郫县、金堂县、宝兴县、成都市市辖区、崇州市、温江县、大邑县、芦山县、康定县、双流县、简阳市、邛崃市、新津县、彭山县、天全县、蒲江县、仁寿县、眉山县、彭山县、名山县、雅安市、丹棱县、泸定县、洪雅县、荥经县、夹江县、青神县、井研县、乐山市市辖区、汉源县、峨眉山市、石棉县、犍为县、九龙县、峨边彝族自治县、甘洛县、沐川县、木里藏族自治县、马边彝族自治县、冕宁县、越西县、美姑县、喜德县盐源县、西昌市、德昌县、盐边县、米易县、攀枝花市
		云南省	中甸县、维西傈僳族自治县、宁蒗彝族自治县、丽江纳西族自治县、福贡县、兰坪白族普米族自治县、永胜县、华坪县、鹤庆县、剑川县、泸水县、洱源县、云龙县、宾川县、大理市、漾濞彝族自治县、腾冲县、永平县、保山市巍山彝族回族自治县、盈江县、施甸县、梁河县、龙陵县、潞西市、陇川县、瑞丽市、畹町市
		陕西省 宝鸡市	麟游县、凤翔县、宝鸡县、宝鸡市市辖区、凤县、太白县
		汉中市	留坝县、佛坪县、洋县、城固县、勉县、略阳县、汉中市、宁强县、南郑县

屏障区		省、自治区、直辖市	县/市
青藏高原生态屏障		甘肃省	玛曲县
		青海省	治多县、泽库县、杂多县、玉树县、兴海县、同德县、曲麻莱县、囊谦县、玛沁县、玛多县、久治县、河南蒙古族自治县、海西蒙古族藏族自治州、贵南县、格尔木市、甘德县、都兰县、达日县、称多县、班玛县
		四川省	石渠县、色达县、壤塘县、甘孜县、德格县、白玉县
		西藏自治区	昌都县、索县、生达县、聂荣县、尼玛县、类乌齐县、江达县、丁青县、班戈县、巴青县、安多县
		新疆维吾尔自治区	若羌县、且末县
北方防沙屏障带	内蒙古防沙带	河北省	宣化县、张北县、康保县、沽源县、尚义县、怀安县、万全县、赤城县、崇礼县、丰宁满族自治县、围场满族蒙古族自治县、隆化县
		辽宁省	建平县
		内蒙古自治区	科尔沁左翼后旗、科尔沁左翼中旗、通辽市、库伦旗、奈曼旗、开鲁县、阿鲁科尔沁旗、敖汉旗、翁牛特旗、巴林右旗、巴林左旗、赤峰市市辖区、喀喇沁旗、宁城县、林西县、克什克腾旗、多伦县、正蓝旗、太仆寺旗、镶黄旗、化德县、商都县、察哈尔右翼后旗、兴和县、丰镇市、察哈尔右翼前旗、察哈尔右翼中旗卓资县、凉城县、丰镇市、凉城县、呼和浩特市市辖区、土默特左旗、和林格尔县、托克托县、和林格尔县、清水河县、准格尔旗、土默特右旗、武川县、固阳县、包头市市辖区、达拉特旗、东胜市、伊金霍洛旗、乌拉特前旗、杭锦旗、鄂托克旗、鄂托克旗、乌海市市辖区、磴口县、阿拉善左旗
		宁夏回族自治区	石嘴山市市辖区、惠农县、平罗县
	河西走廊防沙屏障带	甘肃省	阿克塞哈萨克族自治县、敦煌市、肃北蒙古族自治县、肃南裕固族自治县、武威市、天祝藏族自治县、古浪县、景泰县、永登县
		青海省	海西蒙古族藏族自治州、德令哈市、天峻县、刚察县、海晏县、祁连县、门源回族自治县、大通回族土族自治县、互助土族自治县、乐都县
		新疆维吾尔自治区	若羌县
	塔里木防沙屏障带	新疆维吾尔自治区	尉犁县、库尔勒市、轮台县、库车县、沙雅县、新和县、拜城县、阿克苏市、阿瓦提县、温宿县、乌什县、柯坪县、柯坪县、阿合奇县、阿图什市

续表

屏障区	省、自治区、直辖市	县/市
南方丘陵山地带	云南省	广南县、丘北县、开远市、砚山县、富宁县、西畴县、麻栗坡县、马关县、文山县、蒙自县、屏边苗族自治县、河口瑶族自治县、个旧市、金平苗族瑶族傣族自治县
	贵州省	兴义市、安龙县、贞丰县、望谟县、罗甸县、平塘县、独山县、册亨县、三都水族自治县、榕江县、荔波县、从江县
	广西壮族自治区	隆林各族自治县、田林县、乐业县、天峨县、南丹县、凌云县、凤山县、东兰县、巴马瑶族自治县、百色市、河池市、宜州市、都安瑶族自治县、罗城仫佬族自治县、柳城县、融安县、永福县、临桂县、灵川县、龙胜各族自治县、三江侗族自治县、资源县、全州县、灌阳县、阳朔县、鹿寨县、柳州市市辖区、贺州市、富川瑶族自治县、恭城瑶族自治县、桂林市市辖区
	湖南省	通道侗族自治县、永州市、双牌县、道县、江永县、江华瑶族自治县、蓝山县、宁远县、新田县、嘉禾县、桂阳县、临武县、郴州市、宜章县、汝城县
	江西省	崇义县、大余县、信丰县、全南县、龙南县、定南县、寻乌县、安远县
	广东省	乐昌市、仁化县、花都市、始兴县、曲江县、韶关市市辖区、乳源瑶族自治县、阳山县、连州市、连南瑶族自治县、连南瑶族自治县、英德市、佛冈县、翁源县、新丰县、连平县、和平县、河源市市辖区、龙川县、五华县、兴宁市、梅县、丰顺县、大埔县、平远县、蕉岭县

经统计，东北森林屏障带面积67.09万km²（表1-4），占屏障区总面积的21.36%。黄土高原—川滇生态屏障带包括黄土高原生态屏障带和川滇生态屏障带，其面积分别是11.67万km²和29.26万km²，分别占屏障区总面积的3.72%和9.34%。青藏高原生态屏障带面积为89.65万km²，占屏障区总面积的28.6%。北方防沙屏障带包括内蒙古防沙屏障带、河西走廊防沙屏障带和塔里木防沙屏障带，其面积分别是42.3万km²、20.73万km²和23.9万km²，分别占屏障区总面积的13.51%、6.61%和7.62%。南方丘陵山地带面积为28.87万km²，其占屏障区总面积的9.21%。

表1-4 屏障区基本属性单位

屏障区名称		面积/万km²	所占百分比/%
东北森林屏障带		67.09	21.36
黄土高原—川滇生态屏障带	黄土高原生态屏障带	11.67	3.72
	川滇生态屏障带	29.26	9.34

续表

屏障区名称		面积/万 km^2	所占百分比/%
青藏高原生态屏障带		89.65	28.60
北方防沙屏障带	内蒙古防沙屏障带	42.33	13.51
	河西走廊防沙屏障带	20.73	6.61
	塔里木防沙屏障带	23.90	7.62
南方丘陵山地屏障带		28.87	9.21
合计		313.52	100.00

1.6.2　屏障区概况

东北森林带是我国重要的森林资源和生物多样性保护基地。青藏高原生态屏障带具有独特的生态系统，是亚洲主要河流的发源地，是全球气候变化响应的敏感区域。黄土高原—川滇生态屏障带位于我国农牧交错带，是我国一、二、三级地形的过渡地带，生态环境比较脆弱，其生态环境保护对保障长江、黄河中下游地区生态安全具有重要意义。北方防沙屏障带地处我国三北防护林地带，是我国土地沙漠化的重要屏障。南方丘陵山地带是长江流域与珠江流域的分水岭及源头区，对华南和西南地区生态安全具有重要的屏障作用。

（1）东北森林屏障带概况

东北森林屏障带位于东经 118°48′~134°22″、北纬 40°52′~53°34′，总面积约为 67.09 万 km^2，包括黑龙江、内蒙古、吉林的 82 个县市。该屏障带地形多样，在屏障带边分布有大、小兴安岭和长白山系的高山、中山、低山和丘陵。屏障带自南向北跨中温带与寒温带，属于温带季风气候，四季分明，夏季温热多雨，冬季寒冷干燥；自东南到西北，年降水量从 1000mm 降至 300mm 以下，从湿润区、半湿润区过渡到半干旱区。屏障带内的广大山区，孕育着丰富的森林，其中有林地面积约 40 万 km^2，占屏障区总面积的 66%，总蓄积量约占全国的 1/3。东北森林带土质以黑土为主，是我国重要的粮食基地，也是农林区、农耕区、半农半牧区过渡区。东北森林带矿产资源丰富，主要矿种比较齐全，主要金属矿产有铁、锰、铜以及稀有元素等，非金属矿产有煤、石油、油页岩等。其中分布在鞍山、本溪一带的铁矿，储量约占全国的 1/4，目前仍是全国最大的探明矿区之一。东北森林屏障带所属的东北三省经济起步较早，是我国重要的老工业基地。随着"支持东北等老工业基地的调整和改造，支持资源为主的城市和地区发展接续产业"和"扶持粮食主产区发展"等政策的实施，更加促进了东北三省的经济和社会快速发展。在全球化背景下，东北森林屏障带气候变暖极为显著，气候干旱问题比较突出，大面积湿地丧失并被转化为农牧用地。

（2）青藏高原屏障区概况

青藏高原屏障以青海省为核心，西藏自治区、甘肃省和四川省的部分区县构成，总面积约 89.65 万 km²。青藏高原屏障区平均海拔在 4000m 以上，屏障区西南地区部分海拔 5000m 以上，终年积雪，是我国主要的冻土分布区，地貌类型主要以冻土地貌和冰川地貌为主。青藏高原屏障区辐射强烈，年总辐射量值高达 5850~7950MJ/m²，比同纬度东部平原高 0.5~1 倍。日照多，气温低，日较差大，年变化小。依靠冰川或积雪的融化补给，青藏高原是亚洲主要江河的发源地，高原湖泊广布，屏障区边缘河网密集。青藏高原屏障区也是重要的牧区，分布着大面积的高山高寒草地。同时，该区域也是中国少有的原始林区，常见的树种有乔松、高山松、云南松、铁杉，大果红杉、西藏柏和祁连圆柏等。青藏高原屏障区虽然森林类型多样、树种繁多，但森林覆盖率低，而且分布不均匀。在已列出的中国濒危及受威胁的 1009 种高等植物中，青藏高原有 170 种以上，高原上濒危及受威胁的陆栖脊椎动物已知有 95 种。同其他冰原地区相比，青藏高原显得更为脆弱。在全球化背景下，气候变化对冰川变化更为敏感，冰川消融进一步加快。青藏高原处于对流层中上部，大气活动剧烈频繁，是我国沙尘暴的主要发生区域。同时该区域也是我国水土流失的重灾区。青藏高原屏障区由于其特殊的地理位置、丰富的自然资源、重要的生态价值使之成为我国重要的生态安全屏障。由于青藏高原地壳活动活跃，气候环境复杂，生态环境十分脆弱，人为活动不断加剧，区域生态环境压力不断增加，生态安全形势面临严峻挑战。

（3）黄土高原—川滇生态屏障带概况

黄土高原生态屏障区地理位置为 105°1′E~112°21′E，34°01′N~38°13′N，面积约 11.67 万 km²，占黄土高原总面积的 19.5%。行政区域包括山西、陕西、甘肃、宁夏回族自治区涉及四省（自治区）60 个区县。该地区地处黄河中游丘陵沟壑地带，境内有黄河川流而过，支流交错，沟壑纵横，地形破碎，平均海拔为 1200~1600m，是退耕还林还草的重点区域。该屏障地处半干旱气候过渡带，年均气温为 4.3~14.3℃，年均降雨量为 400~776mm，降雨年内分布不均，60%~70% 的降雨量集中在 6~9 月，且以暴雨为主；土类以黄绵土为主，土质疏松，易于侵蚀；该区地带性植被类型是森林草原带，主要植物有柴松（*Pinus tabulaefirmis f. shekanensisrao*）、油松（*Pinus tabuliformis* Carrière）和辽东栎（*Quercus liaotungensis*）等乔木；沙棘（*Hippophae rhamnoides* Linn）和虎榛子（*Ostryopsis davidiana Decaisne*）等灌木；艾蒿（*Artemisia argyi* H. Lév. & Vaniot）、铁秆蒿（*A. sacrorum*）等多年生草本；该区域水资源紧缺，生态环境脆弱，生存条件恶劣，不仅是气候变化的敏感区，也是黄河中上游水土流失防治的重点区域，更是我国退耕还林还草的主要地区。

川滇生态屏障区地理位置介于 98°40′E~108°20′E，24°40′N~34°55′N，面积约 29.26 万 km²，占屏障区总面积的 9.34%。行政区域包括四川、陕西、云南三省 120 多个区县。川滇生态屏障带位于我国地势第一阶梯向第二阶梯过渡的区域，地貌类型从南向北依次为丘状高原、山原和高山峡谷，平均海拔 3000 m 以上，地势起伏明显，相对高差最高可达 6000 m；气候以高原山地温带、寒温带季风气候为主，属于高原山地垂直体系，主要特点是平均气温低、地区差异大、冬冷夏凉、年较差小、日较差大等特点；降水集中，干湿季节交替明显；受地形控制作用强烈，气候特征垂直分布现象显著，同时土壤、植被也都呈现出明显的垂直变化。该地区是典型的农牧交错带，受热量资源的限制，农牧业的空间布局呈现出南林北牧及农、林、牧立体分布的特点。其中，农业主要分布在海拔 2000～3000 m 以下的暖温带山地河谷区；林业主要分布在海拔 2000～4000 m，上与高原草甸相接，下接干旱河谷地带；牧业则主要分布在海拔 3000～3500 m 以上的高山和山原的寒温带、亚寒带以及寒带内。由于该地区是我国典型的农牧交错带，属于长江流域上游区，由于其特殊的地理位置，形成了完整的自然-社会-经济复合生态系统，其整体性生态功能较高，具有较高的水源涵养、土壤保持、气候调节和生物多样性等生态功能。该区生态环境的好坏不仅直接影响着区域内部的经济社会发展，而且对于长江下游区域乃至全国范围内的水量调节、稳定目前的气候格局等具有重要意义。

（4）北方防沙屏障带

北方防沙屏障带呈细长的带状横跨我国的北部，由西往东分为三段，分别为塔里木防沙屏障带、河西走廊防沙屏障带和内蒙古防沙屏障带。地理坐标介于 71°34′E～125°43′E，26°45′N～43°53′N。塔里木防沙屏障带位于新疆维族自治区，河西走廊防沙屏障带位于甘肃河西走廊地带，包括甘肃省和青海省部分区县，内蒙古防沙屏障带主体位于内蒙古中南地带，并包含甘肃、宁夏回族自治区和河北省等省区的一些区县。北方防沙屏障带涉及 7 个省区的 106 县市，总面积 86.96 万 km^2，地处干旱半干旱地带，年降雨在 300mm 左右，其中塔里木防沙屏障带绝大部分、河西走廊防沙屏障带的西部以及内蒙古防沙屏障带的西部地区降水量较少，而河西走廊防沙屏障带的东部以及内蒙古防沙屏障带的东部地区降水量相对较高。北方防沙屏障带太阳辐射量较大，年均太阳辐射总量在 11 380～150 650cal/mm^2。该地带风速较大，2010 年平均扬沙风速（大于 5m/s）在 6.5～8m/s。在空间上，防沙带中部平均风速较大，两边较小，平均扬沙天气在 6～72 天。年均气温在-1.9～13.5℃。土壤粗砂含量高，土壤有机质较低，以荒漠化土地为主。北方防沙屏障带植被覆盖度较低，植被类型由荒漠景观、草原景观和森林景观构成，是典型的农牧交错带。2000 年，北方防沙屏障带总人口为 2632.81 万人，其中乡村人口 1835.12 万人，人口密度为 0.3 人/km^2。2010 年，屏障带总人口和人口密度均有增加，但幅度均不大。2000 年，GDP 约 1432.68 亿元，农民人均纯收入为 2875 元。2010 年，GDP 约 12 147.56 亿元，农民人均收入为 6266 元。2010 年的 GDP 是 2000 年的 8 倍，农民人均纯收入提高了约 4000 元，经济进入了快速发展阶段。由于脆弱的生态环境，在社会经济及人类活动的扰动下，区域生态环境压力剧增。加强北方防沙屏障带建设，增强其防风固沙功效，发挥北方防沙屏障带生态安全屏障的作用对我国社会经济稳定发展具有重要意义。

（5）南方丘陵山地带概况

南方丘陵山地带地域辽阔，东西跨 15 个经度，地理位置介于 102°30′E～116°54′E，南北跨 6 个纬度，介于 22°24′N～26°42′N，包括江西、湖南、广东、广西、贵州和云南六省的 124 个县/区（114 个县/市），总面积为 28 万多平方公里。该屏障带地势为西高东低，北高南低，其海拔为-25～3040m。地貌类型有平原台地（<50m）、丘陵（50～500m）、低山（500～800m）、中山（800～1500m）和高山（>1500m），其中最主要的地貌类型是丘陵（面积比例为 45.26%），其次为中山（25.29%）和低山（21.81%）；坡度类型以缓坡（6°～15°）和斜坡（16°～25°）为主，其面积分别为 107 145.82km^2 和

87 996.38 km^2，分别占屏障区总面积的 36.10% 和 29.65%。气候类型为亚热带季风气候，植被类型主要有亚热带常绿阔叶林、亚热带针叶林、混交林、温带阔叶/针叶林、亚热带灌丛、亚热带草地等。土壤类型以红壤和黄壤为主，面积分别为 134 951.05km^2 和 56 860.18km^2，而草甸土、紫色土和水稻土比例非常低（3% 以下）。南方丘陵山地带作为我国"两屏三带"生态安全屏障骨架的重要组成部分，是长江流域与珠江流域的分水岭及源头区，对长江流域与珠江流域主体功能的发挥有至关重要的作用。

自 2000 年以来，自然灾害频发，全球气候变化问题日益突出，尤其是我国社会经济进入快速发展时期，对区域生态环境影响不断增加，尤其是"两屏三带"国家生态安全屏障生态环境受人类活动干扰强度尤为明显。一方面，国家对生态环境建设和改善的投入不断增加，另一方面，经济建设和资源开发对生态环境影响不断增大。鉴于国家生态安全屏障在我国生态安全保障中的重要地位以及该地区目前存在的严重生态问题，迫切需要摸清"两屏三带"国家生态安全屏障生态环境质量的基本状况，全面掌握生态环境变化的特点和规律，系统地获取近年来"两屏三带"国家生态安全屏障生态环境基础数据和资料，分析生态服务功能态势及生态屏障效益，总结各个地区生态问题的特征与变化规律，对加强我国生态建设，保障区域生态安全，促进区域可持续发展具有重要意义。

第2章 屏障区生态环境问题及十年变化评估

中国是世界上生态脆弱区分布面积最大、脆弱生态类型最多、生态脆弱性表现最明显的国家之一，存在土地退化（土壤侵蚀、沙漠化、石漠化）、草地退化、森林退化、湿地退化等多重生态问题。"两屏三带"国家生态安全屏障在我国生态安全保障中具有重要地位，一方面，自然灾害和全球气候变化对该地区生态环境威胁在不断加大，另一方面，尽管国家对生态环境建设和改善的投入不断增加，但经济建设和资源开发对生态环境影响不断增大。其中青藏高原生态屏障带由于人口增加和不合理的生产经营活动极大地加速了生态系统退化，表现为草地严重退化、局部地区出现土地沙化，水源涵养和生物多样性维护功能下降，严重地威胁下游社会经济可持续发展和生态安全；黄土高原生态屏障带生态脆弱以及过度开垦和油、气、煤资源开发导致生态系统质量低、水土保持功能低等生态问题，表现为坡面水土流失和沟蚀严重，河道与水库淤积严重，影响黄河中下游生态安全；川滇生态屏障带森林资源过度利用，原始森林面积锐减，次生低效林面积大，生物多样性受到不同程度的威胁，水土流失和地质灾害严重；东北森林带中自然森林已受到较严重的破坏，毁林、毁湿地、开垦造地和大规模超采、滥伐现象严重，水源涵养生态功能下降，出现不同程度的生态退化现象；北方防沙屏障带中过度放牧与不合理的草地开发利用导致草场退化与盐渍化问题突出，土地沙漠化面积大，成为沙尘暴的重要源区，对我国东北和华北地区生态安全构成严重威胁；南方丘陵山地带中部分典型区域毁林毁草开荒带来的生态系统退化问题突出，表现为植被覆盖度低、水土流失严重、石漠化面积大、干旱缺水等。

本章利用遥感数据、地面实测数据、各种统计资料等，探讨国家屏障区主要生态环境问题空间分异规律，辨识全国各类生态环境问题严重区域，评估其变化趋势对国家生态安全格局的影响。

2.1 数　据　源

本书的研究采用遥感解译获得的 2000 年、2005 年和 2010 年三期全国土地覆盖与生态系统分类产品、全国地表生态参数反演产品、生态系统定位监测站的长期监测数据以及基础地理信息与环境背景数据（表 2-1 ~ 表 2-3）。

表 2-1　全国地表生态遥感反演参数

名称	分辨率/m	时相	来源
植被覆盖度	250	2000~2010 年全国逐月数据	中国科学院遥感与数字地球研究所
生物量	250	2000~2010 年全国逐月数据	中国科学院遥感与数字地球研究所
基岩裸露率	250	2000 年、2005 年、2010 年，长江以北 6~9 月	基于土地覆盖产品计算
风蚀地或流沙面积	250	2000 年、2005 年、2010 年，长江以北 6~9 月	基于土地覆盖产品计算
生态系统/土地覆盖类型	30	2000 年、2005 年、2010 年	中国科学院遥感与数字地球研究所
生态系统/土地覆盖面积	30	2000 年、2005 年、2010 年	中国科学院遥感与数字地球研究所

表 2-2　地面调查数据

采样方式	区域	数据项	来源
长期观测站	全国	典型土地退化参数	中国科学院网络台站
全国地面生态调查	全国	植被覆盖度	项目实施管理办公室
长期观测站	全国	生态系统生物量	中国科学院网络台站
长期观测站	全国	空气温度、风速、月降雨量、年降雨量、多年均产流降雨量	中国气象局

表 2-3　基础地理信息和环境背景数据

名称	来源
1:25 万数字高程（DEM）	中国科学院地理科学与资源研究所/美国地质调查局
1:100 万全国数字化土壤图	中国科学院地理科学与资源研究所地球系统科学信息共享中心
1:100 万地质图	中国地质科学院
1:100 万全国湖泊与水库	中国科学院地理科学与资源研究所地球系统科学信息共享中心
1:100 万全国沙漠化分布图	国家林业局
1:100 万全国石漠化分布图	国家林业局
1:100 万全国土壤侵蚀分布图	水利部

2.2　水土流失十年变化评估

水土流失是世界性的生态环境问题，对全世界范围内的农作物产量，土壤结构和水质产生负面影响，多发生在山区、丘陵区。它使土地退化，生产力下降，生态环境恶化，由此产生的大量泥沙淤塞江河湖泊，加剧洪水灾害，影响和制约区域经济和可持续发展。中国是世界上水土流失最严重、危害最大、分布范围最广的国家之一。2005 年，水利部、中国科学院和中国工程院联合开展了"中国水土流失与生态安全综合科学考察"，考察结果表明，我国土壤侵蚀包括水蚀、风蚀和冻融侵蚀等主要类型，总面积达 484.74 万 km^2，占土地总面积的 51.1%。截至 2000 年年底，轻度、中度、强度、极强度和剧烈各级别水土流失的面积分别为 163.84 万 km^2、80.86 万 km^2、42.23 万 km^2、32.42 万 km^2 和 37.57 万 km^2，分别占水土流失总面积的 45.9%、22.7%、11.8%、9.1% 和 10.5%。严重的水土流失给我国造成的经济损失约相当于 GDP 总量的 3.5% 。我国山区、丘陵区面积约占国土总面积的 2/3，大部分面积都有水土流失发生，国家生态屏障区也都存在着水土流失，尤其严重区域位于黄土高原生态屏障带和南方丘陵山地屏障带。

因此，本书利用水土流失评价模型（RUSLE 模型）来定量分析近 10 年来全国尺度上"两屏三带"的水土流失状况，并在此基础上，对黄土高原生态屏障带和南方丘陵山地屏障带两个水土流失严重区域进行更加精细化的计算，以掌握"两屏三带"水土流失的时空动态变化特征，为治理水土流失提供一定的科学依据。

2.2.1　水土流失评价模型

定量估计土壤侵蚀量和分析土壤侵蚀的空间分布特征是水土流失治理和水土保持宏观决策的关键。根据建模方法不同，土壤侵蚀模型可分为经验模型和物理模型。物理模型如地中海区域的 SEMMED、荷兰的 LISEM、欧洲的 EUROSEM、美国的 WEPP 等，但由于此类模型涉及众多参数，实用性受到一定限制。经验模型应用最为广泛的是美国农业部创立的通用土壤流失方程（USLE）及修正版 RUSLE 模型。例如 Gallant 等利用 RUSLE 进行澳大利亚片蚀和沟蚀的定量预测和制图，Reich 等利用 USLE 模型完成全球尺度土壤侵蚀的定量分析，李天宏等利用 RUSLE 模型分析延河流域 2001～2010 年土壤侵蚀动态变化，并使用杏河水文站实测的泥沙数据，验证了模型的有效性。

因此，本书采用 RUSLE 模型计算全国范围内近十年的土壤侵蚀量，分析全国土壤侵蚀近十年的动态特征。公式如下：

$$A = R \times K \times LS \times C \times P \qquad (2\text{-}1)$$

式中，A 为土壤侵蚀量 $[t/(hm^2 \cdot a)]$；R 为降雨侵蚀力 $[MJ \cdot mm/(hm^2 \cdot h \cdot a)]$；$K$ 为土壤可侵蚀性；LS 为地形因子（坡长、坡度）；C 为植被覆盖因子；P 为管理因子。

（1）降雨侵蚀力（R）

降雨侵蚀力是由降雨引起土壤侵蚀的潜在能力，是一项客观评价由降雨所引起土壤分离和搬运的动力指标。精确估算降雨侵蚀力的方法是根据拟定的降雨侵蚀力指标，计算一定时期内全部侵蚀性次降雨的侵蚀力，但由于很难获得所必需的次降雨过程资料，因此一般建立降雨侵蚀力简易算法，即利用气象站常规降雨统计资料如日雨量、月雨量、年雨量或其他雨量参数来估算侵蚀力。在国家生态屏障、黄土高原生态屏障带及南方丘陵山地屏障带采用不同的方法进行计算。

在全国范围内降雨侵蚀力因子采用 Fouriner 指数，公式如下：

$$R = 4.17 \times \sum_{i=1}^{12} \frac{j_i^2}{J} - 152 \qquad (2\text{-}2)$$

式中，j 为月降水量（mm）；J 为年降水量（mm）；i 为月份。

从图 2-1 可知，国家屏障区中降雨侵蚀力最高达约 14 600 MJ·mm/(hm² · h · a)，最低至 24 MJ·mm/(hm² · h · a) 左右。严重区域集中于南方丘陵山地屏障带的中部和东部、东北森林屏障带的东南端长白山脉、黄土高原—川滇生态屏障带的中部及西北端。

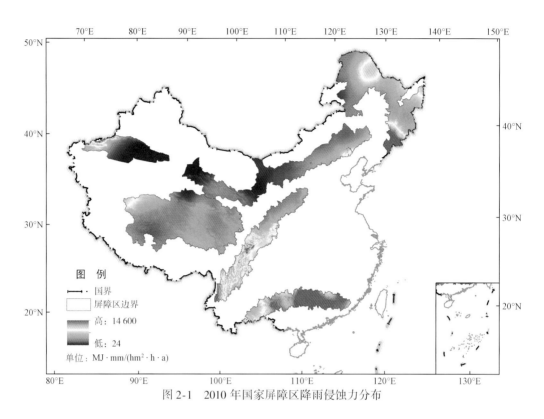

图 2-1　2010 年国家屏障区降雨侵蚀力分布

在黄土高原生态屏障带，降雨侵蚀力因子采用 Wischmeier 等提出的利用各月降雨量推求的经验公式，并经验证该模型在黄土高原具有较好的适宜性，计算公式为

$$R = \sum_{i=1}^{12} 1.735 \times 10^{1.5} \log_{10} \left[(p_i^2/p) - 0.081\,88 \right] \tag{2-3}$$

式中，R 为降雨侵蚀力因子 $\left[\text{MJ} \cdot \text{mm}/(\text{km}^2 \cdot \text{h} \cdot \text{a}) \right]$；$p$ 为年降雨量（mm）；p_i 为月降雨量（mm）；i 为月份。

（2）土壤可蚀性（K）

土壤可蚀性是表征土壤性质对侵蚀敏感程度的指标，本书采用 Williams 模型估算方法，基于 1∶100 万土壤类型图，根据其不同土壤类型含量和有机质含量计算得到 K 因子。计算公式为

$$K = \left(0.2 + 0.3\exp\left[-0.0256\text{SAN}\left(1 - \frac{\text{SIL}}{100}\right)\right]\right) \left(\frac{\text{SIL}}{\text{CLA} + \text{SIL}}\right)^{0.3} \left[1 - \frac{0.25C}{C + \exp(3.72 - 2.95C)}\right]$$
$$\times \left[1 - \frac{0.7\text{SNI}}{\text{SNI} + \exp(-5.51 + 22.9\text{SNI})}\right] \times 0.1317 \tag{2-4}$$

式中，SAN、SIL 和 CLA 分别是砂粒、粉粒和黏粒含量（%），C 为土壤有机碳含量（%），SNI$=1-$SAN$/100$。

从图 2-2 可知，国家屏障区土壤可蚀性最高区域位于黄土高原生态屏障带、塔里木防沙屏障带北部，其次是东北森林屏障带、河西走廊防沙屏障带、青藏高原生态屏障带、南方丘陵山地屏障带和内蒙古防沙屏障带。最低区域位于塔里木防沙屏障带南部的塔里木沙

漠、内蒙古防沙屏障带的中部和北部沙地区域。

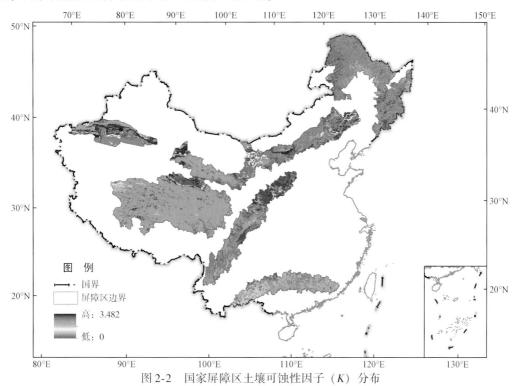

图 2-2 国家屏障区土壤可蚀性因子（K）分布

（3）地形因子（LS）

地形是导致土壤侵蚀发生的直接诱导因子，坡长、坡度因子（L、S）反映了地形坡长和坡度对土壤侵蚀的影响。在区域尺度上基于 GIS 提取坡长坡度因子是应用 RUSLE 模型的难点问题之一。目前已有许多方法或模型来解决这一问题，本研究采用 Van Remortel 开发的用于计算坡度模型 RUSLE_ PC. AML 提取坡长，该模型坡度提取的采用栅格累积法（raster grid cumulation）。该模型中坡度的提取是采用最大坡度法，相对于美国土壤侵蚀研究中的坡度，我国土壤侵蚀研究中坡度一般较陡，不宜直接采用美国的坡度算法，应该采用分段算法。坡度因子采用 Liu 等（1994）提出的坡度公式提取，具体公式如下：

$$S = \begin{cases} 10.8\sin\theta + 0.03 & \theta < 5° \\ 16.8\sin\theta - 0.50 & 5° \leqslant \theta < 10° \\ 21.9\sin\theta - 0.96 & \theta \geqslant 10° \end{cases} \quad (2-5)$$

式中，S 为坡度因子；θ 为坡度值（°）。

从图 2-3 可知，坡长最短区域位与土壤可蚀性因子最低区域较为一致，坡长较长区域位于川滇生态屏障带和青藏高原生态屏障带的西北部，坡长中等区域主要位于东北森林屏障带、南方丘陵山地屏障带及河西走廊防沙屏障带。

从图 2-4 可知，塔里木防沙屏障带南部、河西走廊防沙屏障带西北端、内蒙古防沙屏障带、青藏高原西部及东北森林屏障带中部区域坡度较低，坡度较高区域集中在川滇生态屏障带与青藏高原生态屏障带西北部。

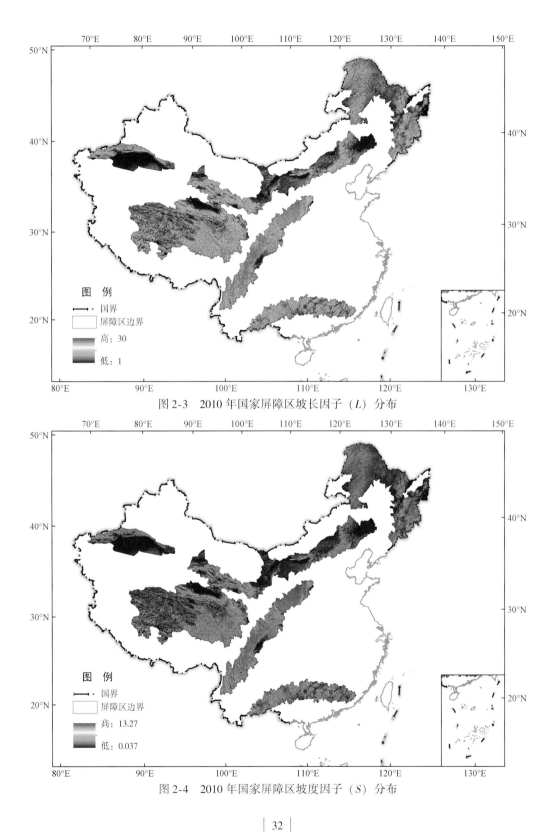

图 2-3　2010 年国家屏障区坡长因子（L）分布

图 2-4　2010 年国家屏障区坡度因子（S）分布

（4）植被覆盖因子（C）

植被覆盖因子（C）因子是评价植被因素抵抗土壤侵蚀能力的重要指标，指在相同的土壤、坡度和降雨条件下，有特定植被覆盖或田间管理的土地上的土壤流失量与实施清耕、无覆盖裸露休闲地上的土壤流失量之比，取值范围为 0~1，无量纲，C 值越大说明所对应土地利用类型的土壤侵蚀越严重。

在全国尺度上，森林、灌丛和草地生态系统 C 因子见表 2-4。

表 2-4　森林、灌丛和草地生态系统植被覆盖（C）因子

生态系统类型	植被覆盖度/%					
	<10	10~30	30~50	50~70	70~90	>90
森林	0.10	0.08	0.06	0.02	0.004	0.001
灌丛	0.40	0.22	0.14	0.085	0.040	0.011
草地	0.45	0.24	0.15	0.09	0.043	0.011

农田生态系统（旱地、园地）C 因子采用刘秉正提出的，公式如下：

$$C = 0.221 - 0.595 \lg c' \tag{2-6}$$

式中，c' 为小数形式的植被覆盖度。

湿地（含水田）、荒漠和城市生态系统 C 因子参考 N–SPECT 中使用的 C 值表，将湿地（含水田）、荒漠和城市生态系统的 C 因子分别赋值 0、0.7、0.001。

从图 2-5 可看出，植被覆盖因子（C）低值区域位于东北森林屏障带、南方丘陵山地

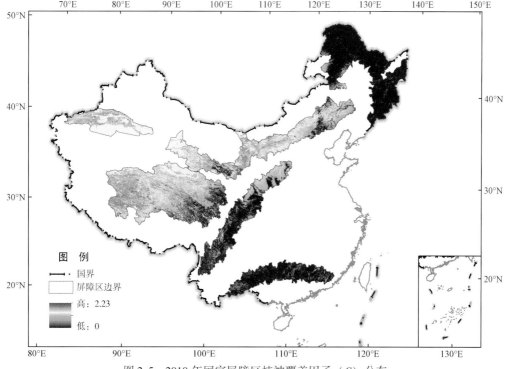

图 2-5　2010 年国家屏障区植被覆盖因子（C）分布

屏障带及川滇生态屏障带，中值区域处于青藏高原生态屏障带的东部、河西走廊防沙屏障带东南及内蒙古防沙屏障带东北部，高值区域处于塔里木防沙屏障带、青藏高原生态屏障带西部、河西走廊西北部及内蒙古防沙屏障带西北部。

经过验证，植被指数与植被覆盖度具有较好的相关性，基于 NDVI 计算植被覆盖度具有一定的适应性。本书利用蔡崇法等的 C 值计算公式计算黄土高原生态屏障带和南方丘陵山地屏障带的植被覆盖因子，计算公式如下：

$$f = \frac{NDVI - NDVI_{min}}{NDVI_{max} - NDVI_{min}} \tag{2-7}$$

$$C = \begin{cases} 1 & f = 0 \\ 0.6508 - 0.3436 \ln f & 0 < f \leq 78.3\% \\ 0 & f > 78.3\% \end{cases} \tag{2-8}$$

式中，C 为植被因子；f 为植被覆盖度；NDVI 为归一化植被指数；$NDVI_{max}$、$NDVI_{min}$ 分别为归一化植被指数的最大值、最小值。

（5）水土保持因子（P）

水土保持因子（P）为管理因子，在大流域尺度上，水土保持措施难以用土地利用图反映出来。在全国水土保持工作中，采用如下公式计算：

$$P = 0.2 + 0.03\alpha \tag{2-9}$$

式中，α 为坡度。

按照中国水利部颁布的《土壤侵蚀分类分级标准（SL190—96）》，对全国的水土流失评价结果进行分级，将平均侵蚀模数划分为 6 级，分别为微度、轻度、中度、强度、极强度和剧烈 6 个不同等级。并进一步将南方丘陵山地屏障带的六级分类合并为微度、轻度、中度、重度（强度、极强度）与极重度 5 个等级。分级标准见表 2-5。

表 2-5　全国土壤侵蚀强度分级标准表　　　　［单位：$t/(km^2 \cdot a)$］

级别	平均侵蚀模数		
区域	西北黄土高原区	东北黑土区/北方土石山区	南方红壤丘陵区/西南土石山区
微度	<1 000	<200	<500
轻度	1 000 ~ 2 500	200 ~ 2 500	500 ~ 2 500
中度	2 500 ~ 5 000		
强度	5 000 ~ 8 000		
极强度	8 000 ~ 1 500		
剧烈	>15 000		

2.2.2　国家屏障区近十年总体土壤侵蚀

从全国土壤侵蚀总体空间分布看，我国土壤侵蚀总体分布是中部土壤侵蚀强度大，西部和东部地区土壤侵强度较轻。土壤侵蚀重点区域位于黄土高原、太行山地、三峡库区、南方红壤丘陵区、西南喀斯特地区和川滇干热河谷等地带。

从生态屏障区总体土壤侵蚀面积看，国家生态屏障区整体以轻度和微度土壤侵蚀为主（图 2-6）。2010 年，轻度土壤侵蚀所占比例为 58.1%，其次是微度和中度土壤侵蚀，其所占比例分别为 21.1% 和 7.4%，剧烈、强度和极强度土壤侵蚀所占比例较小。

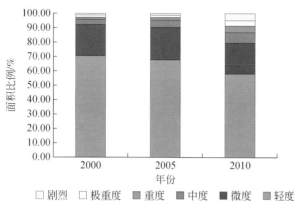

图 2-6 国家屏障区整体土壤侵蚀等级面积比例图

从生态屏障区总体土壤侵蚀面积变化分析，国家屏障区轻度土壤侵蚀面积近 10 年呈持续下降态势，其面积从 2000 年的 2 202 904km² 下降到 2010 年的 1 800 590 km²，降低了 402 314 km²，减幅达 18.2%（表 2-6）。微度土壤侵蚀面积呈现先增后减趋势，2000 年微度土壤侵蚀面积 666 629 km²，2005 年微度土壤侵蚀面积 705 447 km²，2010 年微度土壤侵蚀面积 653 834 km²，十年期间共减少了 12 795 km²，减幅为 1.9%。中度及中度以上土壤侵蚀类型面积近 10 年来均呈不断增长态势，中度、强度、极强度和剧烈土壤侵蚀类型面积分别增加了 126 362 km²、90 977 km²、86 420 km² 和 95 361 km²。

表 2-6 国家屏障区土壤侵蚀强度分布统计表 （单位：km²）

年份	屏障区	微度	轻度	中度	强度	极强度	剧烈
2000	青藏高原生态屏障带	413 589	392 062	61 551	27 884	21 123	15 014
	黄土高原—川滇生态屏障带	314 300	32 493	11 350	7 505	12 555	31 264
	北方防沙屏障带	620 641	207 940	24 268	8 235	5 803	2 293
	东北森林屏障带	602 258	12 127	160	30	14	8
	南方丘陵山地屏障带	252 116	22 007	7 854	3 423	2 209	1 148
2005	青藏高原生态屏障带	298 128	439 887	104 204	40 376	26 170	14 448
	黄土高原—川滇生态屏障带	315 571	34 152	14 879	8 162	10 713	25 867
	北方防沙屏障带	621 811	196 575	24 609	9 704	7 052	3 535
	东北森林屏障带	594 536	18 984	892	85	24	19
	南方丘陵山地屏障带	261 255	15 849	6 019	2 834	1 849	950
2010	青藏高原生态屏障带	200 330	342 787	135 380	87 228	85 833	71 542
	黄土高原—川滇生态屏障带	264 598	34 642	32 750	18 257	15 085	44 095
	北方防沙屏障带	491 498	242 385	53 877	27 456	21 976	24 240
	东北森林屏障带	587 486	24 110	2 084	442	247	150
	南方丘陵山地屏障带	256 678	9 910	7 454	4 671	4 983	5 061

从各屏障带不同土壤侵蚀强度分析，2010年青藏高原生态屏障带土壤侵蚀类型以微度和轻度为主，中度及中度以上侵蚀较少；黄土高原生态屏障土壤侵蚀以中度及中度以上为主；川滇生态屏障带以微度和剧烈土壤侵蚀为主；东北森林屏障带几乎全为微度侵蚀，只有极少部分地区轻度侵蚀；北方防沙屏障带以微度土壤侵蚀为主，其次是轻度土壤侵蚀，中度土壤侵蚀分布较少；南方丘陵山地屏障带土壤侵蚀以微度为主，部分地区出现中度土壤侵蚀（图2-7）。

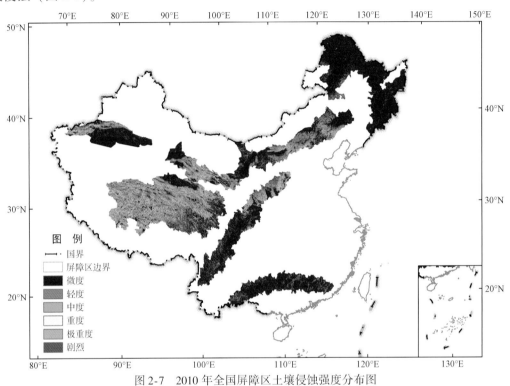

图2-7　2010年全国屏障区土壤侵蚀强度分布图

2.2.3　黄土高原生态屏障带土壤侵蚀

黄土高原生态屏障带地处半湿润区向干旱和半干旱区过渡带，由于脆弱的自然环境加之人类长期高强度的干扰，使得土壤侵蚀问题非常突出，平均侵蚀模数在5000~10 000t/km^2，是我国乃至世界上水土流失最严重、土壤侵蚀规律最复杂的地区之一。严重的土壤侵蚀不仅导致土地退化，同时还给区域生态环境造成灾害，直接影响区域生态系统的服务功能和社会经济的可持续发展。黄土高原地区的生态退化及其治理是一直颇受关注的问题，掌握该区域土壤侵蚀量的动态变化对指导水土保持措施优化配置、水土资源保护和可持续利用具有重要意义。

本书研究采用遥感动态监测，利用修正RUSLE模型评估了黄土高原生态屏障带2000~2010年土壤侵蚀动态变化状况。结果表明：从土壤侵蚀面积来看，2000年黄土高原生态屏障带微度土壤侵蚀面积最大，所占比例高达50.6%；其次是剧烈土壤侵蚀类型、极强度土壤侵蚀和中度土壤侵蚀，其所占比例分别为 14.4%、10.8% 和 10.1%；强度和轻度所占比例较小，分别为 7.8% 和 6.3%（图 2-8）。同 2000 年相比，2005 年黄土高原生态屏障带的土壤侵蚀状况明显好转，中度以上级别的侵蚀面积明显减少，微度和轻度侵蚀的面积明显增加；2010 年黄土高原生态屏障带的土壤侵蚀状况进一步改善，极强烈侵蚀和剧烈侵蚀区域明显减少。

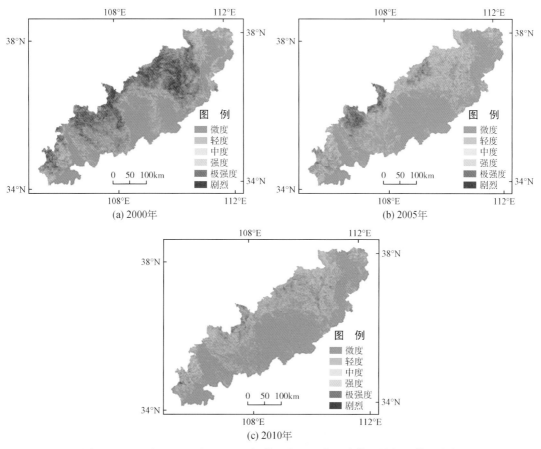

图 2-8 2000 年、2005 年和 2010 年黄土高原生态屏障带土壤侵蚀等级分布

从时间尺度分析，微度侵蚀面积近 10 年总体呈增长态势，净增长 25 563.75km^2，年平均以 2556.37km^2/a 速率递增，所占比例增加了 21.96%，增幅高达 43.44%；轻度侵蚀面积在 2000～2005 年增加 679km^2，在 2005～2010 年减少 266.63km^2，总体而言，轻度土壤侵蚀面积增加了 412.37 km^2，年平均增长速率为 41.24km^2/a，所占比例增加了 0.35%，增幅为 5.66%；中度土壤侵蚀、强度土壤侵蚀、极强度土壤侵蚀及剧烈土壤侵蚀面积均成下降趋势，其中剧烈侵蚀减少的面积最大；中度侵蚀面积所占比例由 2000 年 10.1% 下降到 2010 年的 8.8%，所占比例降低了 1.3%，其面积减少了 1533.65km^2，减幅达 13.06%；强度侵蚀面积所占比例下降了 2.76%，面积减少了 3215.6km^2，减幅达 35.22%；极强度侵蚀面积所占比例下降了 6.20%，面积减少了 7208.16km^2，减幅达 57.18%；剧烈侵蚀所

占面积比例下降了12.04%，减少了14 005.8km²，减幅达83.65%（图2-9）。

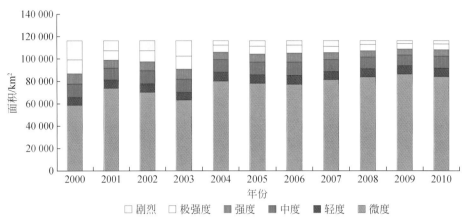

图2-9 2000～2010年黄土高原屏障区土壤侵蚀不同强度面积

由以上分析可知，黄土高原生态屏障带从2000～2010年轻度及微度侵蚀面积与所占比例不断上升，且增幅大，中度及中度以上侵蚀面积与所占比例均在下降，且降幅大。整体上，黄土高原生态屏障带土壤侵蚀在明显减弱，从侵蚀范围上呈现中度侵蚀、强度侵蚀、极强度侵蚀和剧烈侵蚀向微度及轻度侵蚀转移的迹象。

2.2.4 南方丘陵山地屏障带土壤侵蚀

南方丘陵山区地处热带、亚热带范围，水热条件良好，自然资源丰富。但由于地形复杂、生态系统多样性易遭到破坏以及工程建设与城镇化造成植被覆盖破坏，使得水土流失问题日益严重，目前已成为仅次于黄土高原的严重流失区。据调查，红黄壤地区的水土流失面积达61.58万km²。土壤流失破坏了大量的土壤资源和土地资源，流失的泥沙抬高了河床、淤积水库、淹没农田，并导致水、涝、沙、旱灾害的发生，严重影响了区域可持续发展。因此，了解南方丘陵山区土壤侵蚀状况对水土保护、生态环境恢复、合理的土地利用具有重要意义。

（1）土壤侵蚀强度格局

本书研究采用遥感动态评估了南方丘陵山区地屏障带2000～2010年土壤侵蚀动态变化状况。结果表明：从土壤侵蚀面积来看，2010年南方丘陵山地屏障带土壤侵蚀以微度为主，所占比例为85.67%，其次是轻度土壤侵蚀，所占比例达11.1%。虽然中度、重度、极重度所占比例不高，但对区域生态环境具有重要的影响（图2-10）。

从土壤侵蚀面积变化看，微度、重度和极重度侵蚀面积在近十年间均有不同程度的减少，其中微度侵蚀面积从2000年的248 605 km²降低到2010年的248 385 km²，减幅不到0.1%；重度土壤侵蚀先减后增，由2000年的3082 km²减少到2010年的3060 km²，减少了22 km²；极重度侵蚀持续减少，但幅度很小，减幅不到1%；轻度和中度侵蚀面积均是先减少后增加，近十年期间分别增加了195 km²、63 km²，增幅分别为0.6%、1.5%。从空间分布看，南方丘陵山地屏障带东西部存在较明显的差异，水土流失严重区域集中于西部，东部基本属于微度土壤侵蚀（表2-7）。

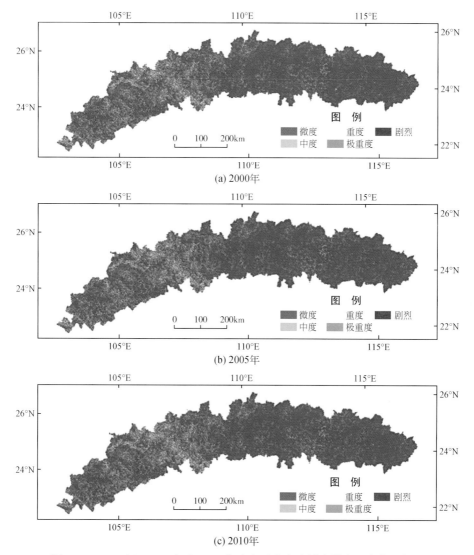

图 2-10 2000 年、2005 年和 2010 年南方丘陵山地屏障带水土流失强度图

表 2-7 南方丘陵山地屏障带不同土壤侵蚀等级面积统计表 （单位：km²）

年份	微度	轻度	中度	重度	极重度
2000	248 605	32 185	4 250	3 082	1 804
2005	248 992	31 899	4 189	3 056	1 790
2010	248 385	32 380	4 313	3 060	1 788

（2）土壤侵蚀强度转移

从不同水土流失强度面积的转移看，研究区西部动态较东部大。其中，云南省所在区域侵蚀强度下降最为明显，而广西、贵州侵蚀强度上升的区域较为集中，其次是广东省所在区域。从时间序列比较，2000～2005年和2005～2010年两个阶段，前5年侵蚀强度变化的区域分布相对集中，后5年分布的集中度下降，且侵蚀强度下降和增加的区域面积均有所减少（图2-11）。

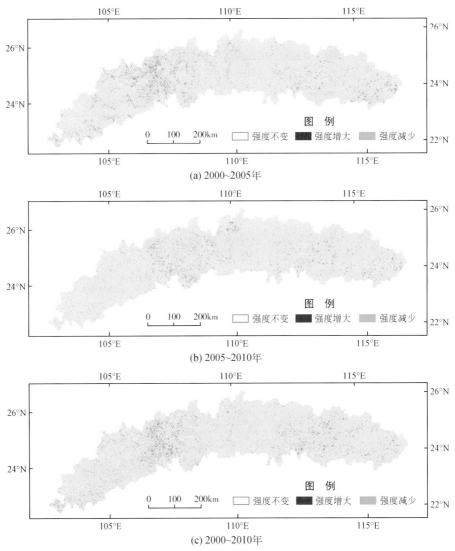

图 2-11　南方丘陵山地屏障带土壤侵蚀强度变化

从土壤侵蚀等级变化面积的绝对值看，集中在微度—轻度和中度—重度，其他等级之间的相互转化的面积相对较少，最为明显是2000～2005年有大面积极重度土壤侵蚀转变为中度侵蚀，转移面积为3612km²。由此可见，区域土壤侵蚀状况在逐渐改善（表2-8）。

表 2-8 不同水土流失强度面积转移矩阵 （单位：km²）

时段	等级	微度	轻度	中度	重度	极重度
2000～2005 年	微度	246 585	1 962	24	34	0
	轻度	2 363	29 485	17	320	0
	中度	24	429	184	3 612	0
	重度	16	7	2 770	219	72
	极重度	4	4	73	4	1 718
2005～2010 年	微度	247 017	1 906	11	52	6
	轻度	1 286	30 187	54	359	1
	中度	43	33	2 832	106	54
	重度	34	206	154	3 792	3
	极重度	5	1	61	2	1 721
2000～2010 年	微度	245 867	2 679	7	50	2
	轻度	2 457	29 154	51	523	0
	中度	26	481	262	3 480	0
	重度	29	15	2 685	254	101
	极重度	6	4	107	4	1 682

2.3 沙漠化十年变化评估

沙漠化是干旱、半干旱及部分半湿润地区由于人地关系不相协调所造成的以风沙活动为主要标志的土地退化，是自然、人文因素共同作用的结果，具有复杂性、可逆性以及不确定性等多重特征。它是荒漠化的类型之一，作为极其重要的环境和社会经济问题正困扰着当今世界，在全球干旱和半干旱区造成土地资源丧失和生存环境恶化，引发社会经济问题和一些国家的社会动荡与政局不稳，威胁着人类的生存和发展。中国是世界上沙漠化面积大、范围广、危害重的国家之一。截至 2014 年年底，我国荒漠化土地面积达到 261. 16 万 km²，占国土总面积 27. 2%。其中轻度荒漠化土地面积 74. 93 万 km²，占全国荒漠化土地总面积的 28. 69%；中度荒漠化土地面积 92. 55 万 km²，占 35. 44%；重度荒漠化土地面积 40. 21 万 km²，占 15. 40%；极重度荒漠化土地面积 53. 47 万 km²，占 20. 47%。沙漠化土地分布在我国的西北干旱区和青藏高原北部，降水稀少、蒸发强烈、极端干旱的地区，尤以贺兰山以东的半干旱区分布更为集中，涉及的省级行政区包括内蒙古、宁夏、甘肃、新疆、青海、西藏、陕西、山西、河北、吉林、辽宁、黑龙江等。根据国家林业局的统计，据估计 20 世纪末中国沙漠化造成的直接经济损失每年约为 1281. 41 亿元，占当年全国GDP 的 1. 41%，严重沙漠化正威胁着我国生态安全和经济的可持续发展。北方防沙屏障带作为我国的生态安全屏障之一，在我国生态安全战略格局中具有重要的地位。过去的十年是北方防沙屏障带生态环境受人类活动干扰强度最大的时期，经济建设和资源开发对生态环境影响不断增大，自然灾害和全球气候变化对生态环境威胁不断加大，国家对生态环境建设和改善的投入不断增加。因此，了解和掌握十年来北方防沙屏障带沙漠化动态变化对其治理及其防治具有重要的意义。本书利用沙漠面积和沙化程度两种指标探讨了北方防沙屏障带沙漠化动态变化规律。

2.3.1 基于沙漠面积的北方防沙屏障带沙漠动态变化

本书研究利用中国科学院生态环境研究中心全国生态环境十年变化评估数据库系（http：//wps1. gscloud. cn/index. shtml）提供的 2000 年、2005 年和 2010 年三期 30m 分辨率土地覆被栅格数据，利用 ArcGIS 提取北方防沙屏障带沙漠化土地覆被数据，并对其进行动态分析，结果如下（图 2-12）。

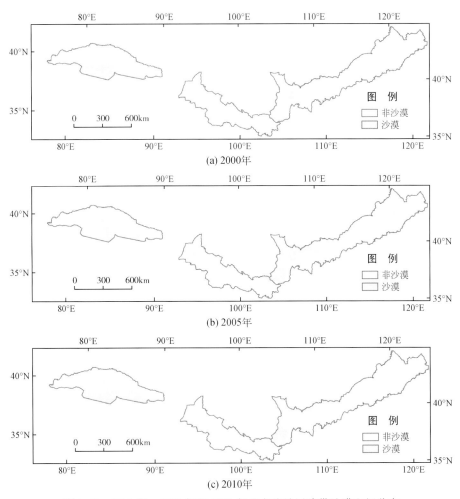

图 2-12　2000 年、2005 年和 2010 年北方防沙屏障带沙漠空间分布

从北方防沙屏障带沙漠分布面积看，塔里木防沙屏障带与内蒙古防沙屏障带沙漠面积占北方防沙屏障带沙漠总面积的 94% 左右，其中塔里木防沙屏障带占一半以上，约 54%，其次是内蒙古防沙屏障带、河西走廊防沙屏障带。2000～2010 年，北方防沙屏障带沙漠面积整体下降，减少了 733km²，减幅为 0.56%，其中塔里木防沙屏障带沙漠面积先减少后增加，总体减少了 29.6km²，减幅为 0.04%；内蒙古防沙屏障带与河西走廊防沙屏障带沙漠面积一直呈下降趋势，前者减少 666.6km²，减幅为 1.32%，后者减少了 36.8km²，减幅为 0.42%（表 2-9）。

表 2-9 北方防沙屏障带沙漠面积分布

年份	项目	塔里木防沙屏障带	河西走廊防沙屏障带	内蒙古防沙屏障带	合计
2000	面积/km²	70 392.7	8 717.6	50 299.9	129 410.1
	百分比/%	54.4	6.7	38.9	100
2005	面积/km²	70 284.3	8 709.1	49 914.3	128 907.8
	百分比/%	54.5	6.8	38.7	100
2010	面积/km²	70 363.1	8 680.8	49 633.3	128 677.1
	百分比/%	54.7	6.7	38.6	100

注：因简化取值，合计与各项加和可能略有出入。

从北方防沙屏障带沙漠分布空间特征看，塔里木防沙屏障带沙漠几乎分布在南部，为塔克拉玛干沙漠，其余地区沙漠分布很少。河西走廊防沙屏障带沙漠主要分布在西北角与东南角，为甘新库姆塔克沙漠，中部零星分布少许。内蒙古防沙屏障带沙漠主要分布在西南区域，少量分布在东北地区，自西向东依次为腾格里沙漠、乌兰布和沙漠、巴丹吉林沙漠、库布齐沙漠、毛乌素沙地、浑善达克沙地和科尔沁沙地。

其中，科尔沁沙地是中国北方半干旱农牧交错带的典型区域，也是沙漠化比较严重的地区之一。研究表明，20 世纪 50 年代末至 70 年代中期是科尔沁沙地沙漠化扩展速度最快的一个时期，从 70 年代中期到 80 年代后期，沙漠化土地继续呈快速增长之势；90 年代至 2000 年，沙漠化呈现出逆转的趋势，由 1987 年的 61 008 km² 减少到 2000 年的 50 142 km²，减少了 10 866 km²；2000～2010 年，沙漠化土地总体呈逆转的趋势，沙漠化总面积减少了 1563.24km²，且从严重沙漠化土地向轻度沙漠化土地逐级逆转。毛乌素沙地地处陕西、内蒙古、宁夏的交界地带，位于我国农牧交错带的西部；50～70 年代，沙漠化土地迅速发展，80 年代后进入逆转阶段，其中 50 年代沙漠化土地面积约为 12 900km²；70 年代中期为 41 110km²，80 年代后期减少到了 32 590km²，1993 年继续下降到 30 650km²。

2.3.2 基于沙化的北方防沙屏障带土地沙化程度变化

(1) 研究方法

土地沙化的评价采用土壤风蚀调查法，参考《沙化土地监测技术规程（GBT 24255—

2009）》国家标准，结合植被覆盖度、生物量和沙化土地状况来评价土地沙化程度，非沙化区沙化等级为无，其他分为轻度、中度、重度与极重度，具体标准见表2-10，其中，干旱、半干旱和亚湿润干旱地区的范围按表2-11中的划分标准执行。

表 2-10　土地沙化程度分级标准

沙化程度	主要特征
轻度	植被盖度≥40%（极干旱、干旱、半干旱区）或≥50%（其他气候类型区），基本无风沙流活动的沙化土地，或一般年景作物能正常生长、缺苗较少（一般少于20%）的沙化耕地
中度	植被盖度25%~40%（极干旱、干旱、半干旱区）或30%~50%（其他气候类型区），风沙流活动不明显的沙化土地，或作物长势不旺、缺苗较多（一般20%~30%）且分布不均的沙化耕地
重度	植被盖度10%~25%（极干旱、干旱、半干旱区）或10%~30%（其他气候类型区），风沙流活动明显或流沙纹理明显可见的沙化土地或植被盖度≥10%的风蚀残丘、风蚀劣地及戈壁，或作物生长很差、缺苗率≥30%的沙化耕地
极重度	植被盖度<10%的各类沙化土地（不含沙化耕地），包括植被盖度<10%的风蚀残丘、风蚀劣地及戈壁

表 2-11　气候类型的划分标准

气候类型	湿润指数（MI）
极干旱	<0.05
干旱	0.05~0.20
半干旱	0.20~0.50
亚湿润干旱	0.50~0.65
湿润	>0.65

注：湿润指数为降水量与蒸散发之比。

（2）结果分析

从沙地空间分布特征看，沙化土地主要集中在新疆的阿瓦提县、阿克苏市、沙雅县、尉犁县以及内蒙古的阿拉善左旗（图2-13）。极重度沙地主要分布在北方防沙屏障带的沙漠地区：塔里木防沙屏障带中塔克拉玛干沙漠、腾格里沙漠、乌兰布和沙漠、巴丹吉林沙漠、库布齐沙漠。重度沙化位于科尔沁沙地，中度和轻度沙化主要分布在浑善达克沙地。

从沙化土地面积看，2010年北方防沙屏障带以极重度沙化为主，占该屏障带总面积的84.4%，重度沙化面积占到12.6%，中度和轻度面积最小，分别占2%和1%。

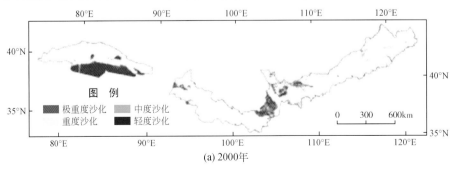

(a) 2000年

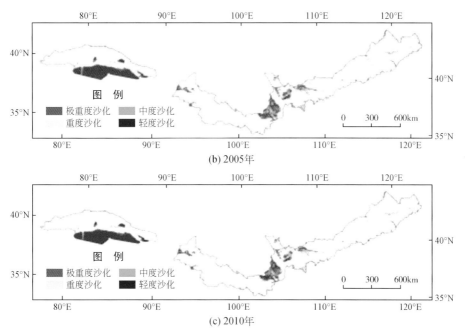

图 2-13 2000 年、2005 和 2010 年北方防沙屏障带土地沙化程度分布图

从沙地土地面积变化看，轻度和重度沙地面积增加，且均呈波动变化，轻度沙地面积从 2000 年的 1222km², 增加到 2005 年的 1689km², 净增加了 467km², 后减少到 2010 年的 1310km², 减少了 379km², 最终增加了 88km², 增幅为 7.2%。重度沙地面积由 2000 年的 9339km², 增加到 2010 年的 16 092km², 共增加了 6753km², 增幅为 72.3%。极重度和中度沙地面积呈波动减少。极重度由 2000 年的 113 699km² 减少到 2010 年的 10 7361km², 共减少了 6338km², 减幅为 5.6%，中度沙地由 2000 年的 2997km² 减少到 2010 年的 2495km², 共减少了 502km², 减幅达 16.8%（图 2-14）。

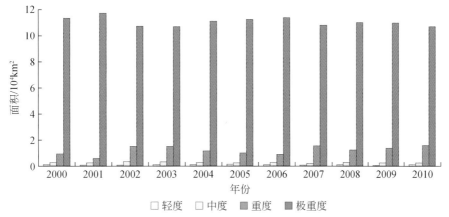

图 2-14 2000～2010 年北方防沙屏障带不同沙化等级面积分布

2.4　石漠化十年变化评估

石漠化是大气圈、水圈、岩石圈、生物圈和人为环境综合作用的产物，与北方荒漠化和黄土高原水土流失并列为中国三大土地退化问题之一。我国石漠化主要发生在以云贵高原为中心，北起秦岭山脉南麓，南至广西盆地，西至横断山脉，东抵罗霄山脉西侧的岩溶地区。行政范围涉及黔、滇、桂、湘、鄂、川、渝和粤等 8 省（区、市）463 个县，土地面积 107.1 万 km²，岩溶面积 45.2 万 km²。该区域是珠江的源头，长江水源的重要补给区，也是"两屏三带"重要生态屏障区，生态区位十分重要。石漠化是该地区最为严重的生态问题，影响着珠江、长江的生态安全，制约区域经济社会的可持续发展。本书利用遥感和地面调查数据，基于不同尺度分析南方丘陵山地屏障带石漠化空间分布、动态变化及演变类型。

2.4.1　研究方法

定量分析石漠化的动态演变过程，有助于客观认识石漠化、开展石漠化的综合治理。遥感是石漠化监测的主要手段。建立准确的石漠化土地分级指征及其卫星遥感影像特征是准确获取石漠化实际面积，提高石漠化土地监测与评价的基础和关键。不少学者结合研究区域的实际概况将石漠化土地划分为不同等级。分级指标有基岩裸露率、植被覆盖度、植被类型、退化率、坡度、平均土厚和植被加土被面积等，其中应用最为广泛的指标是植被覆盖度和基岩裸露率。

本书利用 2000 年、2005 年和 2010 年三期遥感数据，提取南方丘陵山地屏障带每期石漠化类型信息，选取基岩裸露率和植被覆盖度对石漠化土地进行分级，然后在此基础上利用空间分析和转移矩阵来比较和分析各期石漠化等级之间的变化情况。具体分级标准见表 2-12。

表 2-12　石漠化等级划分标准　　　　　　　　　　（单位:%）

石漠化等级	基岩裸露率	植被覆盖
无	<10	>75
轻度	>35	35～50
中度	>65	20～35
重度	>85	10～20
极重度	>90	<10

2.4.2　南方山地丘陵带石漠化变化分析

南方丘陵山地屏障带石漠化主要类型是喀斯特石漠化，它指在亚热带脆弱的喀斯特环境背景下，受人类不合理社会经济活动的干扰破坏，造成土壤严重侵蚀，基岩大面积出露，土地生产力严重下降，地表出现类似荒漠景观的土地退化过程。石漠化是在脆弱的生态地质环境的基础上，强烈的人类活动导致的产物，其本质是土地生产力退化。

（1）石漠化范围

根据 1∶50 万喀斯特区地质图，南方丘陵山地屏障带喀斯特地貌分布面积约为 10.31 万 km²，约占研究区面积 27%，是南方丘陵山地屏障带广泛分布的地貌类型。参照国家林业局 2006 年的岩溶地区石漠化状况监测结果，明确了喀斯特地貌和其中石漠化土地的空间范围。喀斯特地貌主要分布在南方丘陵山地屏障带的西部，东部喀斯特地貌主要集中在广东省西部的县级行政区（图 2-15）。其中，石漠化总面积约 3 万 km²，约占喀斯特地貌的 30%。

图 2-15　南方丘陵山地屏障带喀斯特地貌和石漠化范围图

（2）石漠化程度分析

石漠化现象在喀斯特岩溶区普遍存在，石漠化面积约占区域总面积的 30%，但不同严重程度的石漠化分布并不一致，并呈现出随机的空间分布态势。按不同等级石漠化面积排序，2000 年和 2005 年无石漠化>中度石漠化>重度石漠化>轻度石漠化>极重度石漠化，2010 年，无石漠化>中度石漠化>轻度石漠化>重度石漠化>极重度石漠化，相比较，在过去十年有大面积的重度石漠化经过改善转变为轻度石漠化。将轻度及以上石漠化等级视为石漠化土地，2000~2010 年，研究区以中度石漠化为主，极重度石漠化比例虽然最小，但其危害不容忽视（图 2-16）。

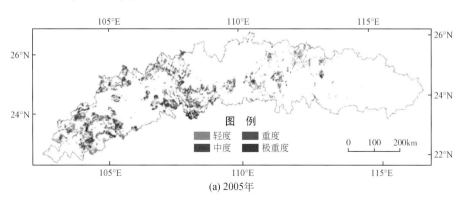

(a) 2005 年

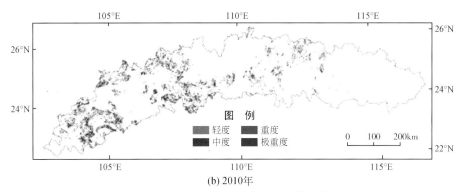

(b) 2010年

图 2-16 南方丘陵山地屏障带石漠化等级分布图

注：受数据来源限制，2000年石漠化仅有统计数据

2000～2010年，南方丘陵山地屏障带不同等级石漠化面积出现动态波动，其中轻度石漠化和中度石漠化面积在增加，分别从2000年的7743km²和9794km²增加到2010年的8485km²和10 309km²，其所占比例分别从2000的7.51%和9.5%提高到2010年的8.23%和10%。而重度和极重度石漠化面积波动降低，其面积分别从2000年的7970km²和1258km²降低到2010年的7589km²和1213km²，其所占比例分别从2000的7.73%和1.22%降低到2010年的7.36%和1.18%（表2-13）。

表 2-13 南方丘陵山地屏障带不同石漠化等级面积

年份	无石漠化		轻度石漠化		中度石漠化		重度石漠化		极重度石漠化	
	面积/万 km²	百分比/%	面积/万 km²	百分比/%	面积/万 km²	百分比/%	面积/万 km²	百分比/%	面积/万 km²	百分比/%
2000	7.6340	74.04	0.7743	7.51	0.9794	9.50	0.7970	7.73	0.1258	1.22
2005	7.2176	70.02	0.5848	5.67	1.2929	12.54	1.0151	9.85	0.1966	1.92
2010	7.5474	73.23	0.8485	8.23	1.0309	10.00	0.7589	7.36	0.1213	1.18

（3）石漠化演变类型

针对石漠化与潜在石漠化的发生发展趋势，石漠化演变类型可划分为顺向演变（石漠化土地生态状况改善）、稳定和逆向演变（石漠化生态状况恶化）三大类，具体如图2-17所示。

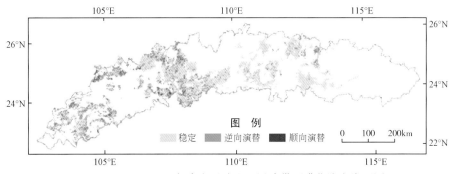

图 2-17 2005～2010年南方丘陵山地屏障带石漠化演变类型图

2005～2010 年，石漠化演变主要发生在研究区云南、贵州和广西的西部。其中，云南顺向演变石漠化土地相对集中，逆向演变在贵州相对明显，具体见表2-14。

表 2-14　石漠化等级转移矩阵　　　　　　　　　（单位：km²）

时段	等级	无石漠化	轻度	中度	重度	极重度
2005～2010 年	无石漠化	57 313	1 028	1 302	383	189
	轻度	1 492	3 552	682	83	3
	中度	2 672	2 748	6 828	493	122
	重度	1 841	972	1 317	5 695	303
	极重度	28	84	116	895	586

从转移矩阵看，2000～2005 年，石漠化顺向演变面积总计为 12 419 km²，占石漠化等级变化面积的73%；逆向演变总面积为 4591 km²，占石漠化等级变化面积的27%。可见，顺向演变是石漠化演变的主体，但逆向演变依然存在。

2.4.3　典型区域石漠化变化分析

裸岩的分布与石漠化具有很好的相关性，在一定程度上能够反映出石漠化的分布态势。本书选取南方丘陵山地屏障带裸岩分布集中的县市，利用中国科学院生态环境研究中心全国生态环境十年变化评估数据库系（http://wps1.gscloud.cn/index.shtml）提供的2000 年、2005 年和2010 年三期 30m 分辨率土地覆被栅格数据，利用 ArcGIS 软件提取南方丘陵山地带裸岩空间分布数据，并对其进行动态分析，以期进一步探讨石漠化空间分异规律，结果表明：

南方丘陵山地带中裸岩东部密集的区域集中在道县、宁远县、新田县、桂阳县、嘉禾县、蓝山县和灵武县（图2-18）。其中道县裸岩分布在东西两侧，宁远县裸岩集中于中部，蓝山县裸岩集中于北部，嘉禾县裸岩分布较为均匀，新田县裸岩主要位于南部，桂阳县裸岩分布于中部和南部，临武县裸岩位于中部和北部，共同构成了片状的裸岩空间格局。

2000～2010 年，桂阳县和临武县裸岩面积持续增加，分别增加了 1.1km² 和 0.7km²；而嘉禾县、蓝山县和宁远县裸岩面积在持续减少，分别减少了 0.4 km²、0.4 km² 和 0.2 km²，其中嘉禾县与宁远县裸岩面积均是先增加后减，而蓝山县持续减少；新田县与道县裸岩面积先增加，后减少，最终达到稳定。七个县裸岩总面积在 2000～2010 年增加了 0.8km²，其中，2000～2005 年增加了 2.9 km²，2005～2010 年减少了 2.1km²（表2-15）。

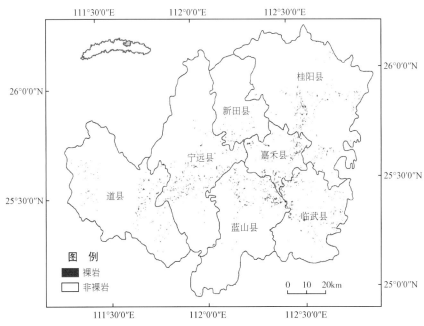

图 2-18　2010 年南方丘陵带裸岩典型地区分布图

表 2-15　南方丘陵山地屏障带裸岩分布重点县市面积统计表　（单位：km²）

县名	2000 年	2005 年	2010 年
桂阳县	26.8	27.5	27.9
嘉禾县	20.7	21.3	20.3
临武县	19.8	20.4	20.5
道县	15.7	15.9	15.7
宁远县	25.3	25.9	25.2
蓝山县	22.3	22.2	21.9
新田县	4.7	5.0	4.7
合计	135.3	138.2	136.2

2.4.4　典型县域石漠化变化分析

　　广西都安瑶族自治县和贵州平塘县均为喀斯特发育典型区域，喀斯特地貌面积所占比例分别为 94% 和 87%。石漠化治理过程中，从 2005～2010 年，相对于石漠化以顺向演变为主体的大环境，都安瑶族自治县顺向演变效果明显 ［图 2-19（b）］，而平塘县石漠化逆向演变范围较大 ［图 2-19（a）］。以都安瑶族自治县和平塘县为例，进行对比分析。

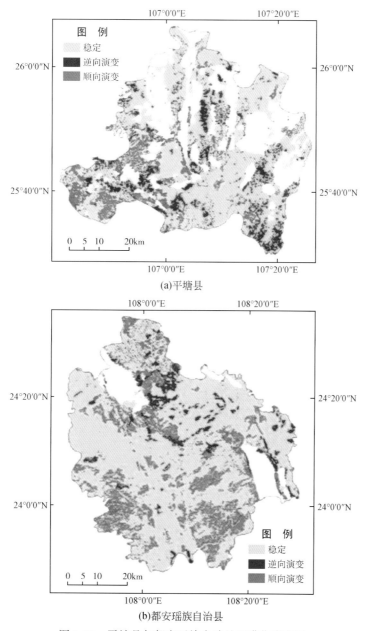

(a)平塘县

(b)都安瑶族自治县

图 2-19 平塘县与都安瑶族自治县石漠化演变图

对比两县顺向演变、逆向演变和稳定的石漠化面积发现，两县石漠化演变均以稳定区域为主体，约占75%，顺向和逆向演变均同时存在。其中，都安瑶族自治县顺向演变面积比例占18.43%，明显大于逆向演变面积；平塘县逆向演变面积相对较大，与整个研究区顺向演变为主的情形相反（表2-16）。

表 2-16 贵州平塘县和广西都安县石漠化演变面积及百分比

县名	顺向演变		逆向演变		稳定	
	面积/km²	百分比/%	面积/km²	百分比/%	面积/km²	百分比/%
都安瑶族自治县	697.99	18.43	243.92	6.44	2 845.60	75.13
平塘县	229.64	10.95	296.99	14.17	1 569.46	74.88

从生态工程角度进行对比，都安瑶族自治县是国家石漠化治理试点县，也是广西峰丛洼地治理的试点县。2005~2010年，为治理石漠化，实施了一系列生态工程，包括：林草植被保护和建设工程（封山育林、人工造林），草食畜牧业发展工程，基本农田建设工程，水资源利用工程，农村能源建设工程。平塘县是国家石漠化治理试点县，也是贵州省石漠化综合治理的试点县。

从社会经济发展角度进行对比，采用单位面积指数对比两县 GDP、人口、第一产业、第二产业、第三产业等社会经济指标（表 2-17）。

表 2-17 贵州平塘县和广西都安县部分社会经济指标对比

年份	县	GDP	第一产业	第二产业	第三产业	人口
2000	都安	15.11	6.44	2.77	5.90	93.90
	平塘	13.90	7.01	3.07	3.82	104.38
2005	都安	23.52	8.60	5.40	9.52	97.60
	平塘	25.68	11.51	4.21	9.96	109.49
2010	都安	42.02	14.06	10.78	17.18	108.44
	平塘	53.46	18.88	12.80	21.77	81.08

从表 2-17 中可知，都安瑶族自治县 GDP 密度增长速度较平塘县慢，而人口密度前者逐渐增加，后者在 2005~2010 年出现了快速下降的现象。GDP 指数与人口指数的增速呈现明显负相关。平塘县从 2005~2010 年人口密度的降低与当地劳务输出的政策导向有一定关系。结合石漠化的演变方向，验证了前人关于喀斯特生态脆弱区经济密度的增加达到一定阈值后会导致石漠化加速恶化的结论。

2.5 草地退化十年变化评估

草地在陆地生态系统中具有多功能性，不仅提供大量人类社会经济发展中所需的畜牧产品、植物资源，还对维持天然生态系统格局、功能和过程，尤其是干旱、高寒和其他生境严酷地区起到关键性作用，具有特殊的生态意义。中国是世界上草地资源最多的国家之一，也是世界上最早利用草地资源进行畜牧业生产的国家之一。截至 2010 年，我国草地总面积达 111.172 万 km²，占全国土地面积的 35% 左右，是我国陆地面积最大的生态系统类型，它包括草甸、草原和草丛。"两屏三带"是我国草地的主要分布区域。其中，内蒙古屏障带主要分布有温带草甸、温带草原和温带荒漠草原；青藏高原生态屏障区主要分布有高寒草甸、高寒草原与高寒荒漠草原；黄土高原屏障区北部主要分布有温带草原，而河西走廊防沙屏障带和塔里木防沙屏障带主要分布有温带草原和温带荒漠草原。由于社会经济的发展与全球变化的影响，近年来草地退化日益严重，不仅导致草地产量降低，使当地居民失去赖以生存的物质来源，还引发土地沙漠化、生物多样性丧失、土壤退化、水土流失和碳汇丧失等一系列环境问题。本书利用 GIS 和 RS 技术提取 2000 年、2005 年、2010 年三期的国家屏障区草地信息，利用草地退化指数定量分析屏障区总体的退化情况，掌握屏障区退化现状，为草地退化治理提供科学依据。

2.5.1 研究方法

草地退化指标的合理构建是分析草地退化状况的关键步骤。目前分析草地退化常用指标有地上生物量、植被盖度、草地退化率、优势种、伴生种、秃斑比例和草地退化指数等。其中草地退化指数指标由于可操作性强，能较好的表征草地情况，且在不少区域得到有效验证。如徐剑波等采用草地退化指数分析三江源玛多县草地退化程度。本书采用草地退化指数 GDI 来评价区域内草地退化状况。公式如下：

$$GDI = \frac{GCR_{real}}{GCR_{max}} \times 100\% \qquad (2\text{-}10)$$

式中，GDI 为评价单元草地退化指数；GCR_{real} 为评价单元内草地植被覆盖度；GCR_{max} 为与评价单元处于同一自然地理带内未退化草地的理想植被覆盖度，本书采用相应年份植被覆盖度数据中与评价单元处于同一自然地理带内像元的最大值，自然地理区的划分参考中国植被分区图及其他草地分区的成果。

分级标准基于 GDI 值，参考《天然草地退化、沙化与盐渍化的分级指标（GB 19377—2003）》中有关覆盖度的等级标准，将原标准中的重度退化进一步分为重度与极重度两个等级，最终分别来判断草地的退化程度，具体见表 2-18。

表 2-18　草地退化程度分级标准

草地退化等级	GDI 值
未退化	GDI ≥ 90%
轻度退化	80% ≤ GDI<90%
中度退化	70% ≤ GDI<80%
重度退化	50% ≤ GDI<70%
极重度退化	GDI<50%

2.5.2 国家屏障区草地退化分析

从屏障区草地退化空间分布看，2010 年，屏障区未退化草地极少，轻度退化草地位于东北森林屏障带中部、南方丘陵山地屏障带北部、青藏高原生态屏障带东部、川滇生态屏障带北部以及河西走廊防沙屏障带部分地区（图 2-20）。中度和重度退化草地主要分布在黄土高原生态屏障带及青藏高原生态屏障带东部。极重度草地退化集中于青藏高原屏障区西部、塔里木防沙屏障带北部、河西走廊防沙屏障带中部以及内蒙古防沙屏障带。

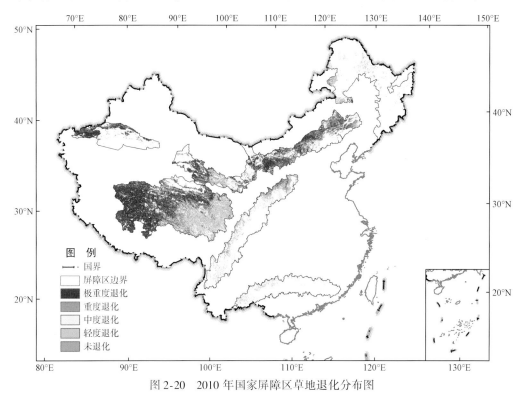

图 2-20　2010 年国家屏障区草地退化分布图

从草地退化面积变化看，从 2000～2010 年，极重度退化草地面积始终最大，其次是重度退化草地面积，接着是轻度退化、中度退化、未退化（图 2-21）。

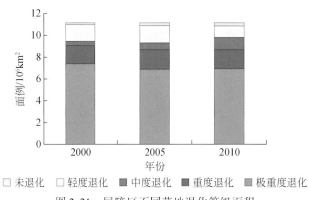

图 2-21　屏障区不同草地退化等级面积

2000～2010 年，极重度退化草地与轻度退化草地面积下降。其中极重度退化草地面积先减后增，整体减少，减少面积为 49 187.5km²，减幅为 6.67%；轻度退化草地面积先增后减，整体而言，面积减少了 44 606km²，尤其是 2005～2010 年，减幅达 35%。未退化、

中度和重度草地面积增加；未退化与中度草地面积持续增加，分别增加了 7600km²、
73 121km²，增幅分别为 39.13%、183.82%；重度草地面积先增后减，总体面积增加了
11 248km²，增幅为 6.79%。总体而言，屏障区未退化草地面积持续增加，退化草地面积
持续下降，草地总面积亦持续下降。

2.5.3 青藏高原生态屏障带草地退化分析

草地生态系统是青藏高原生态屏障带内最主要的生态系统类型，草地退化状况是反映
该区域生态环境状况的有效指标，与其生态安全紧密相连。不少学者对青藏高原生态屏障
带的草地退化类型、程度和趋势等进行了大量的分析。如杨凯等采用遥感手段和 GIS 技
术，分析藏北地区草地退化变化特征。

从青藏高原生态屏障带草地退化空间分布特征看，草地退化空间差异明显，存在着较
为明显界线（图 2-22）。东南部地区多为轻度退化、中度退化区，中部、西部、北部则多
为重度退化区与极重度退化区。

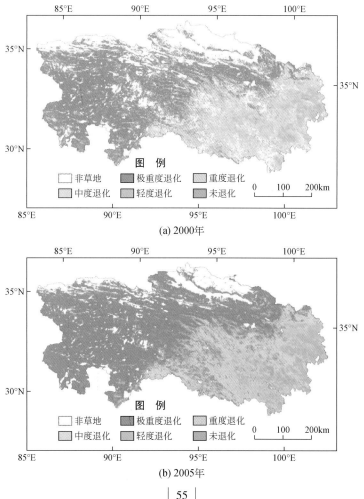

(a) 2000年

(b) 2005年

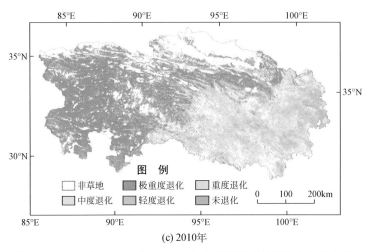

(c) 2010年

图 2-22　2000 年、2005 年和 2010 年青藏高原草地退化空间分布图

从青藏高原生态屏障带草地退化分级统计特征看，2000 年退化草地面积占 99%
（表 2-19）。极重度退化草地与重度退化草地面积和占到该屏障区总面积的 80% 左右，其
中极重度退化草地面积最大，比例最高，占 66%；中度退化草地占 10%；轻度退化草地
占 8%；而未退化草地面积仅占 1%。相比 2000 年，2010 年退化草地面积占 98%，下降
1%；极重度退化草地面积占 63%，降低 3%；重度退化草地与中度退化草地面积稳定，
轻度退化草地面积占总面积的 10%，与 2000 年轻度退化草地面积相比，上升了 26%，未
退化草地面积翻倍。

表 2-19　青藏高原生态屏障带草地退化

年份	统计参数	极重度退化草地	重度退化草地	中度退化草地	轻度退化草地	未退化草地
2000	面积/km²	401 154.4	88 019.1	61 618.3	50 584.9	6 742.9
	百分比/%	66.0	14.5	10.1	8.3	1.1
2005	面积/km²	509 637.5	116 422.3	90 434.9	87 604.4	17 168.3
	百分比/%	62.1	14.2	11.0	10.7	2.1
2010	面积/km²	388 990.6	88 012.6	63 243.1	63 782.0	13 201.8
	百分比/%	63.0	14.3	10.2	10.3	2.1

2.6　湿地退化十年变化评估

湿地是水陆相互作用形成的独特的生态系统，与森林、海洋并列为全球三大生态系，
享有"地球之肾"的美誉。湿地不仅是一种重要的自然资源，也是人类赖以生存的最重要

的环境之一，它在为众多野生动植物提供栖息地的同时，也为人类提供多种生态系统服务，如涵养水源、调蓄洪水、调节气候、降解污染、固碳释氧、控制侵蚀和营养循环等。21 世纪以来，受经济发展、城市化过程以及气候变化影响，湿地退化已成为一种全球现象，全球湿地资源约有 80% 正在退化或丧失，湿地生态系统已成为世界上受威胁最为严重的生态系统之一，成为近 10 年来国际湿地学术会议的主要议题之一。其危害主要为水土流失加重、涵养水源能力急剧下降、草场大面积退化、生物多样性锐减、大气调节和环境污染净化能力下降和生态难民增多等。截至 2008 年，中国湿地面积约为 324 097 km^2，且以内陆沼泽（35%）和湖泊湿地（26%）为主，1978~2008 年中国湿地面积持续减少，而人工湿地增加了约 122%，总体上减少了约 $1.02×10^5$ km^2。国家屏障区中含有我国众多的典型湿地，如三江源湿地、青海湖等。湿地生态系统的安全是国家屏障区生态安全的组成之一，极易受气候变化和人类活动的影响。本书在分析屏障区湿地面积变化的基础上运用湿地面积变化率分析其湿地退化状况，掌握屏障区近 10 年湿地变化情况。

2.6.1 研究方法

明确湿地定义是研究湿地退化的关键步骤之一。湿地定义仍在不断演变中，不同阶段对湿地定义不一样，据统计，国内外湿地定义已超过 60 种，并且新的湿地定义还在不断出现。如美国国家科学院出版的 *Wetlands*：*Characteristics and Boundary* 认为湿地是一个依赖于在基底的表面或附近持续或周期性的浅层积水或水分饱和的生态系统，并且具有持续的或周期性的浅层积水或饱和的物理、化学和生物特征。国内学者杨永兴认为湿地是一类既不同于水体，又不同于陆地的特殊过渡类型生态系统，为水生、陆生生态系统界面相互延伸、扩展或重叠的空间区域。本书采用的对湿地的定义为：一年中水面覆盖在植被区超过两个月或长期在饱和水状态下，在非植被区超过一个月的表面，包括人工的、自然的表面，永久性的、季节性的水面，植被覆盖与非植被覆盖的表面。

本书通过对 2000 年、2005 年及 2010 年三期遥感图像解译得出青藏高原生态屏障带湿地类型，在 ArcGIS10.0 中利用分区统计功能统计 2000 年、2005 年及 2010 年湿地类型面积及各县市的湿地面积与比例。并采用湿地面积变化率来评估国家屏障区湿地是否退化以及退化的程度，公式及分级标准如下：

$$R = \frac{AT_2 - AT_1}{AT_1} \times 100\% \qquad (2-11)$$

式中，R 为评价单元内湿地面积变化率；AT_1 和 AT_2 分别为 T_1 时段和 T_2 时段评价单元内的湿地面积。本书以县域为单元进行计算。

根据 R 值判断湿地的退化状况，当 $R>5\%$ 时，为扩张湿地；$-5\% <R<5\%$ 时，为稳定湿地；当 $R<-5\%$ 时，为萎缩湿地。萎缩湿地进一步分为轻度萎缩、中度萎缩、重度萎缩及极重度萎缩 4 个等级，具体分级标准见表 2-20。

表 2-20　湿地退化程度评价标准

评价指标		评价标准
扩张		>5%
稳定		−5%～5%
萎缩	轻度	−5%～−15%
	中度	−15%～−30%
	重度	−30%～−50%
	极重度	＜　50%

2.6.2　国家屏障区湿地退化动态特征

从表 2-21 可知，国家屏障区湿地类型面积最大的沼泽，占到 65% 左右，湖泊面积第二大，所占比例为 23% 左右，其次是河流。2000～2010 年，沼泽面积持续下降，共减少了 1189.9km²，减幅为 1.29%，而湖泊与河流面积持续增加，分别增加了 3170.7km²、361.1km²，涨幅分别为 10.05%、2.17%。

表 2-21　2000 年、2005 年和 2010 年国家屏障区湿地面积及比例

湿地类型	2000 年		2005 年		2010 年	
	面积/km²	百分比/%	面积/km²	百分比/%	面积/km²	百分比/%
沼泽	91 879.31	65.61	90 756.81	64.35	90 689.38	63.69
湖泊	31 546.44	22.53	33 567.69	23.80	34 717.13	24.38
河流	16 623.25	11.87	16 718.88	11.85	16 984.31	11.93
合计	140 049.00	100.01	141 043.38	100	142 390.82	100

注：因取值简化，合计与各项加和可能略有出入。

从图 2-23 可知，国家生态屏障区各个子屏障的草地变化状况。2000～2010 年，青藏高原生态屏障带大部分湿地处于稳定状态，西部的尼玛县、班戈县，北部的格尔木市、都兰县湿地扩张。河西走廊防沙屏障带湿地基本处于稳定状态，塔里木防沙屏障带湿地变化类型以扩张为主，南方丘陵山地屏障带与黄土高原—川滇生态屏障带湿地退化类型以极重度萎缩和重度萎缩为主。内蒙古防沙屏障带极重度萎缩与扩张湿地均分布在东北部，中部地区整体稳定，轻度萎缩、中度萎缩夹杂分布于东部和中部的局部地区，东北森林屏障带湿地退化类型以重度及重度以上湿地萎缩为主，且呈带状分布，分布于大兴安岭、长白山脉，小兴安岭地区湿地扩张。

2.6.3　青藏高原屏障区湿地退化动态特征

青藏高原生态屏障带湿地分布广泛，由于超载过牧、滥挖乱采等剧烈的人类活动引起

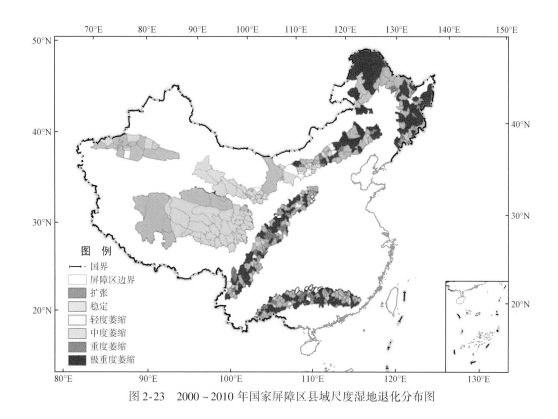

图 2-23　2000 ~ 2010 年国家屏障区县域尺度湿地退化分布图

湿地退化，造成该区域湿地生态系统的恶化，近年来，湿地生态系统面积虽有所增加，但形势仍然很严峻。本书通过遥感技术提取湿地信息，明确其湿地动态特征，有助于掌握整体情况，为决策的制定提供一定的科学依据。

（1）湿地面积及其十年变化

从湿地空间分布特征看，青藏高原生态屏障带沼泽主要分布在东部，西部分布极少；湖泊主要分布在西部，东部少量；河流主要分布在中部。从县域尺度分析，湿地面积前五的县分别为班戈县、尼玛县、治多县、杂多县和玛多县，在 2010 年湿地面积分别为 10 432.38km²、9182.56 km²、8340.19 km²、5233.06 km² 和 4604.75 km²，所占比例分别为 16.50%、14.52%、13.19%、8.27% 和 7.28%，其余 33 个县市湿地面积所占比例为 40% 左右（图 2-24）。

2000 年，不同湿地类型中，草本沼泽、湖泊、河流面积和比例较高，其比例分别为 53.9%、35.3% 和 10.3%；灌丛沼泽、森林沼泽、水库/坑塘、运河/水渠面积和比例较低，且比例均小于 1%。2005 年，湿地类型中，草本沼泽、湖泊、河流面积和比例较高，其比例分别为 52.2%、37.0%、10.0%；灌丛沼泽、森林沼泽、水库/坑塘、运河/水渠面积和比例较低，其比例均小于 1%。2010 年，湿地类型中，草本沼泽、湖泊、河流面积和比例较高，其比例分别为 51.5%、37.5%、10.1%；灌丛沼泽、森林沼泽、水库/坑塘、运河/水渠面积和比例较低，且比例均小于 1%（表 2-22）。

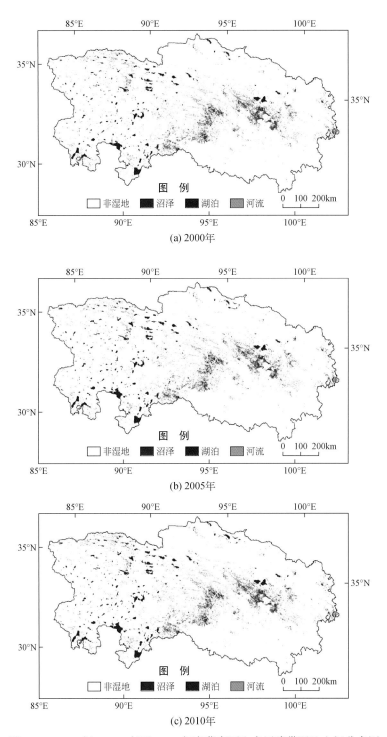

(a) 2000年

(b) 2005年

(c) 2010年

图 2-24　2000 年、2005 年及 2010 年青藏高原生态屏障带湿地空间分布图

表 2-22　2000~2010 年青藏高原生态屏障带湿地面积及比例

类型	2000 年		2005 年		2010 年	
	面积/km²	百分比/%	面积/km²	百分比/%	面积/km²	百分比/%
森林沼泽	44.1	0.1	44.1	0.1	44.1	0.1
灌丛沼泽	3.7	0.0	3.7	0.0	3.7	0.0
草本沼泽	32 686.2	53.9	32 648.0	52.2	32 610.7	51.5
湖泊	21 387.9	35.3	23 125.3	37.0	23 716.2	37.5
水库/坑塘	202.5	0.3	400.5	0.6	460.4	0.7
河流	6 259.7	10.3	6 270.6	10.0	6 403.7	10.1
运河/水渠	15.7	0.0	15.8	0.0	21.9	0.0
总面积	60 599.8	100	62 508	100	63 260.7	100

注：因取值简化，总面积与各项加和可能略有出入。

　　青藏高原生态屏障带湿地面积变化以面积变化率衡量。2000~2010 年，湿地总面积呈增加趋势，但增加量相对较小（表 2-23）。2000~2005 年，湿地类型中，面积显著增加的为水库/坑塘，变化率为 97.7%；面积有所增加的为湖泊、运河/水渠和河流，变化率分别为 8.1%、0.6% 和 0.2%；面积有所减少的为草本沼泽，变化率为 −0.1%，其余各类型无显著变化。2005~2010 年，湿地类型中，面积显著增加的为运河/水渠，变化率为 38.8%；面积有所增加的为水库/坑塘、湖泊和河流，变化率分别为 15.0%、2.6% 和 2.1%；面积有所减少的为草本沼泽，变化率为 −0.1%。2000~2010 年，湿地类型中，面积显著增加的为水库/坑塘和运河/水渠，变化率分别为 127.3%、39.7%；面积有所增加的为湖泊、河流，变化率分别为 10.9%、2.3%；面积有所减少的为草本沼泽，变化率为 −0.2%。

　　从各县市面积变化看，2000~2010 年，班戈县、尼玛县、治多县和玛多县湿地面积均持续增加，分别增加了 993.82km²、563.18 km²、329.13 km² 和 109.56 km²，涨幅分别为 10.5%、6.53%、4.11% 和 2.44%。杂多县湿地面积先减后增，基本无变化。称多县、玛曲县、泽库县、久治县及丁青县湿地面积下降，但下降幅度很小，其余县市稳定。

表 2-23　2000~2010 年青藏高原生态屏障带湿地面积变化率　　　　（单位：%）

类型	2000~2005 年	2005~2010 年	2000~2010 年
森林沼泽	0.0	0.0	0.0
灌丛沼泽	0.0	0.0	0.0
草本沼泽	−0.1	−0.1	−0.2
湖泊	8.1	2.6	10.9
水库/坑塘	97.7	15.0	127.3
河流	0.2	2.1	2.3
运河/水渠	0.6	38.8	39.7

（2）湿地退化动态特征

2000~2005年，南部的生达县轻度退化，湿地面积变化率为11.21%，江达县湿地面积中度退化，湿地面积变化率为19.25%（图2-25）。西部的尼玛县、班戈县，北部的格尔木市、都兰县以及南部的类乌齐县、丁青县、妥坝县湿地扩张，其中都兰县湿地面积变化率最大为23.41%，其余县湿地处于稳定状态。2005~2010年，生达县与江达县湿地由原先轻度退化、中度退化转为湿地扩张，而丁青县、妥坝县湿地由扩张转为轻度退化，尼玛县、班戈县及北部格尔木市湿地由原先扩张转为稳定，都兰县湿地则持续扩张，此外西北角的费南县湿地扩张，其余县市湿地稳定。2000~2010年，青藏高原生态屏障带各县市湿地处于稳定或扩张状态，没有湿地萎缩。其中湿地扩张的县市有西部的尼玛县、班戈县，北部的格尔木市、都兰县、费南县和南部的类乌齐县。

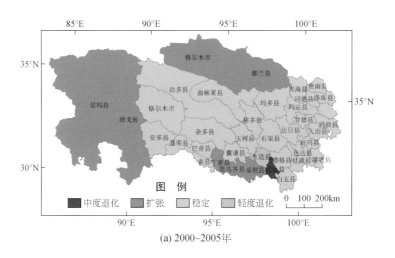

(a) 2000~2005年

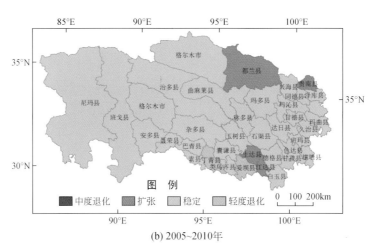

(b) 2005~2010年

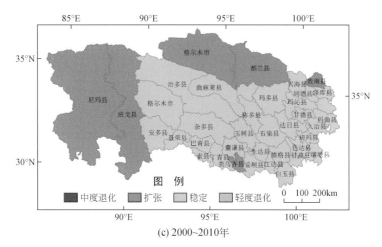

(c) 2000~2010 年

图 2-25　2000 年、2005 年和 2010 年青藏高原生态屏障带湿地退化等级分布

2.7　森林退化十年变化评估

森林被称为"地球之肺",是人类发展不可缺少的自然资源。森林不仅为人类提供了大量的木质林产品和非木质林产品,并且具有历史、文化、美学和休闲等方面的价值,在保障农牧业生产条件、维持生物多样性、保护生态环境、减免自然灾害和调节全球碳平衡和生物地球化学循环等方面起着重要的和不可替代的作用。国家屏障区森林生态系统集中于东北森林屏障带、南方丘陵山地屏障带及川滇生态屏障带,其面积达 77.67 万 km^2,占屏障区面积的 24.78%,是屏障区第二大生态系统类型。然而近几十年来,随着社会经济发展和森林资源的高强度开发利用等,出现不同程度的森林退化现象。本书以南方丘陵山地屏障带森林生态系统为例,利用森林退化指数定量分析其森林退化动态特征。

2.7.1　研究方法

森林退化用森林退化指数 FDI 进行评价,FDI 指评价区域森林生物量和同一自然地带内未退化的生物量的比值,其定义如下式:

$$FDI = \frac{BD_{real}}{BD_{max}} \times 100\% \qquad (2-12)$$

式中,BD_{real} 为森林生态系统生物量,BD_{max} 为森林生态系统顶级群落的生物量,采用 2000年、2005 年和 2010 年生态系统中的最大生物量。

根据 FDI 值的大小,将森林退化划分为未退化、轻度退化、中度退化、重度退化和极重度退化 5 个等级。具体划分标准见表 2-24。

表 2-24 森林退化分级标准

退化等级	FDI 值
未退化	FDI≥90%
轻度退化	75%≤FDI<90%
中度退化	60%≤FDI<75%
重度退化	30%≤FDI<60%
极重度退化	FDI<30%

2.7.2 南方丘陵山地屏障带森林退化

按照森林退化分级标准，2000 年、2005 年和 2010 年南方丘陵山地屏障带森林退化情况如图 2-26 所示。南方丘陵山地屏障带森林退化类型以轻度退化为主，且分布较为均匀，中度及中度以上退化森林较少且分布不集中，零星分布于研究区。总体上东部森林退化程度小于西部。

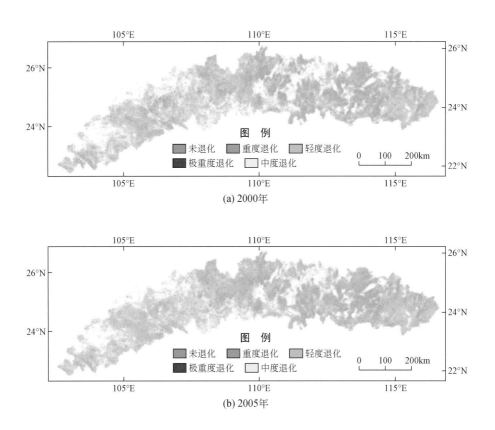

(a) 2000年

(b) 2005年

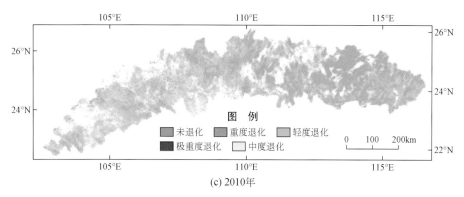

(c) 2010年

图 2-26 2000 年、2005 年和 2010 年森林退化分布

从表 2-25 可知，研究区不同等级森林面积排序为轻度退化>未退化>中度退化>重度退化>极重度退化。2000～2010 年，森林总面积先增后减，面积总体上减少了 1956km²，减幅不到 1%，其中，退化森林面积持续减少，共减少了 211 279km²，减幅达 16.3%。极重度退化、重度退化和中度退化森林面积均逐渐减少，分别减少了 2km²、360km² 和 25 349km²，减幅分别为 100%、55.13%、57.56%，到 2010 年极重度退化森林已完全消失，轻度退化森林面积先增后减，增加面积小于减少面积，共减少了 185 568km²，减幅为 14.82%，未退化森林面积先减后增，最终增加了 209 323km²，增幅达 50% 左右。对比 2000～2005 年和 2005～2010 年前后两个 5 年，后 5 年变化更加显著。

表 2-25 不同等级森林面积及百分比变化表

退化等级	2000 年		2005 年		2010 年	
	面积/km²	百分比/%	面积/km²	百分比/%	面积/km²	百分比/%
未退化	420 525	24.48	367 146	21.32	629 848	36.71
轻度退化	1 252 479	72.92	1 318 447	76.57	1 066 911	62.18
中度退化	44 038	2.56	35 728	2.08	18 689	1.09
重度退化	653	0.03	618	0.03	293	0.02
极重度退化	2	0.000 01	0	0	0	0

将 2000 年、2005 年和 2010 年的森林退化做转移矩阵，见表 2-26。由表 2-26 可知，2000～2005 年，南方丘陵山地屏障带森林退化等级转移面积较多的是轻度退化向中度退化转移 1997.31 km²，中度退化向轻度退化转移 2802.31 km²，轻度退化向未退化转移 20 088.75 km²，中度退化向未退化转移 923.75 km²，未退化向轻度退化转移 25 421.81km²，结果表明未退化森林、轻度森林、中度森林之间转化较为频繁。极重度退化森林转向重度退化、中度退化及轻度退化。2005～2010 年，重度退化主要转向中度和轻度退化，中度退化主要转向轻度退化，转向重度退化很少，轻度退化主要转向未退化，转化面积达 41 989.19km²，未退化草地主要转向轻度退化，转化面积达 16 101.88 km²，是轻度退化向未退化转化的 40% 左右。2000～2010 年，极重度退化主要转向轻度退化，重度退化主要

转向中度和轻度退化，中度退化转向未退化 440.38km²，不及它转向轻度退化的 1/5，轻度退化主要转向未退化面积达 3912.56km²，未退化主要向轻度退化转化，极少转向中度和重度退化。

由上述分析可知，森林退化等级一般是邻级变化，主要发生在轻度退化—未退化及中度退化—轻度退化，但跨等级变化仍然存在，表明南方丘陵山地屏障带森林状况总体在不断好转，局部地区仍然在恶化。

表 2-26　不同森林退化等级转移矩阵　　　　　　　　　（单位：km²）

时段	等级	极重度退化	重度退化	中度退化	轻度退化	未退化
2000~2005 年	极重度退化	0	0.06	0.06	0.06	0
	重度退化	0	16.19	30.19	10.75	0.56
	中度退化	0	25.25	1 127.81	2 802.31	923.75
	轻度退化	0	13.5	1 997.31	99 781.81	20 088.75
	未退化	0	0.08	89.07	25 421.81	16 098.5
2005~2010 年	极重度退化	0	0	0	0	0
	重度退化	0	4.88	23.5	21.13	2.38
	中度退化	0	12.25	531.44	2 255.19	375.19
	轻度退化	0	9	1 162.56	81 159.13	41 989.19
	未退化	0	0.88	49.25	16 101.88	19 596.56
2000~2010 年	极重度退化	0	0	0	0.063	0
	重度退化	0	4.38	22.56	21.94	3.19
	中度退化	0	12.19	546.56	2 688.56	440.38
	轻度退化	0	8.75	1 002	76 457	38 912.56
	未退化	0	0.5	45.69	18 648.19	22 261.31

2.8　冰川十年变化评估

冰川对太阳辐射的高反射率和自身巨大的相变潜热，使其在地表能量平衡、水循环、海平面变化、大气和海洋环流等方面有着重要影响，它不仅是气候变化的重要驱动因素之一，而且是反映气候变化的记录器和预警器。冰川是我国极其重要的固体水资源，主要的大江大河都有冰川融水补给，尤其是西北干旱区的水资源很大程度上依赖于冰川融水。我国共有 0.01 km² 以上的冰川 48 571 条，面积约 5.18×10⁴ km²，约占全国土地面积的0.54%，冰川冰储量 4.3×10³ ~ 4.7×10³ km³，分布在西藏、新疆、青海、甘肃、四川和云南 6 个省区。由于全球气候变暖和人类活动加剧，我国青藏高原冰川亦自 20 世纪 90 年代以来呈全面、加速退缩趋势。有研究指出近 30 年来青藏高原冰川总体呈明显减少趋势，其中高原周边冰川面积消减最为明显，面积减小 10% 以上，高原腹地冰川面积减小近5%。青藏高原边部现代雪线退缩强烈，腹地逐渐趋于平衡。退缩最大距离为 350m，一般为 100~150m，冰川退缩导致地表裸露面积增加、冰湖增多。冰湖溃决并引起滑坡、泥石流发生频率、强度与范围增加。冰川融化使得一些湖泊水位上升，湖畔牧场被淹。冰川融化不仅直接影响河流、湖泊、湿地等覆被类型的面积变化，而且涉及更广泛的水文、水资源与气候变化。

2.8.1 青藏高原生态屏障带冰川分布

山地冰川变化会直接或间接影响地球的生态环境及人类的生活环境，因此对山地冰川的变化进行监测至关重要。本书利用 2000 年、2005 年、2010 年三期遥感影像数据，解译出青藏高原生态屏障带冰川的分布信息，如图 2-27 所示。结果显示：青藏高原生态屏障带冰川主要分布在中部地区的格尔木市、班戈县，东部地区零星分布在玛沁县，西部地区分布少量冰川，位于尼玛县的西北方。2000~2010 年冰川总面积先减后增，面积总体增加了 53.8km² （图 2-28）。其中 2000~2005 年冰川面积减少了 115km²，2005~2010 年冰川面积增加了 168.8 km²。

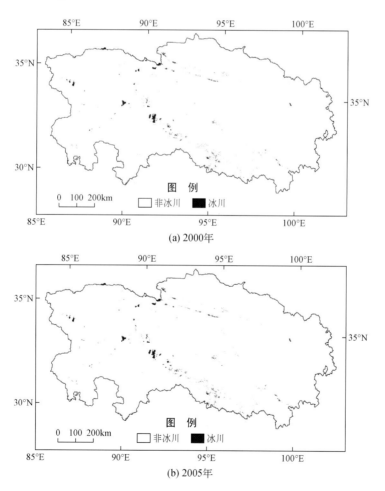

(a) 2000年

(b) 2005年

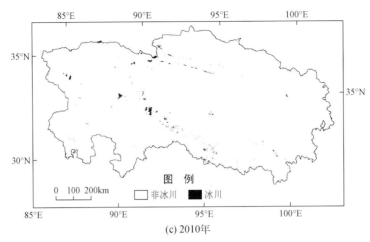

(c) 2010年

图 2-27　青藏高原生态屏障带冰川空间分布

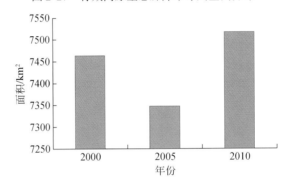

图 2-28　青藏高原生态屏障带冰川面积

2.8.2　屏障区重点冰川变化分析

各拉丹东冰川位于格尔木市唐古拉山乡境内，是青藏高原生态屏障带内典型的冰川。属内陆高寒山区，常年气温在 0℃ 以下，年降水量仅 200mm，由 3 个小冰川群组成，南北长 50km，东西宽 30km，冰川融水是长江源头的重要补给来源，并且它的伸缩变化非常明显地揭示了当地乃至青藏高原和全球气候的变迁。研究表明，1973～2009 年，各拉丹冬地区既有退缩冰川也有前进冰川，其中冰川退缩面积为 118.64 km²，前进面积为 62.66 km²，冰川总体面积持续退缩，且 2000～2008 年冰川消融面积占到 1969～2000 年冰川消融面积的 80%，表明青藏高原腹地冰川退缩速率近年来明显加快。

念青唐古拉山西段冰川位于班戈县，是冰川和气候变化的敏感区，长约 300km，呈东北向分布，研究表明，1976～2011 年，冰川面积减少了 193.8km²，减幅达 20.8%，退化速率在 1976～1991 年、1991～2000 年、2000～2011 年呈现大—小—大的变化，且该区大于 0.5km² 的冰川在面积和条数上呈减少趋势，而小于 0.5km² 的冰川在面积和条数上呈增加趋势，表明念青唐古拉山西段冰川处于持续退缩状态，大规模冰川不断分解成小规模冰川。

第3章 屏障区生态系统格局及变化

生态系统格局和空间结构反映了各类生态系统自身的空间分布规律和各类生态系统之间的空间结构关系，能反映生态系统服务功能整体状况及其空间差异。生态系统格局一般指生态系统景观空间格局，指大小和形状不一的景观斑块在空间上的配置，即不同生态系统在空间上的配置。"十一五"期间，我国提出全国主体功能区规划，明确了我国以"两屏三带"为主体的生态安全战略格局。以青藏高原生态屏障带、黄土高原—川滇生态屏障带、东北森林屏障带、北方防沙屏障带和南方丘陵土地屏障带以及大江大河重要水系为骨架，以其他国家重点生态功能区为重要支撑，以点状分布的国家禁止开发区域为重要组成部分的生态安全战略格局对我国生态安全具有重要意义。在全球变化和人类活动的共同影响下，我国屏障区生态系统格局发生了一定的变化，特别是在退耕还林还草工程、城市化建设的影响下，各个生态屏障区的耕地、人工用地、林地及草地等生态类型的面积、质量发生了较大的变化。开展屏障区生态屏障区生态系统结构变化研究，分析生态系统各类型相互转化强度与动态变化特征，能够更加明确地认识人类活动对自然生态系统的影响，对于屏障区生态屏障区的保护与可持续发展具有重要作用。本研究采取景观指数和空间统计方法，对景观中的斑块数量、聚集度、转化特征、分布类型和空间相关特征等进行定量定性分析，对 2000～2010 年不同尺度生态屏障带景观格局进行了动态分析。

3.1 研 究 方 法

景观格局的研究始于 20 世纪 80 年代末，最初的景观格局分析方法来源于种群生态学中种群分布格局的研究。目前国内外学者主要是通过收集和处理地形、植被、土壤类型图等数字化，遥感影像和其他空间数据为基本数据源，在地理信息系统和遥感软件的支持下，建立类型图和数值图图库，进行空间分析，如对景观面积动态变化、景观类型转化和动态模型模拟，景观格局指数计算，比较不同景观之间的结构特征，揭示景观空间配置以及动态变化趋势。景观格局空间分析方法主要包括空间统计分析、转移矩阵分析和景观指数分析法等。景观格局分析主要采用景观格局空间分布特征指数、景观多样性指数、优势度指数、均匀度指数、斑块分维数、景观异质性指数聚集度、景观破碎化指数、廊道密度指数和斑块密度指数及景观斑块破碎化指数、景观斑块形状破碎化指数，总体来看，关于景观格局动态变化的研究多基于景观格局指数。采用单一研究方法或单一指数，不能全面客观地反映景观格局动态变化的复杂性。因此，本书通过不同研究方法的综合，利用生态系统类型比例、生态系统各类型变化方向、生态系统综合变化率、类型相互转化强度、平均斑块面积、斑块数量、边界密度和聚集度指数等，对景观格局变化进行综合分析。

3.1.1　生态系统类型比例计算

土地覆被分类系统中，为了计算各级分类生态系统面积比例，采用如下计算方法：

$$P_{ij} = \frac{S_{ij}}{TS} \tag{3-1}$$

式中，P_{ij} 为土地覆被分类系统中基于各级分类的第 i 类生态系统在第 j 年的面积比例；S_{ij} 为土地覆被分类系统中基于各级分类的第 i 类生态系统在第 j 年的面积；TS 为评价区域总面积。

3.1.2　生态系统各类型变化方向

借助生态系统类型转移矩阵全面具体地分析区域生态系统变化的结构特征与各类型变化的方向。转移矩阵的意义在于它不但可以反映研究初期、研究末期的土地利用类型结构，而且还可以反映研究时段内各土地利用类型的转移变化情况，便于了解研究初期各类型土地的流失去向以及研究末期各土地利用类型的来源与构成。在对生态系统类型转移矩阵计算的基础上，还可以计算生态系统类型转移比例，计算公式如下：

$$A_{ij} = \frac{100\, a_{ij}}{\sum_{j=1}^{n} a_{ij}} \tag{3-2}$$

$$B_{ij} = \frac{100\, a_{ij}}{\sum_{i=1}^{n} a_{ij}} \tag{3-3}$$

$$变化率(\%) = A_{ij}/B_{ij} \times 100\% = \frac{\sum_{i=1}^{n} a_{ij}}{\sum_{j=1}^{n} a_{ij}} \times 100\% \tag{3-4}$$

式中，i 为研究初期生态系统类型；j 为研究末期生态系统类型；a_{ij} 为表示生态系统类型的面积；A_{ij} 为研究初期第 i 种生态系统类型转变为研究末期第 j 种生态系统类型的比例；B_{ij} 为研究末期第 j 种生态系统类型中由研究初期的第 i 种生态系统类型转变而来的比例。

3.1.3　生态系统综合变化率

生态系统综合变化率定量描述生态系统的变化速度。生态系统综合变化率综合考虑了研究时段内生态系统类型间的转移，着眼于变化的过程而非变化结果，反映研究区生态系统类型变化的剧烈程度，便于在不同空间尺度上找出生态系统类型变化的热点区域。其计算公式如下：

$$EC = \frac{\sum\limits_{i=1}^{n} \Delta ECO_{i-j}}{2\sum\limits_{i=1}^{n} ECO_i} \times 100\% \tag{3-5}$$

式中，ECO_i 为监测起始时间第 i 类生态系统类型面积；ECO_i 根据全国生态系统类型图矢量数据在 ArcGIS 平台下进行统计获取。ΔECO_{i-j} 为监测时段内第 i 类生态系统类型转为非 i 类生态系统类型面积的绝对值；ΔECO_{i-j} 根据生态系统转移矩阵模型获取。

3.1.4 类型相互转化强度

类型相互转化强度反映土地覆被类型在特定时间内变化的总体趋势。对土地覆被类型按照一定的生态意义进行定级，并去除受人类活动影响变化较剧烈且无规律的农田和城镇，得到全国屏障区主要土地覆被类型的生态级别。对土地覆被类型定级后，进行土地覆被类型变化前后级别相减，如果为正值则表示覆被类型转好，反之表示覆被类型转差，并进一步定义土地覆被转类指数（land cover chang index）$LCCI_{ij}$ 值为正，表示此研究区总体上土地覆被类型转好；$LCCI_{ij}$ 值为负，表示此研究区总体上土地覆被类型转差。计算公式为

$$LCCI_{ij} = \frac{\sum |A_{ij} \times (D_a - D_b)|}{A_{ij}} \times 100\% \tag{3-6}$$

式中，$LCCI_{ij}$ 为某研究区土地覆被转类指数；i 为研究区；j 为土地覆被类型，$j = 1, \cdots, n$；A_{ij} 为某研究区土地覆被一次转类的面积；D_a 为转类前级别；D_b 为转类后级别。

3.1.5 景观指数

1）MPS：即平均斑块面积，是反映景观中各斑块类型的聚集或破碎化程度，景观中各类型之间的差异越大，景观破碎化程度越高，对改变物种间的生态过程和协同共生稳定性的作用越大。

$$MPS = \frac{NP}{TS} \tag{3-7}$$

式中，MPS 为平均斑块面积；NP 为斑块数量；TS 为评价区域总面积。

2）ED：即边界密度（m/hm^2），是反映评价单元分异特征的重要指标。边缘密度和景观形状指数越大，分异特征越明显。从边形特征描述景观破碎化程度。计算方法为

$$ED = \frac{1}{A} \sum_{i=1}^{M} \sum_{j=1}^{M} P_{ij} \tag{3-8}$$

式中，A 为景观要素斑块面积；ED 为景观边界密度（边缘密度）；P_{ij} 为景观中第 i 类景观要素斑块与相邻第 j 类景观要素斑块间的边界长度。

3）CONT：即聚集度指数（%），是反映景观中不同斑块类型的非随机性或聚集程

度。由于景观聚集度指数考虑斑块类型之间的相邻关系，因此可以反映景观组分的空间置特征。计算方法为

$$C = C_{\max} + \sum_{i=1}^{n}\sum_{j=1}^{n} P_{ij}\ln(P_{ij}) \qquad (3\text{-}9)$$

式中，$C_{\max}$ 为聚集度指数的最大值；n 为景观中斑块类型总数；P_{ij} 为斑块类型 i 与 j 相邻的概率。

3.2 两屏三带屏障区生态系统格局及变化

3.2.1 两屏三带屏障区生态系统生态系统现状分析

（1）一级生态系统现状分析

国家生态安全屏障区以自然生态系统为主，一级生态系统类型划分为森林、灌丛、草地、湿地、农田、城镇、沙漠、冰川/积雪和裸地9种生态类型（图3-1）。2010年国家生态安全屏障区一级生态系统中分布最广的是草地、森林和农田，面积总和占屏障区总面积的72.66%；其中草地生态系统面积最大，其面积为111.18万 km^2，占屏障区面积的35.71%；森林生态系统面积次之，其面积为77.49万 km^2，占屏障区面积的24.89%；人

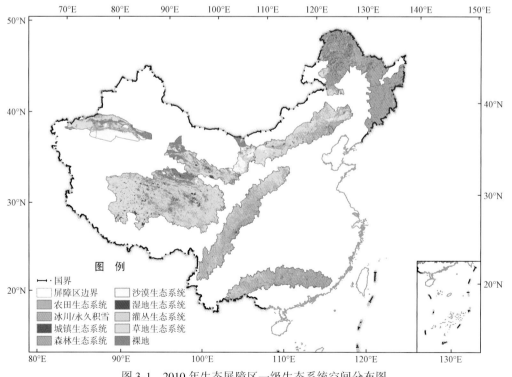

图 3-1 2010年生态屏障区一级生态系统空间分布图

工生态系统中农田生态系统面积为 37.56 万 km²，占屏障区面积的 12.06%，在屏障区面积排位第三，说明屏障区也是人类活动的重要场所。城镇生态系统类型面积 2.99 万 km²，占屏障区面积的 0.96%；其他生态系统类型中裸地面积最大，面积 31.38 万 km²，占屏障区面积的 10.08%；其次是沙漠，面积 13.68 万 km²，占屏障区面积的 4.39%；屏障区内也有小部分的冰川/永久积雪，面积最小 1.48 万 km²，占屏障区面积的 0.47%，见表 3-1和图 3-2。

表 3-1　2010 年生态屏障区一级生态系统统计表

生态系统类型	面积/万 km²	面积百分比/%
森林生态系统	77.494	24.89
灌丛生态系统	21.357	6.86
草地生态系统	111.181	35.71
湿地生态系统	14.239	4.57
农田生态系统	37.563	12.06
城镇生态系统	2.987	0.96
沙漠	13.675	4.39
冰川/永久积雪	1.478	0.47
裸地	31.384	10.08
总计	311.358	100.00

注：因取值简化，总计值与各项加和可能略有出入。

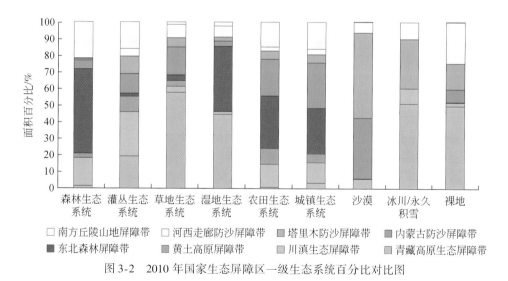

图 3-2　2010 年国家生态屏障区一级生态系统百分比对比图

森林生态系统在东北大小兴安岭和长白山等地带、南方丘陵山地屏障带以及川滇生态屏障带西南高山地带有大面积分布，其中东北森林屏障带森林生态系统面积为 39.17 万 km²，占屏障区森林总面积的 50.54%，其次是南方丘陵山地屏障带和川滇生态屏障带，其面积分别为 17 万 km² 和 12.84 万 km²，分别占屏障区森林总面积的 21.93% 和 16.56%。森林生态系统在内蒙古北方防沙屏障带三北防护林区和黄土高原生态屏障带吕梁山、子午岭和黄龙山等地带有着相对集中分布，其面积分别是 4.10 万 km² 和 2.05 万 km²，分别占屏障区森林总面积的 5.29% 和 2.64%；其他屏障区森林生态系统分布面积较小，其中河西走廊防沙屏障带森林生态系统面积最小，只有 0.23 万 km²，仅占屏障区森林总面积的 0.29%。

灌丛生态系统多以过渡性植被出现在其他类型生态系统边缘，在我国的总体空间分布与森林基本相似。在屏障区，灌丛生态系统大面积集中分布在川滇生态屏障带、青藏高原生态屏障带和南方丘陵山地屏障带，其面积分别是 5.64 万 km²、4.13 万 km² 和 3.49 万 km²，分别占屏障区灌丛生态系统总面积的 26.42%、19.35% 和 16.32%；其次是内蒙古防沙屏障带、塔里木防沙屏障带和黄土高原生态屏障带，其面积分别是 2.49 万 km²、2.24 万 km² 和 1.98 万 km²，分别占屏障区灌丛生态系统总面积的 11.68%、10.47% 和 9.25%；灌丛面积较小的是河西走廊防沙屏障带和东北森林屏障带，其面积分别是 0.98 万 km² 和 0.42 万 km²，分别占屏障区灌丛生态系统总面积的 4.57% 和 1.94%。

草地生态系统集中分布在青藏高原生态屏障带，其面积为 63.91 万 km²，占屏障区草地生态系统总面积的 57.49%；其次是内蒙古防沙屏障带、河西走廊防沙屏障带和塔里木防沙屏障带，并且在黄土高原屏障区、东北森林屏障带和南方丘陵山地屏障带也有少面积的分布。

湿地生态系统集中分布在青藏高原生态屏障带和东北森林屏障带，其面积分别是 6.33 万 km² 和 5.56 万 km²，分别占屏障区灌丛生态系统总面积的 44.43% 和 39.02%；其次是河西走廊生态屏障区，其面积为 0.93 万 km²，占屏障区灌丛生态系统总面积的 6.51%，其他各屏障区分布相对较少。

农田和城镇生态系统都属人工生态系统，空间分布基本与人口分布保持一致，主要分布与盆地或河道两侧。在各屏障区，东北森林屏障带农田和城镇生态系统面积最大，其面积分别是 11.82 万 km² 和 0.81 万 km²；青藏高原生态屏障带农田生态系统面积最小，其面积为 0.24 万 km²，而河西走廊防沙屏障带城镇面积最小，仅有 0.09 万 km²，占国家屏障区城镇总面积的 3.04%。

裸地及沙漠集中分布在北方防沙屏障带和青藏高原生态屏障带，约占国家屏障区裸地和沙漠等生态系统类型总面积的 98.17%。在国家屏障区也有一定面积的冰川/永久积雪存在，主要分布在青藏高原生态屏障带、塔里木防沙屏障带、河西走廊防沙屏障带和川滇生态屏障带内的一些高大山脉地段。

（2）二级生态系统现状分析

国家生态屏障二级生态系统中，草原所占比例最大，占整个生态屏障区总面积的 16.41%，面积为 51.11 万 km²；其次是阔叶林、耕地、稀疏草地、裸地和针叶林，分别占整个生态屏障区总面积的 13.58%、11.81%、11.52%、10.08% 和 9.47%，面积分别是 42.27 万 km²、36.77 万 km²、35.87 万 km²、31.38 万 km² 和 29.48 万 km²；城市绿地和针叶灌丛所占比例最小，仅有 0.01% 和 0.09%，其面积分别是 0.03 万 km² 和 0.29 万 km²，具体见表 3-2 和图 3-3。

表 3-2　2010 年全国生态屏障区二级生态系统统计表

生态类型	面积/万 km²	面积百分比/%
阔叶林	42.27	13.58
针叶林	29.48	9.47
针阔混交林	5.35	1.72
稀疏林	0.39	0.13
阔叶灌丛	19.19	6.16
针叶灌丛	0.29	0.09
稀疏灌丛	1.88	0.60
草甸	19.07	6.13
草原	51.11	16.41
草丛	5.14	1.65
稀疏草地	35.87	11.52
沼泽	9.07	2.91
湖泊	3.47	1.12
河流	1.70	0.55
耕地	36.77	11.81
园地	0.79	0.25
居住地	2.21	0.71
城市绿地	0.03	0.01
工矿交通	0.75	0.24
沙漠	13.67	4.39
冰川/永久积雪	1.48	0.47
裸地	31.38	10.08
总计	311.36	100.00

注: 因数据简化取值, 总计值可能与各项加和略有出入。

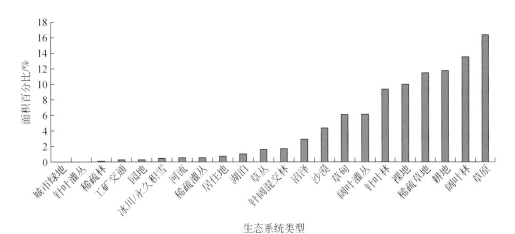

图 3-3　2010 年国家生态屏障区二级生态系统面积百分比图

在空间分布上，草原在青藏高原生态屏障区分布最广，面积为 25.66 万 km²，占国家屏障区草原面积的 50.20%；其次是内蒙古防沙屏障带和东北森林屏障带，其面积分别是 15.77 万 km² 和 2.44 万 km²，分别占屏障区草原总面积的 30.86% 和 4.78%；较小的是黄土高原生态屏障带、河西走廊防沙屏障带和川滇生态屏障带，其面积分别是 2.31 万 km²、2.25 万 km² 和 1.66 万 km²，分别占屏障区草原总面积的 4.52%、4.39% 和 3.24%；南方丘陵带无草原分布（图 3-4、图 3-5、表 3-3）。

阔叶林主要分布在东北森林屏障带、南方丘陵山地屏障带、川滇生态屏障带和内蒙古防沙屏障带，其面积分别是 24.67 万 km²、7.88 万 km²、3.84 万 km² 和 3.38 万 km²，分别占屏障区阔叶林总面积的 58.37%、18.65%、9.08 和 7.99%；其他各屏障区仅有零星分布，所占比例为 5.90%。

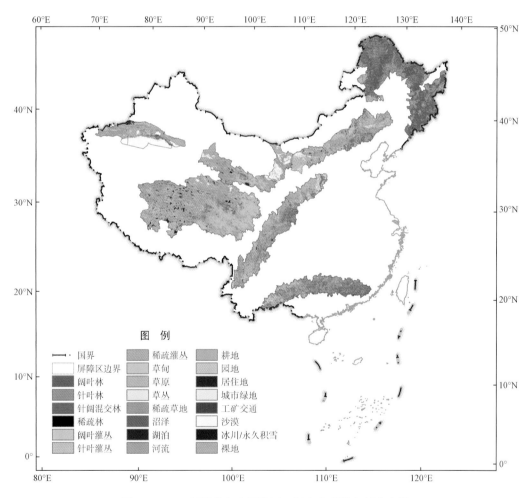

图 3-4　2010 年国家生态屏障区二级生态系统空间分布图

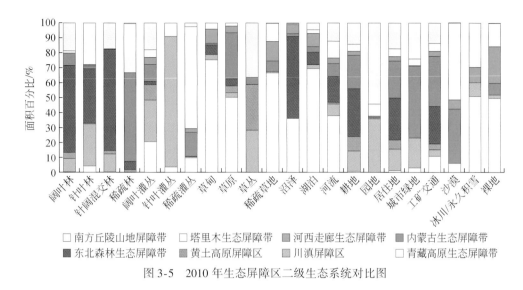

图 3-5　2010 年生态屏障区二级生态系统对比图

表 3-3　2010 年国家生态屏障区二级生态系统统计表 （单位：万 km²）

生态系统	青藏高原生态屏障带	川滇屏障区	黄土高原屏障区	东北森林生态屏障带	内蒙古生态屏障带	河西走廊生态屏障带	塔里木生态屏障带	南方丘陵山地屏障带
阔叶林	0.04	3.84	1.81	24.67	3.38	0.00	0.64	7.88
针叶林	1.23	8.35	0.11	10.83	0.49	0.22	0.07	8.19
针阔混交林	0.01	0.64	0.12	3.64	0.00	0.00	0.00	0.92
稀疏林	0.00	0.01	0.00	0.02	0.23	0.00	0.13	0.00
阔叶灌丛	3.94	5.37	1.97	0.41	2.19	0.93	0.93	3.44
针叶灌丛	0.01	0.26	0.00	0.00	0.00	0.00	0.03	0.00
稀疏灌丛	0.18	0.02	0.00	0.00	0.30	0.05	1.28	0.04
草甸	14.39	0.66	0.00	1.27	0.20	1.80	0.75	0.00
草原	25.66	1.66	2.31	2.44	15.77	2.25	1.03	0.00
草丛	0.00	1.45	1.57	0.02	0.24	0.00	0.00	1.86
稀疏草地	23.87	0.35	0.00	0.00	2.53	4.70	4.38	0.02
沼泽	3.27	0.01	0.00	4.98	0.17	0.56	0.00	0.00
湖泊	2.42	0.09	0.01	0.28	0.14	0.31	0.00	0.15
河流	0.64	0.13	0.02	0.30	0.15	0.07	0.19	0.21
耕地	0.24	4.97	3.56	11.82	8.30	0.97	1.75	5.16
园地	0.00	0.28	0.01	0.00	0.01	0.00	0.06	0.43

生态系统	青藏高原生态屏障带	川滇屏障区	黄土高原屏障区	东北森林生态屏障带	内蒙古生态屏障带	河西走廊生态屏障带	塔里木生态屏障带	南方丘陵山地屏障带
居住地	0.02	0.32	0.13	0.63	0.55	0.07	0.11	0.38
城市绿地	0.00	0.01	0.00	0.00	0.01	0.00	0.00	0.01
工矿交通	0.08	0.03	0.03	0.19	0.25	0.03	0.04	0.10
沙漠	0.81	0.00	0.00	0.01	4.97	0.87	7.02	0.00
冰川/永久积雪	0.75	0.14	0.00	0.00	0.00	0.15	0.44	0.00
裸地	15.54	0.69	0.01	0.05	2.41	7.75	4.87	0.07

耕地在屏障区主要分布在屏障区内的河谷、山前绿洲、盆地等地形较为平坦地带。其中东北森林屏障带和内蒙古防沙屏障带耕地比例最大，其面积分别为 11.82 万 km² 和 8.30 万 km²，分别占屏障区耕地总面积的 32.14% 和 22.58%；其次是南方丘陵带、川滇屏障区和黄土高原生态屏障带，其面积分别为 5.16 万 km²、4.97 万 km² 和 3.56 万 km²，分别占屏障区耕地总面积的 14.03%、13.52% 和 9.69%；相比较，塔里木防沙屏障带和河西走廊防沙屏障带耕地面积较小，面积分别为 1.75 万 km² 和 0.97 万 km²，分别占屏障区耕地总面积的 4.76% 和 2.62%；青藏高原生态屏障带耕地面积最小，仅为 0.24 万 km²，占屏障区耕地总面积的 0.65%。

稀疏草地在青藏高原生态屏障带比例最大，其面积为 23.87 万 km²，占屏障区稀疏草地总面积的 66.55%；其次是河西走廊防沙屏障带、塔里木防沙屏障带和内蒙古防沙屏障带，面积分别为 4.7 万 km²、4.38 万 km² 和 2.53 万 km²，分别占屏障区稀疏草地总面积的 13.11%、12.22% 和 7.06%；东北森林屏障带无稀疏草地。

裸地在青藏高原生态屏障带比例最大，其面积为 15.54 万 km²，占屏障区裸地总面积的 49.52%；其次是河西走廊防沙屏障带、塔里木防沙屏障带和内蒙古防沙屏障带，面积分别为 7.75 万 km²、4.87 万 km² 和 2.41 万 km²，分别占屏障区裸地总面积的 24.69%、15.52% 和 7.68%；相比较，川滇生态屏障区裸地面积较小，其面积为 0.68 万 km²，占屏障区裸地总面积的 2.15%；裸土地面积最小的是南方丘陵带、东北森林屏障带和黄土高原生态屏障带，仅占屏障区裸土地总面积的 0.38%。

针叶林在东北森林屏障带比例最大，其面积为 10.83 万 km²，占屏障区针叶林总面积的 36.73%；其次是川滇生态屏障区和南方丘陵山地屏障带，面积分别为 8.35 万 km² 和 8.19 万 km²，分别占屏障区针叶林总面积的 28.32% 和 27.77%；青藏高原生态屏障带针叶林面积达到 1.23 万 km²，占屏障区针叶林地总面积的 4.16%；其余屏障区针叶林面积较小，所占比例均小于 2%。

阔叶灌丛主要分布在川滇生态屏障带、青藏高原生态屏障带和南方丘陵山地屏障带，其面积分别为 5.37 万 km²、3.94 万 km² 和 3.44 万 km²，分别占屏障区阔叶灌丛总面积的

27.97%、20.54% 和 17.94%；其次在内蒙古防沙屏障带和黄土高原生态屏障带分布较广，其面积分别为 2.19 万 km² 和 1.97 万 km²，分别占屏障区阔叶灌丛总面积的 11.43% 和 10.29%；在其他屏障区仅有小面积分布，所占比例均小于 5%。

草甸集中分布在青藏高原生态屏障带，其面积为 14.39 万 km²，占屏障区草甸总面积的 75.46%；其次在河西走廊防沙屏障带、东北森林屏障带、塔里木森林带和川滇生态屏障带有较大面积分布，面积分别为 1.8 万 km²、1.27 万 km²、0.75 万 km² 和 0.66 万 km²，分别占屏障区草甸总面积的 9.45%、6.64%、3.95% 和 3.44%；草甸在其他屏障区仅有小面积分布，所占比例仅有 1% 左右。

沙漠大面积集中在塔里木防沙屏障带和内蒙古防沙屏障带，其面积分别为 7.02 万 km² 和 4.97 万 km²，分别占屏障区沙漠总面积的 51.36% 和 36.31%；沙漠在河西走廊防沙屏障带和青藏高原生态屏障带也有一定的分布，面积分别为 0.87 万 km² 和 0.81 万 km²，分别占屏障区沙漠总面积的 6.35% 和 5.90%；沙漠在东北森林屏障带也有零星分布，其余屏障区无沙漠。

沼泽主要集中分布在东北森林屏障带和青藏高原生态屏障带，其面积分别为 4.98 万 km² 和 3.27 万 km²，分别占屏障区沼泽总面积的 54.90% 和 36.02%；其次在河西走廊防沙屏障带和内蒙古防沙屏障带也有大面积的沼泽，其余各屏障仅有零星分布。

针阔混交林在东北森林屏障带、南方丘陵山地屏障带以及川滇生态屏障带有大面积集中分布，面积分别为 3.64 万 km²、0.92 万 km² 和 0.64 万 km²，分别占屏障区针阔混交林总面积的 68.07%、17.28% 和 12.00%；除塔里木防沙屏障带外其余各屏障仅有小面积零星分布。

草丛集中分布在南方丘陵带、黄土高原生态屏障以及川滇生态屏障带，面积分别为 1.86 万 km²、1.57 万 km² 和 1.45 万 km²，分别占屏障区草丛总面积的 36.22%、30.60% 和 26.95%；其次在内蒙古防沙屏障带和东北森林有一定面积分布，其余屏障区尚无分布。

湖泊在青藏高原生态屏障带有着大面积分布，其面积为 2.42 万 km²，占屏障区湖泊总面积的 69.86%；其次在河西走廊防沙屏障带、东北森林屏障带和河西走廊防沙屏障带有大面积分布，面积分别为 0.31 万 km²、0.28 万 km² 和 0.15 万 km²，分别占屏障区湖泊总面积的 8.81%、8.05% 和 4.33%；其余屏障区有小面积湖泊分布。

居住地分布和耕地分布相类似，主要分布在屏障区内的河谷、山前绿洲、盆地等地形较为平坦地带。其中东北森林屏障带和内蒙古防沙屏障带居住地比例最大，面积分别为 0.63 万 km² 和 0.55 万 km²，分别占屏障区居住地总面积的 28.26% 和 24.89%；其次是南方丘陵带、川滇屏障区，其面积分别为 0.33 万 km² 和 0.23 万 km²，分别占屏障区居住地总面积的 17.23% 和 14.63%；河西走廊防沙屏障带和青藏高原生态屏障带居住地面积均小于 0.01 万 km²。

工矿交通和园地分布与耕地、居住地分布相类似，其他类型所占比例较小，在空间上呈现零星分布。

3.2.2　国家生态屏障区生态系统变化分析

（1）一级生态系统变化分析

基于 3 期生态系统数据（图 3-6），计算了 2000～2010 年各生态系统动态变化度指数，结果表明，2000～2010 年，国家生态屏障区一级生态系统变化比较明显（表 3-4）。从动态变化度看，2000～2010 年城镇生态系统变化最大，其次是湿地生态系统和灌丛生态系统，变化幅度最小的是森林和草地生态系统。依据生态系统动态变化度正负可以分为两类，即城镇、森林和湿地等生态系统动态变化度为正值，表明其处于良性发展状态；农田和灌丛等生态系统动态变化度为负值，表明其处于退化趋势。

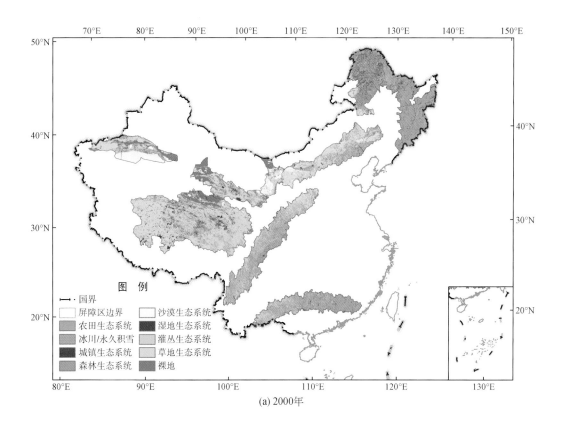

(a) 2000年

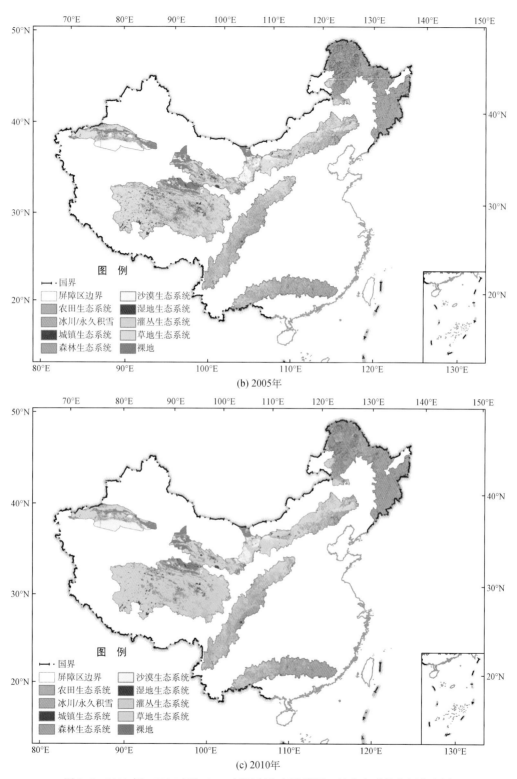

(b) 2005年

(c) 2010年

图 3-6 2000 年、2005 年和 2010 年国家生态屏障区一级生态系统空间分布图

表 3-4　2000～2010 年国家生态屏障区一级生态系统对比表

生态类型	2000 年		2005 年		2010 年		动态变化度		
	面积/万 km²	比例/%	面积/万 km²	比例/%	面积/万 km²	比例/%	2000～2005 年	2005～2010 年	2000～2010 年
森林生态系统	77.21	24.80	77.42	24.87	77.49	24.89	0.05	0.02	0.04
灌丛生态系统	21.62	6.94	21.49	6.90	21.36	6.86	-0.12	-0.12	-0.12
草地生态系统	111.36	35.77	111.33	35.76	111.18	35.71	-0.01	-0.03	-0.02
湿地生态系统	14.00	4.50	14.10	4.53	14.24	4.57	0.14	0.19	0.17
农田生态系统	37.94	12.19	37.68	12.10	37.56	12.06	-0.14	-0.06	-0.10
城镇生态系统	2.43	0.78	2.72	0.87	2.99	0.96	2.36	1.98	2.28
沙漠	13.75	4.42	13.70	4.40	13.67	4.39	-0.08	-0.04	-0.06
冰川/永久积雪	1.49	0.48	1.46	0.47	1.48	0.47	-0.38	0.22	-0.09
裸地	31.54	10.13	31.45	10.10	31.38	10.08	-0.06	-0.04	-0.05
总计	311.36	100	311.36	100	311.36	100			

注：因数据简化取值，总计值与表中各项加和可能略有出入。

城镇生态系统虽然在屏障区所占比例较小，但在研究时段内呈现明显的增加态势，其面积由 2000 年的 2.43 万 km² 增加到 2010 年的 2.99 万 km²，增加了 0.56 万 km²，在研究区所占比例由 2000 年的 0.78% 提高到 2010 年的 0.96%，提高了 0.18%；森林生态系统由 2000 年的 77.21 万 km² 增加到 2010 年的 77.49 万 km²，增加了 0.28 万 km²，在研究区所占比例由 2000 年的 24.80% 提高到 2010 年的 24.89%，提高了 0.09%。

湿地生态系统由 2000 年的 14.00 万 km² 增加到 2010 年的 14.24 万 km²，增加了 0.23 万 km²，在研究区所占比例由 2000 年的 4.50% 提高到 2010 年的 4.57%，提高了 0.07%。相比较，农田生态系统减少幅度较大，其面积由 2000 年的 37.94 万 km² 减少到 2010 年的 37.56 万 km²，减少了 0.38 万 km²，在研究区所占比例由 2000 年的 12.19% 降低到 2010 年的 12.06%，降低了 0.13%；其次是灌丛生态系统、草地生态系统和裸地生态系统，其面积分别由 2000 年的 21.62 万 km²、111.36 万 km² 和 31.54 万 km² 降低到 2010 年的 21.36 万 km²、111.18 万 km² 和 31.38 万 km²，分别减少了 0.26 万 km²、0.18 万 km² 和 0.15 万 km²，在研究区所占比例分别由 2000 年的 6.94%、35.77% 和 10.03% 降低到 2010 年的 6.79%、35.47% 和 9.98%。减少幅度最小的是沙漠和冰川/永久积雪，其中，沙漠面积在持续降低，而冰川/永久积雪呈波动降低态势，具体如图 3-7 和图 3-8 所示。

（2）二级生态系统变化分析

从表 3-5、图 3-9 和图 3-10 可知，按照动态变化度，2000～2010 年国家生态屏障区二级生态系统动态变化度最大的是工矿交通和园地；其次是居住地和稀疏灌丛；变化度较小的是针叶林，可见人类活动对该区域生态环境扰动比较明显。可以将生态系统变化分为两个方向，即增加和减少，如图 3-9 所示。2000～2010 年，生态系统面积扩张的有工矿交通、园地、居住地、湖泊、河流、阔叶林、阔叶灌丛、草原和针叶林；其余生态系统则呈降低趋势。

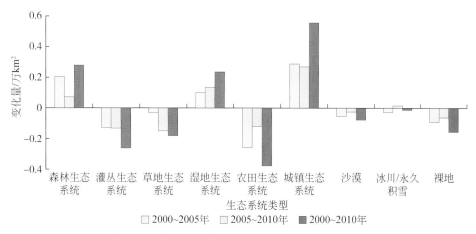

图 3-7 2000 年、2005 年和 2010 年国家生态屏障区一级生态系统变化对比图

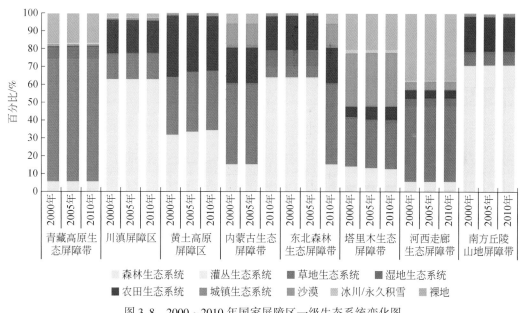

图 3-8 2000～2010 年国家屏障区一级生态系统变化图

表 3-5 2000～2010 年国家生态屏障区二级生态系统变化对比表

生态系统类型	2000 年		2005 年		2010 年		动态变化度		
	面积/万 km²	百分比/%	面积/万 km²	百分比/%	面积/万 km²	百分比/%	2000～2005 年	2005～2010 年	2000～2010 年
阔叶林	41.956	13.48	42.216	13.56	42.267	13.58	0.12	0.02	0.07

生态系统类型	2000 年		2005 年		2010 年		动态变化度		
	面积/万 km²	百分比/%	面积/万 km²	百分比/%	面积/万 km²	百分比/%	2000~2005 年	2005~2010 年	2000~2010 年
针叶林	29.471	9.47	29.481	9.47	29.485	9.47	0.01	0.00	0.00
针阔混交林	5.365	1.72	5.351	1.72	5.353	1.72	-0.05	0.01	-0.02
稀疏林	0.423	0.14	0.372	0.12	0.389	0.13	-2.39	0.90	-0.79
阔叶灌丛	19.115	6.14	19.245	6.18	19.188	6.16	0.14	-0.06	0.04
针叶灌丛	0.296	0.10	0.295	0.09	0.291	0.09	-0.09	-0.23	-0.16
稀疏灌丛	2.207	0.71	1.949	0.63	1.877	0.60	-2.34	-0.73	-1.49
草甸	19.174	6.16	19.142	6.15	19.073	6.13	-0.03	-0.07	-0.05
草原	50.899	16.35	50.950	16.36	51.106	16.41	0.02	0.06	0.04
草丛	5.262	1.69	5.196	1.67	5.135	1.65	-0.25	-0.24	-0.24
稀疏草地	36.028	11.57	36.043	11.58	35.867	11.52	0.01	-0.10	-0.04
沼泽	9.188	2.95	9.076	2.91	9.069	2.91	-0.24	-0.01	-0.13
湖泊	3.155	1.01	3.357	1.08	3.472	1.12	1.28	0.68	1.01
河流	1.662	0.53	1.672	0.54	1.698	0.55	0.12	0.32	0.22
耕地	37.364	12.00	36.960	11.87	36.770	11.81	-0.22	-0.10	-0.16
园地	0.579	0.19	0.724	0.23	0.793	0.25	5.03	1.91	3.71
居住地	1.869	0.60	2.061	0.66	2.213	0.71	2.06	1.47	1.84
城市绿地	0.030	0.01	0.030	0.01	0.029	0.01	0.04	-0.38	-0.17
工矿交通	0.533	0.17	0.627	0.20	0.745	0.24	3.53	3.76	3.98
沙漠	13.754	4.42	13.699	4.40	13.675	4.39	-0.08	-0.04	-0.06
冰川、永久积雪	1.491	0.48	1.462	0.47	1.478	0.47	-0.38	0.22	-0.09
裸地	31.539	10.13	31.447	10.10	31.384	10.08	-0.06	-0.04	-0.05
	311.358	100	311.357	100	311.358	100			

注：因数据简化取值，总计值与表中各项加和可能略有出入。

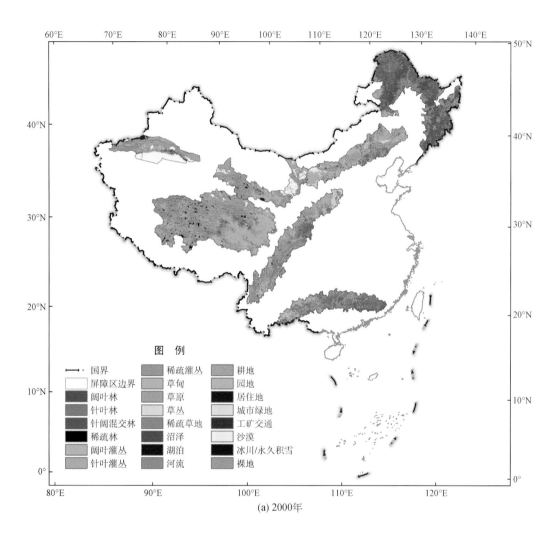

(a) 2000年

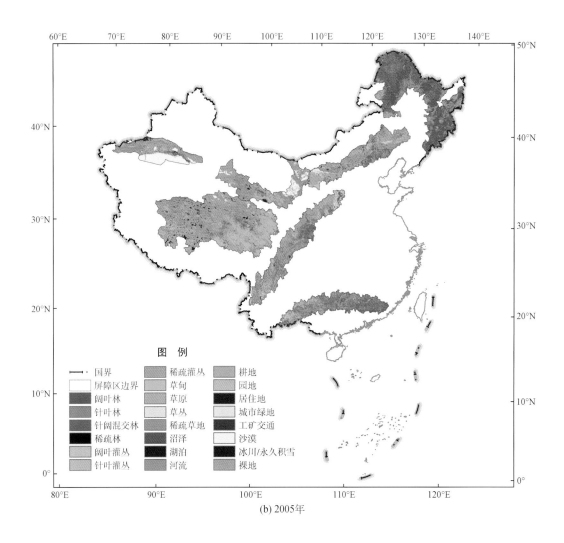

图　例

国界	稀疏灌丛	耕地
屏障区边界	草甸	园地
阔叶林	草原	居住地
针叶林	草丛	城市绿地
针阔混交林	稀疏草地	工矿交通
稀疏林	沼泽	沙漠
阔叶灌丛	湖泊	冰川/永久积雪
针叶灌丛	河流	裸地

(b) 2005年

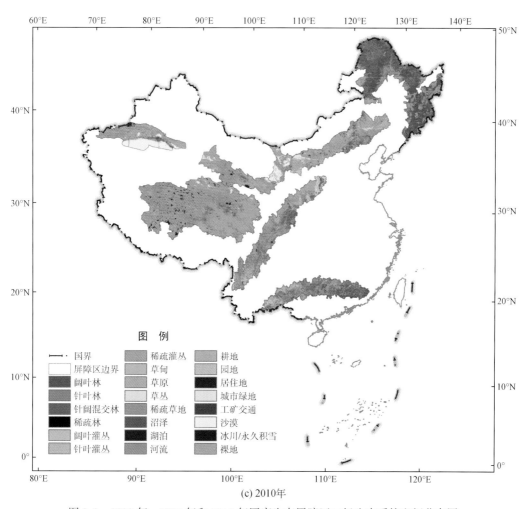

(c) 2010年

图 3-9　2000 年、2005 年和 2010 年国家生态屏障区二级生态系统空间分布图

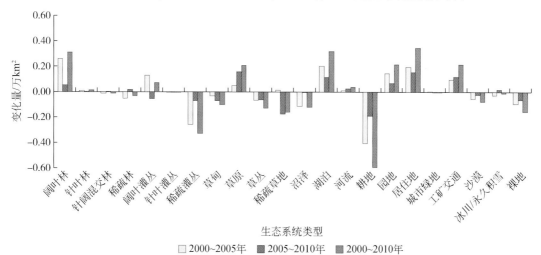

图 3-10　2000 年、2005 年和 2010 年国家生态屏障区二级生态系统变化对比图

从变化面积看,耕地和稀疏灌丛减少幅度较大,其面积分别由 2000 年的 37.36 万 km² 和 2.21 万 km² 降低到 2010 年的 36.77 万 km² 和 1.88 万 km²,十年间共降低 0.59 万 km² 和 0.33 万 km²;其比例由 2000 年 12% 和 0.71% 降低到 2010 年的 11.81% 和 0.60%,分别降低了 0.19% 和 0.11%;另一方面,居住地和阔叶林增加幅度最大,其面积分别由 2000 年的 1.87 万 km² 和 41.96 万 km² 增加到 2010 年的 2.21 万 km² 和 42.27 万 km²,十年间分别增加 0.34 万 km² 和 0.31 万 km²,其比例由 2000 年的 0.60% 和 13.48% 增加到 2010 年的 0.71% 和 13.58%,分别增加了 0.11% 和 0.1%。

就各屏障区而言,林地为主要生态系统类型且占屏障区面积从大到小依此为东北森林屏障带>南方丘陵屏障带>川滇屏障带>黄土高原屏障>40%;青藏高原生态屏障和北方防沙屏障带以草地和荒漠生态系统为主;其中青藏高原生态屏障区人类活动干扰最小,草地斑块破碎化程度低,但是低覆盖草地所占比例最高(>60%),较高和高覆盖草地比例非常低,生态环境脆弱。湿地主要分布在东北森林屏障带,青藏高原生态屏障带,且 6% < 面积<10%;屏障区内农业生产活动强烈,除了青藏高原生态屏障带,耕地在其他屏障区均有分布,占屏障区耕地面积依此为黄土高原生态屏障带>南方丘陵山地屏障带>东北森林屏障带>川滇生态屏障带>北方防沙屏障带>12%。

3.2.3 国家生态屏障区生态系统转移矩阵分析

(1) 一级生态系统转移矩阵分析

2000～2010 年国家生态屏障区一级生态系统内部之间变化剧烈,如图 3-11 和表 3-6～表 3-8 所示。生态系统变化显著特点是城镇、森林和湿地等生态系统在不断增加,而农田和灌丛等生态系统呈降低趋势。在减小的类型中,农田和灌丛的减小面积较大且呈持续减小趋势,但在不同时间段,仍有一定差异,2005～2010 年和 2000～2005 年相比较,农田减少幅度有所减缓,但灌丛仍保持稳定速度减少。

从变化幅度来看,城镇的转入幅度最大,由 2000 年的 2.43 万 km² 增加到了 2010 年的 2.99 万 km²,增加了 0.56 万 km²,其中由农田和草地转入的面积较大,分别为 0.31 万 km² 和 0.13 万 km²;其次是湿地,其在 2000～2010 年间增加了 0.23 万 km²,且主要来自草地。灌丛和农田的转出幅度较大,其中灌丛在 2000～2010 年间减少了 0.26 万 km²,且主要转为了草地;农田由 2000 年的 37.94 万 km² 减少到了 2010 年的 37.56 万 km²,减少了 0.38 万 km²,其中,由农田转出为草地、森林和城镇的面积较大,分别为 0.51 万 km²、0.35 万 km² 和 0.31 万 km²;其次是冰川/永久积雪,其面积减少了 0.01 万 km²,且主要转换为了裸地。

(2) 二级生态系统转移矩阵分析

按照生态系统变化方向,可以划分为流出和流入两种类型。2000～2010 年国家生态屏障区二级生态系统内部之间变化剧烈(图 3-12)。以流入为主的生态系统包括工矿交通、园地、居住地、湖泊、河流、阔叶林、阔叶灌丛、草原和针叶林,即面积是增加态势;其余生态系统则以流出为主,即其面积呈减少趋势,其中耕地减少尤为明显。

由于二级转移矩阵表比较复杂，为了进一步说明，仅以典型变化类型耕地变化为例进行分析说明。耕地存在明显的双向流动。2000 年、2005 年和 2010 年耕地面积分别为 390.28 万 km²，2、386.34 万 km² 和 384.41 万 km²。在 2000~2005 年，耕地减少 0.4 万 km²，转移矩阵统计表明，在此期间，耕地流入量为 2.66 万 km²，流出量为 3.06 万 km²；在 2005~2010 年减少 0.19 万 km²，耕地流入量为 2.46 万 km²，流出量为 2.65 万 km²；近 10 年，耕地共减少 0.59 万 km²，流入量为 1.01 万 km²，流出量为 1.61 万 km²。

对区域耕地流向进一步统计分析发现（图 3-13），2000~2005 年、2005~2010 年和 2000~2010 年三个时段耕地的流入、流出趋势基本一致。2000~2010 年国家生态屏障区耕地变化流向草原、阔叶林、居住地、阔叶灌丛、园地、草地、沼泽、工矿交通、湖泊、针阔混交林、草甸等多种类型，其中流向草原比例最大，占总流出量的 24.85% 左右，其次是阔叶林、居住地和阔叶灌丛分别占 16.03%、15.37% 和 10.33%。同时阔叶灌丛、沼泽、阔叶林、草原和草甸等类型流向耕地，其流量分别占总耕地流入量的 19.06%、18.14%、16.61%、8.10% 和 5.89%。可见该区域耕地退耕还林还草、城市建设等作用明显，同时在该区域还存在一定的毁林种田、填湖造地现象。

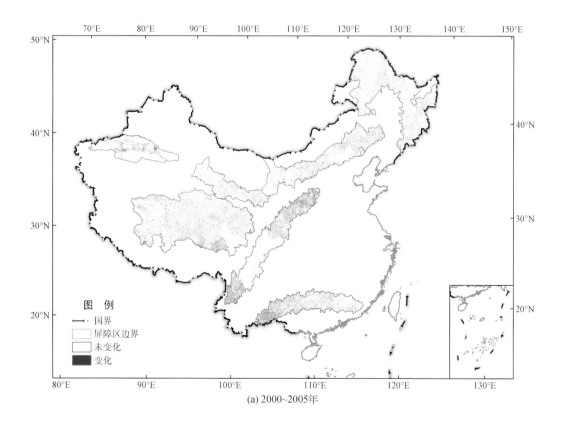

(a) 2000~2005年

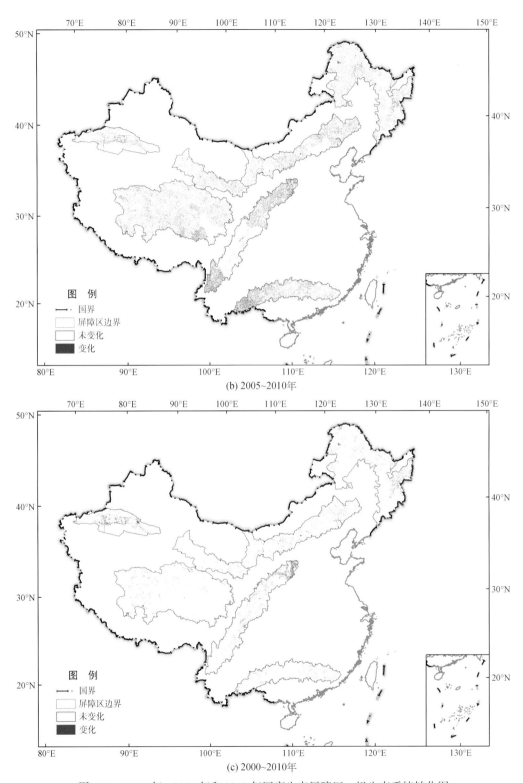

(b) 2005~2010年

(c) 2000~2010年

图3-11 2000年、2005年和2010年国家生态屏障区一级生态系统转化图

表 3-6 2000~2005 年转移矩阵表

	森林生态系统	灌丛生态系统	草地生态系统	湿地生态系统	农田生态系统	城镇生态系统	沙漠	冰川/永久积雪	裸地	总计
森林生态系统	746 716.25	7 719.25	5 604.81	2 503.81	8 617.88	558.25	32.44	4.00	372.69	772 129.38
灌丛生态系统	8 740.88	192 614.63	8 663.19	395.94	4 811.69	211.56	258.88	6.88	474.88	216 178.50
草地生态系统	6 023.31	9 527.44	1 067 556.94	7 843.13	9 000.88	1 136.88	1 653.13	149.44	10 735.88	1 113 627.00
湿地生态系统	2 512.69	475.00	6 558.38	126 757.88	2 413.38	359.94	69.63	2.88	877.25	140 027.00
农田生态系统	9 397.75	3 595.00	11 349.25	1 585.63	349 568.13	3 556.25	66.69	0.06	308.19	379 426.94
城镇生态系统	469.06	93.63	621.06	187.25	1 807.31	21 049.63	10.63	0.00	77.31	24 315.88
沙漠	47.94	438.19	1 932.94	57.81	133.81	19.69	134 622.19	0.00	282.69	137 535.25
冰川/永久积雪	5.44	5.69	213.69	2.94	0.19	0.00	0.06	13 755.44	923.81	14 907.25
裸地	279.94	416.81	10 810.63	1 701.25	486.56	291.56	280.81	704.00	300 416.75	315 388.31
总计	774 193.25	214 885.63	1 113 310.88	141 035.63	376 839.81	27 183.75	136 994.44	14 622.69	314 469.44	3 113 535.50

注：因数据简化取值，总计值与表中各项加和可能略有出入。

表 3-7 2005~2010 年转移矩阵表

	森林生态系统	灌丛生态系统	草地生态系统	湿地生态系统	农田生态系统	城镇生态系统	沙漠	冰川/永久积雪	裸地	总计
森林生态系统	747 824.75	8 068.56	5 725.81	2 745.13	8 720.19	688.00	38.56	5.38	376.88	774 193.25
灌丛生态系统	8 622.94	191 795.00	9 026.06	773.00	3 413.44	206.44	429.50	5.69	613.56	214 885.63
草地生态系统	6 075.25	9 709.19	1 067 835.94	7 365.94	8 341.31	1 412.56	1 618.63	139.88	10 812.75	1 113 310.88
湿地生态系统	2 526.38	292.94	6 699.75	127 850.94	2 181.38	360.81	75.25	2.75	1 045.44	141 035.63
农田生态系统	8 997.50	2 891.56	9 013.44	1 747.19	350 525.81	3 257.44	101.25	0.19	305.44	376 839.81

续表

	森林生态系统	灌丛生态系统	草地生态系统	湿地生态系统	农田生态系统	城镇生态系统	沙漠	冰川/永久积雪	裸地	总计
城镇生态系统	472.75	98.19	641.31	211.75	1 960.69	23 701.31	12.00	0.00	85.75	27 183.75
沙漠	30.38	326.88	1 998.06	62.38	81.75	34.25	134 176.25	0.06	284.44	136 994.44
冰川/永久积雪	4.00	6.88	154.88	3.63	0.06	0.00	0.00	13 760.94	692.31	14 622.69
裸地	375.81	376.06	10 714.44	1 608.81	400.31	209.56	293.19	864.44	299 626.81	314 469.44
总计	774 929.75	213 565.25	1 111 809.13	142 368.75	375 624.94	29 870.38	136 744.63	14 779.31	313 843.38	3 113 535.50

注:因数据简化取值,总计值与各项加和可能略有出入。

表 3-8　2000~2010 年转移矩阵表

	森林生态系统	灌丛生态系统	草地生态系统	湿地生态系统	农田生态系统	城镇生态系统	沙漠	冰川/永久积雪	裸地	总计
森林生态系统	767 657.38	688.50	328.50	470.69	2 422.75	276.13	1.94	0.00	297.94	772 143.81
灌丛生态系统	2 110.81	208 714.81	510.63	561.81	3 506.31	222.44	181.81	0.00	370.50	216 179.13
草地生态系统	1 230.44	2 018.25	1 103 747.19	3 040.00	1 941.94	1 322.75	92.13	0.06	235.88	1 113 628.63
湿地生态系统	221.56	144.25	1 116.63	135 557.50	2 333.19	337.25	66.13	0.38	272.13	140 049.00
农田生态系统	3 512.50	1 665.19	5 073.13	1 023.06	364 906.75	3 096.25	52.50	0.00	102.56	379 431.94
城镇生态系统	2.81	4.13	25.75	3.06	33.75	24 242.00	0.00	0.00	5.06	24 316.56
沙漠	4.56	265.75	747.00	46.69	99.56	31.19	136 335.44	0.00	5.50	137 535.69
冰川/永久积雪	0.00	0.00	78.63	1.19	0.00	0.00	0.00	14 510.13	319.13	14 909.06
裸地	204.06	65.00	183.31	1 686.81	385.69	343.06	15.13	270.56	312 235.63	315 389.25
总计	774 944.13	213 565.88	1 111 810.75	142 390.81	375 629.94	29 871.06	136 745.06	14 781.13	313 844.31	3 113 583.06

注:因数据简化取值,总计值与各项加和可能略有出入。

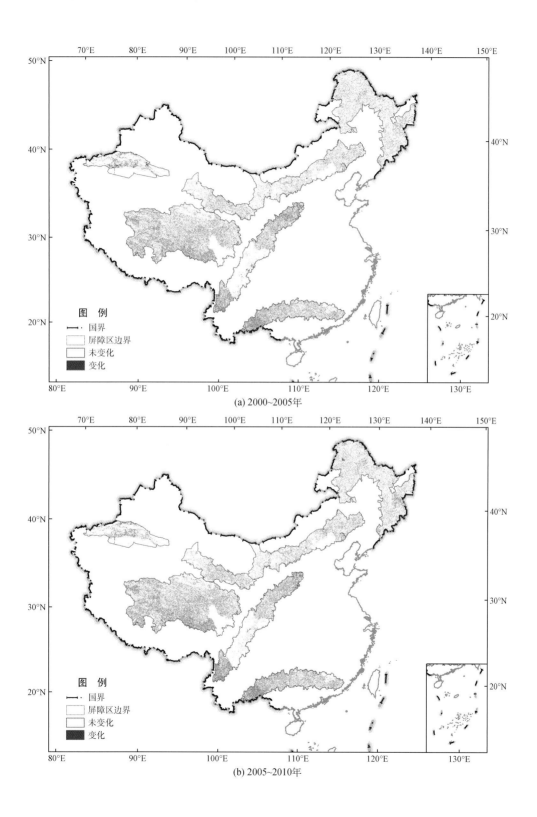

(a) 2000~2005年

(b) 2005~2010年

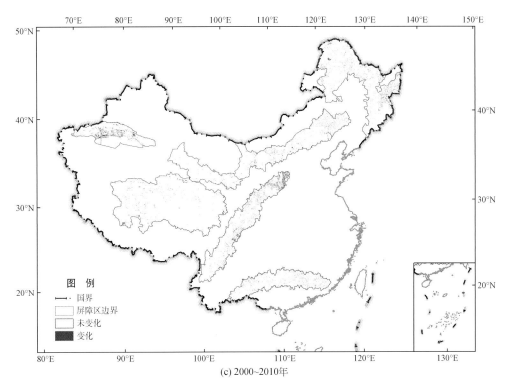

(c) 2000~2010年

图 3-12　2000 年、2005 年和 2010 年国家生态屏障区二级生态系统转化图

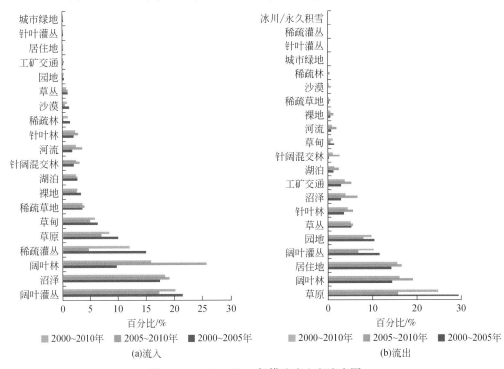

图 3-13　2000～2010 年耕地流入和流出图

3.3 青藏高原生态屏障带生态系统格局及其变化

青藏高原是地球上最大最高的高原，平均海拔在 4000 m 以上，面积约占全国陆地总面积的 26.8%，被誉为地球的"第三极"，对高原边缘乃至亚洲的生态安全具有重要的屏障作用。青藏高原相对于其他地区受人类影响较小，地势高亢、空气稀薄、紫外线辐射强度大，使得高原植被和土壤对气候变化极为敏感，因此它被称为全球变化的敏感区。正是这种独特的地理环境，使得该地区一直是全球地学、生态学界等关注的热点地区。开展青藏高原生态屏障带生态系统的格局及其变化，对生态环境保护和区域可持续发展具有十分重要的意义。本书主要以 2000 年、2005 年和 2010 年三期土地利用数据、遥感生态参数、社会经济等统计数据为主要数据源，辅以地面调查和监测数据，开展青藏高原生态屏障区生态环境的十年变化调查与评估，通过屏障区面积分布状况、斑块数量、聚集度等数据，对近十年来青藏高原生态屏障区的生态系统类型分布与格局进行了动态分析。

3.3.1 生态系统现状分析

(1) 一级生态系统现状分析

青藏高原生态屏障带生态系统一级分类中草地类型分布最广，面积比例超过 68%，其次为荒漠，森林、灌丛、湿地、农田、城镇、冰川/永久积雪（表3-9）。2000 年生态系统一级分类中，草地和荒漠类型较多，分别占屏障区总面积的 68.8% 和 17.7%，二者面积比例之和超过屏障区的 86.5%，森林、灌丛、湿地、农田、城镇、冰川/永久积雪所占比例较低。2000 年生态系统一级分类空间分布特征表现为，草地分布较为广泛，森林主要位于屏障区东南部地区，荒漠多位于屏障区西部分散区域，冰川/永久积雪多位于屏障区北部地区。2005 年生态系统一级分类中，草地和荒漠类型较多，分别占屏障区总面积的 68.7% 和 17.7%，二者面积比例之和超过屏障区的 86.4%，森林、灌丛、湿地、农田、城镇、冰川/永久积雪所占比例较低。2005 年生态系统一级分类空间分布特征表现为：草地分布较为广泛，森林主要位于屏障区东南部地区，荒漠多位于屏障区西部分散区域，冰川/永久积雪多位于屏障区北部地区。2010 年生态系统一级分类中，草地和荒漠类型较多，分别占屏障区总面积的 68.6% 和 17.6%，二者面积比例之和超过屏障区的 86.2%，森林、灌丛、湿地、农田、城镇、冰川/永久积雪所占比例较低。2010 年生态系统一级分类空间分布特征表现为，草地分布较为广泛，森林主要位于屏障区东南部地区，荒漠多位于屏障区西部分散区域，冰川/永久积雪多位于屏障区北部地区。

表 3-9　一级生态系统结构特征

类型	2000 年		2005 年		2010 年	
	面积/km²	百分比/%	面积/km²	百分比/%	面积/km²	百分比/%
森林	12 842.5	1.4	12 834.7	1.4	12 820.9	1.4

类型	2000 年		2005 年		2010 年	
	面积/km²	百分比/%	面积/km²	百分比/%	面积/km²	百分比/%
灌丛	41 302.7	4.4	41 305.5	4.4	41 310.9	4.4
草地	640 613.2	68.8	639 609.7	68.7	639 235.7	68.6
湿地	60 599.7	6.5	62 507.8	6.7	63 260.6	6.8
农田	2 546.7	0.3	2 397.6	0.3	2 383.4	0.3
城镇	779.8	0.1	935.4	0.1	1 004.4	0.1
荒漠	165 266.4	17.7	164 482.7	17.7	163 877.9	17.6
冰川/永久积雪	7 463.9	0.8	7 341.3	0.8	7 521.2	0.8

（2）二级生态系统现状分析

青藏高原生态屏障带生态系统二级分类中草地类型分布最广（表 3-10），所占比例最大，为 68.8%，其次为荒漠，为 17.7%。其中，森林二级类型中，针叶林所占比例最大，为 1.3%；灌丛二级分类中，阔叶灌丛所占比例最大，为 4.2%；湿地二级分类中，沼泽、湖泊所占比例较大，分别为 3.5% 和 2.3%；城镇二级分类中，工矿交通所占比例较大，为 0.1%。2000 年生态系统二级分类空间分布特征表现为阔叶林、针叶林、阔叶灌丛等森林和灌丛类型多位于屏障区东南部地区；草地类型分布广泛；沼泽、湖泊等湿地类型多位于屏障区西部和中部，较为分散；耕地主要位于屏障区东北部和东南部小片区域，较为分散；居住地、城市绿地、工矿交通等城镇类型主要位于屏障区东北部，面积小而分散；荒漠主要位于屏障区西部，较为分散；冰川/永久积雪主要位于屏障区北部。2010 年生态系统二级分类中，草地所占比例最大，为 68.6%，其次为荒漠，为 17.6%。其中，森林二级类型中，针叶林所占比例最大，为 1.3%；灌丛二级分类中，阔叶灌丛所占比例最大，为 4.2%；湿地二级分类中，沼泽、湖泊所占比例较大，分别为 3.5% 和 2.6%；城镇二级分类中，工矿交通所占比例较大，为 0.1%。2010 年生态系统二级分类空间分布特征表现为，阔叶林、针叶林和阔叶灌丛等森林和灌丛类型多位于屏障区东南部地区；草地类型分布广泛；沼泽、湖泊等湿地类型多位于屏障区西部和中部，较为分散；耕地主要位于屏障区东北部和东南部小片区域，较为分散；居住地、城市绿地、工矿交通等城镇类型主要位于屏障区东北部，面积小而分散；荒漠主要位于屏障区西部，较为分散；冰川/永久积雪主要位于屏障区北部。

表 3-10　二级生态系统结构特征

类型	2000 年		2005 年		2010 年	
	面积/km²	百分比/%	面积/km²	百分比/%	面积/km²	百分比/%
阔叶林	417.1	0.0	414.9	0.0	414.9	0.0
针叶林	12 293.0	1.3	12 287.5	1.3	12 273.7	1.3
针阔混交林	128.5	0.0	128.5	0.0	128.5	0.0

类型	2000 年		2005 年		2010 年	
	面积/km²	百分比/%	面积/km²	百分比/%	面积/km²	百分比/%
稀疏林	3.8	0.0	3.8	0.0	3.8	0.0
阔叶灌丛	39 385.5	4.2	39 388.4	4.2	39 393.8	4.2
针叶灌丛	99.6	0.0	99.6	0.0	99.5	0.0
稀疏灌丛	1 817.6	0.2	1 817.6	0.2	1 817.6	0.2
草地	640 613.2	68.8	639 609.7	68.7	639 235.7	68.6
沼泽	32 734.0	3.5	32 695.7	3.5	32 658.5	3.5
湖泊	21 590.5	2.3	23 525.8	2.5	24 176.6	2.6
河流	6 275.3	0.7	6 286.3	0.7	6 425.5	0.7
耕地	2 546.7	0.3	2 397.6	0.3	2 383.4	0.3
居住地	191.5	0.0	198.8	0.0	204.5	0.0
城市绿地	7.2	0.0	7.6	0.0	7.6	0.0
工矿交通	581.1	0.1	728.9	0.1	792.3	0.1
荒漠	165 266.4	17.7	164 482.7	17.7	163 877.9	17.6
冰川/永久积雪	7 463.9	0.8	7 341.3	0.8	7 521.2	0.8

(3) 三级生态系统现状分析

青藏高原生态屏障带 2000 年生态系统三级分类中，草原、稀疏草地、草甸所占比例较大，分别为 27.6%、25.7%、15.5%，其次为裸岩、裸土、落叶阔叶灌木林和草本沼泽等。其中，针叶林三级分类中，常绿针叶林所占比例最大，为 1.3%；阔叶灌丛三级分类中，落叶阔叶灌木林所占比例最大，为 4.1%；草地三级分类中，草原所占比例最大，为 27.6%；沼泽三级分类中，草本沼泽所占比例最大，为 3.5%；湖泊三级分类中，湖泊所占比例最大，为 2.3%；耕地三级分类中，旱地所占比例最大，为 0.3%；工矿交通三级分类中，交通用地所占比例最大，为 0.05%；荒漠三级分类中，裸岩、裸土所占比例较大，分别为 7.7% 和 6.6%。2000 年生态系统三级分类空间分布特征表现为，常绿针叶林、落叶阔叶灌木林等森林、灌丛多位于屏障区东南部地区；草原、稀疏草地、草甸等草地类型分布广泛；草本沼泽、湖泊等湿地类型多分布于屏障区西部和中部，较为分散；水田、旱地等耕地主要分布于屏障区东北部和东南部小片区域，较为分散；居住地、工业用地、交通用地、采矿场等城镇类型主要分布于屏障区东北部，面积小而分散；裸岩、裸土、盐碱地等荒漠类型多位于屏障区西部分散区域；冰川/永久积雪集中分布于屏障区北部，并在中部、东部地区仍有零散分布。2005 年生态系统三级分类中，草原、稀疏草地、草甸所占比例较大，分别为 27.5%、25.7%、15.5%，其次为裸岩、裸土、落叶阔叶灌木林、草本沼泽等。其中，针叶林三级分类中，常绿针叶林所占比例最大，为 1.3%；阔叶灌丛三级分类中，落叶阔叶灌木林所占比例最大，为 4.1%；草地三级分类中，草原所占比例最大，为 27.5%；沼泽三级分类中，草本沼泽所占比例最大，为 3.5%；湖泊三级分类中，湖泊所占比例最大，为 2.5%；耕地三级分类中，旱地所占比例最大，为 0.3%；工矿交通三级分类中，交通用地所占比例最大，为 0.05%；荒漠三级分类中，裸岩、裸土所占比例较大，分别为 7.7% 和 6.6%。2005 年年生态系统三级分类空间分布特征表现为，常绿针叶林、落叶阔叶灌木林等森林、灌丛多位于屏障区东南部地区；草原、稀疏草地、草甸等草地类型分布广泛；草本沼泽、湖泊等湿地类型多分布于屏障区西部和中部，较为分散；水田、旱地等耕地主要分布于屏障区东北部和东南部小片区域，较为分散；居住地、工业用地、交通用地、采矿场等城镇类型主要分布于屏障区东北部，面积小而分散；裸岩、裸土、盐碱地等荒漠类型多位于屏障区西部分散区域；冰川/永久积雪集中分布于屏障区北部，并在中部、东部地区仍有零散分布。2010 年生态系统三级分类中，草原、稀疏草地、草甸所占比例较大，分别为 27.5%、25.7%、15.5%，其次为裸岩、裸土、落叶阔叶灌木林、草本沼泽等。其中，针叶林三级分类中，常绿针叶林所占比例最大，为 1.3%；阔叶灌丛三级分类中，落叶阔叶灌木林所占比例最大，为 4.1%；草地三级分类中，草原所占比例最大，为 27.5%；沼泽三级分类中，草本沼泽所占比例最大，为 3.5%；湖泊三级分类中，湖泊所占比例最大，为 2.5%；耕地三级分类中，旱地所占比例最大，为 0.3%；工矿交通三级分类中，交通用地所占比例最大，为 0.05%；荒漠三级分类中，裸岩、裸土所占比例较大，分别为 7.7% 和 6.6%。2010 年年生态系统三级分类空间分布特征表现为，常绿针叶林、落叶阔叶灌木林等森林、灌丛多位于屏障区东南部地区；草原、稀疏草地、草甸等草地类型分布广泛；草本沼泽、湖泊等湿地类型多分布于屏障区西部和中部，较为分散；水田、旱地等耕地主要分布于屏障区东北部和东南部小片区域，较为分散；居住地、工业用地、交通用地、采矿场等城镇类型主要分布于屏障区东北部，面积小而分散；裸岩、裸土、盐碱地等荒漠类型多位于屏障区西部分散区域；冰川/永久积雪集中分布于屏障区北部，并在中部、东部地区仍有零散分布。

3.3.2 生态系统结构变化特征

青藏高原生态屏障区 2000～2005 年、2005～2010 年生态系统一、二、三级分类下，生态系统结构变化差异明显，城镇面积增加最为显著，湿地面积略有增加，其余各类型变化相对较小。各类型结构变化具有阶段性特征，2000～2005 年各类型面积变化率绝对值多大于 2005～2010 年，表明前一阶段生态系统结构变化更为剧烈。

青藏高原生态屏障区生态系统一级变化特征，从 2000～2010 年整体阶段看，城镇面积显著增加，湿地面积有所增加，农田面积有所减少，森林、灌丛、草地、农田、荒漠、冰川/永久积雪面积无明显变化。从 2000～2005 年和 2005～2010 年分阶段看，各类型面积变化的方向基本与整体阶段一致，但 2000～2005 年面积变化率的绝对值明显高于 2005～2010 年，表明前一阶段各类型结构变化更为剧烈，其中尤以城镇类型增加最为显著。

青藏高原生态屏障区生态系统二级分类结构变化特征：从2000～2010年整体阶段看，工矿交通面积显著增加，居住地面积明显增加，湖泊、城市绿地面积明显增加，河流面积有所增加，耕地面积明显减少，其余各类型面积变化不明显。从2000～2005年和2005～2010年分阶段看，各类型面积变化的方向基本与整体阶段一致，部分类型略有不同。但2000～2005年，面积变化较为明显的类型，其变化率的绝对值明显高于2005～2010年，表明前一阶段各类型结构变化更为剧烈，尤以城镇二级分类中的工矿交通面积增加最为显著。

青藏高原生态屏障区生态系统三级分类结构变化特征：从2000～2010年整体上看，采矿场、工业用地、水库/坑塘、运河/水渠面积显著增加，湖泊、河流、乔木绿地、交通用地、居住地面积有所增加；草丛面积显著减少，常绿阔叶林、水田、旱地、草本绿地、盐碱地、裸土面积有所减少，其余各类型面积无明显变化。从2000～2005年和2005～2010年分阶段看，面积增加、减少或无变化的类型与整体阶段基本保持一致，部分类型略有不同。但2000～2005年，面积变化较为明显的类型，其变化率的绝对值明显高于2005～2010年，表明前一阶段各类型结构变化更为剧烈，尤以工矿交通三级分类中的采矿场、工业用地和湖泊三级分类中的水库/坑塘增加最为显著（图3-14～图3-16）。

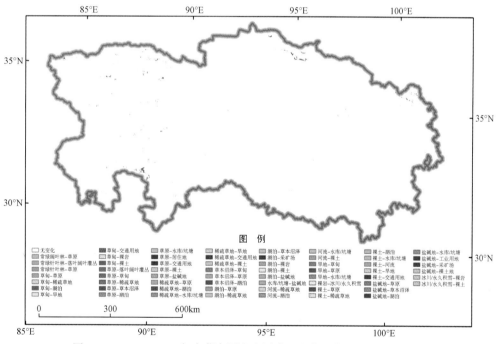

图3-14 2000～2005年青藏高原生态屏障区生态系统三级分类变化图

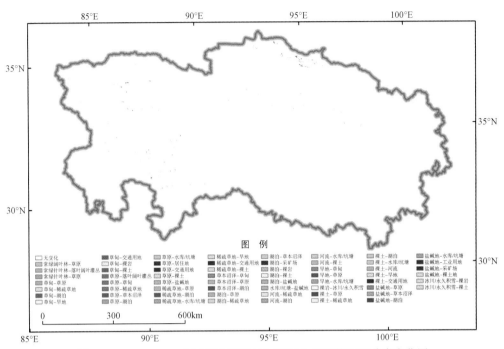

图 3-15　2005～2010 年青藏高原生态屏障区生态系统三级分类变化图

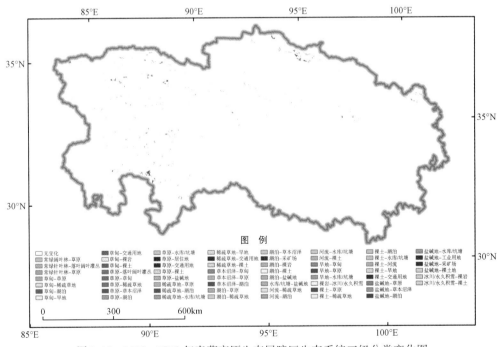

图 3-16　2000～2010 年青藏高原生态屏障区生态系统三级分类变化图

3.3.3 景观格局变化特征

2000~2010年青藏高原生态屏障区基于一级、二级、三级分类的生态系统景观格局在整体上保持稳定，无明显破碎化趋势，其中2000~2005年基于一级、三级分类的景观尺度聚集度指数有所上升，景观格局有所改善。各类型的斑块平均面积变化相对较小。根据表3-11、表3-12，青藏高原生态屏障带生态系统一级分类从景观尺度上看，2000~2010年青藏高原生态屏障区基于一级分类的生态系统景观格局在整体上保持稳定，无明显破碎化趋势，2000~2005年景观格局略有改善。从类型尺度上看，2000~2010年青藏高原生态屏障区基于一级分类的各类型斑块平均面积变化相对较小，草地、荒漠的斑块平均面积较大，破碎化程度较低；农田、城镇的斑块平均面积较小，破碎化程度较高。

表3-11　生态系统一级分类景观格局特征及其变化（景观）

年份	斑块数（NP）	边界密度（ED）/（m/hm²）	平均斑块面积（MPS）/km²	聚集度指数（COUT）/%
2000	73 114	6.28	12.7838	46.99
2005	72 822	6.26	12.8350	47.03
2010	72 648	6.26	12.8658	47.04

表3-12　生态系统一级分类类斑块平均面积　（单位：km²）

年份	森林	灌丛	草地	湿地	农田	城镇	荒漠	冰川/永久积雪
2000	4.262	6.292	82.785	8.730	2.916	3.043	18.371	11.490
2005	4.276	6.290	82.947	8.847	2.913	3.048	18.436	11.288
2010	4.264	6.263	83.325	8.897	2.912	3.048	18.352	11.711

根据表3-13、表3-14，从景观尺度上看，青藏高原生态屏障带生态系统二级分类2000~2010年青藏高原生态屏障区基于二级分类的生态系统景观格局在整体上保持稳定，无明显破碎化趋势。从类型尺度上看，2000~2010年青藏高原生态屏障区基于二级分类的各类型斑块平均面积变化相对较小，其中草地、湖泊、工矿交通的斑块平均面积明显增加。各类型之间相比，草地、荒漠、冰川/永久积雪的斑块平均面积较大，破碎化程度低；阔叶林、居住地、城市绿地、河流、耕地等的斑块平均面积较小，破碎化程度较高。

表3-13　生态系统二级分类景观格局特征及其变化（景观）

年份	斑块数（NP）	边界密度（ED）/（m/hm²）	平均斑块面积（MPS）/km²	聚集度指数（COUT）/%
2000	159 627	8.7	5.855	44.6
2005	159 177	8.7	5.872	44.6
2010	158 958	8.7	5.880	44.6

表 3-14 生态系统二级分类类斑块平均面积 （单位：km²）

类型	2000 年	2005 年	2010 年
阔叶林	1.143	1.143	1.143
针叶林	3.015	3.010	2.997
针阔混交林	3.275	3.280	3.269
稀疏林	2.653	2.652	2.655
阔叶灌丛	2.403	2.402	2.403
针叶灌丛	2.722	2.723	2.726
稀疏灌丛	4.609	4.613	4.613
草地	44.929	44.976	45.041
沼泽	5.746	5.743	5.728
湖泊	2.806	2.888	2.918
河流	1.764	1.764	1.766
耕地	1.713	1.708	1.708
居住地	1.639	1.641	1.641
城市绿地	1.741	1.740	1.740
工矿交通	2.092	2.104	2.110
荒漠	17.165	17.169	17.071
冰川/永久积雪	11.187	11.089	11.486

根据表 3-15、表 3-16，青藏高原生态屏障带生态系统三级分类从景观尺度上看，2000~2010 年青藏高原生态屏障区基于三级分类的生态系统景观格局在整体上保持稳定，无明显破碎化趋势，2000~2005 年景观格局略有改善。从类型尺度上看，2000~2010 年青藏高原生态屏障区基于三级分类的各类型斑块平均面积变化相对较小，其中草甸、草原、稀疏草地、森林沼泽的斑块平均面积明显增加。各类型之间相比，盐碱地、冰川/永久积雪、草原等的斑块平均面积较大，破碎化程度相对较低；常绿阔叶林、乔木绿地等的斑块平均面积较小，破碎化程度相对较高。

表 3-15 生态系统三级分类景观格局特征及其变化（景观）

年份	斑块数（NP）	边界密度 （ED）/（m/hm²）	平均斑块面积 （MPS）/km²	聚集度指数 （COUT）/%
2000	297 432	12.5	3.143	31.7
2005	279 625	11.8	3.343	34.4
2010	279 454	11.8	3.345	34.4

表 3-16　生态系统三级分类类斑块平均面积　　　　（单位：km²）

类型	2000 年	2005 年	2010 年
常绿阔叶林	1.000	1.000	1.000
落叶阔叶林	1.714	1.714	1.714
常绿针叶林	2.860	2.860	2.846
针阔混交林	2.754	2.765	2.751
稀疏林	2.106	2.134	2.134
常绿阔叶灌木林	2.086	2.096	2.097
落叶阔叶灌木林	1.980	1.965	1.967
常绿针叶灌木林	2.243	2.267	2.268
稀疏灌木林	3.297	3.357	3.358
草甸	7.053	7.202	7.202
草原	8.097	9.713	9.716
草丛	5.246	0.0	0.0
稀疏草地	6.610	10.814	10.825
森林沼泽	2.177	2.535	2.532
灌丛沼泽	1.769	1.883	1.879
草本沼泽	1.669	1.743	1.746
湖泊	2.352	2.408	2.445
水库/坑塘	1.315	1.337	1.338
河流	1.274	1.288	1.286
运河/水渠	1.248	1.261	1.261
水田	1.251	1.258	1.259
旱地	1.293	1.285	1.284
居住地	1.239	1.241	1.243
乔木绿地	1.247	1.248	1.248
草本绿地	1.255	1.260	1.259
工业用地	1.290	1.300	1.301
交通用地	1.305	1.314	1.315
采矿场	1.365	1.379	1.386
沙漠/沙地	2.239	2.236	2.236
裸岩	4.129	4.173	4.075
裸土	8.402	8.395	8.361
盐碱地	16.196	15.956	15.648
冰川/永久积雪	11.637	11.896	11.905

3.3.4　生态系统各类型变化方向

根据表 3-17 可知，从 2000~2005 年和 2005~2010 年分阶段看，前一阶段转移面积大于后一阶段，说明 2000~2005 年生态系统变化更为剧烈。从 2000~2010 年整体上看，一级分类转移量较大的为草地→湿地、荒漠→湿地；二级分类转移量较大的为草地→湖泊、荒漠→湖泊；三级分类转移量较大的为稀疏草地→湖泊、草原→湖泊、裸土→湖泊、盐碱地→湖泊。

表 3-17　一级生态系统分布与构成转移比例　　　　　　（单位:%）

时段	类型	森林	灌丛	草地	湿地	农田	城镇	荒漠	冰川/永久积雪
2000~2005 年	森林	100	0	0	0	0	0	0	0
	灌丛	0	100	0	0	0	0.1	0	0
	草地	0	0	100	1.9	0.4	3.1	0	0
	湿地	0	0	0	96.7	0	1.4	0	0
	农田	0	0	0	0	99.5	0.1	0	0
	城镇	0	0	0	0	0	83.4	0	0
	荒漠	0	0	0	1.4	0.1	12	99.8	2.2
	冰川/永久积雪	0	0	0	0	0	0	0.2	97.8
2005~2010 年	森林	100	0	0	0	0.2	0	0	0
	灌丛	0	100	0	0	0	0	0	0
	草地	0	0	100	1	0.1	1	0	0
	湿地	0	0	0	98	0	0.1	0.2	0
	农田	0	0	0	0	99.7	0.2	0	0
	城镇	0	0	0	0	0	93.1	0	0
	荒漠	0	0	0	1.1	0	5.6	99.7	4.1
	冰川/永久积雪	0	0	0	0	0	93.1	0	0
2000~2010 年	森林	100	0	0	0	0.2	0	0	0
	灌丛	0	100	0	0	0	0.1	0	0
	草地	0	0	99.9	2.8	0.5	3.9	0	0
	湿地	0	0	0	95	0	1.4	0.1	0
	农田	0	0	0	0	99.2	0.3	0	0
	城镇	0	0	0	0	0	77.6	0	0
	荒漠	0	0	0	2.1	0.1	16.8	99.7	3.3
	冰川/永久积雪	0	0	0	0	0	0	0.1	96.7

3.3.5 生态系统综合变化率分析

根据表 3-18 可知,从 2000～2010 年整体来看,青藏高原生态屏障区一级、二级、三级分类生态系统综合变化率均较低,分别为 0.24、0.25 和 0.26。分阶段来看 2000～2005 年、2005～2010 年一级、二级生态系统综合变化率相同,分别为 0.16 和 0.13,生态系统整体变化程度较低,且呈缓慢减小态势;三级生态变化率 2000～2005 年、2005～2010 年分别为 0.16、0.14 也同样呈现缓慢减小趋势。从 2005～2010 年来看,一级、二级、三级分类生态系统综合变化率前一阶段高于后一阶段,表明 2000～2005 年生态系统综合变化程度更显著。

表 3-18 生态系统综合变化率 （单位:%）

时段	2000～2005 年	2005～2010 年	2000～2010 年
一级生态系统	0.16	0.13	0.24
二级生态系统	0.16	0.13	0.25
三级生态系统	0.16	0.14	0.26

3.3.6 类型相互转化强度分析

根据表 3-19 可知,从 2000～2010 年整体阶段看,青藏高原生态屏障区生态系统整体上有所改善。从 2000～2005 年和 2005～2010 年分阶段看,2000～2005 年生态系统各类型一级分类相互转化强度为 1.47,2005～2010 年各类型一级分类相互转化强度为 0.76,明显小于 2000～2005 年各类型一级分类相互转化强度,表明 2000～2005 年生态系统改善更明显。

表 3-19 生态系统各类型相互转化强度 （一级分类）

时段	2000～2005 年	2005～2010 年	2000～2010 年
LCCI	1.47	0.76	1.37

3.4 黄土高原—川滇生态屏障带生态系统格局及其变化

黄土高原—川滇生态屏障带是一个以黄土高原丘陵沟壑水土保持生态功能区、川滇森林及生物多样性生态功能区为主,包含甘南黄河重要水源补给区和秦岭生物多样性生态功能区部分地区在内的,呈东北—西南分布的条带状区域,是我国重要的一条过渡带,具有自然生态和社会经济上的多重过渡性质。首先,这片狭长带状区域是我国东部农业区与西北部青藏高原牧区的重要过渡区,属于一个相对独立的自然–社会–经济的复合系统类型;

其次，该区域处于我国重要的能源和矿产分布地带，随着我国西部大开发战略的进一步实施，必将成为我国西部经济发展的重要地带，同时它也是遏止荒漠化、沙化东移的生态防线，是我国东部长江中下游地区重要的水源涵养区生态区和东部农耕区的生态屏障，在我国经济发展和生态安全等方面具有十分重要的战略地位。特殊的过渡带性质加强了黄土高原—川滇生态屏障带的屏障作用，分析黄土高原—川滇生态屏障带的景观格局特征、时空动态变化具有了更重要的意义。本研究通过调查黄土高原—川滇生态屏障带 2000~2010 年生态系统空间分布特征、生态类型转化情况、斑块数、斑块面积及聚集度指数等，分析了黄土高原—川滇生态屏障带生态系统的格局变化，并对近十年间生态系统质量变化状况及变化原因做出定量定性分析。

3.4.1 生态系统结构特征

根据表 3-20 可知，黄土高原—川滇生态屏障带一级分类结构中，林地面积最大，面积为 24 万 km²，所占比例为 59%；其次为耕地和草地，面积分别为 9 万 km² 和 6 万 km²，所占比例分别为 20% 和 14%；人工表面生态系统分布较少，面积为 4000 km²，比例为 1%；湿地生态系统面积最小，面积为 2500km²，所占比例仅为 0.6%。

表 3-20 黄土高原—川滇生态屏障带一级生态系统构成表

年份	统计参数	林地	草地	湿地	耕地	人工表面	其他
2000	面积/km²	240 601.26	57 396.53	2 495.12	93 236.27	3 581.92	12 055.04
	百分比/%	58.76	14.02	0.61	22.77	0.87	2.94
2005	面积/km²	243 734.37	60 147.60	2 577.48	86 691.88	4 154.07	12 060.74
	百分比/%	59.53	14.69	0.63	21.17	1.01	2.95
2010	面积/km²	243 690.35	61 015.61	2 592.66	85 155.55	4 632.63	12 279.35
	百分比/%	59.52	14.90	0.63	20.80	1.13	3.00

根据表 3-21 可知，黄土高原—川滇生态屏障带二级分类林地中面积最大的是常绿针叶林、落叶阔叶林和落叶阔叶灌木林，面积分别为 8.1 万 km²、5.8 万 km² 和 4.5 万 km²，所占比例为 20%、14% 和 11%。耕地以旱地为主，相对于黄土高原屏障区，旱地变化波动也较大，从 2000 的 79 655km² 到 2005 年的 74 049km²，减少了 5000km²；到 2010 年也是大幅降低至 72790.41 km²。水田在该区域也有一定的分布，面积为 1.3 万 km²，占总体的 3%。湿地中以河流和水库为主，河流面积为 1500 km²，所占比例为 0.4%；水库面积为 440 km²，占 0.1%。人工表面按照面积大小排序是居住地、交通用地、工业用地和采矿场，其面积分别为 4000 km²、290 km²、160 km² 和 120 km²，所占比例分别为 0.9%、0.07%、0.04% 和 0.03%。

表 3-21　黄土高原—川滇生态屏障带二级生态系统构成特征

类型	2000 年		2005 年		2010 年	
	面积/km²	百分比/%	面积/km²	百分比/%	面积/km²	百分比/%
草甸	5 485.63	1.34	5 482.42	1.34	5 473.43	1.34
草原	39 794.62	9.72	42 392.00	10.35	43 053.66	10.51
草丛	12 107.51	2.96	12 272.94	3.00	12 488.33	3.05
草本绿地	8.76	0.00	0.24	0.00	0.17	0.00
草本湿地	93.36	0.02	95.37	0.02	102.86	0.03
湖泊	506.51	0.12	519.05	0.13	499.34	0.12
水库/坑塘	432.98	0.11	447.98	0.11	466.06	0.11
河流	1 450.98	0.35	1 502.79	0.37	1 513.08	0.37
运河/水渠	11.29	0.00	12.30	0.00	11.32	0.00
水田	13 580.57	3.32	12 642.63	3.09	12 365.14	3.02
旱地	79 655.70	19.45	74 049.25	18.08	72 790.41	17.78
居住地	3 088.12	0.75	3 680.86	0.90	4 047.93	0.99
工业用地	164.20	0.04	116.13	0.03	162.14	0.04
交通用地	206.79	0.05	246.20	0.06	299.13	0.07
采矿场	122.81	0.03	110.88	0.03	123.42	0.03
稀疏林	86.33	0.02	86.50	0.02	86.51	0.02
稀疏灌木林	184.35	0.05	181.10	0.04	184.17	0.04
稀疏草地	3 527.02	0.86	3 543.14	0.87	3 569.88	0.87
裸岩	3 464.20	0.85	3 462.10	0.85	3 477.30	0.85
裸土	3 410.64	0.83	3 404.29	0.83	3 578.98	0.87
盐碱地		0.00	1.11	0.00		0.00
冰川/永久积雪	1 382.50	0.34	1 382.50	0.34	1 382.50	0.34
常绿阔叶林	18 251.85	4.46	18 449.44	4.51	18 397.98	4.49
落叶阔叶林	45 699.23	11.16	46 271.68	11.30	46 324.20	11.31
常绿针叶林	80 958.84	19.77	81 002.92	19.78	80 871.98	19.75
落叶针叶林	0.24	0.00	0.24	0.00	0.24	0.00
针阔混交林	7 800.93	1.91	7 791.40	1.90	7 755.26	1.89
常绿阔叶灌木林	26 555.30	6.49	26 482.72	6.47	26 464.85	6.46
落叶阔叶灌木林	57 255.43	13.98	57 895.35	14.14	58 091.85	14.19
常绿针叶灌木林	2 592.98	0.63	2 596.69	0.63	2 553.44	0.62
乔木园地	691.71	0.17	2 402.90	0.59	2 402.37	0.59
灌木园地	737.64	0.18	773.23	0.19	773.09	0.19
乔木绿地	53.22	0.01	63.82	0.02	51.05	0.01
灌木绿地	3.90	0.00	3.99	0.00	4.04	0.00
合计	409 366.1	99.97	409 366.2	99.99	409 366.1	99.95

注：因取值简化，合计与各项加和可能略有出入。

3.4.2 生态系统结构变化特征

(1) 一级生态系统结构变化分析

根据表 3-22 可知，黄土高原—川滇生态屏障带一级生态系统 2000～2010 年近十年来的变化强度在整个研究时间段内，基本持相对平缓的变化。其中 2000～2005 年的变化剧烈程度大于 2005～2010 年变化程度。从 2000～2010 年整体来看，人工表面的面积变化率最大，并且面积明显增加，2000～2005 年比 2005～2010 年增加幅度更大；其次，耕地面积变化较大，耕地面积减小；林地、草地、湿地面积变化率相对较小，均呈现增加趋势。

表 3-22　黄土高原—川滇生态屏障带一级生态系统面积变化率　　　（单位:%）

类型	2000～2005 年	2005～2010 年	2000～2010 年
林地	1.30	-0.02	1.28
草地	4.79	1.44	6.31
湿地	3.30	0.59	3.91
耕地	-7.02	-1.77	-8.67
人工表面	15.97	11.52	29.33
其他	0.05	1.81	1.86

(2) 二级生态系统结构变化分析

根据表 3-23 可知，黄土高原—川滇生态屏障带二级生态系统结构变化特征，从 2000～2010 年整体来看，乔木园地面积显著增加；草本绿地地面积明显减小，面积变化率为98.06%；交通用地、居民地面积增长趋势也较大；草本湿地、草原面积有所增加，旱地面积减少，其余各类型面积变化不明显。从 2000～2005 年和 2005～2010 年分阶段看，各类型面积变化的方向基本与整体阶段一致，部分类型略有不同。但 2000～2005 年，面积变化较为明显，其变化率的绝对值明显高于 2005～2010 年，表明前一阶段各类型结构变化更为剧烈，尤以乔木园地面积增加最为显著。

表 3-23　黄土高原—川滇生态屏障带二级生态系统面积变化率　　　（单位:%）

类型	2000～2005 年	2005～2010 年	2000～2010 年
草甸	-0.06	-0.16	-0.22
草原	6.53	1.56	8.19
草丛	1.37	1.75	3.15
草本绿地	-97.26	-29.17	-98.06
草本湿地	2.15	7.85	10.18
湖泊	2.48	-3.80	-1.42
水库/坑塘	3.46	4.04	7.64

续表

类型	2000～2005 年	2005～2010 年	2000～2010 年
河流	3.57	0.68	4.28
运河/水渠	8.95	−7.97	0.27
水田	−6.91	−2.19	−8.95
旱地	−7.04	−1.70	−8.62
居住地	19.19	9.97	31.08
工业用地	−29.28	39.62	−1.25
交通用地	19.06	21.50	44.65
采矿场	−9.71	11.31	0.50
稀疏林	0.20	0.01	0.21
稀疏灌木林	−1.76	1.70	−0.10
稀疏草地	0.46	0.75	1.22
裸岩	−0.06	0.44	0.38
裸土	−0.19	5.13	4.94
盐碱地	0	−100.00	0
冰川/永久积雪	0.00	0.00	0.00
常绿阔叶林	1.08	−0.28	0.80
落叶阔叶林	1.25	0.11	1.37
常绿针叶林	0.05	−0.16	−0.11
落叶针叶林	0.00	0.00	0.00
针阔混交林	−0.12	−0.46	−0.59
常绿阔叶灌木林	−0.27	−0.07	−0.34
落叶阔叶灌木林	1.12	0.34	1.46
常绿针叶灌木林	0.14	−1.67	−1.52
乔木园地	247.39	−0.02	247.31
灌木园地	4.82	−0.02	4.80
乔木绿地	19.92	−20.01	−0.09
灌木绿地	2.31	1.25	3.56

3.4.3 黄土高原—川滇生态屏障带生态系统类型转换特征

根据表 3-24 可知，2000～2005 年黄土高原—川滇生态屏障带一级生态系统内部之间变化剧烈。2000～2005 年黄土高原—川滇生态屏障带面积增加的生态系统类型主要有林地、草地、湿地、人工表面和其他生态类型，降低的仅有耕地。草地、湿地、耕地、人工表面和其他生态类型均有不同程度的转为林地，其中最为明显的是耕地转为林地，转化面积为 409.39km²，占 2000 年全区总面积的 4.31%；其次是草地，2000～2005 年草地转为林地的面积为 23.81 km²；同时，林地也有转为草地、湿地、耕地、人工表面和其他生态类型的现象。相对而言，林地转为耕地的面积较大，为 41.97km²，其次是草地，面积为

11.4 km²。该数据一方面说明该区域在过去的 5 年中退耕还林工程效果明显，并且以退耕还林为主，但不可忽视的是造林和毁林同时存在的现象，其中毁林开荒尤为明显。

表 3-24　黄土高原—川滇生态屏障带 2000～2010 年一级生态系统转换矩阵

（单位：km²）

时段	类型	林地	草地	湿地	耕地	人工表面	其他
2000～2005 年	林地	69 318.34	23.68	0.68	409.39	1.16	0.85
	草地	11.40	11 991.96	0.83	23.27	0.12	0.11
	湿地	2.17	9.94	858.61	4.14	0.11	1.16
	耕地	41.97	4.21	1.13	11 521.73	1.83	0.95
	人工表面	5.25	6.49	0.09	91.80	584.93	0.15
	其他	3.86	4.41	0.45	0.77	0.00	1 991.39
2005～2010 年	林地	70 677.53	4.21	0.67	87.73	0.12	0.94
	草地	25.11	12 247.65	1.26	12.18	0.10	0.20
	湿地	0.69	4.06	867.21	2.49	0.02	0.18
	耕地	19.43	3.67	2.39	11 441.32	0.46	0.24
	人工表面	9.61	11.74	0.16	63.46	682.62	3.62
	其他	3.25	1.26	10.70	1.92	0.01	2 043.00

根据图 3-17～图 3-19 对比可以看出，2005～2010 年黄土高原—川滇生态屏障带一级生态系统内部之间变化相对缓慢，主要变现为退耕还林工程还在继续，但强度明显减弱。另外人工表面仍保持快速增长，但所占比例较小，空间变化不甚明显。

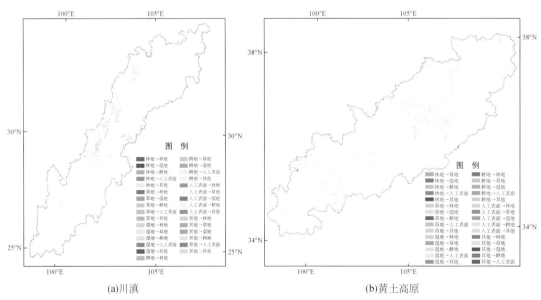

(a)川滇　　　　　　　　　　　　　　(b)黄土高原

图 3-17　2000～2005 年川滇、黄土高原生态屏障生态系统一级分类转换图

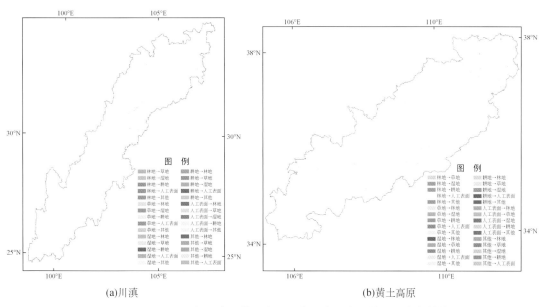

(a)川滇   (b)黄土高原

图 3-18　2000～2010 年川滇、黄土高原生态屏障生态系统一级分类转换图

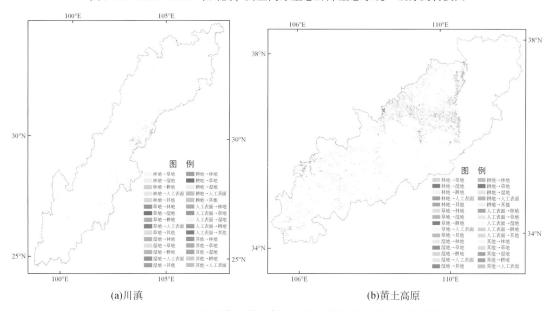

(a)川滇   (b)黄土高原

图 3-19　2000～2010 年川滇、黄土高原生态屏障生态系统一级分类转换图

3.4.4　生态系统综合变化率

（1）黄土高原—川滇生态屏障带生态系统变化方向

2000～2010 年黄土高原—川滇生态屏障带十年来的变化比较激烈。其中 2000～2005 年的变化剧烈程度大于 2005～2010 年变化，这是由于黄土高原生态屏障带是退耕还草的

重点区域，土地变化剧烈。一、二级生态系统动态转化强度趋势基本一致，即整体一类转化强度与二类转化强度具有相同的变化趋势。但分时间段来看，2000~2005年一级转化强度高于二级，2005~2010年则相反（表3-25）。

表3-25　生态系统动态类型相互转化强度　　　　　　（单位：%）

类型相互转化强度	2000~2005年	2005~2010年	2000~2010年
一级生态动态类型	3.20	0.77	3.95
二级生态动态类型	3.12	0.85	3.88

（2）黄土高原生态系统动态度分析

根据表3-26可知，2000~2010年近十年来，黄土高原生态屏障的变化强度最高。其中2000~2005年的变化剧烈程度远大于2005~2010年变化程度，这与退耕还林还草等人类的生态环保活动是分不开的。由于黄土高原生态屏障带是退耕还草的重点区域，并且主要发生在2005年之前，土地变化剧烈。因此，一级生态系统动态转化强度在个时间段均高于二级生态系统转化强度。

表3-26　生态系统动态类型相互转化强度

类型相互转化强度	2000~2005年	2005~2010年	2000~2010年
一级生态动态类型	6.09	1.39	7.48
二级生态动态类型	3.11	0.71	3.77

（3）川滇生态屏障带生态系统动态度分析

根据表3-27可知，2000~2010年川滇生态屏障带十年来的变化相对较弱。并且在整个研究时间段，基本持相对平缓的变化。在2000~2005年，第一、第二生态系统转化强度基本一致，但在2005~2010年，一级生态系统的转化强度高于二级生态系统。

表3-27　生态系统动态类型相互转化强度

类型相互转化强度	2000~2005年	2005~2010年	2000~2010年
一级生态动态类型	2.06	2.55	0.57
二级生态动态类型	2.15	0.72	2.76

3.4.5　土地覆被转类指数

根据表3-28类型相互转换强度指数计算可知，2000~2005年黄土高原—川滇生态屏障带土地覆被转类指数为3.19，2005~2010年为2.55。该数据表明黄土高原—川滇生态屏障带生态环境在逐渐好转，并且2000~2005年好转程度尤为明显。

表 3-28 黄土高原—川滇生态屏障带一级生态系统动态类型相互转换强度

时段	2000~2005 年	2005~2010 年
LCCI/%	3.19	2.55

根据表 3-29 可知，2000~2005 年黄土高原土地覆被转类指数为 2.9，2005~2010 年为 2.07，2000~2010 年为 2.82。该数据表明黄土高原生态屏障带生态环境在逐渐好转，并且 2000~2005 年好转程度尤为明显。但在整个黄土高原—川滇生态屏障带内，黄土高原生态屏障带生态环境好转程度低于全区平均值。2000~2005 年川滇生态屏障带土地覆被转类指数为 9.94，2005~2010 年为 3.69，2000~2010 年为 8.44。该数据表明川滇生态屏障带生态环境在朝好的方向发展，并且 2000~2005 年好转程度尤为明显。川滇生态屏障带生态环境好转程度高于全区平均值。

表 3-29 一级生态系统动态类型相互转换强度 LCCI

土地利用专类指数	2000~2005 年	2005~2010 年	2000~2010 年
黄土高原生态屏障	2.9	2.07	2.82
川滇	9.94	3.69	8.44

3.4.6 生态系统景观格局特征变化

(1) 黄土高原生态屏障带生态系统景观格局特征变化

根据表 3-30 可知，黄土高原生态屏障带一级生态系统 2000 年共有斑块数 192 811 个，平均斑块面积为 0.6054km²，边界密度为 39.48 m/hm²，聚集度指数为 60.447%；2005 年黄土高原生态屏障带共有板块数 194 122 个，平均斑块面积 0.6013 km²，边界密度 38.84 m/hm²，聚集度指数为 61.1%；2010 年黄土高原生态屏障带共有板块数 194 434 个，平均斑块面积为 0.6004 km²，边界密度 38.87m/hm²，聚集度指数为 61.22%。2000~2010 年，黄土高原生态屏障带斑块数在增加，近 10 年期间共增加 1623 个，平均斑块面积降低，但变化微小，边界密度则逐渐降低，由 2000 年的 39.84 m/hm² 逐渐降到 2010 年的 38.7 m/hm²。而聚集度指数虽有波动，但整体在增加，由 2000 年的 60.447% 逐渐增加到 2010 年的 61.22%。

表 3-30 黄土高原生态屏障带一级生态系统景观格局特征及其变化

年份	斑块数 (NP)	平均斑块面积 (MPS) /km²	边界密度 (ED) /(m/hm²)	聚集度指数 (COUT) /%
2000	192 811	0.6054	39.48	60.447
2005	194 122	0.6013	38.84	61.1
2010	194 434	0.6004	38.7	61.22

　　根据表3-31和表3-32可知，黄土高原生态屏障区二级生态系统2000年斑块数较大的有乔木园地、旱地和落叶阔叶林，其斑块数分别为58 231、36 371、32 441个，平均斑块面积分别为0.1561 km^2、0.1050 km^2、0.0854 km^2，边界密度为19.8622m/hm^2、22.4916 m/hm^2、12.3009 m/hm^2，聚集度指数为38%、19%和20%；2005年这三种生态类型的斑块数分别为57 618、40 492和32 929，平均斑块面积为0.1563、0.1050和0.0824，边界密度为20.152 m/hm^2、22.8412 m/hm^{2}和12.4432 m/hm^2，聚集度指数为38%、19%和18%；2010年这三种生态类型的斑块数分别为57 551、40 737和32 922，平均面积为0.1563 km^2、0.1050 km^{2}和0.0829 km^2，边界密度为20.1652m/hm^2、20.5102 m/hm^{2}和12.4474 m/hm^2，聚集度指数为38%、19%和18%。

表 3-31　黄土高原生态屏障带二级生态系统斑块数与边界密度

类型	斑块数（NP）			边界密度（ED）/(m/hm^2)		
	2000 年	2005 年	2010 年	2000 年	2005 年	2010 年
草原	31 838	29 404	29 335	17.1411	17.069	16.988
草丛	6 732	6 738	6 724	2.6006	2.6209	2.6912
草本绿地	3	3	3	0.0002	0.0002	0.0002
草本湿地	5	5	2	0.0005	0.0005	0.0002
湖泊	1	1	1	0.0003	0.0003	0.0003
水库/坑塘	406	444	426	0.0526	0.0564	0.0568
河流	1 712	1 702	1 704	0.2086	0.2179	0.2114
运河/水渠	23	25	23	0.0052	0.006	0.0052
水田	8	8	8	0.0011	0.0011	0.0011
旱地	36 371	40 492	40 737	22.4916	20.8412	20.5102
居住地	8 244	8 305	8 354	1.1538	1.1997	1.2189
工业用地	846	516	716	0.1412	0.0851	0.1188
交通用地	464	478	533	0.0417	0.0429	0.053
采矿场	818	765	787	0.1089	0.0983	0.1025
裸岩	2	2	2	0.0002	0.0002	0.0002
裸土	588	609	607	0.0589	0.0624	0.0619
稀疏草地	3	2	2	0.0006	0.0005	0.0005
稀疏林	1 069	1 042	984	0.1204	0.1157	0.1094
落叶阔叶林	32 441	32 929	32 922	12.3009	12.4432	12.4474
常绿针叶林	4 514	4 513	4 516	1.2952	1.2954	1.2955
针阔混交林	8 111	8 140	8 116	1.2958	1.3015	1.2975
乔木园地	58 231	57 618	57 551	19.8622	20.152	20.1652
落叶阔叶灌木林	377	377	377	0.0718	0.0718	0.0718

表 3-32 黄土高原生态屏障带二级生态系统平均斑块面积和连接度指数

类型	平均斑块面积（MPS）/km²			连接度指数（CONTIG_AM）		
	2000 年	2005 年	2010 年	2000 年	2005 年	2010 年
草原	0.0600	0.0600	0.0600	0.08	0.08	0.08
草丛	0.7591	0.9118	0.9334	0.57	0.61	0.62
草本绿地	0.4893	0.4924	0.5083	0.52	0.52	0.52
草本湿地	0.0533	0.0533	0.0533	0.08	0.08	0.08
湖泊	0.0720	0.0880	0.0600	0.13	0.18	0.11
水库/坑塘	0.4000	0.4000	0.4000	0.53	0.53	0.53
河流	0.1559	0.1492	0.1855	0.49	0.48	0.56
运河/水渠	0.0926	0.1011	0.0953	0.19	0.22	0.20
水田	0.3287	0.3328	0.3287	0.55	0.53	0.55
旱地	0.1050	0.1050	0.1050	0.19	0.19	0.19
居住地	1.0984	0.8991	0.8738	0.66	0.65	0.65
工业用地	0.1406	0.1504	0.1541	0.39	0.41	0.41
交通用地	0.1695	0.1671	0.1670	0.39	0.38	0.38
采矿场	0.0597	0.0595	0.0692	0.11	0.11	0.14
裸岩	0.1207	0.1128	0.1190	0.33	0.30	0.33
裸土	0.0600	0.0600	0.0600	0.06	0.06	0.06
稀疏草地	0.0706	0.0730	0.0723	0.14	0.15	0.15
稀疏林	0.1600	0.3800	0.3800	0.24	0.52	0.52
落叶阔叶林	0.0854	0.0824	0.0829	0.20	0.18	0.18
常绿针叶林	0.6228	0.6195	0.6199	0.63	0.63	0.63
针阔混交林	0.3490	0.3492	0.3489	0.49	0.49	0.49
乔木园地	0.1561	0.1563	0.1563	0.38	0.38	0.38
落叶阔叶灌木林	0.4193	0.4349	0.4363	0.51	0.51	0.51

由此可见，黄土高原生态屏障带的乔木园地斑块数呈现减小趋势，10 年期间共减小 680 个；平均斑块面积变动不大，10 年增大 0.02 km²；而聚集程度也呈现没有发生变化，近十年来一直处于稳定状态。旱地斑块数有较大的增加，斑块数增加了 4366 个；平均斑块面积保持平衡没有发生变动的有 0.1050km²；边界密度发生波动变化，但整体在减少，10 年间减小 1.9814 km²；集聚度指数没有发生变化，均为 19%。阔叶灌木林斑块数虽有波动，但整体在增加，10 年期间共增加 481 个；平均斑块面积几乎没有发生变化的减小，10 年期间共增加 0.0025km²；而聚集度指数也是呈现很小的变动，由 2000 年的 20% 逐渐增加到 2010 年的 18%。

（2）川滇生态屏障带生态系统景观格局特征变化

2000 年川滇生态屏障带共有斑块数 777 696 个，平均面积为 0.3763km²，边界密度为

37.63m/hm²，聚集度指数为55.922%；2005年黄土高原生态屏障带共有斑块数783154个，平均面积为0.37376 km²，边界密度为44.0885m/hm²，聚集度指数为55.8657%；2010年川滇生态屏障带共有斑块数784 428个，平均面积为37.315 km²，边界密度为44.0882m/hm²，聚集度指数为55.8663%。2000~2010年，川滇生态屏障带斑块数在增加，近10年期间共增加6732个；平均斑块面积在降低，近10年期间共减少0.003 15 km²，变化微小；边界密度在逐渐增加，由2000年的37.63m/hm²逐渐增加到2010年的4.09m/hm²。而聚集度指数虽有波动，但整体在降低，由2000年的55.992%逐渐降低到2010年的55.886%，见表3-33。

表3-33　川滇生态屏障带一级生态系统景观格局特征及其变化

年份	斑块数 NP	平均斑块面积 MPS/km²	边界密度（ED）/(m/hm²)	聚集度指数（CONT）/%
2000	777 696	0.376 30	37.63	55.922
2005	783 154	0.373 76	44.09	55.866
2010	784 428	0.373 15	44.09	55.866

　　川滇生态屏障区二级生态系统景观格局及变化结合表3-34、表3-35可知，2000年斑块数最多的有常绿阔叶灌木林、落叶阔叶灌木林、旱地，其斑块数分别为116 059、104 861和92 447个，其边界密度分别为10.4 m/hm²、11.2 m/hm²、1.88 m/hm²，平均斑块面积为0.2286 km²、0.3134 km²和0.4292 km²，连接度指数为41%、0.48%和0.55%；2005年这三种生态类型的斑块数为116 054、104 459和94 584个，其边界密度分别为10.43 m/hm²、11.26 m/hm²和11.56 m/hm²，平均斑块面积为0.2279 km²、0.3146 km²和0.3978 km²，连接度指数为0.76%、0.13%和0.34%；2010年这三种生态类型斑块数分别为115 585、104 220、94 080个，其边界密度分别为11.43 m/hm²、11.27 m/hm²、11.44 m/hm²，平均斑块面积为0.39.51、0.3134和0.3951 km²，连接度指数为70%、76%和39%。由此可见川滇生态屏障区的常绿阔叶灌木林斑块数虽有波动，但整体在增加，10年期间共增加10 724个；平均斑块面积在增加，10年期间共增加16.65 km²，变化较大；而聚集度指数增加，由2000年的41%逐渐增加到2010年的70%。

表3-34　川滇生态屏障带二级生态系统斑块数与边界密度

生态类型	斑块数（NP）			边界密度（ED）/(m/hm²)		
	2000 年	2005 年	2010 年	2000 年	2005 年	2010 年
草甸	25 846	25 765	25 714	1.95	1.95	0.01
草原	29 658	29 360	29 900	4.31	4.30	1.95
草丛	33 884	34 237	34 775	3.00	3.04	4.33
草本绿地	119	3		0.00	0.00	3.09
草本湿地	747	762	771	0.04	0.04	0.04

续表

生态类型	斑块数（NP）			边界密度（ED）/（m/hm²）		
	2000 年	2005 年	2010 年	2000 年	2005 年	2010 年
湖泊	408	407	393	0.04	0.04	0.04
水库/坑塘	4 095	4 036	4 076	0.17	0.18	0.18
河流	13 700	13 561	13 679	0.68	0.68	0.68
运河/水渠	59	60	61	0.00	0.00	0.00
水田	25 665	26 508	26 328	3.52	3.38	3.33
旱地	92 447	94 584	94 080	11.88	11.56	11.44
居住地	12 085	12 261	12 839	0.71	0.79	0.84
工业用地	189	234	275	0.01	0.01	0.02
交通用地	2 502	3 012	3 455	0.10	0.12	0.14
采矿场	104	105	129	0.01	0.01	0.01
稀疏林	266	264	263	0.03	0.03	0.03
稀疏灌木林	2 859	2 813	2 876	0.11	0.11	0.11
稀疏草地	16 127	16 262	16 586	1.35	1.36	1.37
裸岩	8 573	8 520	8 690	1.01	1.01	1.01
裸土	12 023	11 970	12 902	1.07	1.07	1.13
盐碱地		12			0.00	
冰川/永久积雪	1 364	1 364	1 373	0.20	0.20	0.20
常绿阔叶林	67 907	69 527	68 851	6.49	6.58	6.56
落叶阔叶林	37 941	37 844	38 032	6.19	6.19	6.21
常绿针叶林	84 980	84 864	85 308	18.60	18.61	18.58
落叶针叶林	3	3	3	0.00	0.00	0.00
针阔混交林	51 405	51 173	50 668	2.96	2.95	2.93
常绿阔叶灌木林	116 059	116 054	115 585	10.45	10.43	10.43
落叶阔叶灌木林	104 861	104 459	104 220	11.29	11.26	11.27
常绿针叶灌木林	23 733	23 613	23 224	1.28	1.28	1.26
乔木园地	3 364	4 647	4 618	0.25	0.64	0.64
灌木园地	4 344	4 389	4 387	0.33	0.34	0.34
乔木绿地	260	361	247	0.02	0.03	0.02
灌木绿地	35	36	39	0.00	0.00	0.00

表 3-35　川滇生态屏障带二级生态系统景观格局特征及其变化

类型	平均斑块面积变化（MPS）/km²			连接度指数（CONTIG_ AM）		
	2000 年	2005 年	2010 年	2000 年	2005 年	2010 年
草甸	0.212 3	0.212 8	1.077	0.46	0.53	0.53
草原	0.527 3	0.531 4	0.212 8	0.58	0.58	0.58
草丛	0.26	0.261 5	0.524 7	0.48	0.48	0.48
草本绿地	0.068 6	0.04	0.261	0.12	0.63	0.63
草本湿地	0.124 6	0.124 9	0.133 9	0.33	0.50	0.54
湖泊	1.240 7	1.274 6	1.268 8	0.88	0.31	0.31
水库/坑塘	0.090 6	0.094 7	0.095 1	0.29	0.30	0.30
河流	0.094 1	0.098	0.098 6	0.20	0.47	0.47
运河/水渠	0.059	0.058 7	0.055 1	0.08	0.16	0.18
水田	0.529 7	0.477 5	0.470 1	0.61	0.41	0.40
旱地	0.429 4	0.397 8	0.395 1	0.55	0.34	0.39
居住地	0.159 6	0.198 5	0.215 3	0.43	0.50	0.50
工业用地	0.117 9	0.127 2	0.160 9	0.33	0.64	0.64
交通用地	0.071 4	0.072	0.076 6	0.17	0.23	0.35
采矿场	0.231 9	0.246 1	0.238 4	0.46	0.34	0.23
稀疏林	0.322 7	0.325 8	0.327 9	0.52	0.48	0.48
稀疏灌木林	0.065 8	0.065 6	0.065 3	0.14	0.34	0.34
稀疏草地	0.216 1	0.215 1	0.212 6	0.41	0.35	0.57
裸岩	0.403 6	0.405 8	0.399 4	0.55	0.57	0.52
裸土	0.275 9	0.277 1	0.271	0.50	0.52	0.46
盐碱地		0.083 3			0.46	
冰川/永久积雪	1.032	1.013 2	1.006 7	0.76	0.46	0.45
常绿阔叶林	0.268 7	0.265 3	0.267 2	0.46	0.55	0.55
落叶阔叶林	0.671 6	0.683 2	0.680 9	0.63	0.40	0.40
常绿针叶林	0.934 2	0.936	0.929 5	0.64	0.60	0.36
落叶针叶林	0.066 7	0.066 7	0.08	0.13	0.88	0.59
针阔混交林	0.127	0.127 3	0.127 8	0.31	0.70	0.88
常绿阔叶灌木林	0.228 6	0.227 9	0.228 8	0.41	0.76	0.70
落叶阔叶灌木林	0.313 4	0.314 6	0.316 7	0.48	0.13	0.76
常绿针叶灌木林	0.109 3	0.11	0.11	0.26	0.26	0.19
乔木园地	0.186 8	0.504 6	0.506 4	0.40	0.14	0.14
灌木园地	0.170 1	0.176 7	0.177 6	0.33	0.37	0.40
乔木绿地	0.201 7	0.172 1	0.202 9	0.41	0.08	0.26
灌木绿地	0.12	0.117 8	0.105 6	0.35	0.16	0.07

3.5 东北森林屏障带生态系统格局及其变化

森林是陆地生态系统的主体,具有复杂的结构和功能。森林生态系统生物量和净生产力约占整个陆地生态系统的 86% 和 70%,对于维持全球生态系统平衡起到了至关重要的作用。长期以来,由于人们对森林资源的重要性认识不够,对森林资源采取了大量掠夺式的开采和粗放型的管理方式,导致森林面积逐渐减少,森林质量随之下降,以及造成森林生态系统提供的各种服务功能减弱。近年来,随着生态环境日益恶化,人类深刻认识到了森林的重要作用,从而使森林涵养水源、保育土壤、固碳释氧等生态服务功能的研究迅速成为生态学研究的热点之一。东北森林屏障带作为"两屏三带"的一部分,是我国典型的森林生态系统,研究其不同生态系统格局及变化、对评估我国生态安全战略安全格局变化有重要意义。本章重点对东北森林带一级、二级生态系统结构比例、生态系统类型转换方向、转化强度以及生态系统综合变化率等进行多方位动态分析。

3.5.1 生态系统结构特征

东北森林屏障带一级生态系统主要包括森林、草地、湿地、农田、人工表面和其他(灌丛、沙漠、裸地),森林是东北森林屏障带主要生态系统类型,其面积为 39 万 km²(表3-36),约占东北森林屏障带总面积的 64%,呈面状分布在大、小兴安岭、张广才岭和长白山区域(图3-20),主要的植被类型为落叶阔叶林和落叶针叶林;其次是农田生态系统,其面积为 11.8 万 km²,约占整体面积的 19%;湿地呈点状离散广泛分布,其面积为 5.6 万 km²,约占整体面积的 9%,主要分布在大兴安岭、小兴安岭和长白山地区;草地集中分布于大兴安岭西南侧内蒙古东北部,其面积为 3.7 万 km²,占东北森林屏障带面积的 6%;人工表面及其他生态系统类型所占面积较少,零散分布于地势平坦的区域。

表 3-36 东北森林生态屏障带一级生态系统构成表

年份	统计参数	森林	草地	湿地	农田	城镇	其他
2000	面积/km²	394 860.15	37 924.77	56 794.95	117 400.82	7 007.17	614.66
	百分比/%	64.24	6.17	9.24	19.10	1.14	0.10
2005	面积/km²	395 106.02	37 678.90	55 872.96	117 831.09	7 621.83	614.66
	百分比/%	64.28	6.13	9.09	19.17	1.24	0.10
2010	面积/km²	394 983.09	37 187.17	55 504.16	118 015.49	8 113.56	860.53
	百分比/%	64.26	6.05	9.03	19.20	1.32	0.14

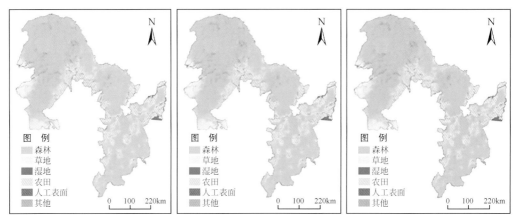

图 3-20 2000~2010 年东北森林生态屏障带一级生态系统分类图

二级生态系统主要包括落叶阔叶林、常绿针叶林、落叶针叶林、旱地、草原和水田等。其中以落叶阔叶林、旱地、落叶针叶林分布最为广泛（图 3-21），其面积分别为 24.6 万 km²、10.1 万 km² 和 9.8 万 km²，分别约占整体的 40%、16.4% 及 16%（表 3-37），其中落叶阔叶林主要分布于大兴安岭东部、小兴安岭大部和张广才岭少部地区；旱地主要集中于齐齐哈尔西北部、嫩江平原、绥化东部、双鸭山和鸡西等地区；落叶针叶林则集中分布于大兴安岭、小兴安岭及长白山区域；其次分布较为广泛的为草本湿地、草原、水田及草甸，其面积分别为 4.3 万 km²、2.4 万 km² 和 1.3 万 km²，面积分别占东北森林屏障带的 7.06%、3.96% 和 2.06%，其中草本湿地与草原主要分布于内蒙古东北部地区；居住地、灌丛湿地和河流等生态系统分布较少，所占面积不超过整体的 1%。

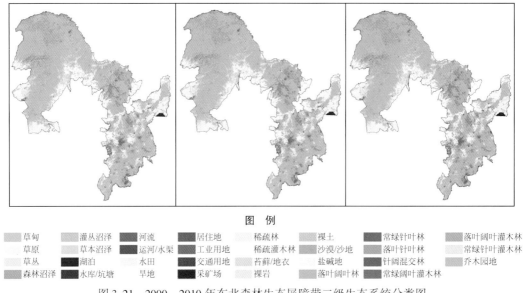

图 3-21 2000~2010 年东北森林生态屏障带二级生态系统分类图

表 3-37　2000～2010 年东北森林生态屏障带二级生态系统面积及百分比

类型	2000 年		2005 年		2010 年	
	面积/km²	百分比/%	面积/km²	百分比/%	面积/km²	百分比/%
草甸	13 046.15	2.12	12 971.96	2.11	12 683.18	2.06
草原	24 777.38	4.02	24 585.53	3.99	24 418.14	3.96
草丛	169.11	0.03	158.68	0.03	170.81	0.03
森林湿地	1 527.22	0.25	1 500.66	0.24	1 485.12	0.24
灌丛湿地	5 166.89	0.84	4 815.21	0.78	4 887.49	0.79
草本湿地	44 503.61	7.22	43 829.79	7.12	43 459.41	7.06
湖泊	1 741.15	0.28	1 960.44	0.32	2 010.74	0.33
水库/坑塘	791.17	0.1	765.48	0.12	773.98	0.13
河流	3 107.78	0.50	3 070.59	0.50	2 961.30	0.48
运河/水渠	28.41	0.00	22.84	0.00	11.17	0.00
水田	16 770.65	2.72	16 784.04	2.72	16 778.71	2.72
旱地	100 827.20	16.37	101 207.30	16.43	101 412.00	16.46
居住地	5 613.70	0.91	5 969.30	0.97	6 252.50	1.02
工业用地	18.53	0.00	21.28	0.00	25.02	0.00
交通用地	1 356.22	0.22	1 578.30	0.26	1 798.04	0.29
采矿场	37.46	0.01	48.48	0.01	59.01	0.01
稀疏林	1.01	0.00	1.20	0.00	226.60	0.04
稀疏灌木林	1.19	0.00	1.19	0.00	30.62	0.00
稀疏草地	0.00	0.00	9.46	0.00	0.00	0.00
苔藓/地衣	244.82	0.04	236.30	0.04	236.30	0.04
裸岩	59.85	0.01	62.73	0.01	64.09	0.01
裸土	166.54	0.03	186.04	0.03	164.43	0.03
沙漠/沙地	163.94	0.03	126.45	0.02	105.67	0.02
盐碱地	4.29	0.00	4.92	0.00	4.91	0.00
落叶阔叶林	247 315.70	40.15	247 321.90	40.15	246 777.40	40.06
常绿针叶林	9 910.41	1.61	9 922.84	1.61	9 956.46	1.62
落叶针叶林	98 393.37	15.97	98 415.91	15.98	98 287.96	15.96
针阔混交林	36 474.75	5.92	36 357.12	5.90	36 424.57	5.91
常绿阔叶灌木林	10.44	0.00	10.30	0.00	10.13	0.00
落叶阔叶灌木林	3 365.06	0.55	3 647.72	0.59	4 116.87	0.67
常绿针叶灌木林	0.04	0.00	0.04	0.00	0.04	0.00
乔木园地	6.67	0.00	6.09	0.00	7.45	0.00

3.5.2 生态系统结构变化各类型之间相互转换特征

(1) 生态系统类型转换方向

在气候变化、人类活动等外界扰动因素作用下，生态系统结构发生了一定的变化，各生态类型之间产生了一定程度的相互转换。2000～2010年，研究区生态系统整体呈现稳定状态。其中林地中只有0.62%转出，主要流向了耕地和湿地，面积分别为1789.33 km² 和242.54 km²，转向其他类型较少（表3-38）；草地主要转向湿地和耕地，面积分别为450.98 km² 和550.40 km²；湿地转向耕地面积最大，达到1993.70 km²，其次转向草地、人工表面及林地，面积分别为357.11 km²、252.59 km² 及203.52 km²；耕地主要转向了林地，转化面积为2208.23 km²，其次，耕地主要转向人工表面及湿地，面积分别为555.73 km²、720.26 km²，转向草地及其他类型面积较少；人工表面和其他类型的面积基本不变，有少量转换为草地。森林、耕地、人工表面均有增加趋势，分别增加了103.10 km²、595.15 km² 和1108.62 km²。人工表面增加主要来自耕地、湿地和草地。

表 3-38　2000～2010 年一级生态系统转换矩阵　　　　　（单位：km²）

类型	林地	草地	湿地	耕地	人工表面	其他
林地	393 028.95	68.16	242.54	1 789.33	75.72	267.16
草地	116.50	36 639.39	550.40	450.98	219.74	13.52
湿地	203.52	357.11	54 027.00	1 993.70	252.59	28.72
耕地	2 208.23	154.46	720.26	113 939.25	555.73	14.12
人工表面	0.10	0.06	0.12	0.35	7 025.07	0.04
其他	17.66	51.75	44.15	13.59	5.51	508.93

(2) 生态系统类型综合变化率

根据研究时段内景观类型转移矩阵的结果，对数据进行统计分析，计算得到各景观类型的转入贡献率和转出贡献率，并进一步计算得到生态系统类型综合变化率。2000～2010年，一级、二级生态系统保持相对一致的综合变化率（表3-39）。但分时段分析时，一级、二级生态系统呈现相反的变化趋势。一级分类下，生态系统2005～2010年综合变化率大于2000～2005年；二级分类下，2000～2005年综合变化率大于2005～2010年。一级生态系统2005～2010年综合变化率大于2000～2005年综合变化率；二级生态系统2000～2005年综合变化率大于2005～2010年综合变化率。

表 3-39　生态系统综合变化率　　　　　　　　　（单位：%）

类型	2000～2005 年	2005～2010 年
一级	1.90	2.24
二级	2.28	1.58

（3）生态系统类型转化强度

生态系统类型转化强度能反映土地覆被类型在特定时间内变化的总体趋势。由表 3-40 可知：生态系统在两个时间段都有较大的转换强度，但是由于 2000～2005 年较强的人为因素干扰（如退耕还林工程），2000～2005 年生态系统类型转换强度要大于 2005～2010 年的转化强度。总的来讲，2000～2005 年及 2005～2010 年转换强度均为负，说明生态系统质量在此期间有一定程度的退化，生态保护势在必行。

表 3-40　生态系统类型转换强度

类型	2000～2005 年	2005～2010 年
一级	−0.68%	−0.49%

3.5.3 景观格局变化特征

2000～2010 年，一级生态系统的斑块数、边界密度和连接度呈现出下降趋势，平均斑块面积呈现增加趋势（表 3-41）。就各生态系统而言，森林、农田、人工表面及其他生态系统的斑块数持续减少，其中，农田斑块数减少最多，其他斑块数量减少最少；草地和湿地斑块数量先增加后减少；森林、草地和农田的平均斑块面积持续增加，草地平均斑块面积有所减少，其他平均斑块面积增加。总的来说，2000～2005 年斑块数减少了 4.31%，2005～2010 年斑块数减少了 5.18%（表 3-42 和表 3-43）。

表 3-41　东北森林屏障带一级生态系统景观格局及其特征变化

年份	斑块数（NP）	边界密度（ED）/（m/hm^2）	平均斑块面积（MPS）/km^2	CONTAG/%
2000	354 214	19.2	1.74	64.59
2005	338 938	19.06	1.82	64.57
2010	321 372	18.75	1.92	64.52

表 3-42　东北森林屏障带一级生态系统类斑块数

年份	森林	草地	湿地	农田	人工表面	其他
2000	79 489	56 593	59 639	109 298	44 845	4 350
2005	76 559	57 124	60 687	97 826	42 502	4 290
2010	73 747	56 771	59 901	86 718	40 946	3 289

表 3-43　东北森林屏障带一级生态系统平均类斑面积　　　　（单位：km^2）

年份	森林	草地	湿地	农田	人工表面	其他
2000	4.98	0.67	0.95	1.08	0.16	0.15
2005	5.17	0.66	0.92	1.21	0.18	0.15
2010	5.36	0.66	0.93	1.36	0.2	0.25

二级生态系统的斑块数、边界密度持续减少，平均斑块面积有所增加（表3-44）。其中2000~2005年，斑块数由723 920减少到711 886，平均斑块面积有少量增加，聚集度由64.35增加至64.42，说明连通度有所增加；2005~2010年斑块数、平均斑块面积持续降低，平均斑块面积保持不变，聚集度持续增加，连通度增加。就各生态系统而言，从2000到2010年，落叶阔叶林、旱地、草甸、草本湿地、落叶针叶林和针阔混交林等大部分生态系统斑块数量持续减少，平均斑块面积持续增加；水田、常绿针叶林、灌丛湿地、草原、落叶阔叶灌木林、稀疏林、稀疏灌、工业用地斑块数量有所增加，其中稀疏林、稀疏灌木林增加幅度最大；常绿针叶灌木林及稀疏草地斑块数量及平均斑块面积保持不变（表3-45）。

表3-44 东北森林屏障带生态系统二级分类景观格局特征及其变化

年份	斑块数（NP）	边界密度（ED）/（m/hm^2）	平均斑块面积（MPS）/km^2	聚集度指数（COUT）/%
2000	723 920	32.61	0.85	64.35
2005	711 886	32.37	0.87	64.42
2010	692 009	32.01	0.87	64.68

表3-45 东北森林屏障带生态系统二级分类斑块数和平均面积

类型	2000年		2005年		2010年	
	斑块数（NP）	平均斑块面积（MPS）/km^2	斑块数（NP）	平均斑块面积（MPS）/km^2	斑块数（NP）	平均斑块面积（MPS）/km^2
草甸	40 590	0.32	40 877	0.32	38 954	0.33
草原	19 443	1.27	19 593	1.25	20 798	1.17
草丛	524	0.32	536	0.3	455	0.38
森林湿地	8 596	0.18	8 401	0.18	8 383	0.18
灌丛湿地	25 438	0.2	29 057	0.17	28 884	0.17
草本湿地	58 399	0.76	59 523	0.74	57 842	0.75
湖泊	1 541	1.13	1 219	1.61	1 018	1.98
水库/坑塘	3 675	0.22	3 305	0.23	3 627	0.21
河流	13 293	0.23	12 589	0.24	12 573	0.24
运河/水渠	348	0.08	321	0.07	359	0.03
水田	37 266	0.45	38 614	0.43	38 200	0.44
旱地	128 118	0.79	116 611	0.87	104 886	0.97
居住地	28 012	0.2	27 524	0.22	27 827	0.22
工业用地	308	0.06	321	0.07	320	0.08
交通用地	19 448	0.07	18 049	0.09	16 589	0.11
采矿场	655	0.06	654	0.07	639	0.09
稀疏林	4	0.25	4	0.3	292	0.78
稀疏灌木林	3	0.4	3	0.4	254	0.12

类型	2000 年		2005 年		2010 年	
	斑块数（NP）	平均斑块面积（MPS）/km²	斑块数（NP）	平均斑块面积（MPS）/km²	斑块数（NP）	平均斑块面积（MPS）/km²
稀疏草地	0	0	126	0.08	0	0.00
苔藓/地衣	80	3.06	76	3.11	68	3.48
裸岩	52	1.15	33	1.9	28	2.29
裸土	1 775	0.09	1 941	0.1	1 601	0.10
沙漠/沙地	2 562	0.06	2 152	0.06	1 255	0.08
盐碱地	76	0.06	93	0.05	92	0.05
落叶阔叶林	146 047	1.69	143 582	1.72	141 061	1.75
常绿针叶林	25 792	0.38	25 541	0.39	25 828	0.39
落叶针叶林	86 509	1.14	86 135	1.14	85 695	1.15
针阔混交林	65 821	0.55	65 044	0.56	64 179	0.57
常绿阔叶灌木林	26	0.4	25	0.41	23	0.44
落叶阔叶灌木林	9 496	0.35	9 931	0.37	10 274	0.40
常绿针叶灌木林	2	0.02	2	0.02	2	0.02
乔木园地	21	0.32	4	1.52	3	2.48

3.6　北方防沙屏障带生态系统格局及其变化

今世界面临最大的环境—社会经济问题之一就是土地荒漠化。由于荒漠化土地面积的迅速扩展，造成环境退化和巨大的经济损失，引发局部地区政局稳定和社会安全问题，使之成为全球广泛关注的热点。我国是沙漠化中国是世界上荒漠化严重的国家之一。根据全国沙漠、戈壁和沙化土地普查及荒漠化调研结果表明，2011 年，中国荒漠化土地面积为 262.2 万 km²，占土地面积的 27.4%，近 4 亿人口受到荒漠化的影响。据中、美、加国际合作项目研究，中国因荒漠化造成的直接经济损失约为 541 亿人民币。目前荒漠化已成为危害我国生态环境的突出问题之一。北方防沙屏障带作为我国的生态安全屏障之一，在我国生态安全战略格局中具有重要的地位，对防治荒漠化，改善生态环境具有重要意义。本章重点探讨北方防沙带生态格局及其变化，以了解和掌握十年来北方防沙屏障带生态环境状况、动态变化和发展趋势，加强北方防沙带建设，增强其防风固沙功效，发挥北方防沙带生态安全屏障的作用对我国社会经济稳定发展具有重要意义。

3.6.1　生态系统结构特征

（1）一级生态系统变化分析

结合图 3-22 和表 3-46 可知，一级生态系统类型包括草地、耕地、林地、湿地、其他及人工表面。其中草地及其他生态类型分布最广，面积约占整体的 39% 和 35%，其中草原主要分布于塔里木防沙屏障带西北部、河西走廊防沙屏障带中部及内蒙古防沙屏障带大部分区域；其次是耕地和林地，分布面积约为总面积的 13% 和 9% ，其中耕地集中分布于内蒙古，林地主要分布于内蒙古防沙屏障带东北部及河西走廊防沙屏障带中部，由此可见该地区主要以荒漠和沙地为主，生产功能为牧业为主；湿地及人工表面分布面积所占比例较少，其中湿地主要分布于德令哈市、刚察县和海晏县外其他地方几乎没有分布。

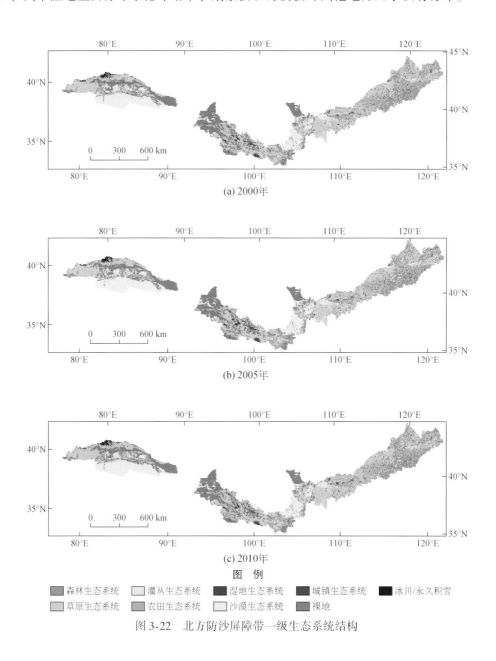

(a) 2000年

(b) 2005年

(c) 2010年

图　例

森林生态系统　　灌丛生态系统　　湿地生态系统　　城镇生态系统　　冰川/永久积雪

草原生态系统　　农田生态系统　　沙漠生态系统　　裸地

图 3-22　北方防沙屏障带一级生态系统结构

表 3-46 北方防沙屏障带一级生态系统各类型面积及百分比

土地覆盖类型	2000 年		2005 年		2010 年	
	面积/km²	百分比/%	面积/km²	百分比/%	面积/km²	百分比/%
林地	78 555.88	9.04	78 890.57	9.08	79 483.57	9.15
草地	348 416.04	40.09	342 870.41	39.45	340 717.49	39.20
湿地	18 539.90	2.13	18 641.94	2.14	18 159.31	2.09
耕地	111 724.79	12.85	116 115.62	13.36	116 963.82	13.46
人工表面	7 972.58	0.92	9 433.43	1.09	10 698.17	1.23
其他	303 914.20	34.97	303 186.26	34.88	303 115.86	34.88

（2）二级生态系统变化分析

二级生态系统主要包括草原、稀疏草地、沙漠/沙土、旱地和裸土等 22 种生态类型。其中，草原分布面积最广，分布面积约占总面积的 21%，主要集中分布于内蒙古地区；其次，稀疏草地、沙漠/沙土、旱地及裸土分布面积较广，所占比例分别约为 13.3%、14.7%、12.7% 及 17.3%，其中沙漠主要分布于塔里木盆地及河西走廊防沙屏障带东部，耕地及裸地则主要分布于塔里木防沙屏障带北部地区及河西走廊防沙屏障带西部地区；裸岩、落叶阔叶灌木林和草甸等分布面积较少，所占比例均小于总体的 10%（图 3-23 和表 3-47）。

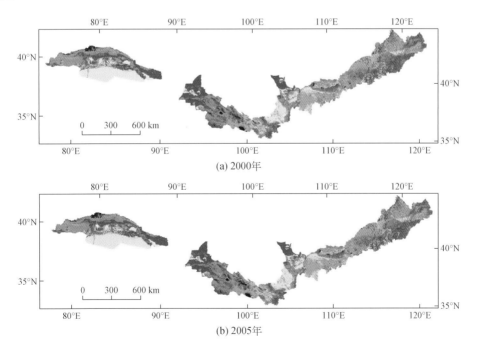

(a) 2000年

(b) 2005年

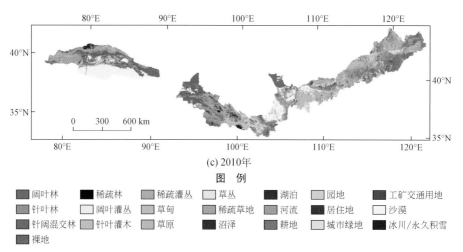

(c) 2010年

图 例

	阔叶林	■ 稀疏林	■ 稀疏灌丛	□ 草丛	■ 湖泊	▨ 园地	■ 工矿交通用地
	针叶林	□ 阔叶灌丛	■ 草甸	■ 稀疏草地	■ 河流	■ 居住地	□ 沙漠
	针阔混交林	▨ 针叶灌木	▨ 草原	■ 沼泽	■ 耕地	□ 城市绿地	■ 冰川/永久积雪
	裸地						

图 3-23　北方防沙屏障带二级生态系统结构

表 3-47　北方防沙屏障带二级生态系统各类型面积及百分比

土地覆盖类型	2000 年		2005 年		2010 年	
	面积/km²	百分比/%	面积/km²	百分比/%	面积/km²	百分比/%
阔叶林	39 768.94	4.56	40 209.69	4.61	40 209.69	4.61
针叶林	7 848.56	0.90	7 848.81	0.90	7 848.81	0.90
针阔混交林	48.06	0.01	48.06	0.01	48.06	0.01
稀疏林	4 124.00	0.47	3 604.38	0.41	3 604.38	0.41
阔叶灌木	40 380.75	4.63	40 462.56	4.64	40 462.56	4.64
针叶灌木	256.94	0.03	256.94	0.03	256.94	0.03
稀疏灌木	19 636.69	2.25	16 310.00	1.87	16 310.00	1.87
草甸	28 134.44	3.23	27 584.88	3.16	27 584.88	3.16
草原	190 867.88	21.90	190 574.25	21.87	190 574.25	21.87
草丛	2 400.56	0.28	2 404.75	0.28	2 404.75	0.28
稀疏草地	116 973.56	13.42	116 167.69	13.33	116 167.69	13.33
沼泽	7 838.38	0.90	8 099.88	0.93	8 099.88	0.93
湖泊	5 165.19	0.59	5 269.38	0.60	5 269.38	0.60
河流	3 629.75	0.42	3 999.81	0.46	3 999.81	0.46
耕地	107 298.13	12.31	110 356.75	12.66	110 356.75	12.66
园地	476.31	0.05	705.00	0.08	705.00	0.08
居住地	6 141.31	0.70	7 313.13	0.84	7 313.13	0.84
城市绿地	158.44	0.02	162.31	0.02	162.31	0.02
工矿交通用地	2 218.63	0.25	3 177.06	0.36	3 177.06	0.36
沙漠	129 189.50	14.82	128 456.94	14.74	128 456.94	14.74
冰川/永久积雪	6 142.00	0.70	5 953.94	0.68	5 953.94	0.68
裸地	150 861.25	17.31	150 593.06	17.28	150 593.06	17.28

3.6.2 生态系统结构变化特征

2000～2010年,在各因素影响下,各类生态系统都发生了不同程度的变化。林地在2000～2005年与2005～2010年两个时间段内都保持相对一致的增加趋势;草原占比在两个时间段都呈现下降趋势,其中在2000～2005年下降速率最快;湿地在2000～2005年有较少的增加,但由于在2005～2010年减少过多整体呈下降趋势;耕地在两个时间段都有所增加,其中2000～2005年增长明显大于2005～2010年;人工表面变化程度最大,一直保持着较高的增长趋势;其他地类10年间基本没有大的变化(图3-24)。稀疏草地占比下降,其中2000～2005年下降速率较快(图3-25)。沙漠/沙地占比总体保持不变,旱地占比上升,裸土占比下降,人工表面的增加速度最快。耕地和林地在2000～2005年和2005～2010年两个时段面积都有所增加,其中耕地在2000～2005年增加的速率较快。其他地类面积2000～2005年略有减少,2005～2010年不变。

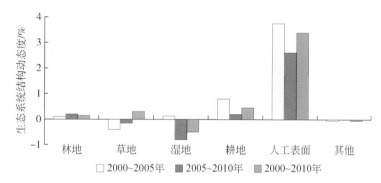

图3-24 北方防沙屏障带3个时段生态系统结构动态度

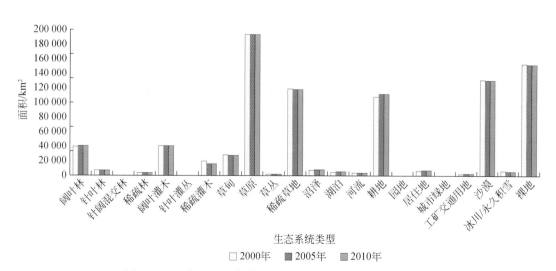

图3-25 北方防沙屏障带3个时段二级生态系统结构对比图

3.6.3 生态系统结构变化各类型之间相互转换特征

（1）各生态系统类型转换方向

生态系统的结构变化是各生态子系统之间相互转化的过程。从表3-48可以看出，在2000到2010年这十年中，林地向草地转化的面积最大，有2090.30km²，占林地总面积的2.66%，其次是林地向耕地的转化，面积达1050.80km²，占林地总面积的1.34%；草地向各地类转化面积都较多，最多的是转向耕地，面积为7497.03km²，占草地总面积的2.15%，其次是其他地类和林地，转化面积分别为3255.54km²和3022.70 km²；湿地主要向草地和耕地转化；耕地主要转化为草地，其次是人工表面和林地；人工表面主要转化为耕地和草地；其他地类主要转化为草地。林地主要由草地和耕地转入；草地主要由其他、耕地和林地转入；湿地主要由草地转入；耕地主要由草地转入；人工表面主要由草地和耕地转入；其他地类主要由草地转入。林地与草地、林地与耕地、草地与耕地、湿地与草地以及草地与其他，这五组类型间的相互转化较多。另外，可以看出这近十年间各地类之间的转化比例不大但比较频繁。

表3-48 北方防沙屏障带2000~2010年生态系统类型转移矩阵

2000年		2010年					
		林地	草地	湿地	耕地	人工表面	其他
林地	面积/km²	74 983.53	2 090.30	70.45	1 050.80	218.13	142.67
	百分比/%	95.45	2.66	0.09	1.34	0.28	0.18
草地	面积/km²	3 022.70	332 214.03	891.78	7 497.03	1 534.89	3 255.54
	百分比/%	0.87	95.35	0.26	2.15	0.44	0.93
湿地	面积/km²	135.58	820.59	16 481.52	784.23	63.67	254.31
	百分比/%	0.73	4.43	88.90	4.23	0.34	1.37
耕地	面积/km²	1 101.73	2 292.50	364.65	106 414.58	1 199.81	351.52
	百分比/%	0.99	2.05	0.33	95.25	1.07	0.31
人工表面	面积/km²	58.72	164.19	10.02	295.35	7 407.10	37.21
	百分比/%	0.74	2.06	0.13	3.70	92.91	0.47
其他	面积/km²	179.62	3 130.43	340.84	920.97	274.53	299 067.69
	百分比/%	0.06	1.03	0.11	0.30	0.09	98.41
合计	面积/km²	79 481.87	340 712.04	18 159.26	116 962.95	10 698.12	303 108.94

（2）生态系统综合变化率

根据研究时段内景观类型转移矩阵的结果，计算各景观类型的转入贡献率和转出贡献率，见表3-49。

从转入贡献率来看，①2000~2005年占优势的是耕地和草地，转入贡献率分别为32.57%和28.23%；②2005~2010年占优势的是耕地和草地，转入贡献率分别为28.48%

和 22.51%。③2000～2010 年占优势的是耕地和草地，转入贡献率分别为 32.40% 和 26.10%。可以看出，转移最为活跃的是耕地，草地次之。

从转出贡献率来看，①2000～2005 年占优势的是草地、耕地和其他，转出贡献率分别为 48.22%、16.76% 和 14.85%；②2005～2010 年占优势的是草地、耕地和其他，转出贡献率分别为 47.01%、18.82% 和 15.28%。③2000～2010 年占优势的是草地、其他和耕地，转出贡献率分别为 49.77%、16.31% 和 14.89%。可以看出，转移最为活跃的是草地，其次是耕地和其他；在景观类型转入和转出的过程当中，耕地、草地和其他的转移比较活跃。

表 3-49 北方防沙屏障带各景观类型转入/转出贡献率

类型		林地	草地	湿地	耕地	人工表面	其他
2000～2005 年	转入面积/km²	3 741.23	7 839.6	1 721.88	9 044.87	2 034.6	3 388.51
	转入贡献率/%	13.47	28.23	6.2	32.57	7.33	12.2
	转出面积/km²	3 408.24	13 390.6	1 619.89	4 654.9	573.8	4 123.25
	转出贡献率/%	12.27	48.22	5.83	16.76	2.07	14.85
2005～2010 年	转入面积/km²	1 098.14	1 977.29	596.78	2 501.78	1 339.15	1 271.78
	转入贡献率/%	12.5	22.51	6.79	28.48	15.24	14.48
	转出面积/km²	505.15	4 130.21	1 079.41	1 653.59	74.42	1 342.18
	转出贡献率/%	5.75	47.01	12.29	18.82	0.85	15.28
2000～2010 年	转入面积/km²	4 498.34	8 498.01	1 677.74	10 548.38	3 291.02	4 041.25
	转入贡献率/%	13.82	26.10	5.15	32.40	10.11	12.41
	转出面积/km²	3 572.35	16 201.93	2 058.38	5 310.21	565.49	4 846.39
	转出贡献率/%	10.97	49.77	6.32	16.31	1.74	14.89

（3）景观格局变化特征

2000～2010 年，北方防沙屏障带的斑块数量总体呈现上升的趋势（表 3-50）。同时，斑块密度也呈现上升趋势，斑块密度反映了景观的破碎化程度，斑块密度的变化，说明北方防沙屏障带的景观格局的破碎化程度增加，表明在 2000～2010 年，人类活动对生态环境的影响增强。边缘密度从边形特征描述景观复杂程度，北方防沙屏障带边缘密度增加，说明北方防沙屏障带景观复杂程度在增加。景观平均分维数减少说明斑块形状相似性变小，形状越来越不规则。景观聚集度减小，说明北方防沙屏障带景观受人为影响增强。蔓延度下降，说明区域景观由许多分散的小斑块组成，团聚程度在下降，破碎化程度在增加。景观多样性指数持续上升，说明区域景观系统中，土地利用越加丰富，破碎化程度越高。均匀度指数上升，表明各类景观组分面积比例差别在逐渐缩小，景观中各组分分配越来越均匀，某一种或几种景观组分占优势的情况越来越少，且景观整体结构受人类活动影响较大。

表 3-50　北方防沙屏障带景观格局总体特征值变化

指标	2000 年	2005 年	2010 年
斑块数量	128 198	128 684	128 939
斑块密度/km²	0.1475	0.1481	0.1484
最大斑块指数/%	14.0134	13.9165	13.9011
边缘密度/(m/hm²)	8.1105	8.1270	8.1500
平均分维数	1.5793	1.5773	1.5772
蔓延度/%	43.0586	42.5704	42.3296
斑块结合度指数/%	99.4787	99.5083	99.5003
分离度/%	20.0696	19.3346	19.6405
多样性指数/%	1.3400	1.3526	1.3581
均匀度/%	0.7479	0.7549	0.7579
聚集度/%	79.5610	79.5202	79.4628

3.7　南方丘陵山地屏障带生态系统格局及其变化

南方丘陵山地带作为我国"两屏三带"生态安全屏障骨架的重要组成部分，是长江流域与珠江流域的分水岭及源头区，对长江流域与珠江流域的主体功能的发挥有至关重要的作用。自 1999 年以来退耕还林（草）、人工造林等植被生态工程的实施、喀斯特石漠化综合治理施行的生态移民等工程，土地覆盖发生了明显变化。本研究将系统评价区域十年土地生态系统分布、格局、相互转化特征，全面掌握其土地覆被空间分布与变化特征。以期为该区域的生态建设工程效益评估和生态保护提供科学参考和基础数据。

3.7.1　生态系统结构特征

一级生态系统结构包括裸地、城镇、农田、湿地、草地、灌丛和森林。其中林地比例最大，占整个生态系统的 70% 以上（其中森林生态系统 58% 左右，灌丛生态系统占面积12% 左右，这说明研究区林地保护、生态建设等工程实施效果好。林地主要分布在研究区中部和东部，西部云贵高原林地面积相对较少；耕地面积位居第二，分布面积约占总面积的 20%，从分布上来看，农田生态系统主要分布在社会经济相对较发达的东部地区（湘赣粤）；草地、人工表面及其他生态系统类型分布面积相对较少，其中草地主要分布于研究区西部，人工表面则主要分布于研究区中部及东部地势较为平坦的区域（图 3-26 和图3-27）。

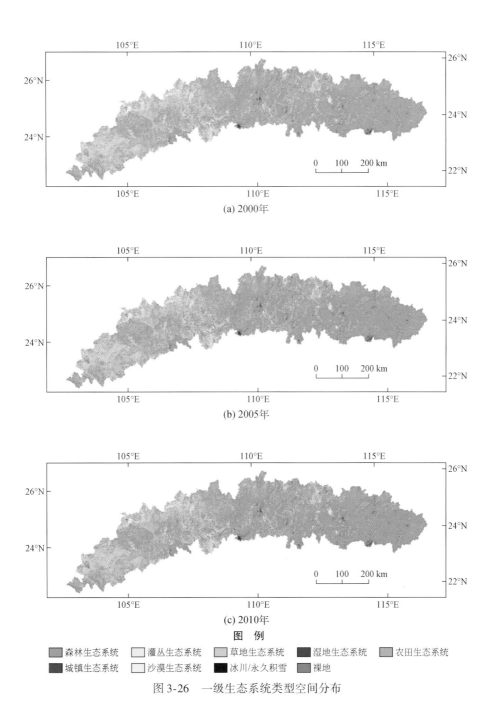

(a) 2000年

(b) 2005年

(c) 2010年

图　例

森林生态系统　　灌丛生态系统　　草地生态系统　　湿地生态系统　　农田生态系统

城镇生态系统　　沙漠生态系统　　冰川/永久积雪　　裸地

图 3-26　一级生态系统类型空间分布

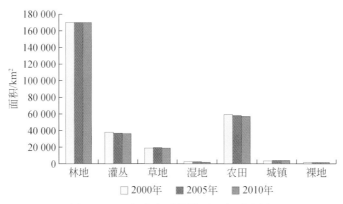

图 3-27 一级生态系统类型面积对比图

二级生态系统类型主要包括针叶林、阔叶林、耕地、居住地和草地等。其中针叶林、阔叶林及耕地分布最广，所占比例分别约为 28%、27% 及 17.5%，其中针叶林、阔叶林分散于整个研究区；居住地、园地和河流等类型分布较少，所占比例较小。整体上，研究区森林、草地生态系统所占面积比例大（针叶林>阔叶林>耕地>阔叶灌丛>草地），占总面积的 92.34%。这说明南方丘陵山地屏障带自然林多，生态环境好，具有发挥生态保护作用的巨大潜力（图 3-28 和图 3-29）。

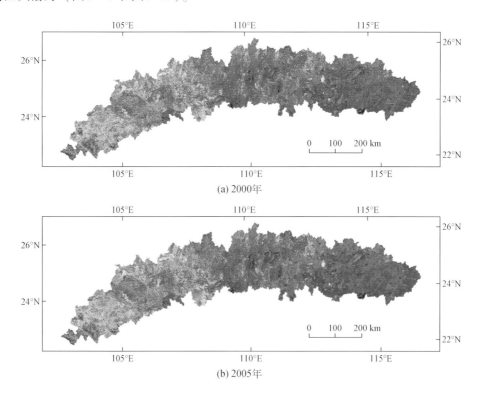

(a) 2000年

(b) 2005年

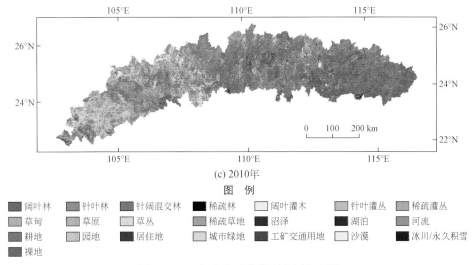

(c) 2010年

图 例

阔叶林　针叶林　针阔混交林　稀疏林　阔叶灌木　针叶灌丛　稀疏灌丛
草甸　草原　草丛　稀疏草地　沼泽　湖泊　河流
耕地　园地　居住地　城市绿地　工矿交通用地　沙漠　冰川/永久积雪
裸地

图 3-28　二级生态系统类型空间分布图

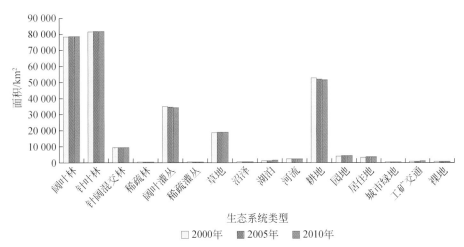

图 3-29　二级生态系统类型面积对比图

3.7.2　生态系统结构变化特征

生态系统的结构变化主要表现在各生态子系统之间的相互转换。根据表 3-51 和图 3-30可知，一级生态系统结构中，城镇用地的变化最大，且处于持续增加态势，近十年间城镇用地面积增加了 818.21km²，与该区域城市化进程加速有关；其次为裸地，裸地面积先增加后减少，并且保持着较高的变化率，最终裸地面积减少了 70.26km²；其他面积稍有增加的生态系统类型有森林生态系统、草地生态系统和湿地生态系统，在人类城市化的背景下，森林生态系统、草地生态系统和湿地生态系统不减反增能够说明我们的生态建设取得了一定的成绩。面积稍有减少的有灌丛和农田，二者变化不明显。

表 3-51　一级生态系统面积变化率

生态类型	2000~2005 年		2005~2010 年		2000~2010 年	
	面积/km²	变化率/%	面积/km²	变化率/%	面积/km²	变化率/%
森林	264.7	0.16	258.51	0.15	523.21	0.31
草地	110.15	0.59	-1.35	-0.01	108.8	0.58
农田	-724.4	-1.27	-375.74	-0.67	-1100.14	-1.93
灌丛	-198.66	-0.56	-267.03	-0.76	-465.69	-1.32
湿地	23.54	0.68	126.24	3.64	149.78	4.35
城镇	419.78	10.35	398.42	8.90	818.21	20.17
裸地	104.89	14.30	-175.15	-20.89	-70.26	-9.58

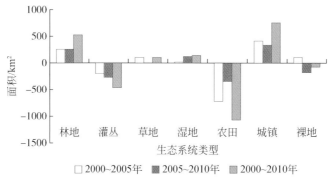

图 3-30　一级生态系统类型面积变化

如图 3-31 所示，二级生态系统结构中，居住地、阔叶林面积变化最大，且一直保持增长趋势，其中阔叶林在 2000~2005 年和 2005~2010 年两个时间段内保持一致的增长幅度，城镇面积在 2000~2005 年的增长幅度大于 2005~2010 年，这说明 2005~2010 年城镇化速度有所放缓但仍保持较高速的发展；其次为工矿交通用地、园地、湖泊、草地和针叶林，且工矿交通用地、园地、湖泊和针叶林一直保持增长趋势，草地面积 2000~2005 年保持增加，2005~2010 年有所降低；耕地、针阔混交林、稀疏林、阔叶灌丛、河流和裸地面积有所降低，其中耕地面积减少最多，且 2000~2005 年有大幅增加，说明退耕还林还草工程对生态系统格局变化有很大的影响，其次为阔叶灌丛，近十年间阔叶灌丛面积就减少了 485km²，针阔混交林、稀疏林和阔叶灌丛的减少说明在生态建设的同时生态破坏还在继续，其他生态系统类型变化不大。

3.7.3　生态系统结构变化各类型之间相互转换特征

（1）生态系统类型转换方向与强度分析

由表 3-52 和表 3-53 可知，森林生态系统和农田生态系统相互转换，且转换面积较大，

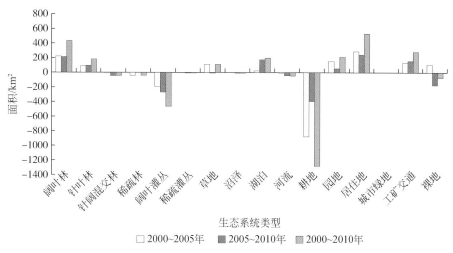

图 3-31　二级生态系统类型面积变化

2000～2005 年，森林转换为农田的面积为 265.32km²，农田转换成森林的面积为
542.10km²，占总一次转移面积的 10.14% 和 20.17%；2005～2010 年，森林转为农田和农
田转为森林的面积分别为 301.73km² 和 349.07km²，占一次转移面积 12.03% 和 13.94%；
十年来，森林转换成农田的面积为 431.12km²，农田转换为森林的面积为 799.35km²，可
以看出人类经济活动扩张的同时，退耕还林和封山育林效果显著。其他转换中，裸地转森
林最多，占其一次转出面积的 78.58%，再次说明区域内生态建设，石漠化治理等一系列
生态工程对生态环境的积极意义。二级生态系统结构中，从面积转换上来看，各类森林二
级生态系统和农田二级生态系统（耕地、园地）相互转换，且转换面积多，转换种类多。
2000～2010 年，裸地转换为阔叶林最多，封山育林取得一定的效果。在空间分布上，森林
转出主要集中在区域人类经济活动较发达的东部地区，农田转出主要集中在贵州西南、广
西和湖南部分。城镇转换主要集中在中东部较发达地区，工矿用地转换主要集中在湖南南
部，以及矿产业发达的地区。

表 3-52　一级生态系统转移矩阵　　　　　　　　　　　　（单位：km²）

时段	类型	森林	灌丛	草地	湿地	农田	城镇	裸地
2000～2005 年	森林	168 783.75	43.75	90.89	13.94	265.32	66.91	270.49
	灌丛	171.02	35 010.31	34.94	12.71	75.39	25.12	5.20
	草地	120.52	18.65	18 606.77	0.51	18.53	2.45	0.99
	湿地	10.49	2.01	1.20	3 403.49	15.53	7.07	0.97
	农田	542.10	53.93	141.45	31.94	55 879.25	318.96	37.33
	城镇	1.92	0.36	0.04	0.38	3.59	4 048.59	0.55
	裸地	169.96	7.03	2.23	1.33	22.95	7.14	522.80

续表

时段	类型	森林	灌丛	草地	湿地	农田	城镇	裸地
2005~2010 年	森林	169 120.00	70.25	53.54	27.98	301.13	89.44	137.42
	灌丛	158.60	34 724.61	10.06	96.31	122.21	18.53	5.72
	草地	145.80	15.73	18 687.07	2.45	19.77	3.84	2.88
	湿地	4.62	0.84	0.58	3 423.50	30.37	4.24	0.15
	农田	349.07	54.33	123.24	35.28	55 431.54	283.30	3.80
	城镇	1.27	0.60	0.02	0.48	4.58	4 469.28	0.03
	裸地	278.92	2.72	1.66	4.56	31.21	6.05	513.20
2000~2010 年	森林	168 567.53	101.69	105.68	37.47	431.12	151.41	140.14
	灌丛	335.04	34 626.61	20.21	108.13	188.04	50.61	6.05
	草地	161.37	23.54	18 540.16	2.88	29.17	8.17	3.14
	湿地	11.73	2.45	1.74	3 373.64	38.09	12.42	0.70
	农田	799.35	106.54	205.51	62.64	55 222.82	597.78	10.30
	城镇	2.01	0.93	0.03	0.83	7.01	4 044.57	0.05
	裸地	181.23	7.32	2.84	4.97	24.56	9.71	502.81

注：保留两位小数。

表 3-53　一级生态系统相互转化强度　　　　　　　　　　　　（单位：%）

时段	类型	森林	灌丛	草地	湿地	农田	城镇	裸地
2000~2005 年	森林	99.6	0.0	0.1	0.0	0.2	0.0	0.2
	灌丛	0.5	99.1	0.1	0.0	0.2	0.1	0.0
	草地	0.6	0.1	99.1	0.0	0.1	0.0	0.0
	湿地	0.3	0.1	0.0	98.9	0.5	0.2	0.0
	农田	1.0	0.1	0.2	0.1	98.0	0.6	0.1
	城镇	0.0	0.0	0.0	0.0	0.1	99.8	0.0
	裸地	23.2	1.0	0.3	0.2	3.1	1.0	71.3
2005~2010 年	森林	99.6	0.0	0.0	0.0	0.2	0.1	0.1
	灌丛	0.5	98.8	0.0	0.3	0.3	0.1	0.0
	草地	0.8	0.1	99.0	0.0	0.1	0.0	0.0
	湿地	0.1	0.0	0.0	98.8	0.9	0.1	0.0
	农田	0.6	0.1	0.2	0.1	98.5	0.5	0.0
	城镇	0.0	0.0	0.0	0.0	0.1	99.8	0.0
	裸地	33.3	0.3	0.2	0.5	3.7	0.7	61.2
2000~2010 年	森林	99.4	0.1	0.1	0.0	0.3	0.1	0.1
	灌丛	0.9	98.0	0.1	0.3	0.5	0.1	0.0
	草地	0.9	0.1	98.8	0.0	0.2	0.0	0.0
	湿地	0.3	0.1	0.1	98.0	1.1	0.4	0.0
	农田	1.4	0.2	0.4	0.1	96.9	1.0	0.0
	城镇	0.0	0.0	0.0	0.0	0.2	99.7	0.0
	裸地	24.7	1.0	0.4	0.7	3.3	1.3	68.6

注：保留一位小数。

（2）生态系统综合变化分析

生态系统综合变化率反映了区域内生态系统变化的剧烈程度。由表 3-54 可知，2000~2010 年十年来南方丘陵山地屏障带的变化并不剧烈，就一级生态系统而言，2005~2010 的变化剧烈程度稍大于 2005~2010 年的变化，二级生态系统 2000~2005 年与 2005~2010 年变化剧烈程度相等，这与人类的生态保护活动是分不开的。在 1999 年区域内的广西、云南和贵州属于西部 12 个省区纳入了退耕还林工程建设范围，2001 年湖南和江西也纳入退耕还林项目中，由一级生态系统转移矩阵也可知，在 2000~2005 年，农田转换成森林 542.10km^2，而在 2005~2010 年，耕地向林地转化了 349.07 km^2，说明 2005 年退耕还林初步见成效，整个区域的土地变化 2005~2010 年稍稍大于 2000~2005 年，说明生态系统对生态建设的响应需要一定的时间。近十年间生态系统类型向着好的方向发展，生态系统动态类型相互转化强度指数很高（表 3-55）。

表 3-54　综合生态系统动态度

综合生态系统动态度	2000~2005 年	2005~2010 年
一级生态系统类型 EC	0.9	1.4
二级生态系统类型 EC	1.0	1.0

表 3-55　一级生态系统动态类型相互转化强度

类型相互转化强度	2000~2005 年	2005~2010 年
LCCI$_{ij}$	30.5	40.14

3.7.4　景观格局变化特征

（1）一级景观格局变化特征

由一级生态系统类型景观指数分析可知（表 3-56，表 3-57 和图 3-32）：2000~2010 年，斑块数、平均斑块面积和聚集度指数均有所降低，边界密度一直保持增加趋势。就各生态系统类型平均斑块面积来看，城镇、湿地、森林、草地、灌丛和裸地平均斑块面积增加，农田平均斑块面积较少。总的来说，景观格局指数表明景观趋于简单完整。说明自然覆被类型得到较好保护，森林、草地和湿地形状越来越规则、简单，平均斑块面积增大，反映了研究区的生态环境条件趋于规则简单的正向方向发展。退耕还林等工程措施导致森林、草地、湿地平均斑块面积递增，面积更大更趋于完整；城市发展及人类活动扩张导致城镇斑块数逐年递增，平均斑块面积变大。

表 3-56　一级生态系统景观格局特征及其变化

年份	斑块数（NP）	平均斑块面积（MPS）/km^2	边界密度（ED）/(m/hm^2)	聚集度指数（CONT）/%
2000	289 874.0	0.241	99.7	45.9
2005	288 251.0	0.240	100.3	45.7
2010	287 303.0	0.240	100.6	45.7

表 3-57　一级生态系统类斑块平均面积　　　　　　（单位：km^2）

年份	森林	灌丛	草地	湿地	农田	城镇	裸地
2000	4.519	0.422	0.236	0.414	0.700	0.179	0.162
2005	4.552	0.426	0.238	0.420	0.696	0.191	0.186
2010	4.554	0.423	0.248	0.425	0.695	0.202	0.169

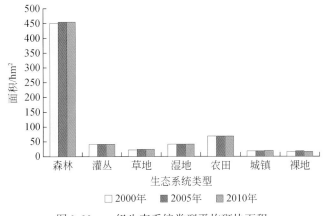

图 3-32　一级生态系统类型平均斑块面积

（2）二级景观格局变化特征

由表 3-58、表 3-59 和图 3-33 可知：近十年间，斑块数、平均斑块面积和聚集度指数均有所降低，边界密度有少量增加。2000～2005 年景观趋于复杂/破碎，这与生态建设相关，1998 年我国开始推行退耕还林工作，1996 年开始推进珠江防护林工程；2005～2010年景观趋于完整/简单。整体来看，十年来区域景观趋于简单/完整。从斑块面积来看：阔叶林、稀疏灌丛、阔叶灌丛、针叶林及稀疏林斑块面积较大，斑块面积均在 0.4km^2 以上；其次为沼泽、针阔混交林、河流、草地、园地及工矿用地，斑块面积均在 0.15km^2 以上；湖泊、裸地及居住地斑块面积较小。近十年间，阔叶林、针叶林、稀疏林等大部分生态系统斑块面积有所增加；只有裸地、居住地及耕地斑块面积有所降低；针阔混交林、城市绿地斑块面积保持不变。

表 3-58　二级生态系统景观格局特征及其变化

年份	斑块数（NP）	平均斑块面积（MPS）/km²	边界密度（ED）/（m/hm²）	聚集度指数（CONT）/%
2000	491 412.0	0.352	58.9	42.8
2005	489 782.0	0.351	59.0	42.7
2010	488 820.0	0.351	59.1	42.6

表 3-59　二级生态系统类斑块平均面积　　　　　　（单位：km²）

生态系统类型	2000 年	2005 年	2010 年
阔叶林	0.937	0.94	0.942
针叶林	0.42	0.424	0.421
针阔混交林	0.215	0.215	0.215
稀疏林	0.414	0.42	0.425
阔叶灌丛	0.653	0.647	0.647
稀疏灌丛	0.839	0.844	0.848
草地	0.173	0.183	0.19
沼泽	0.247	0.259	0.285
湖泊	0.134	0.141	0.153
河流	0.225	0.226	0.36
耕地	0.357	0.357	0.224
园地	0.162	0.186	0.169
居住地	0.085	0.087	0.081
城市绿地	0.145	0.145	0.145
工矿交通	0.156	0.159	0.159
裸地	0.164	9.8	10

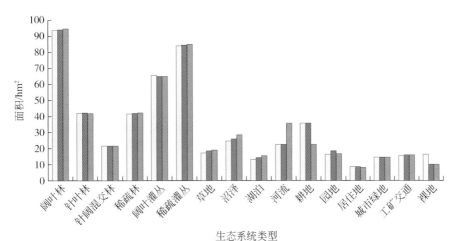

图 3-33　二级生态系统类型平均斑块面积

|第4章| 屏障区生态系统质量特征变化及驱动因素

生态系统质量指在一个具体的时间和空间范围内生态系统的总体或部分生命组分的质量，主要表现在其生产能力以及受到外界干扰后的动态变化，以及对人类的生存及社会经济持续发展的影响。生态系统质量能够反映生态系统的重要特征，是表征生态环境质量和服务功能的重要指标。近年来，在全球化背景下，我国开展了大量的生态建设，区域生态环境质量发生了较大的变化。鉴于"两屏三带"生态屏障在我国生态安全中的重要地位，因此探讨我国屏障区生态系统质量特征及变化与驱动因素具有重要意义。

植被作为生态系统的重要组成部分，联结着大气、水分和土壤等自然过程，其变化将直接影响该区域气候、水文和土壤等状况，对区域能量循环及物质的生物化学循环具有重要的影响，是区域生态系统质量变化的重要指示器。目前反映植被生长状况及生长活力的因子较多，常用指标有初级生产力、净初级生产力、地上生物量、植被指数、植被覆盖度和叶面积指数等。其中植被覆盖度是指单位面积植被的地上部分（包括叶、茎、枝）在地面的垂直投影面积占统计区总面积的百分比，指示了植被的茂密程度及植物进行光合作用面积的大小。植被覆盖度是衡量地表植被状况的一个最重要的指标，也是影响土壤侵蚀与水土流失的主要因子。植被净初级生产力（net primary productivity，NPP）指植物在单位时间和单位面积上所产生的有机干物质总量，是生物地球化学碳循环的关键环节。NPP作为地表碳循环的重要组成部分，不仅直接反映了植被群落在自然环境条件下的生产能力，表征陆地生态系统的质量状况，而且是判定生态系统碳汇和调节生态过程的主要因子，在全球变化及碳平衡中扮演着重要的作用。叶面积指数（leaf area index，LAI）又叫叶面积指数，是指单位土地面积上植物叶片总面积占土地面积的倍数，即叶片总面积与土地面积之比。在生态学中，叶面积指数是生态系统的一个重要结构参数，用来反映植物叶面数量、冠层结构变化、植物群落生命活力及其环境效应，为植物冠层表面物质和能量交换的描述提供结构化的定量信息，并在生态系统碳积累、植被生产力和土壤、植物、大气间相互作用的能量平衡以及植被遥感等方面起重要作用。本书选择植被覆盖度、NPP年总量和叶面积指数作为评价生态系统质量的主要指标开展我国"两屏三带"生态屏障的生态系统质量评价。

4.1　研究方法

本节主要介绍了植被覆盖度计算、NPP 估算、叶面积指数测定以及趋势线分析方法。

4.1.1　植被覆盖度计算方法

植被覆盖度是全球及区域气候数值模型中的重要参数，也是描述生态系统的重要基础数据。获取区域地表植被覆盖状态，对于揭示地表植被变化、分析变化趋势和评价区域生态环境具有重要的现实意义。植被指数与植被覆盖度有较好的相关性，可以用归一化植被指数（normalized difference vegetation index，NDVI）来计算植被覆盖度。根据像元二分模型理论，可以认为一个像元的 NDVI 值是由绿色植被部分贡献的信息与无植被覆盖部分贡献的信息组合而成，植被覆盖度可根据式（4-1）获得：

$$F_c = \frac{\mathrm{NDVI} - \mathrm{NDVI}_{\mathrm{soil}}}{\mathrm{NDVI}_{\mathrm{veg}} - \mathrm{NDVI}_{\mathrm{soil}}} \tag{4-1}$$

式中，F_c 为植被覆盖度；NDVI 为归一化植被指数，可通过遥感影像近红外波段与红光波段的反射率来计算；$\mathrm{NDVI}_{\mathrm{veg}}$ 为纯植被像元的 NDVI 值；$\mathrm{NDVI}_{\mathrm{soil}}$ 为完全无植被覆盖像元的 NDVI 值。

4.1.2　NPP（净初级生产力）估算方法

植被净初级生产力（NPP）不仅可以反映在自然环境条件下植被对 CO_2 的固定能力，表征生态系统的质量状况和生产能力，也是判定生态系统的碳源/汇功能、估算地球支撑能力和评价陆地生态系统可持续发展的重要因子。利用遥感数据驱动生态学模型在区域和全球尺度上模拟 NPP 是估算 NPP 的重要方法之一，尤其是遥感数据具有时间序列长和覆盖面广的特点，可估算不同地区生产力的年际和季节动态变化，得到国内外研究者的广泛重视。目前 NPP 的计算模型已有数十种，在众多基于遥感数据估算生产力的统计模型、参数模型和过程模型中，CASA（camegie ames stanford approach）是基于光能利用率（light use efficiency，LUE）的一个过程模型，在全球以及区域生产力的估算中有着广泛的应用。因此，本书采用 Potter 等人提出的 CASA 模型对各屏障区的 NPP 进行估算，其计算公式为

$$\mathrm{NPP} = \mathrm{APAR}(t) \times \varepsilon(t) \tag{4-2}$$

其中

$$\mathrm{APAR} = \mathrm{FPAR} \times \mathrm{PAR} \tag{4-3}$$

1）PAR 植被能进行光合作用的驱动能量，其能量为到达地表的太阳总辐射量的一个分量，可以通过下式进行计算获得。

$$\mathrm{PAR} = 0.48 \times K_{24}^{\downarrow}(t) \tag{4-4}$$

式中，$K_{24}^{\downarrow}(t)$ 表示太阳总辐射量，由 FAO（世界粮农组织）公布的技术文档（Allen et al., 1998）中的经验公式来计算获得。

$$K_{24}^{\downarrow}(t) = \left[0.25 + \frac{0.50n(t)}{N(t)} \right] K_{24}^{\downarrow \text{exo}}(t) \tag{4-5}$$

$$K_{24}^{\downarrow \text{exo}}(t) = \frac{24 \times 60}{\pi} G_{sc} d_r \left[\omega_s \sin(\varphi) \sin(\delta) + \cos(\varphi) \cos(\delta) \sin(\omega_s) \right] \tag{4-6}$$

$$\delta = 0.409 \sin\left(\frac{2\pi}{365} J - 1.39 \right) \tag{4-7}$$

$$d_r = 1 + 0.033 \cos\left(\frac{2\pi}{365} J \right) \tag{4-8}$$

$$\omega_s = \arccos\left[-\tan(\varphi) \tan(\delta) \right] \tag{4-9}$$

$$N(t) = \frac{24}{\pi \times \omega_s} \tag{4-10}$$

式中，$K_{24}^{\downarrow \text{exo}}(t)$ 表示地外太阳辐射 $[\text{MJ}/(\text{m}^2/t)]$；$G_{sc}$ 为太阳常数，为 0.0820 $[\text{MJ}/(\text{m}^2 \cdot \text{min})]$（相当于 1366.67W/m²）；$d_r$ 为相对日地距离；ω_s 为日落时角（rad）；φ 为地区纬度（rad）；δ 为赤纬角（rad）；rad 为是弧度单位；J 为儒略日，即某一天是一年中的第几天；$N(t)$ 为潜在或者说最大日照时数；$n(t)$ 为实际日照时数，该数据由气象站点得到。

2）FPAR：植被对入射光合有效辐射的吸收比例，研究表明其与比值指数 SR 之间存在线性关系，如下式所示：

$$\text{FPAR} = \frac{(\text{SR} - \text{SR}_{\min}) \times (\text{FPAR}_{\max} - \text{FPAR}_{\min})}{\text{SR}_{\max} - \text{SR}_{\min}} + \text{FPAR}_{\min} \tag{4-11}$$

$$\text{SR} = \frac{\text{NIR}}{\text{RED}} = \frac{1 + \text{NDVI}}{1 - \text{NDVI}} \tag{4-12}$$

式中，$\text{FPAR}_{\min}$ 和 $\text{FPAR}_{\max}$ 的取值与植被类型无关，分别取值为 0.001 和 0.95，$\text{SR}_{\min}$ 和 $\text{SR}_{\max}$ 与植被类型有关，为对应植被类型 NDVI 的 5% 和 95% 的下侧百分位数。NIR 和 RED 分别表示近红外波段和红波段的反射率。

3）ε：指植被将吸收的光合有效辐射（APAR）通过光合作用转化为有机碳的效率。一般认为植被对光的利用效率是随生长季内的环境条件不断变化的，且主要受到温度和水分胁迫的影响（Potter et al.，1993；Field et al.，1995）。

$$\varepsilon(t) = \varepsilon^* \times T_1(t) \times T_2(t) \times W(t) \tag{4-13}$$

式中，ε^* 为最大光利用率（g/MJ）；T_1 和 T_2 分别为环境温度对光利用的抑制影响；W 为水分影响胁迫系数，用以表达水分因素影响植被对光利用的程度。T_1 和 T_2 及 W 均为无量纲参数。其中 T_1 和 T_2 及 W 分别由下面公式计算获得。

$$T_1 = -0.0005(T_{\text{opt}} - 20)^2 + 1 \tag{4-14}$$

$$T_2 = \frac{1}{1 + \exp\{0.2(T_{\text{opt}} - 10 - T_{\text{mon}})\}} \times \frac{1}{1 + \exp\{0.3(-T_{\text{opt}} - 10 + T_{\text{mon}})\}} \tag{4-15}$$

式中，T_{opt} 为植被生长季内 NDVI 值达到最高时的月平均气温（℃）；T_{mon} 为月平均气温（℃）。

$$W(t) = \frac{\text{EET}(t)}{\text{PET}(t)} \tag{4-16}$$

式中，EET 为区域月实际蒸散量（mm）；PET 为区域月潜在蒸散量（mm），可由 ET Watch 计算获得。

4.1.3 叶面积指数测定方法

叶面积指数可通过直接和间接观测法得到，其中，直接观测法包括落叶收集法、分层分割法等，间接方法包括点接触法、消光系数法、经验公式法以及遥感方法等。由于遥感具有宏观性和动态监测等优势，可以获取大范围的时空动态叶面积数据，从遥感观测提取 LAI 的方法被广泛关注。遥感提取 LAI 的方法之一是通过植被冠层辐射传输模型反演。植被冠层辐射传输模型描述了冠层结构、叶片光学参数和冠层反射率之间的关系，模型反演方法通过优化代价函数对冠层辐射传输模型进行反演计算来提取 LAI。

光在植被冠层中的辐射传输过程可以用辐射传输方程来表达：

$$-\mu\frac{\partial L(z,\ \Omega)}{\partial \tau} + G(\tau,\ \Omega)L(z,\ \Omega) = \frac{\omega}{4\pi}\int_{4\pi}p(\Omega'\rightarrow\Omega)G(\Omega')L(z,\ \Omega')\mathrm{d}\Omega' \tag{4-17}$$

式中，L 为光亮度；$\mu=\cos\theta$ 是传输方向天顶角的余弦值；G 为叶倾角分布函数；Ω 为叶片反照率；$p(\Omega'\rightarrow\Omega)$ 为植被冠层相位函数。

四通量方程（K-M 方程）是对辐射传输方程的较好近似，其理论上将冠层中光传输量分为垂直向上和向下散射分量、入射直射分量和向上直射分量。Suits 基于 AGR 模型发展了著名的 SUITS 模型，而 AGR 模型理论则来源于 K-M 方程。SUITS 模型将冠层叶片分别在水平和垂直方向进行投影，取代任意方向叶片对光的散射、吸收和透射作用，模型方程为

$$\frac{\mathrm{d}E_s}{\mathrm{d}z} = KE_s \tag{4-18}$$

$$\frac{\mathrm{d}E^-}{\mathrm{d}z} = aE^- - bE^- - c'E_s \tag{4-19}$$

$$\frac{\mathrm{d}E^+}{\mathrm{d}z} = bE^- - aE^+ + cE_s \tag{4-20}$$

$$\frac{\mathrm{d}E_0}{\mathrm{d}z} = uE^+ + vE^- + wF^+ - kE_0 \tag{4-21}$$

式中，E_s 为向下传输的直射辐射；E_0 为观测方向上的辐射通量密度；E^+ 表示入射辐射；E^- 表示溢出辐射；F^+ 代表由植被土壤系统构成的由下向上传输的镜面反射辐射；公式 4-21 表明观测方向上的辐射亮度变化率是由 E^+ 与 E^- 转化而来，在向上传输过程中又将经历吸收和散射的削弱。

SUITS 模型的缺陷是叶片投影假设，因此 Verhoef 发展了 SAIL 模型，直接采用任意方向叶片计算消光系数。SAIL 模型的方程形式类似 SUITS 模型，此处不再列出。原始 SAIL 模型的缺点是没有考虑热点效应，改进的 SAIL 模型则考虑了热点效应。

4.1.4 趋势线分析

趋势线分析方法可以模拟每个栅格的变化趋势，反映不同时期植被 NDVI 变化的趋

势。本书采用此方法在 ArcGIS 的空间分析（spatial analyst）模块下模拟 2000~2010 年生态系统质量各评价指标的变化趋势，以植被覆盖度为例，计算公式如下：

$$\text{Slope} = \frac{n\sum\limits_{i=1}^{n} iC_i - \sum\limits_{i=1}^{n} i \sum\limits_{i=1}^{n} C_i}{n\sum\limits_{i=1}^{n} i^2 - \left(\sum\limits_{i=1}^{n} i\right)^2} \qquad (4\text{-}22)$$

式中，Slope 为趋势斜率，变量 i 表示 1~10 的年序号；C_i 表示第 i 年的植被覆盖度；n 为研究序列的长度。利用植被覆盖度序列和时间系列（年份）的相关系数来判断植被覆盖度年际间变化的显著性，趋势斜率 slope 为正表示植被覆盖度上升（Slope>0，说明植被覆盖度在 n 年间的变化趋势是增加的，表明该像素代表的植被状况在向好的方面发展，反之则是减少，即植被状况变差）。变化趋势的显著性检验采用 F 检验，显著性仅代表趋势性变化可置信程度的高低，与变化快慢无关。统计量计算公式为：

$$F = U \times (n-2)/Q \qquad (4\text{-}23)$$

式中，$U = \sum\limits_{i=1}^{n} (\bar{y}_i - \bar{y})^2$ 为回归平方和；$Q = \sum\limits_{i=1}^{n} (y_i - \bar{y})^2$ 为剩余平方和；y_i 是第 i 年的植被覆盖度；$\bar{y}_i$ 为其回归值；$\bar{y}$ 为 11 年覆盖度平均值；$n=11$ 为年数。根据 Slope 值变化范围，将草地覆盖度变化趋势分为以下 5 个变化等级：极显著减少（Slope<0，$P<0.001$），显著减少（Slope<0，$P<0.05$），无显著变化（$P>0.05$）；显著增加（Slope>0，$P<0.05$），极显著增加（Slope>0，$P<0.001$）。

4.2　国家屏障区生态系统质量特征

本节主要从植被覆盖度、NPP 以及叶面积指数三个方面分析了"两屏三带"（即青藏高原生态屏障带、川滇—黄土高原生态屏障带、东北森林屏障带、北方防沙屏障带以及南方丘陵山地屏障带）生态系统质量的总体特征。

4.2.1　植被覆盖度动态特征

本书将全国及"两屏三带"植被覆盖度数据分为五级：一级为低植被覆盖度（0~20%）、二级为较低覆盖度（20%~40%）、三级为中覆盖度（40%~60%）、四级为较高覆盖度（60%~80%）、五级为高覆盖度（80%~100%），得到全国及"两屏三带"植被覆盖度空间分布图，如图 4-1 所示。

全国植被覆盖度呈现明显的空间分布差异。2010 年，我国东南部地区植被覆盖度明显高于西北部，且东南部地区植被覆盖度以大于 60% 为主，仅在长江中下游地区出现少量零星的低值区；西北地区由于干旱少雨，植被覆盖度较低，仅在天山、阿尔泰山等地出现少量高值区。国家"两屏三带"中东北森林屏障带的植被覆盖度较高，以高覆盖度为主，其次是南方丘陵山地屏障带和川滇—黄土高原生态屏障带，其中，南方丘陵山地屏障带以高

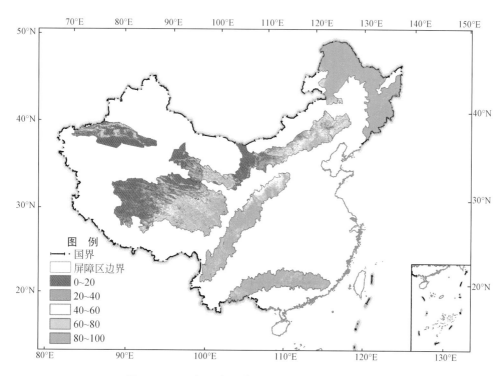

图 4-1　2010 年国家屏障区植被覆盖度空间分布图

覆盖度和较高覆盖度为主，川滇—黄土高原生态屏障带以高覆盖度和较高覆盖度为主，在黄土高原部分地区以中等覆盖度为主。青藏高原生态屏障带东南部植被覆盖度以高覆盖度和较高覆盖度为主，西北部以低覆盖度和较低覆盖度为主。北方防沙屏障带中的新疆地区以低覆盖度为主，在部分绿洲地带出现高值点，河西走廊东南部地区植被覆盖度较高，西北部较低，内蒙古东部以高覆盖度和较高覆盖度为主，西部以低覆盖度和较低覆盖度为主。

　　根据植被覆盖度的变化程度，将全国生态屏障区植被覆盖度变化分为极显著变化、显著变化和无显著变化。由图 4-2 和表 4-1 可知，2000～2010 年，全国 81.39% 植被覆盖度保持稳定，植被覆盖度发生极显著变化（$P<0.01$）的面积为 101.94 万 km²，占全国总面积的 10.74%，主要分布在新疆的南部、青海和甘肃的北部、西藏的林芝地区以及黄土高原地区；植被覆盖度发生显著变化（$P<0.05$）的面积为 176.63 万 km²，占全国总面积的 18.61%，主要分布在我国北方及西藏地区；植被覆盖度无显著变化的面积为 772.48 万 km²，占全国总面积的 81.39%。可见，全国植被覆盖度整体稳定。

　　就国家屏障区而言，植被覆盖度稳定（$P>0.05$）、显著变化（$P<0.05$）与极显著变化（$P<0.001$）的面积分别为 253.93 万 km²、59.49 万 km² 及 31.93 万 km²，分别占国家屏障区总面积的 81.02%、18.98% 及 10.19%（表 4-1）。

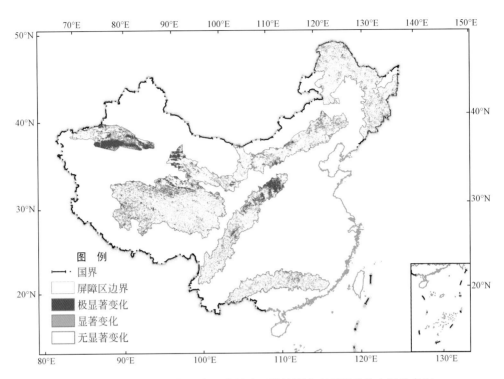

图 4-2 2000~2010 年国家生态屏障区植被覆盖度显著变化空间分布图

表 4-1 全国及生态屏障区间显著变化类型统计表

区域	极显著变化		显著变化		无显著变化		合计
	面积/万 km²	百分比/%	面积/万 km²	百分比/%	面积/万 km²	百分比/%	
川滇生态屏障带	1.65	5.64	4.43	15.13	24.84	84.87	29.27
东北森林屏障带	2.57	3.84	7.52	11.22	59.48	88.78	67.00
河西走廊防沙屏障带	3.49	16.84	5.22	25.18	15.51	74.82	20.73
黄土高原生态屏障带	3.50	29.97	5.45	46.66	6.23	53.34	11.68
南方丘陵山地屏障带	1.37	4.75	3.87	13.40	25.00	86.60	28.87
内蒙古防沙屏障带	2.49	5.88	6.68	15.78	35.65	84.22	42.33
青藏高原生态屏障带	7.53	8.40	15.79	17.61	73.86	82.39	89.65
塔里木防沙屏障带	9.31	38.97	10.54	44.12	13.35	55.88	23.89
国家生态屏障区	31.93	10.19	59.49	18.98	253.93	81.02	313.42
全国	101.94	10.74	176.63	18.61	772.48	81.39	949.11

注：显著变化包括了极显著变化，合计值表示显著变化与无显著变化的总和，因取值简化，合计值与各项加和可能略有不同。

对于国家各个屏障区，则极显著变化面积最大的是塔里木防沙屏障带，其次是青藏高原生态屏障带、黄土高原生态屏障带、河西走廊防沙屏障带、东北森林屏障带和内蒙古防沙屏障带，最小的是南方丘陵山地带和川滇生态屏障带；显著变化面积最大的是青藏高原屏障区，其次是塔里木防沙屏障带、东北森林屏障带、内蒙古防沙屏障带、黄土高原生态屏障带、河西走廊防沙屏障带，最小的是南方丘陵山地屏障带和川滇生态屏障带。按照显著变化百分比分析，结果表明，极显著变化比例最大的是塔里木防沙屏障带和黄土高原生态屏障带，变化比例分别为38.97%和29.97%，最小的是东北森林屏障带和南方丘陵山地屏障带，其变化比例分别是3.84%和4.75%；显著变化面积比例最大的是黄土高原生态屏障带和塔里木防沙屏障带，其变化比例分别是46.66%和44.12%；最小的是东北森林屏障带和南方丘陵山地屏障带，其变化比例分别是11.22%和13.4%。由此可见，就屏障区而言，植被覆盖度发生极显著变化的地区主要分布在东北森林屏障带、塔里木防沙屏障带以及青藏高原生态屏障带；植被覆盖度发生显著变化的地区主要分布在塔里木防沙屏障带、内蒙古防沙屏障带以及黄土高原生态屏障带。

对显著变化进一步按照变化方向，划分为极显著增加和显著增加、极显著降低和显著降低等类型，全国范围内，昆仑山北部、祁连山南部以及黄土高原等地，植被覆盖度显著增加，主要原因是年降水量以增加趋势为主，适度增温、降水量增加有助于增加植被高度和生产力，加快植物物候进程，延长生长季，促进植物生产发育，植被覆盖在显著增加，此外，黄土高原地区近10年来退耕还林还草等生态恢复工程效益显著，植被覆盖度有了明显的提升。

根据图4-3可知，在屏障区间，黄土高原生态屏障带退耕区、青藏高原生态屏障带和北部稀疏草地生态系统植被覆盖度显著增加，而内蒙古防沙屏障带北部和东北森林屏障带西部植被覆盖度显著减少，造成这部分地区植被覆盖度减少的原因主要是人类活动使得荒漠面积、居住地以及工矿交通用地等建设用地面积增加。分析结果表明：全国生态系统整体稳定，黄土高原生态屏障带、青藏高原屏障区北部以及塔里木防沙屏障带东南部植被覆盖度显著增加。

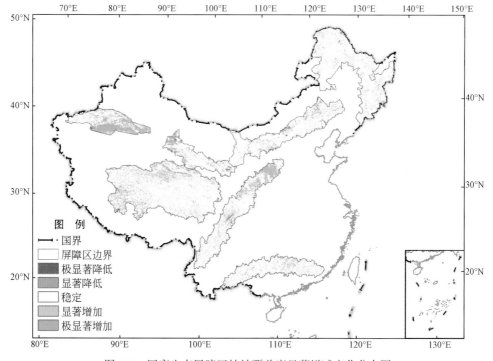

图4-3　国家生态屏障区植被覆盖度显著增减变化分布图

在全国范围内，6.9%植被覆盖度发生显著降低，其中极显著降低的占2.9%，面积为27.24万km²；82.5%的植被覆盖度保持稳定，面积为777.57万km²；植被覆盖度显著增加的比例为10.6%，其中极显著增加的比例占到2.9%，面积为27.24万km²。就屏障区而言（图4-4），塔里木防沙屏障带53.7%的植被覆盖度发生显著增加，其中极显著增加的占到29.1%，有1.6%显著降低；黄土高原36.2%发生显著增加，其中极显著增加的占34.2%，有6.9%显著降低。综上，除塔里木防沙屏障带和黄土高原生态屏障带发生明显变化外，其他地区植被覆盖度保持稳定。

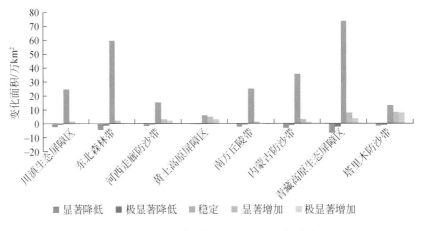

图4-4　国家生态屏障区植被覆盖度显著增减对比图

4.2.2　NPP动态特征

本书将"两屏三带"净初级生产力指数NPP按照自然分级法，划分为低、较低、中、较高和高5个级别，分别得到全国及"两屏三带"NPP空间分布图，见图4-5。全国NPP在空间上呈现明显的分布差异，且与植被覆盖度的空间分布特征基本一致，东南部高，西北部低。其中，云南、海南等地的NPP值最高，广西、广东、福建、湖南、江西、浙江、安徽等地的NPP较高，但局部地区存在低值点，贵州等地NPP为中等级别，天山、阿尔泰山等地有少量较高值区。

由图4-5可知，在"两屏三带"中，南方丘陵山地屏障带的NPP值最高，其次是东北森林屏障带。黄土高原—川滇生态屏障带NPP指数高值区主要分布在川滇地区南部，在中部地区，由于汶川地震的影响，NPP出现低值区，黄土高原西北部地区由于降水量少，气候干燥，NPP值较低，而东南部降水量相对较高，且近年来退耕还林还草工程措施的效益显著，NPP值较高。

相对于植被覆盖度，NPP对气候变化的敏感性更高。本书将屏障区NPP根据显著变化程度划分为极显著变化（$P<0.001$）、显著变化（$P<0.05$）和无显著变化（$P>0.05$）三个类型（图4-6）。通过对不同变化程度的面积及比例进行统计（表4-2）可知，全国NPP

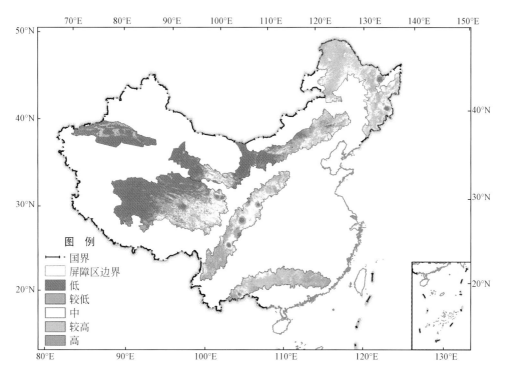

图 4-5　2010 年国家生态屏障区 NPP 空间分布图

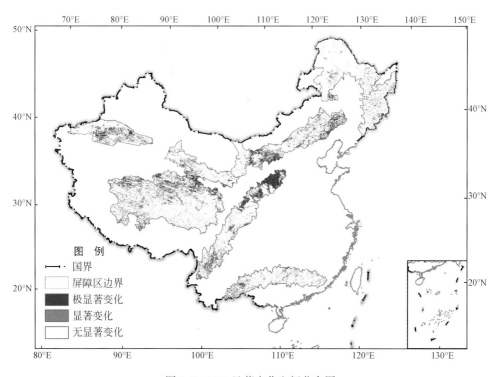

图 4-6　NPP 显著变化空间分布图

极显著变化面积为 63.41 万 km^2，占全国总面积的 6.72%；显著变化的面积为 153.86 万 km^2，占全国总面积的 16.31%；无显著变化的面积最大为 789.31 万 km^2，占全国总面积的 83.69%。国家生态屏障区中 NPP 无显著变化的面积为 266.74 万 km^2，占国家生态屏障区总面积的 85.42%，占全国无显著变化总面积的 33.79%；极显著变化面积 19.13 万 km^2，占国家生态屏障区总面积的 6.13%，占全国极显著变化总面积的 30.17%；国家生态屏障区中显著变化面积 45.53 万 km^2，占国家生态屏障区总面积的 14.58%，占全国显著变化总面积的 29.59%。从空间分布看，全国 NPP 发生极显著变化的区域集中于黄土高原地区；东北地区、黄淮地区、江汉地区江淮西部地区以及西北地区中部大面积 NPP 发生显著变化；其余大部分地区的 NPP 无显著变化。

表 4-2　全国及国家生态屏障区 NPP 显著变化统计表　　（单位：万 km^2）

区域	极显著变化	显著变化	无显著变化	合计
东北森林屏障带	1.08	4.13	62.86	67.00
内蒙古防沙屏障带	3.72	8.22	34.11	42.33
南方丘陵山地屏障带	0.90	2.70	26.16	28.87
塔里木防沙屏障带	1.59	4.43	19.15	23.58
川滇生态屏障带	1.67	3.92	25.33	29.25
河西走廊防沙屏障带	0.95	2.87	17.72	20.59
青藏高原生态屏障带	4.64	13.11	75.86	88.97
黄土高原生态屏障带	4.59	6.14	5.53	11.67
国家屏障区	19.13	45.53	266.74	312.27
全国	63.41	153.86	789.31	943.17

注：显著变化包括了极显著变化，合计值表示显著变化与无显著变化的总和，因取值简化，合计值与各项加和可能略有不同。

在各屏障区中，NPP 变化空间差异较大（图 4-6）。其中最为明显是黄土高原生态屏障带，37.77% 的区域 NPP 发生显著变化，显著变化面积 6.14 万 km^2，其中发生极显著变化有 4.59 万 km^2，显著和极显著变化面积约占全国屏障区对应 NPP 变化的 24% 和 13.5%；其次是内蒙古防沙屏障带和塔里木防沙屏障带，其显著变化面积分别为 8.22 万 km^2 和 4.43 万 km^2，分别占对应屏障区总面积的 17.85% 和 17.59%；再次是南方丘陵山地屏障带，9.09% 发生显著变化，面积为 2.7 万 km^{2}东北森林屏障带的 NPP 变化程度最低，仅有 6.07% 发生显著变化，面积为 2.87 万 km^2。

对全国及国家生态屏障区的 NPP 变化做对比分析（图 4-7 和图 4-8），结果与上述分析结果一致：全国以及国家生态屏障区 NPP 值整体无显著变化，黄土高原生态屏障区发生显著变化面积最大，其次是内蒙古防沙屏障带和塔里木防沙屏障带，东北森林屏障带 NPP 值最稳定。

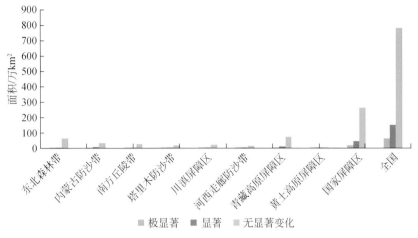

图 4-7　全国及屏障区 NPP 显著变化面积对比图

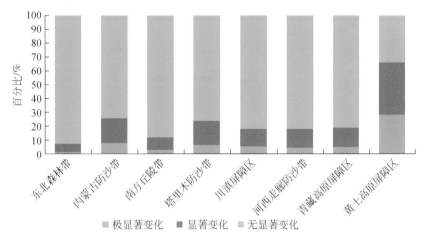

图 4-8　国家屏障区 NPP 显著变化比例对比图

按照变化方向，分为降低和增加两类。在降低的类型中可进一步划分为极显著降低和显著降低，增加的类型中可进一步分为极显著增加和显著增加（图 4-9）。根据表 4-3 和图 4-10 可知，全国 30.76 万 km² 区域 NPP 发生显著降低，国家生态屏障区 NPP 发生显著降低的面积为 9.93 万 km²，仅约占全国 NPP 发生显著降低总面积的 32.3%。在屏障区，青藏高原生态屏障带显著降低面积最大，为 3.05 万 km²；其次是东北森林屏障带和内蒙古防沙屏障带，其显著降低面积分别是 2.17 万 km² 和 1.44 万 km²；南方丘陵山地屏障带 NPP 显著降低的面积较小，为 1.3 万 km²，相比较，黄土高原生态屏障带 NPP 显著降低面积最小，仅为 0.05 万 km²。

在显著降低类型中，全国极显著降低面积为 10.34 万 km²，占全国显著降低总面积的 33.62%。国家生态屏障区 NPP 极显著降低面积为 3.06 万 km²，占屏障区显著降低总面积的 30.82%。在屏障区间，青藏高原生态屏障带 NPP 极显著降低面积最大，为 1.10 万 km²；其次是东北森林屏障带和南方丘陵山地屏障带，其极显著降低面积分别是 0.52 万 km² 和

0.41万 km^2。相比较，黄土高原生态屏障带 NPP 极显著降低面积最小，仅有 0.02 万 km^{2}降低。

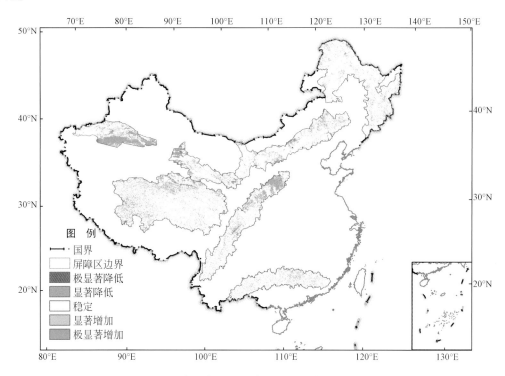

图 4-9　2000~2010 年国家生态屏障区 NPP 显著增减变化空间分布图

表 4-3　国家屏障区 2000~2010 年 NPP 显著增减统计表　　（单位：万 km^2）

区域	极显著增加	极显著减少	显著增加	显著减少	稳定	合计
黄土高原生态屏障带	4.57	0.02	6.09	0.05	5.53	11.67
川滇生态屏障带	1.32	0.34	2.98	0.94	25.33	29.25
青藏高原生态屏障带	3.54	1.10	10.06	3.05	75.86	88.97
南方丘陵山地屏障带	0.49	0.41	1.41	1.30	26.16	28.87
河西走廊防沙屏障带	0.86	0.09	2.55	0.33	17.72	20.59
塔里木防沙屏障带	1.36	0.23	3.77	0.66	19.15	23.58
东北森林屏障带	0.56	0.52	1.96	2.17	62.87	67.00
内蒙古防沙屏障带	3.37	0.35	6.79	1.44	34.11	42.33
国家生态屏障区	16.07	3.06	35.61	9.93	266.73	312.26
全国	53.07	10.34	123.10	30.76	789.30	943.16

注：合计值表示显著增加、显著减少与稳定之和，因简化取值，与各项加和可能略有出入。

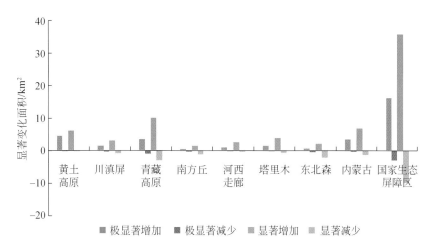

图 4-10 国家屏障区间 2000～2010 年 NPP 显著增减对比图

全国 NPP 显著增加区域面积为 123.1 万 km²，国家生态屏障区 NPP 发生显著增加面积为 35.61 万 km²，约占全国 NPP 显著增加总面积的 28.93%。在屏障区间，青藏高原屏障区显著增加幅度较大，近 10 年间 NPP 显著增加面积为 10.06 万 km²，其次是内蒙古防沙屏障带和黄土高原生态屏障带，其显著增加面积分别是 6.79 万 km² 和 6.09 万 km²，显著增加最小的是南方丘陵山地屏障带，NPP 显著增加面积仅有 1.41 万 km²。

全国 NPP 发生极显著增加的面积为 53.07 万 km²，国家生态屏障区 NPP 发生极显著增加的面积为 16.07 万 km²，约占全国 NPP 发生显著增加总面积的 30.3%。在屏障区，黄土高原生态屏障带 NPP 极显著增加面积最大，十年间增加了 4.57 万 km²；其次是青藏高原生态屏障带和内蒙古防沙屏障带，极显著增加面积分别是 3.54 万 km² 和 3.37 万 km²；极显著增加面积较小的是南方丘陵山地屏障带和东北森林屏障带，其极显著增加面积分别是 0.49 万 km² 和 0.56 万 km²。

4.2.3 叶面积指数动态特征

本书通过植被冠层辐射传输模型反演 2000～2010 年中国每旬叶面积指数，通过最大合成获取每年的叶面积指数，并求取了 2000～2010 年全国叶面积指数的平均值。根据相关文献，将叶面积指数划分为 8 个区间（0～0.5、0.5～1、1～2、2～3、3～4、4～5、5～6、大于 6），从而得到 2000～2010 年全国平均叶面积指数空间分布图（图 4-11）。

由图 4-11 和图 4-12 可知，叶面积指数呈现明显的空间差异，叶面积指数整体呈现东南部高西北部低的趋势，其中东北地区由于大兴安岭、小兴安岭等大面积天然林区的分布，叶面积指数最高，其次是东南部地区，尤其是云贵高原西南部、浙江、福建一带以及湖北和湖南的西部等地区，西北地区叶面积指数较低。结合表 4-4 可知，叶面积指数介于 0～0.5 的区域面积最大，约为 406.44 万 km²，占全国总面积的 48.48%，叶面积指数大于等于 6 的区域面积最小，为 0.13 万 km²，仅占全国总面积的 0.01%。

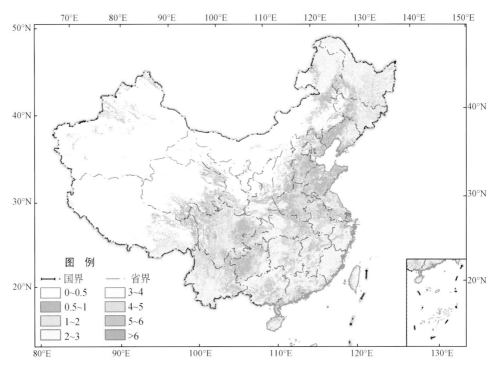

图 4-11　2000～2010 年全国平均叶面积指数空间分布图

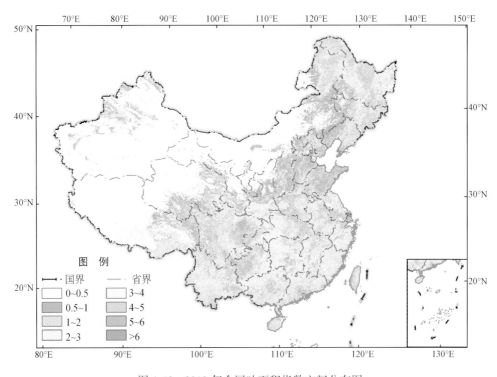

图 4-12　2010 年全国叶面积指数空间分布图

表 4-4　全国及屏障区平均叶面积指数不同级别面积及比例统计表

区域		0~0.5	0.5~1.0	1.0~2.0	2.0~3.0	3.0~4.0	4.0~5.0	5.0~6.0	6.0 以上
青藏高原生态屏障带	面积/万 km²	71.29	15.32	4.92	1.38	0.13	0.00	0.00	0.00
	百分比/%	76.60	16.50	5.30	1.50	0.10	0.00	0.00	0.00
河西走廊防沙屏障带	面积/万 km²	16.48	3.12	0.88	0.20	0.01	0.00	0.00	0.00
	百分比/%	79.60	15.10	4.20	1.00	0.10	0.00	0.00	0.00
塔里木盆地防沙带	面积/万 km²	22.61	1.20	0.06	0.00	0.00	0.00	0.00	0.00
	百分比/%	94.70	5.00	0.30	0.00	0.00	0.00	0.00	0.00
内蒙古防沙屏障带	面积/万 km²	32.31	7.79	1.08	0.56	0.43	0.09	0.01	0.00
	百分比/%	76.40	18.40	2.60	1.30	1.00	0.20	0.00	0.00
东北森林屏障带	面积/万 km²	1.04	4.68	7.24	10.99	25.62	11.77	0.10	0.08
	百分比/%	1.70	7.60	11.80	17.90	41.70	19.10	0.20	0.10
黄土高原—川滇生态屏障带	面积/万 km²	9.83	9.40	10.50	8.59	2.44	0.15	0.00	0.00
	百分比/%	24.00	23.00	25.70	21.00	6.00	0.40	0.00	0.00
南方丘陵山地屏障带	面积/万 km²	0.21	5.05	7.25	9.58	5.78	0.97	0.01	0.00
	百分比/%	0.70	17.50	25.10	33.20	20.00	3.40	0.00	0.00
屏障区	面积/万 km²	153.87	46.60	31.96	31.32	34.43	12.98	0.11	0.08
	百分比/%	49.42	14.97	10.26	10.06	11.06	4.17	0.04	0.03
全国	面积/万 km²	460.44	175.99	117.32	99.25	73.65	22.80	0.26	0.13
	百分比/%	48.48	18.53	12.35	10.45	7.75	2.40	0.03	0.01

　　由图 4-13 和图 4-14 可知，2000~2010 年"两屏三带"平均叶面积指数空间分布和 2010 年空间分布具有相似性。在各个屏障区中，东北森林屏障带的叶面积指数最高，其次是南方丘陵山地屏障带。结合表 4-4 可知，就整个屏障区而言，叶面积指数在 0~0.5 的区域面积最大，约为 153.87 万 km²，占研究区总面积的 49.42%，其次是叶面积指数在 0.5~1.0 和 3.0~4.0 的区域，其面积分别占研究区总面积的 14.97% 和 11.06%，叶面积指数大于 5 的区域面积最小，其面积比例不足 0.1%。

　　根据不同级别叶面积指数的分析表明，叶面积指数为 0~0.5 的按面积比例从大到小依次为塔里木盆地、河西走廊、青藏高原、内蒙古、黄土高原—川滇、东北森林屏障带、南方丘陵山地屏障带；叶面积指数为 0.5~1.0 的按面积比例从大到小依次为黄土高原—川滇、内蒙古、南方丘陵山地屏障带、青藏高原、河西走廊、东北森林屏障带、塔里木盆地；叶面积指数为 1.0~2.0 的按面积比例从大到小依次为黄土高原—川滇、南方丘陵山地屏障带、东北森林屏障带、青藏高原、河西走廊、内蒙古和塔里木盆地；叶面积指数为 2.0~3.0 的按面积比例从大到小依次为南方丘陵山地屏障带、黄土高原—川滇、东北森林屏障带、青藏高原、内蒙古、河西走廊和塔里木盆地；叶面积指数为 3.0~4.0 的按面积比例从大到小依次为东北森林屏障带、南方丘陵山地屏障带、黄土高原—川滇、内蒙古、青藏高原、河西走廊和塔里木盆地；叶面积指数为 4.0~5.0 的面积最高的是东北森林屏

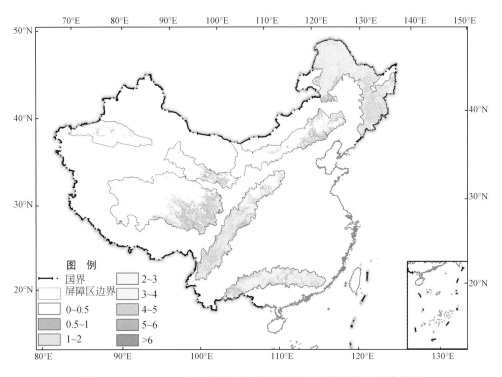

图 4-13　2000～2010 年国家生态屏障区平均叶面积指数空间分布图

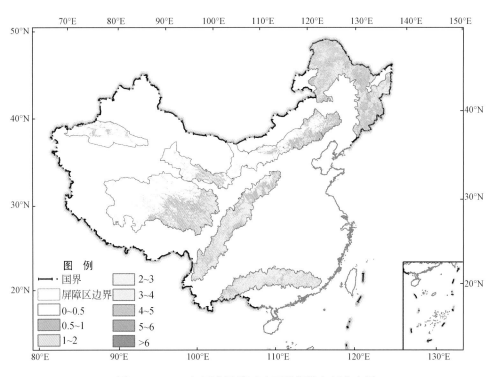

图 4-14　2010 年国家屏障区叶面积指数空间分布图

障带，其所占区域面积比例为 19.1%，其次是南方丘陵山地屏障带，占区域总面积的 3.4%，而青藏高原、河西走廊及塔里木盆地叶面积指数大于 4 的区域所占比例几乎为 0；叶面积指数为 5.0~6.0 和叶面积指数大于 6.0 的区域主要集中在东北森林屏障带，而其他地区所占比例几乎为 0。

由此可见，青藏高原生态屏障带、河西走廊防沙屏障带以及内蒙古防沙屏障带的叶面积指数主要为 0~1，塔里木防沙屏障带的叶面积指数主要为 0~0.5，东北森林屏障带的叶面积指数主要为 2~5，黄土高原—川滇生态屏障带的叶面积指数主要为 0~3，南方丘陵山地屏障带的叶面积指数主要为 0.5~4。

利用一元线性回归方程的斜率可以模拟逐个栅格单元的变化趋势。为了探究全国及屏障区的叶面积指数变化趋势，本书中利用线性趋势线模拟了近 10 年全国及国家生态屏障区叶面积指数的变化趋势，并根据趋势线的斜率值将叶面积指数的变化趋势划分为 5 个级别（明显退化、轻度退化、基本不变、轻度改善、明显改善），得到了全国叶面积指数变化趋势图以及国家屏障区的叶面积指数变化趋势空间分布图，如图 4-15 和图 4-16 所示。

2000~2010 年，全国叶面积指数基本不变的区域面积最大（图 4-15），高达 785.23 万 km²（表 4-5），约占全国总面积的 82.67%，广泛分布于塔里木盆地、内蒙古高原、青藏高原以及黄土高原西北部等地区；其次是轻度改善，其面积约为 107.43 万 km²，占全国总面积的 11.31%，零散分布于东南部地区；明显改善的区域面积约为 40.31 万 km²，占全国总面积的 4.24%，主要分布于东北平原、华北平原、广东和广西的南部等地区；轻度退化的面积占全国总面积的 1.77% 左右，零星分布于四川盆地、内蒙古东北部、新疆西北部等地区；而明显退化的区域面积不足 0.01 万 km²。

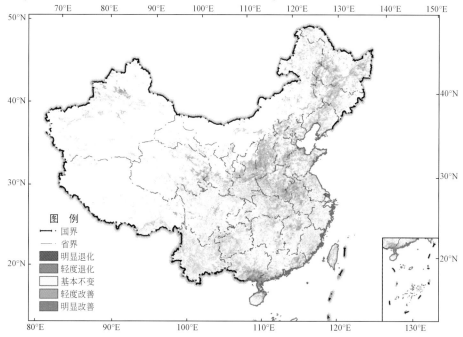

图 4-15　2000~2010 年全国叶面积指数变化趋势空间分布图

表 4-5　全国及屏障区叶面积指数不同变化趋势面积及比例表

区域		明显退化	轻度退化	基本不变	轻度改善	明显改善
青藏高原生态屏障带	面积/万 km²	0.00	0.66	86.20	5.35	0.85
	百分比/%	0.00	0.70	92.64	5.75	0.91
河西走廊防沙屏障带	面积/万 km²	0.00	0.08	18.76	1.58	0.26
	百分比/%	0.00	0.39	90.70	7.65	1.26
塔里木防沙带	面积/万 km²	0.00	0.08	22.80	0.74	0.25
	百分比/%	0.00	0.33	95.49	3.11	1.07
内蒙古防沙屏障带	面积/万 km²	0.00	0.60	37.28	3.49	0.89
	百分比/%	0.00	1.42	88.22	8.25	2.10
东北森林屏障带	面积/万 km²	0.00	2.69	47.83	8.53	2.47
	百分比/%	0.00	4.37	77.75	13.87	4.02
川滇–黄土高原生态屏障带	面积/万 km²	0.00	2.09	28.72	7.89	2.21
	百分比/%	0.00	5.12	70.20	19.28	5.40
南方丘陵山地屏障带	面积/万 km²	0.00	0.66	22.49	4.52	1.18
	百分比/%	0.00	2.29	77.97	15.66	4.08
屏障区	面积/万 km²	0.00	6.86	264.26	32.12	8.11
	百分比/%	0.00	2.20	84.87	10.32	2.61
全国	面积/万 km²	0.00	16.86	785.23	107.43	40.31
	百分比/%	0.00	1.77	82.67	11.31	4.24

　　由图 4-16 知，2000～2010 年，国家生态屏障区的叶面积指数整体有所改善，局部地区略有退化。青藏高原东南部、塔里木盆地部分地区、黄土高原、南方丘陵山地屏障带、河西走廊中部、内蒙古中部及东北大部分地区的叶面积指数均出现改善趋势，其中黄土高原地区的叶面积指数改善最为明显，可见该地区的退耕还林还草等生态恢复工程效益显著。东北森林屏障带西北部的叶面积指数出现零星的微度退化，这可能是由于叶面积指数与年降水量呈负相关，降水增多，常伴随着低温寡照，不利于森林生长。此外，川滇地区中部叶面积指数也有轻微的退化，这主要是由地震对植被的破坏所造成的。

　　结合全国及屏障区叶面积指数不同变化趋势面积及比例表 4-5 可知，就全国屏障区而言，叶面积指数在 2000～2010 年变化趋势保持不变面积最大，为 264.26 万 km²，占全国屏障区面积的 84.87%，其次是轻度改善的面积，为 32.12 万 km²，占全国屏障区面积的

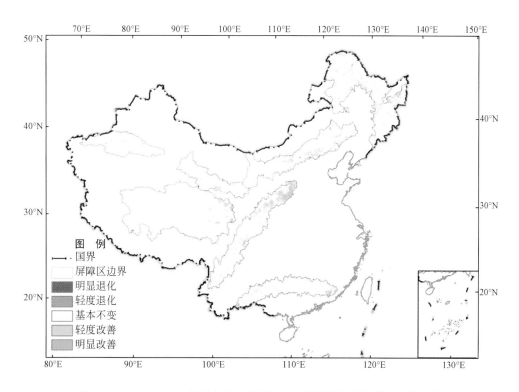

图 4-16 2000～2010 年国家生态屏障区叶面积指数变化趋势空间分布图

10.32%，明显改善的面积为 8.11 万 km²，占全国屏障区总面积的 2.61%，轻度退化的面积占 2.20%，明显退化的面积不足 0.01 万 km²。

在各个屏障区中，各屏障区叶面积指数明显退化的区域面积极小，均不到 0.01 万 km²；叶面积指数轻度退化的面积按比例从大到小依次为：东北森林屏障带、黄土高原—川滇、南方丘陵山地屏障带、青藏高原、内蒙古、河西走廊和塔里木盆地；叶面积指数基本不变的面积按比例从大到小依次为：青藏高原、东北森林屏障带、内蒙古、黄土高原—川滇、塔里木盆地、南方丘陵山地屏障带和河西走廊；叶面积指数轻度改善的面积按比例从大到小依次为：东北森林屏障带、黄土高原—川滇、青藏高原、南方丘陵山地屏障带、内蒙古、河西走廊、塔里木盆地；叶面积指数明显改善的面积按比例从大到小依次为：东北森林屏障带、黄土高原—川滇、南方丘陵山地屏障带、内蒙古、青藏高原和河西走廊塔里木盆地。

由此可见，2000～2010 年青藏高原生态屏障带、河西走廊防沙屏障带、塔里木防沙屏障带及内蒙古防沙屏障带的叶面积指数主要处于基本不变的趋势，东北森林屏障带、黄土高原—川滇生态屏障带以及南方丘陵山地屏障带的叶面积指数主要处于基本不变和轻度改善的趋势。

4.3 青藏高原生态屏障带生态系统质量及变化特征

青藏高原是"世界屋脊",享有"江河之源""中华水塔"等殊荣,其特殊的地理位置、丰富的自然资源、重要的生态价值使之成为我国重要的生态安全屏障。然而,由于青藏高原地壳活动活跃,气候环境复杂,生态环境十分脆弱,加上人为活动不断加剧,生态安全面临严峻挑战。在全球变化背景下,青藏高原区域生态系统更敏感、脆弱,对气候变化的响应也更强烈,受全球气候变化和人类活动综合影响,青藏高原冰川退缩、土地退化、水土流失、生物多样性受威胁等生态问题也日益突出。因此研究该生态屏障带的植被覆盖度、NPP、叶面积指数以及湿地面积的变化特征对青藏高原环境变化规律的探索与生态恢复具有重要意义。

4.3.1 植被覆盖度动态特征

(1) 植被覆盖度特征

青藏高原生态屏障带植被覆盖度空间差异明显,覆盖度较高的地区位于高原东南、中东部,因为东南部降水多、温度高,水热组合适宜亚热带植被生长,植被以针叶林和阔叶林为主,覆盖度很高;高原中东部是黄河、长江和澜沧江的发源地,河网密集,地表水丰富,植被以高寒草甸为主,覆盖度较高(图4-17)。随着地形攀升,暖湿气流难以向西北扩散,高原西北部降水量明显减少,植被以高寒荒漠为主,植被覆盖度低。

由图4-17和表4-6可知,2010年青藏高原生态屏障带低植被覆盖区面积最大,为598 786.8km²,占屏障区总面积的64.7%,主要分布在青藏高原的西北部地区,其次为较低、中、较高和高植被覆盖区,其中,较低覆盖区面积为204 166.5km²,占屏障区总面积的21.9%,集中于屏障区的中部及西北部,中覆盖度面积为118 841.3km²,占屏障区总面积的12.8%,主要位于屏障区的中部及东南部地区,较高覆盖度面积为7876.6km²,占屏障区总面积的0.8%,高覆盖度的面积为1534.6km²,占屏障区总面积的0.2%。

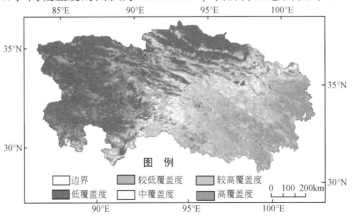

图4-17 2010年青藏高原生态屏障带植被覆盖度空间分布图

表 4-6 2000～2010 年青藏高原生态屏障带植被覆盖度统计

年份	统计参数	低	较低	中	较高	高
2000	面积/km²	566 626.5	231 537.9	123 498.1	8 524.4	1 018.6
	百分比/%	60.8	24.9	13.3	0.9	0.1
2001	面积/km²	647 082.3	205 275.6	71 486.4	6 252.8	1 108.6
	百分比/%	69.5	22.0	7.7	0.7	0.1
2002	面积/km²	638 268.3	211 942.9	73 393.6	6 164.4	1 436.4
	百分比/%	68.5	22.8	7.9	0.7	0.2
2003	面积/km²	630 501.8	201 197.4	91 143.6	6 995.8	1 367.1
	百分比/%	67.7	21.6	9.8	0.8	0.1
2004	面积/km²	636 592.2	187 907.1	98 588.1	6 877.3	1 240.9
	百分比/%	68.4	20.2	10.6	0.7	0.1
2005	面积/km²	637 020.6	191 932.4	94 117.9	6 681.6	1 453.1
	百分比/%	68.4	20.6	10.1	0.7	0.2
2006	面积/km²	631 185.1	199 887.6	92 155.9	6 685.3	1 291.8
	百分比/%	67.8	21.5	9.9	0.7	0.1
2007	面积/km²	627 912.2	208 889.3	86 171.8	6 797.5	1 434.9
	百分比/%	67.4	22.4	9.3	0.7	0.2
2008	面积/km²	658 462.7	199 457.1	65 594.2	6 606.3	1 085.4
	百分比/%	70.7	21.4	7.0	0.7	0.1
2009	面积/km²	629 527.2	193 739.1	100 075.8	6 564.0	1 299.6
	百分比/%	67.6	20.8	10.7	0.7	0.1
2010	面积/km²	598 786.8	204 166.5	118 841.3	7 876.6	1 534.6
	百分比/%	64.3	21.9	12.8	0.8	0.2
2000～2010 年平均状况	面积/km²	627 451.4	203 266.6	92 278.8	6 911.5	1 297.4
	百分比/%	67.4	21.8	9.9	0.7	0.1

（2）植被覆盖度变化特征

由表 4-6 可知，2000 年青藏高原生态屏障带的植被低覆盖区域所占比例最高，为 60.8%，其次为较低、中，比例分别为 24.9% 和 13.3%，较高与高所占比例较低，分别为 0.9% 和 0.1%。2005 年青藏高原生态屏障带的低覆盖区域所占比例为 68.4%，其次为较低、中、较高，高覆盖区域所占比例为 0.2%。2010 年低覆盖区域所占比例为 64.3%，高覆盖区域所占比例为 0.1%，且相较于 2005 年，2010 年青藏高原北部地区植被覆盖度有所升高。分析结果表明近10年来青藏高原生态屏障带植被覆盖度先上升后降低，空间分布上呈"整体升高、局部退化"趋势。

就植被覆盖度变化量而言，2000～2005年，青藏高原生态屏障带植被覆盖度变化量空间差异明显（图4-18），屏障区北部地区植被覆盖度明显升高，分布较为连续，中部和南部地区植被覆盖度降低或无变化；2000～2005年，所有三级生态系统的植被覆盖度均在降低（表4-7），其中草丛、水田、森林沼泽、草本沼泽和常绿阔叶灌木林等类型植被覆盖度明显降低；2005～2010年，屏障区东部植被覆盖度明显升高，西部、北部地区植被覆盖度明显降低，各三级生态系统类型中，大部分植被覆盖度升高，其中森林沼泽、草本沼泽和常绿阔叶灌木林等类型的植被覆盖度明显升高，落叶阔叶林及常绿阔叶林等类型植被覆盖度略有降低；2000～2010年，屏障区北部地区植被覆盖度明显升高，分布较为连续，中部和南部地区植被覆盖度明显降低或无变化，三级生态系统类型中，森林沼泽等的植被覆盖度升高，其余大部分类型植被覆盖度降低，其中水田、灌丛沼泽、落叶阔叶林和常绿阔叶林等类型的植被覆盖度明显降低。

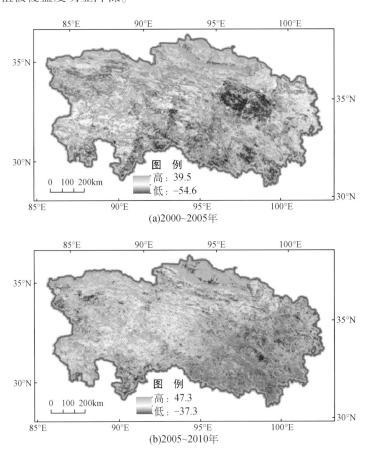

(a)2000～2005年

(b)2005～2010年

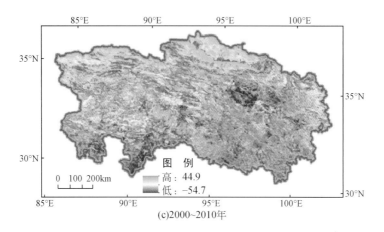

(c)2000~2010年

图 4-18　不同时段青藏高原生态屏障带植被覆盖度变化量图

表 4-7　基于三级分类的植被覆盖度变化量统计

统计参数	平均变化量		
	2000～2005 年	2005～2010 年	2000～2010 年
常绿阔叶林	-4.7	-0.1	-4.9
落叶阔叶林	-4.4	-0.6	-5.0
常绿针叶林	-5.6	1.2	-4.4
针阔混交林	-5.2	0.5	-4.7
稀疏林	-2.8	1.5	-1.2
常绿阔叶灌木林	-6.7	3.0	-3.7
落叶阔叶灌木林	-6.3	2.4	-3.9
常绿针叶灌木林	-4.5	1.2	-3.3
稀疏灌木林	-3.2	0.9	-2.3
草甸	-5.7	2.0	-3.7
草原	-4.9	1.8	-3.2
稀疏草地	-4.7	1.1	-3.6
森林沼泽	-7.8	8.0	0.2
灌丛沼泽	-5.7	0.2	-5.6
草本沼泽	-6.7	3.3	-3.4
湖泊	-2.5	0.2	-2.3
水库/坑塘	-0.7	0.0	-0.7
河流	-4.2	1.0	-3.2

续表

统计参数	平均变化量		
	2000~2005 年	2005~2010 年	2000~2010 年
运河/水渠	-1.0	0.0	-1.0
水田	-9.0	2.4	-6.6
旱地	-2.9	0.6	-2.4

就植被覆盖度变化显著程度而言，2000~2010 年青藏高原生态屏障带 73.86% 的区域植被覆盖度无显著变化（图 4-19 和图 4-20），西北部部分地区植被覆盖度发生显著变化，其中显著增加的面积为 8.11 万 km^2，占屏障区面积的 9.11%，显著降低的面积为 6.54 万 km^2，占屏障区面积的 7.35%。显著增加的区域中，极显著增加的面积为 3.97 万 km^2，占屏障区面积的 4.46%，显著降低的区域中极显著降低的面积达 2.42 万 km^2，占屏障区面积的 2.72%。

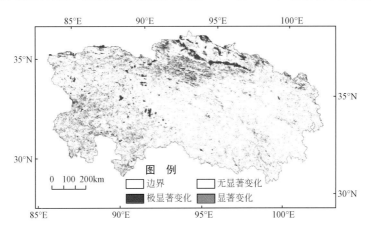

图 4-19　2000~2010 年青藏高原生态屏障带植被覆盖度显著变化图

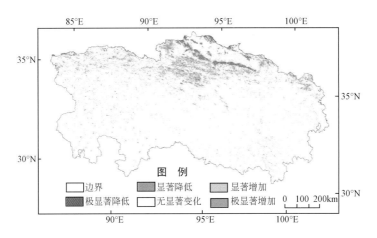

图 4-20　2000~2010 年青藏高原生态屏障带植被覆盖度显著增减变化图

4.3.2 NPP 动态特征

（1）NPP 分布特征

从 NPP 的空间分布特征来看，青藏高原生态屏障带的 NPP 空间分布差异明显（图 4-21），东南部地区多为高值区和较高值区，西北部则多为低值区。这与该地区的水热条件和植被类型的地带性分异规律基本一致。青藏高原植被的水平分布规律受制于水热条件的组合，由东南向西北，气候由暖到冷、由湿到干，相应地分布着常绿阔叶林、寒温性针叶林、高寒灌丛、高寒草甸、高寒草原及高寒荒漠，而不同植被类型中，常绿阔叶林的 NPP 最大，高寒荒漠最小。此外，青藏高原东南部和西北部主导植被生产力变化的气象因子不同，450mm 等降水量线以西的区域，植被生产力的主导因子是降水量，由于降水量的限制，此区域内植被多为高寒荒漠和高寒草原类植物，生产力随温度的梯度变化较小，NPP 值较低。450mm 等降水量以东的区域，植被类型丰富，植被类型从高寒灌丛、高寒草甸至常绿阔叶林、寒温性针叶林，植被生产力主导因子为气温，随着气温的升高，植被净初级生产力显著提高，NPP 值较高。因此，青藏高原东南部地区的 NPP 明显高于高原面上的其他地区，且柴达木盆地为整个高原面上生产力最小的区域，几乎为 0g/（cm² · a）。

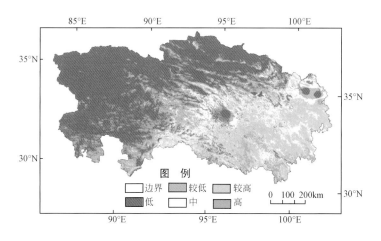

图 4-21 2010 年青藏高原生态屏障带 NPP 空间分布图

（2）NPP 变化特征

近 10 年来青藏高原生态屏障带 NPP 统计结果（表 4-8）表明，青藏高原生态屏障带的 NPP 整体有所升高。NPP 中度以下级别的面积呈波动下降趋势，中度级别的面积呈波动上升趋势，中度以上级别的面积呈先增加后减少整体略有提升的趋势。

表 4-8　2000～2010 年青藏高原生态屏障带 NPP 统计

年份	统计参数	低	较低	中	较高	高
2000	面积/km²	630 715.9	179 658.0	113 461.3	5 731.3	1 639.2
	百分比/%	67.7	19.3	12.2	0.6	0.2
2001	面积/km²	644 149.0	196 127.0	84 828.3	4 734.7	1 366.7
	百分比/%	69.2	21.1	9.1	0.5	0.1
2002	面积/km²	634 859.4	178 748.3	109 664.9	5 882.7	2 050.4
	百分比/%	68.2	19.2	11.8	0.6	0.2
2003	面积/km²	643 200.1	178 624.5	102 465.9	5 422.2	1 492.9
	百分比/%	69.1	19.2	11.0	0.6	0.2
2004	面积/km²	633 212.4	155 916.6	134 518.5	6 044.6	1 513.6
	百分比/%	68.0	16.7	14.4	0.6	0.2
2005	面积/km²	630 549.0	155 994.6	133 276.1	9 387.8	1 998.1
	百分比/%	67.7	16.8	14.3	1.0	0.2
2006	面积/km²	641 643.6	187 755.9	94 658.3	5 269.0	1 878.8
	百分比/%	68.9	20.2	10.2	0.6	0.2
2007	面积/km²	643 003.7	184 552.7	96 214.1	5 567.8	1 867.4
	百分比/%	69.1	19.8	10.3	0.6	0.2
2008	面积/km²	650 982.0	180 623.5	92 230.9	5 642.7	1 726.6
	百分比/%	69.9	19.4	9.9	0.6	0.2
2009	面积/km²	626 552.4	183 534.5	114 338.2	5 345.8	1 434.8
	百分比/%	67.3	19.7	12.3	0.6	0.2
2010	面积/km²	608 897.9	160 343.6	153 159.2	6 877.3	1 927.6
	百分比/%	65.4	17.2	16.4	0.7	0.2
2000～2010 年平均状况	面积/km²	635 251.4	176 534.5	111 710.5	5 991.4	1 717.8
	百分比/%	68.2	19.0	12.0	0.6	0.2

　　从空间分布来看，不同时段内青藏高原生态屏障带 NPP 变化量空间差异明显（图 4-22），不同植被类型的 NPP 平均变化量也差异较大（表 4-9）。2000～2005 年屏障区东北部边缘地区和东南部部分区域 NPP 增加量较大，中部部分地区 NPP 减少量较大，西部和北部地区 NPP 略有减少或无明显变化。不同植被类型中，一半以上类型的 NPP 有所升高，其中旱地、常绿针叶灌木林、常绿阔叶灌木林、针阔混交林、常绿针叶林、落叶阔叶林、落叶阔叶灌木林、草甸和水田等类型 NPP 明显升高，森林沼泽、湖泊等湿地类型 NPP 明显降低。2005～2010 年，屏障区中东部地区 NPP 有所增加，东南部边缘地区 NPP 明显减少，而西部、北部地区 NPP 有所减少或无明显变化。不同植被类型中，森林沼泽、草本沼泽等类型 NPP 平均变化量明显升高，落叶阔叶林等类型 NPP 明显降低。2000～2010 年，屏障区东部地区 NPP 明显增加，西部以及北部地区 NPP 明显减少。不同植被类型中，绝大部分类

型 NPP 有所升高，其中旱地、森林沼泽、草甸、常绿针叶灌木林、常绿阔叶灌木林、落叶阔叶灌木林和草本沼泽等类型 NPP 明显升高，运河/水渠、湖泊等湿地类型 NPP 有所降低。

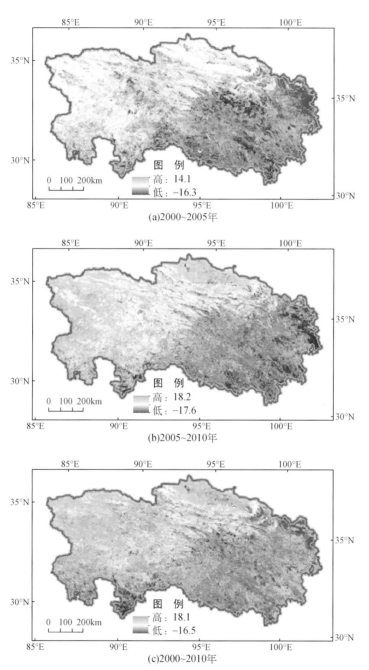

图 4-22　不同时间段青藏高原生态屏障带 NPP 变化量空间分布图

表 4-9 基于三级分类的 NPP 变化量统计

统计参数	平均变化量		
	2000 ~ 2005 年	2005 ~ 2010 年	2000 ~ 2010 年
常绿阔叶林	-0.7	1.2	0.6
落叶阔叶林	7.6	-4.2	3.4
常绿针叶林	7.7	-0.8	6.9
针阔混交林	7.7	-1.1	6.7
稀疏林	-1.4	2.8	1.4
常绿阔叶灌木林	8.3	1.2	9.5
落叶阔叶灌木林	7.5	1.2	8.8
常绿针叶灌木林	9.0	0.9	9.9
稀疏灌木林	0.0	2.7	2.7
草甸	7.4	2.7	10.1
草原	1.2	4.0	5.2
稀疏草地	-0.5	3.0	2.5
森林沼泽	-4.1	22.1	17.9
灌丛沼泽	1.5	-0.4	1.1
草本沼泽	-0.3	8.3	8.0
湖泊	-3.1	1.4	-1.7
水库/坑塘	0.5	0.0	0.5
河流	2.7	1.8	4.5
运河/水渠	-0.9	-1.5	-2.4
水田	6.9	0.3	7.2
旱地	23.7	0.1	23.8

近年来，NPP 呈增加趋势的地区主要集中在高原东部、南部、中部和西北部部分地区。其中，青海省的东南部、西宁地区、西南部部分地区以及西藏东部的横断山区和雅鲁藏布江南部地区的 NPP 增加显著，这主要与这些地区的植被覆盖度和温度呈增加趋势有关。从 NPP 变化显著程度看，2000 ~ 2010 年屏障区大部分区域（75.86%）NPP 无显著变化，显著变化的区域中，显著增加的面积为 10.06 万 km²，占屏障区面积的 11.31%，主要分布于屏障区北部，分布较为广泛；显著减少的面积为 3.05 万 km²，占屏障带面积的 3.43%，主要位于屏障区西南部和北部边缘地区。显著增加的区域中，极显著增加的面积为 3.54 万 km²，占屏障带面积的 3.98%；显著减少的区域中，极显著减少的面积为 1.10 万 km²，仅占屏障带的 1.24%。显著增加和极显著增加的面积高于显著减少和极显著减少的面积，可见，近十年青藏高原屏障区 NPP 局部有所改善（图 4-23）。

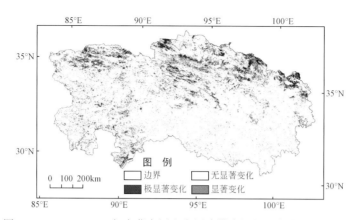

图 4-23　2000~2010 年青藏高原生态屏障带净初级生产力显著变化图

4.3.3　叶面积指数动态特征

（1）叶面积指数特征

由青藏高原生态屏障带叶面积指数空间分布图（图 4-24）可知，叶面积指数主要集中在 0~4，且 0~0.5 的所占比例最大。叶面积指数在 2~4 的区域主要分布在四川省高程大于 4500m 的地区以及甘肃省甘南藏族自治州的玛曲县；叶面积指数在 0.5~2 的区域主要分布在青海省的黄南藏族自治州、海南藏族自治州及西藏自治区那曲地区北部、昌都地区北部；叶面积指数在 0~0.5 的区域主要分布在青藏高原西北部。整体而言，青藏高原叶面积指数在空间分布上呈东南部高，西部和北部地区低的特征。

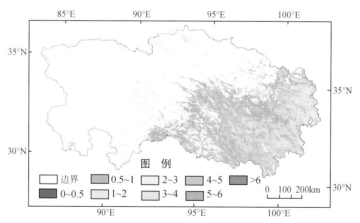

图 4-24　2010 年青藏高原生态屏障带叶面积指数空间分布图

（2）叶面积指数变化特征

由图 4-25 可知，2000~2010 年，青藏高原叶面积指数在 0~0.5 的分布面积最大，其次是叶面积指数在 0.5~1 和 1~2 的分布面积。此外，2000~2010 年，叶面积指数在 0~0.5 的分布面积呈先增加后减少的趋势，叶面积指数在 0.5~1 的分布面积呈持续上升趋势，叶面积指数在1~2和2~3的分布面积先减少后增加。

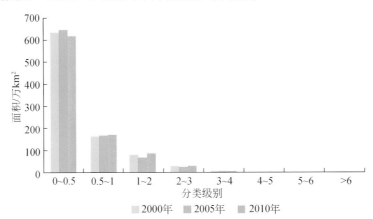

图 4-25　2000 年、2005 年和 2010 年青藏高原生态屏障带不同级别叶面积指数对比图

对 2000~2010 年青藏高原生态屏障带叶面积指数进行趋势分析表明，近 10 年来，青藏高原生态屏障带叶面积指数基本不变的面积最大，约为 86.20 万 km²，占屏障区的92.64%，其次是轻度改善，其面积约为 5.35 万 km²，占屏障区的 5.75%，明显改善的区域次之，其面积约为 0.5 万 km²，占屏障区的 0.91%，轻度退化的区域面积较小，为 0.66万 km²，占屏障区的 0.70%，面积最小的是明显退化的区域，其面积不足 0.01 万 km²。由图 4-26 可知，在青藏高原生态屏障带的东南部，从东南向西北，叶面积指数由轻度改善向轻度退化过度，但西北部叶面积指数近 10 年间基本保持不变。

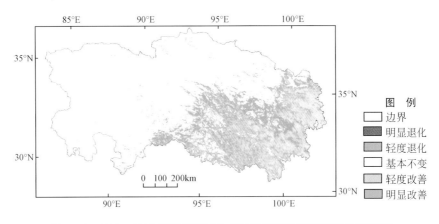

图 4-26　2000~2010 年青藏高原生态屏障带叶面积指数变化趋势图

4.3.4　湿地面积动态特征

(1) 湿地面积特征

由表 4-10 可知，2000 年，青藏高原生态屏障带的湿地类型中，草本沼泽、湖泊、河流

的面积比例较高，其比例分别为 53.9%、35.3% 和 10.3%；2005 年，草本沼泽、湖泊、河流的面积比例仍然较高，其比例分别为 52.2%、37.0% 和 10.0%；2010 年，草本沼泽、湖泊、河流的面积比例较高，其比例分别为 51.5%、37.5% 和 10.1%；灌丛沼泽、森林沼泽、水库/坑塘、运河/水渠面积比例较低，其所占比例均小于 1%。由图 4-27 可知，2000～2010 年，青藏高原生态屏障带的湿地面积整体呈增加趋势，其中，草本面积和河流面积基本保持不变，湖泊和水库面积有所增加。

表 4-10 2000～2010 年湿地面积及比例

类型	2000 年		2005 年		2010 年	
	面积/km²	百分比/%	面积/km²	百分比/%	面积/km²	百分比/%
森林沼泽	44.1	0.1	44.1	0.1	44.1	0.1
灌丛沼泽	3.7	0.0	3.7	0.0	3.7	0.0
草本沼泽	32 686.2	53.9	32 648.0	52.2	32 610.7	51.5
湖泊	21 387.9	35.3	23 125.3	37.0	23 716.2	37.5
水库/坑塘	202.5	0.3	400.5	0.6	460.4	0.7
河流	6 259.7	10.3	6 270.6	10.0	6 403.7	10.1
运河/水渠	15.7	0.0	15.8	0.0	21.9	0.0
总面积	60 599.7	100	62 507.8	100	63 260.6	100

注：因取值简化总面积与各项加和可能略有出入。

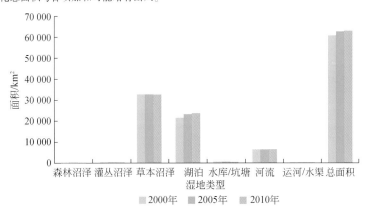

图 4-27 2000～2010 年青藏高原生态屏障湿地各类型面积

（2）湿地面积变化特征

以面积变化率衡量青藏高原生态屏障带湿地面积变化可知，2000～2010 年，湿地总面积呈增加趋势，但增加量相对较小（表 4-11）。2000～2005 年，面积显著增加的湿地类型为水库/坑塘，其变化率为 97.7%，面积有所增加的为湖泊、运河/水渠和河流，变化率分别为 8.1%、0.6% 和 0.2%，面积有所减少的为草本沼泽，其变化率为 -0.1%，其余各类型无显著变化。2005～2010 年，面积显著增加的湿地类型为运河/水渠，其变化率为 38.8%；面积有所增加的为水库/坑塘、湖泊和河流，其变化率分别为 15.0%、2.6% 和 2.1%；面积有所减少的是草本沼泽，其变化率为-0.1%。2000~2010年，面积显著增加的湿地类型为水库/坑塘和运河/水渠，其变化率分别为127.3%和39.7%，面积有所增加的为湖泊和河流，其变化率分别为10.9%和2.3%，面积有所减少的为草本沼泽，其变化率为-0.2%。

表 4-11　青藏高原生态屏障带 2000~2010 年湿地面积变化率　　（单位:%）

类型	2000~2005 年	2005~2010 年	2000~2010 年
森林沼泽	0.0	0.0	0.0
灌丛沼泽	0.0	0.0	0.0
草本沼泽	-0.1	-0.1	-0.2
湖泊	8.1	2.6	10.9
水库/坑塘	97.7	15.0	127.3
河流	0.2	2.1	2.3
运河/水渠	0.6	38.8	39.7

虽然近10年来，湖泊水体的增加使该屏障区整体景观有好转趋势，但从具体湿地类型的变化上看，其他湿地有不同程度的退化，湿地退化的趋势不容乐观。影响青藏高原湿地景观空间格局变化的因素分为自然因素和人文因素。首先，青藏高原湿地的变化主要受到气候因素的影响和控制，有研究表明，与湿地水分平衡有关的气候因素中，能够产生重大不利影响的因素有年度内降水不均匀性的增加、日照时数的延长以及气温与地温的升高。其次，人类活动对湿地变化起着加速器和助推器的作用。不合理的人类活动使其湿地环境受到极大破坏，湿地的破碎化程度加剧，大大加快了湿地退化的速度。

4.4　黄土高原—川滇生态屏障带生态系统质量及变化特征

我国第十二个五年规划纲要提出，加强重点生态功能区保护和管理，增强涵养水源、保持水土、防风固沙能力，保护生物多样性，构建"两屏三带"以及大江大河重要水系为骨架，以其他国家重点生态功能区为重要支撑，以点状分布的国家禁止开发区域为重要组成的生态安全战略格局。其中，"两屏三带"中包括黄土高原—川滇生态屏障带。黄土高原是水土流失、生态环境失衡严重的区域之一，改善黄土高原的生态环境在西部开发中具有重要意义，因此，其生态系统质量及其变化已经成为相关领域的研究重点。政策实施对区域景观格局带来了深远的影响，对生态系统自然植被的优劣程度进行分析，其结果对黄土高原的治理和政策的实施有一定指导意义。川滇生态屏障带位于我国地势第一阶梯向第二阶梯过渡的区域，生态环境复杂而脆弱，同时该区域也是长江流域生态环境保护的关键部位。川滇地区作为我国生态交错带的重要组成部分，有关研究较少。近年来，黄土高原—川滇生态屏障带的生态保护成效不尽如人意，生态安全已上升为国家安全问题，其态势已经制约着经济的增长和社会经济的可持续发展。本书基于GIS空间分析技术，对黄土高原—川滇生态屏障带2000~2010年生态系统质量变化进行系统分析，从植被覆盖度、NPP以及叶面积指数三个方面对生态系统质量进行时空动态评估。

4.4.1 植被覆盖度动态特征

（1）植被覆盖度分布特征

由图4-28可知，黄土高原—川滇生态屏障带高植被覆盖区主要集中于川滇屏障带内，其所占面积比例高达80%，而黄土高原生态屏障带平均植被覆盖为60%，且有较大比例的区域覆盖度小于50%。整个黄土高原—川滇生态屏障带，中等植被覆盖度的面积最大，为31.28万km^2，占屏障区面积的76.5%；其次是高植被覆盖区，其面积为4.03万km^2，所占比例为9.9%；面积最小的是低覆盖度区域，其面积为0.9万km^2，所占比例为2.1%。

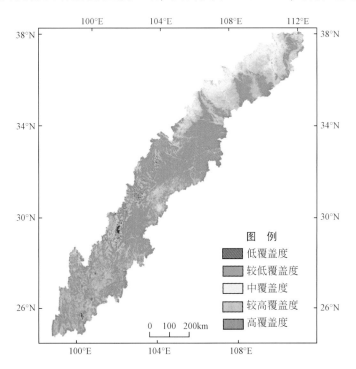

图例
- 低覆盖度
- 较低覆盖度
- 中覆盖度
- 较高覆盖度
- 高覆盖度

图4-28　2010年黄土高原—川滇生态屏障带植被覆盖分布图

从空间分布上看，黄土高原地区植被覆盖度呈现由西北向东南逐渐增加的特征，这与黄土高原地区的水热条件分布基本一致。黄土高原地区特有的气候、水分和土壤条件导致了其植被生长的特殊性，降水对植被生长有着非常重要的影响，而降雨集中且多暴雨，加上土质疏松，导致地形破碎化程度加剧，植被覆盖度低。川滇地区高植被覆盖度的区域所占的比例最大，主要是由该区域较高的温度和降水等条件所决定，而川滇中部地区，由于汶川地震对该地区的地表造成一定的损害，植被覆盖度出现低值点。

（2）覆盖度变化特征

由图4-29可知，近10年来，黄土高原生态屏障带植被覆盖度以每年1.25%的速率提高，川滇地区植被覆盖度相对稳定。整体而言，黄土高原—川滇生态屏障带植被覆盖度无明显变化，生态系统质量基本稳定。

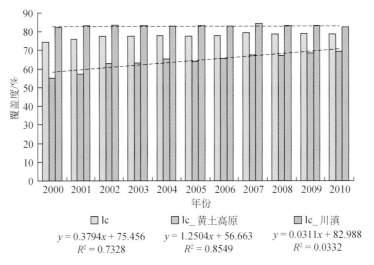

$$y = 0.3794x + 75.456 \qquad y = 1.2504x + 56.663 \qquad y = 0.0311x + 82.988$$
$$R^2 = 0.7328 \qquad\qquad R^2 = 0.8549 \qquad\qquad R^2 = 0.0332$$

图 4-29　黄土高原—川滇生态屏障带植被覆盖度变化

　　由图 4-30 和图 4-31 可知，近年来，黄土高原—川滇屏障带总体覆盖状况比较稳定，东北部的黄土高原地区，由于近年来的生态恢复措施，植被覆盖度显著增加，而且主要发生在覆盖度小于 50% 的区域；在川滇生态屏障带中部的汶川、北川一带，由于 2008 年地震的影响，植被覆盖度出现显著下降。

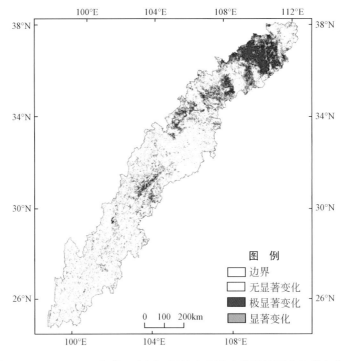

图 4-30　2000～2010 年黄土高原—川滇生态屏障带植被覆盖显著变化图

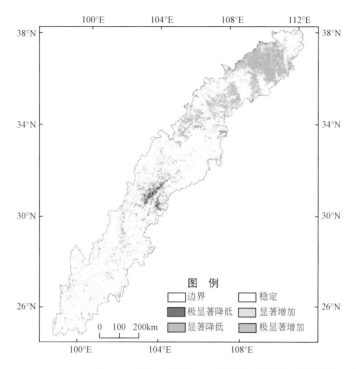

图 4-31 2000~2010 年黄土高原—川滇生态屏障带植被覆盖显著增减变化图

4.4.2 NPP 动态特征

（1）NPP 分布特征

由图 4-32 可知，黄土高原—川滇生态屏障带的 NPP 高值区和较高值区主要分布于屏障区的西南部以及黄土高原南部和东北部，NPP 低值区则主要分布在屏障区中部和黄土高原西北部。统计分析结果表明，该屏障区 NPP 中等级别的面积最大，为 12.81 万 km²，占屏障区面积的 31.30%，其次是较高级别，其面积为 11.26 万 km²，占屏障区面积的 27.49%，NPP 高值区的面积最少，为 4.39 万 km²，占屏障区面积的 10.72%。

（2）NPP 变化特征

由黄土高原—川滇生态屏障带 NPP 变化图 4-33 可知，川滇地区的 NPP 比黄土高原的 NPP 高，2000~2010 年，川滇地区的 NPP 呈波动下降趋势，但下降不明显，而黄土高原的 NPP 近 10 年来以平均每年 3.99 g/（cm·a）的速率增加，而且主要发生在覆盖度小于 50% 的区域。整体而言，黄土高原—川滇生态屏障带的 NPP 近 10 年来相对稳定。

类似植被覆盖度，2000~2010 年黄土高原—川滇生态屏障带 NPP 总体比较稳定，但其内部具有很大差异（图 4-34），主要表现为黄土高原生态屏障带东北部、川滇西南部以及中部部分地区发生极显著变化。统计分析表明，黄土高原—川滇生态屏障带 NPP 无显著变化的面积为 30.86 万 km²，所占比例为 75.42%；显著变化的面积为 10.06 万 km²，所占比

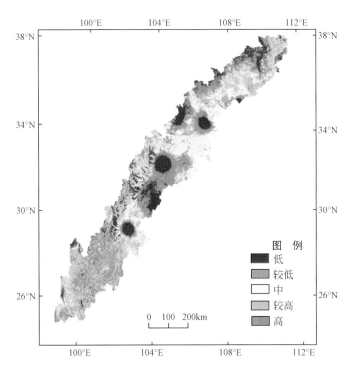

图 4-32　2010 年黄土高原—川滇生态屏障带 NPP 空间分布图

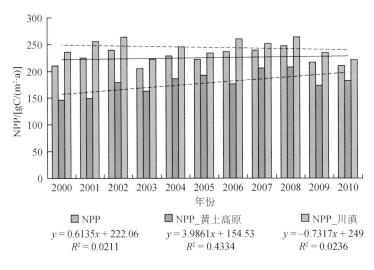

图 4-33　黄土高原—川滇生态屏障带 NPP 变化

例为 24.58%，其中，显著增加的面积 9.07 万 km²，显著减少的面积 0.99 万 km²，分别占屏障区面积的 22.17% 和 2.42%；显著变化的区域中，极显著变化的面积为 6.26 万 km²，所占比例为 15.30%，其中极显著增加的面积为 5.89 万 km²，极显著减少的面积为 0.36 万 km²，分别占屏障区面积的 14.39% 和 0.88%。

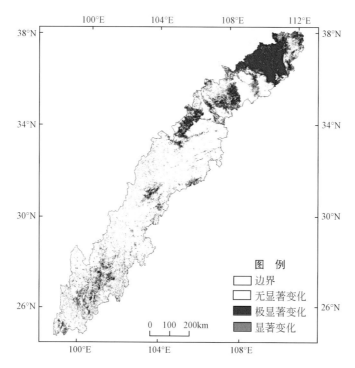

图 4-34 川滇-黄土高原生态屏障带 NPP 显著变化图

4.4.3 叶面积指数动态特征

（1）叶面积指数分布特征

由图 4-35 可知，黄土高原——川滇生态屏障带的叶面积指数在 4 ~ 5 的地区主要分布于山西太原的西部地区和吕梁的东部地区；叶面积指数在 3 ~ 4 的地区主要分布在陕西省的中部和西南部部分地区、甘肃省的东南部以及四川省广元市等地区；叶面积指数为 1 ~ 3 的地区主要集中在川滇生态屏障带；叶面积指数在 0 ~ 1 的主要位于黄土高原除陕西省中部和南部以外的大部分地区。整体而言，黄土高原——川滇生态屏障带叶面积指数由东北向西南降低。

（2）叶面积指数变化特征

对比 2000 年、2005 年和 2010 年黄土高原——川滇屏障带不同级别叶面积指数（图 4-36）可知，2000 ~ 2010 年，黄土高原——川滇生态屏障带叶面积指数在 0 ~ 0.5 和 1 ~ 2 的面积比例呈增加趋势，且叶面积指数在 0.5 ~ 1 比 1 ~ 2 的面积增加速率较快；叶面积指数在 0 ~ 0.5、2 ~ 3 和 3 ~ 4 的面积呈下降趋势，且叶面积指数在 0 ~ 0.5 的比其他两个区间的面积减少速率大；叶面积指数大于 4 的面积保持不变。

根据图 4-37 可知，黄土高原地区叶面积指数明显改善，尤其是山西省的中西部地区、陕西省中部地区以及甘肃省的东南部等地区，可见，近十年来黄土高原土地利用/覆盖类

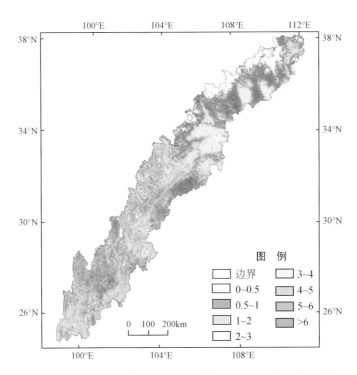

图 4-35　2010 年黄土高原—川滇生态屏障带叶面积指数分布图

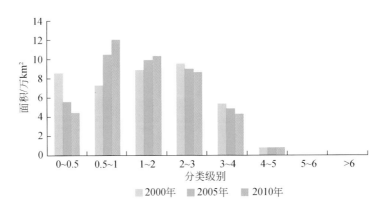

图 4-36　2000 年、2005 年和 2010 年黄土高原—川滇生态屏障带不同级别叶面积指数对比图

型发生了显著的变化，生态系统质量改善明显，这与 1999 年以来实施的退耕还林还草工程密不可分。川滇地区叶面积指数总体保持不变，少部分地区有退化现象，主要集中在川滇中部的汶川与农牧交错带。2008 年汶川地震对地表的破坏导致植被叶面积指数减小，此外，农牧交错带虽然人口稀少，但是由于毁林开荒，陡坡开垦，草场过牧，湿地排水等不合理的资源开发和土地利用方式的存在，依然导致了天然林、高覆盖草地、湿地等高生态功能组分的数量减少，使区域生态质量下降，出现了生态系统退化，生产力降低，生物多样性减少等问题。

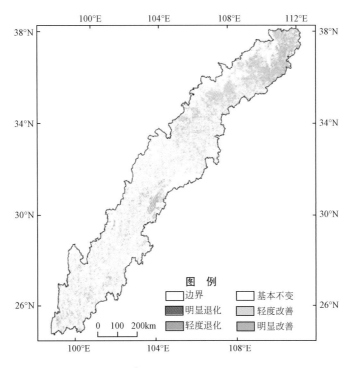

图 4-37　2000～2010 年黄土高原—川滇生态屏障带叶面积指数变化趋势图

4.5　东北森林屏障带生态系统质量及变化特征

森林作为陆地生态系统的重要组成部分，它除了提供木材和各种林副产品外，还具有涵养水源、保持水土、防风固沙、调节气候、保障农牧业生产、保存生物物种和维护生态平衡的作用。中国东北地区是全国最大的林区，也是我国受气候变化影响最显著的地区之一，气候变化对东北地区森林生态系统的影响已成为政府和专家学者们共同关注的问题。2010 年发布的《全国主体功能区规划》中构建了以"两屏三带"为主体的生态安全战略格局，东北森林屏障带作为我国重要的生态保障基地和我国的"两屏三带"之一，研究其生态系统质量及变化特征能为东北地区乃至我国的生态环境保护政策和措施的制定提供科学依据。本书以遥感数据为基础，并基于植被覆盖度、NPP 及叶面积指数评估了东北森林屏障带的生态系统质量。

4.5.1　植被覆盖度动态特征

（1）植被覆盖度分布特征

由于东北森林屏障带植被覆盖度极高，2010 年平均植被覆盖度近 92%，因此，本节在讨论该屏障带植被覆盖度分布状况时将其按照自然分级的方法划分为 5 个级别（低覆盖度，较低覆盖度，中覆盖度，较高覆盖度和高覆盖度）。

由图 4-38 可知，东北森林屏障带的植被覆盖度呈现明显的空间分布差异，东南部的植被覆盖度明显高于西北部的植被覆盖度，且植被覆盖度低的区域主要位于西南边缘的科尔沁右翼前旗、鄂温克族自治区、额尔古纳市南部地区以及屏障带中南部边缘地区和东部的部分地区。通过对不同级别进行统计可知，自然分级下，东北森林屏障带高植被覆盖度的区域面积最大，为 32.92 万 km²，占屏障带总面积的 53.44%，其次是较高覆盖度，其面积为 21.34 万 km²，占屏障区面积的 34.64%，中覆盖度和较低覆盖度的面积次之，低覆盖度的面积最小，仅为 0.31 万 km²，占屏障带面积的 0.50%。

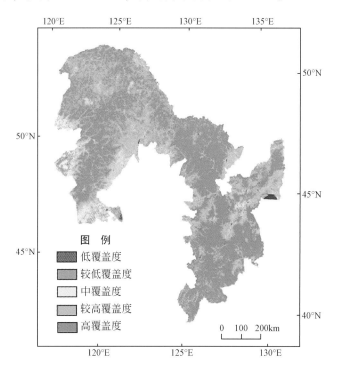

图 4-38　2010 年东北森林屏障带植被覆盖度分布图

（2）植被覆盖度变化特征

由图 4-39 可知，低覆盖度、较低覆盖度及中覆盖度的面积较小，其中低覆盖度和较低覆盖度的面积不足 5 万 km²，且在近 10 年来变化不大，中覆盖度的面积在 5 万 km² 上下波动变化，整体略有降低，但不明显；较高覆盖度和高覆盖度的面积较大，波动也较大，且当高覆盖度的面积减少时，较高覆盖度面积增加，反之，当高覆盖度的面积增加时，较高覆盖度的面积减少，此外，高覆盖度的面积近 10 年来整体略有增加，而较高覆盖度的面积略有减少。

通过对东北森林带的植被覆盖度进行趋势分析发现，近 10 年来，东北森林屏障带的植被覆盖度以无显著变化为主，其面积为 59.48 万 km²，占屏障带总面积的 88.78%；显著变化的面积为 7.52 万 km²，占屏障带面积的 11.22%，广泛分布于屏障带，其中，极显著变化的面积为 2.57 万 km²，占屏障带面积的 3.84%。

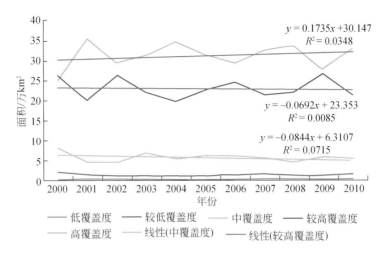

$y = 0.1735x + 30.147$
$R^2 = 0.0348$

$y = -0.0692x + 23.353$
$R^2 = 0.0085$

$y = -0.0844x + 6.3107$
$R^2 = 0.0715$

图 4-39　2000～2010 年东北森林屏障带植被覆盖度显著变化分布图

　　按照植被覆盖度变化的方向统计可知,2000～2010 年, 东北森林屏障带植被覆盖度显著增加的面积为 2.31 万 km², 占屏障带总面积的 3.45%, 其中极显著增加的面积为 0.62万 km², 仅占屏障带面积的 0.93%; 显著降低的面积为 4.61 万 km², 占屏障带面积的6.88%, 其中极显著降低的面积为 1.36 万 km², 占屏障区面积的 2.03%。就空间分布而言, 极显著下降区分布较广, 大兴安岭、小兴安岭、张广才岭和长白山均有分布; 上升区主要分布在大兴安岭南麓草原和农田区域 (图 4-40)。

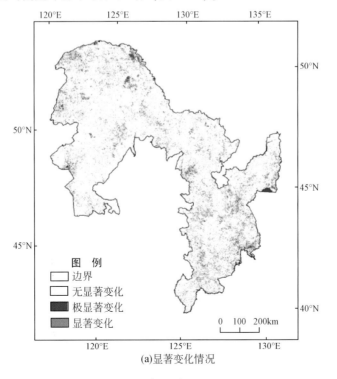

(a)显著变化情况

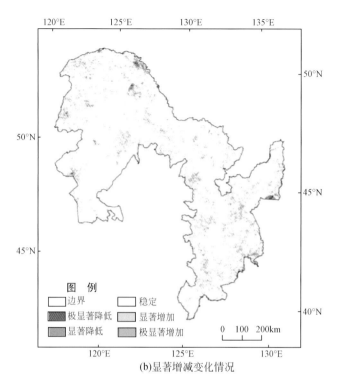

(b)显著增减变化情况

图 4-40　2000～2010 年东北森林屏障带植被覆盖度显著变化图和显著增减变化图

4.5.2　NPP 动态特征

（1）NPP 分布特征

东北森林屏障带的 NPP 呈现明显的空间分布差异（图 4-41），NPP 高值区位于大兴安岭、小兴安岭和长白山部分地区，NPP 低值区位于东北森林屏障带的东、西部边缘地区，尤其是鹤岗市市辖区、萝北县、汪清县东北部、东宁县西南部、鄂温克族自治旗西部、额尔古纳市南部、科尔沁右翼前旗南部、舒兰市和汶河市等地。

分级别统计结果表明，2010 年东北森林带 NPP 级别为中等的区域面积最大，为 25.66 万 km²，占屏障带面积的 42.07%，其次为较高级别，其面积为 24.67 万 km²，占屏障带面积的 40.44%，面积最小的为低等级别，其面积仅为 0.74 万 km²，占屏障带面积的 1.21%。可见，东北森林带的 NPP 整体较高。

（2）NPP 变化特征

由表 4-12 可知，2005 年东北森林屏障带的 NPP 中等以上（不含中等）所占比例在近 10 年中最大，为 63.11%，此外，2000 年、2002 年、2007 年及 2010 年的 NPP 中等以上所占比例均达 50% 以上，2008 年的净初级生产力中等以上所占比例接近 50%，其余年份均未达到 40%。在森林生态系统中，针阔混交林年均 NPP 最大，落叶针叶林年均 NPP 最小。

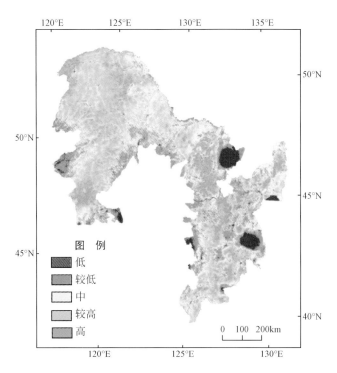

图 4-41　2010 年东北森林屏障带 NPP 空间分布图

表 4-12　2000~2010 年东北森林屏障带屏障区初级生产力统计表

年份	统计参数	低	较低	中	较高	高
2000	面积/万 km²	0.67	3.72	20.69	23.92	12
	百分比/%	1.10	6.10	33.91	39.22	19.68
2001	面积/万 km²	1.36	5.68	30.64	18.54	4.78
	百分比/%	2.23	9.31	50.23	30.39	7.83
2002	面积/万 km²	0.56	3.32	23.65	27.38	6.08
	百分比/%	0.92	5.44	38.77	44.89	9.97
2003	面积/万 km²	1.04	8.32	32.93	14.33	4.37
	百分比/%	1.71	13.64	53.99	23.49	7.17
2004	面积/万 km²	1.02	5.09	32.01	17.62	5.26
	百分比/%	1.67	8.34	52.48	28.88	8.63
2005	面积/万 km²	0.57	3.79	18.14	25.47	13.03
	百分比/%	0.94	6.21	29.74	41.75	21.36
2006	面积/万 km²	0.94	5.17	30.89	18.34	5.67
	百分比/%	1.54	8.47	50.64	30.06	9.29
2007	面积/万 km²	1.6	3.78	21.07	27.75	6.81
	百分比/%	2.63	6.19	34.54	45.49	11.16

续表

年份	统计参数	低	较低	中	较高	高
2008	面积/万 km²	0.74	4.77	26.41	20.29	8.79
	百分比/%	1.22	7.82	43.30	33.26	14.41
2009	面积/万 km²	0.8	5.61	31.85	16.09	6.66
	百分比/%	1.31	9.20	52.21	26.37	10.91
2010	面积/万 km²	0.74	2.93	25.66	24.67	7
	百分比/%	1.21	4.80	42.07	40.44	11.48

东北森林屏障带平均 NPP 从 2000 年到 2010 年呈现下降趋势，但是 NPP 变化显著程度在整体上呈无显著变化趋势（图 4-42）。近十年 NPP 总量增加了 1.53%，其中，2000 年到 2005 年，NPP 总量增加了 1.34%，2005~2010 年，NPP 总量增加了 0.19%。变化最大的区域主要位于大兴安岭东南部和小兴安岭的中部，包括扎兰屯、牙克石东南部和阿荣旗的西南部，以及黑龙江逊克县。根据显著变化的统计发现，近 10 年来，东北森林屏障带植被覆盖度显著增加的面积为 1.96 万 km²，占屏障带总面积的 2.93%，其中，极显著增加的面积为 0.56 万 km²，占屏障带总面积的 0.84%；显著减少的面积为 2.17 万 km²，占屏障带面积的 3.24%，其中，极显著减少的面积为 0.52 万 km²，占屏障带面积的 0.78%。

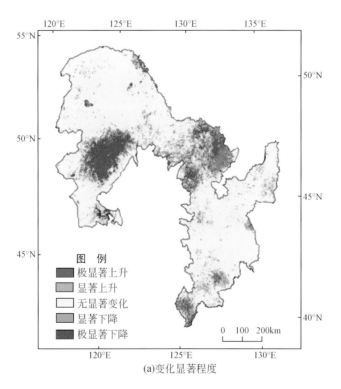

(a)变化显著程度

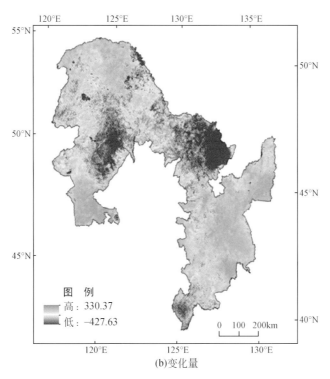

(b)变化量

图 4-42　东北森林屏障带 NPP 变化显著程度与变化量空间变化分布图

（3）NPP 变化驱动

为了探究 NPP 变化的驱动因素，本书分析了 NPP 与气温、降水、人口和 GDP 的相关性（图 4-43~图 4-47）。结果表明，总体上东北森林屏障带 NPP 与温度、降水、GDP 和总人口不显著相关，NPP 与降水的 P 值为 0.64，NPP 与温度的 P 值为 0.35，NPP 与 GDP 和人口的 P 值分别为 0.29 和 0.57。在空间分布上，NPP 与温度和降水具有显著相关性。大兴安岭地区 NPP 增加与降水具有显著相关性。阿荣旗、扎兰屯、鄂伦春自治旗部分区域和小兴安岭东北部和萝北县等地区 NPP 下降与温度变化呈现显著负相关，该区域受社会胁迫较大。

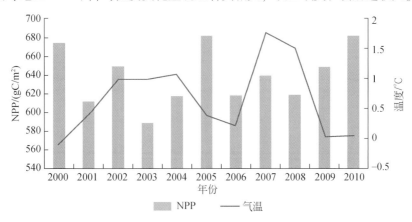

图 4-43　东北森林屏障带温度和 NPP 的关系

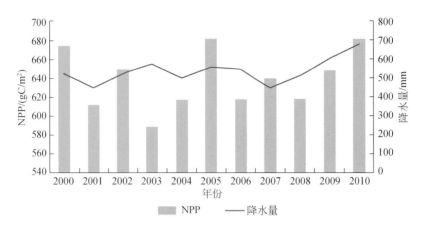

图 4-44　东北森林屏障带 NPP 和降水关系

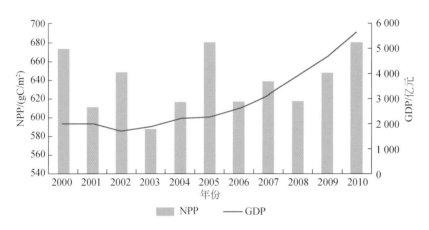

图 4-45　东北森林屏障带 NPP 和 GDP 关系

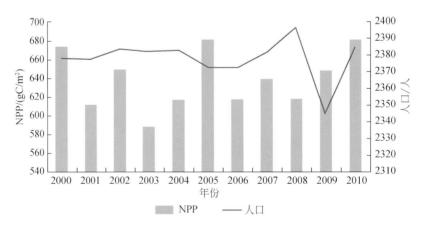

图 4-46　东北森林屏障带 NPP 和人口关系

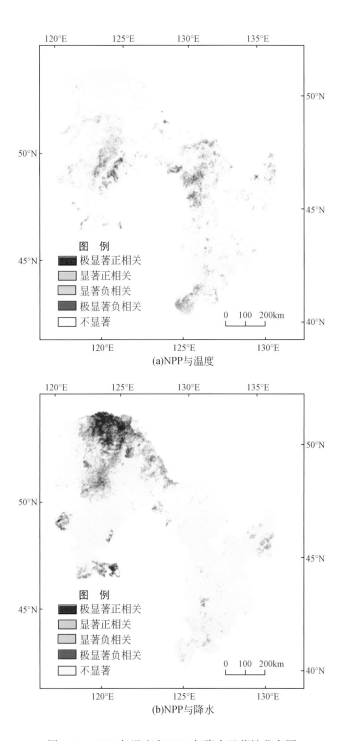

图 4-47　NPP 与温度和 NPP 与降水显著性分布图

4.5.3 叶面积指数动态特征

(1)叶面积特征

森林是重要的陆地生态系统，其叶面积指数是决定该生态系统与大气之间物质和能量交换的关键参数。东北林区是我国最为集中的原始森林资源区之一，东北森林屏障带的叶面积指数在全国屏障区中最高，其在空间分布上呈现明显的空间分布差异（图4-48）。东北森林屏障带叶面积指数以2~6为主，其中叶面积指数在4~5的面积最大，广泛分布于整个屏障区，其次是叶面积指数在3~4和2~3的区域。叶面积指数在1~2和2~3的区域主要分布于东北森林屏障带的西南边缘地带以及长白山部分地区；叶面积指数小于1的区域主要分布在大兴安岭西部的鄂温克族自治旗和南部边缘的科尔沁右翼前旗、扎兰屯市和阿荣旗等地区以及长白山的小部分地区。

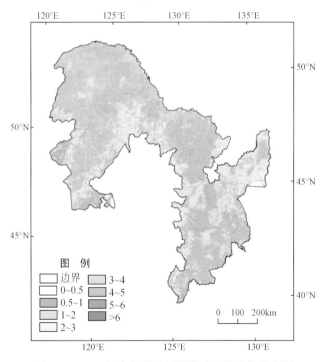

图4-48 2010年东北森林屏障带叶面积指数分布图

(2)叶面积变化特征

由图4-49可知，近10年来，东北森林屏障带叶面积指数在0~0.5的面积略有减少，0.5~1和5~6的面积先较少后增加，1~2、2~3及3~4的面积先增大后减少，叶面积指数在4~5的面积在持续增加。可见，近年来东北森林屏障带的叶面积指数总体呈上升趋势。

由图4-50可知，东北森林屏障带的叶面积指数在近10年来整体呈稳定上升的趋势，局部地区出现点状分布的退化区。根据统计结果，东北森林屏障带叶面积指数基本不变的区域面积最大，为47.83万km^2，占屏障区面积的77.75%，其次是叶面积指数轻度改善

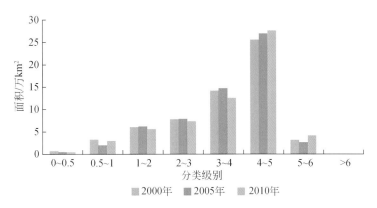

图 4-49　2000～2010 年东北森林屏障带不同级别叶面积指数对比图

和轻度退化的区域，其面积分别为 8.53 万 km² 和 2.69 万 km²，分别占屏障区的 13.87% 和 4.37%，明显改善的区域面积为 2.47 万 km²，占屏障区面积的 4.02%，明显退化的面积极小，不足 0.01 万 km²。

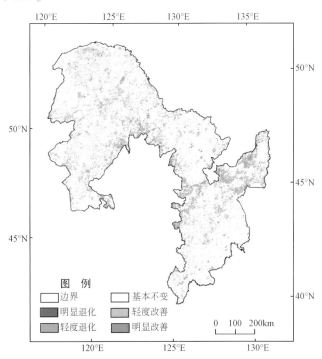

图 4-50　2000～2010 年东北森林屏障带叶面积指数变化趋势图

4.5.4　森林质量及变化特征

东北森林屏障带生态系统森林质量以中等质量为主（图 4-51），中等质量的森林面积占总面积的 33% 左右。2000～2010 年，该屏障带质量差的森林增加 7%，其他质量的森林略有减少。其中，2000～2005 年基本保持稳定状态，2005～2010 年质量差的森林增加了 5.82%。

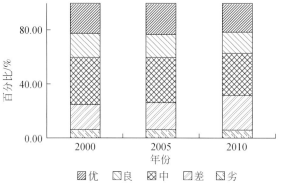

图 4-51　2000～2010 年东北森林屏障带森林质量

4.5.5　湿地生态系统质量特征及变化特征

东北地区的湿地在我国湿地生态学研究中具有独特的意义。定量研究东北地区湿地的生态系统质量特征及其变化，对于全面把握东北地区湿地生态系统变化以及相关的生态系统管理具有重要价值。2000～2010 年东北森林屏障带湿地面积呈现下降趋势，但变化量不大（图 4-52 和图 4-53）。分阶段来看，前五年湿地面积减少了 0.09 万 km²；后五年，湿地面积减少了 0.08 万 km²。其中，森林湿地、草本湿地、河流和运河/水渠面积持续减少，湖泊面积持续增加，屏障区富营养化程度较低。

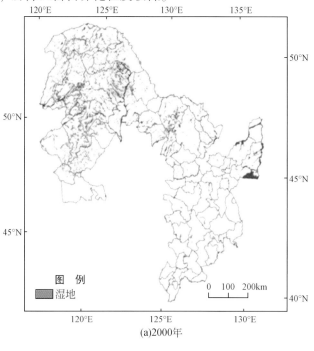

(a)2000年

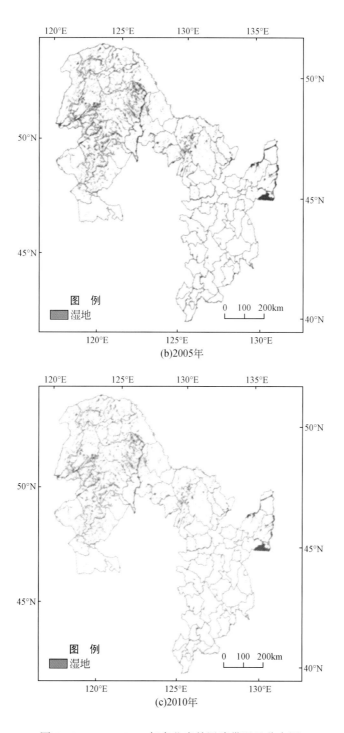

图 4-52　2000～2010 年东北森林屏障带湿地分布图

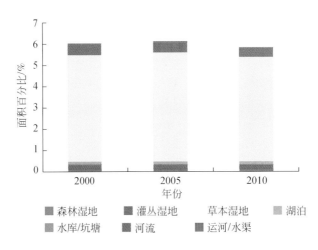

图 4-53　2000～2010 年东北森林屏障带湿地组成

4.6　北方防沙屏障带生态系统质量及变化特征

　　北方防沙屏障带作为我国的生态安全屏障之一，在我国生态安全战略格局中具有重要的地位。过去的十年是北方防沙屏障带生态环境受人类活动干扰强度最大的时期，经济建设和资源开发对生态环境影响不断增大，自然灾害和全球气候变化对生态环境威胁不断加大，因此，国家对生态环境建设和改善的投入不断增加，在京津风沙源一期治理工程中，国家累计安排资金 412 亿元，在《京津风沙源治理二期工程规划（2013—2022 年)》中，国家预计投入 877.92 亿元。本节探究了北方防沙屏障带的植被覆盖度、NPP 以及叶面积指数的分布和变化特征，以期掌握北方防沙屏障带在 2000～2010 年的生态系统质量状况。

4.6.1　植被覆盖度动态特征

（1）植被覆盖度分布特征

　　2010 年，北方防沙屏障带主要以低植被覆盖和较低植被覆盖为主（图 4-54)，其面积分别为 40.23 万 km² 和 17.42 万 km²，分别占屏障区总面积的 46.28% 和 20.05%，连片分布于塔里木防沙屏障带的大部分地区、河西走廊防沙屏障带西北段和东南端以及内蒙古防沙屏障带西南段；其次为较高覆盖度和中覆盖度，其面积分别为 11.65 万 km² 和 11.63 万 km²，分别占屏障带总面积的 13.40% 和 13.38%，主要分布于塔里木防沙屏障带的绿洲区、河西走廊防沙屏障带中部地区以及内蒙古防沙屏障带的东北段；高植被覆盖度区面积最小，为 5.99 万 km²，占屏障区总面积的 6.89%，主要分布于河西走廊防沙屏障带中南部地区、内蒙古防沙屏障带东北部地区以及塔里木防沙屏障带的小部分区域，其中河西走廊和内蒙古的高植被覆盖区由于降水的地域差异呈带状分布，河北北部的植被覆盖度高值区呈片状分布，而塔里木防沙带的则呈块状分布。

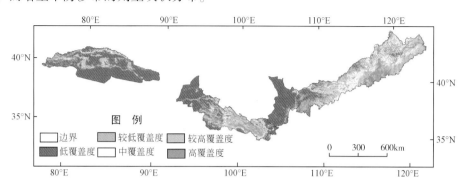

图 4-54　2010 年北方防沙屏障带植被覆盖度空间分布图

（2）植被覆盖度变化特征

2000～2010 年，北方防沙屏障带植被覆盖度以无显著变化为主（图 4-55 和图 4-56），其面积约为 64.52 万 km²，占屏障区总面积的 74.19%，广泛分布于塔里木防沙屏障带北部、河西走廊和内蒙古防沙屏障带大部分地区；显著变化的面积为 22.44 万 km²，占屏障带面积的 25.81%，其中极显著变化的面积为 15.29 万 km²，约占屏障区面积的 17.58%，主要分布于塔里木防沙屏障带南部和河西走廊防沙屏障带西端。

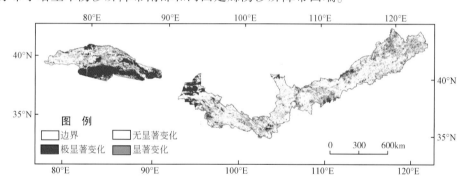

图 4-55　2000～2010 年北方防沙屏障带植被覆盖度显著变化图

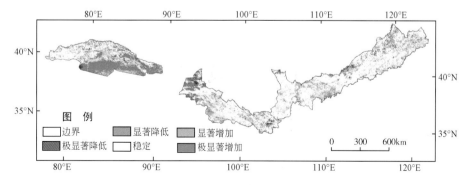

图 4-56　2000～2010 年北方防沙屏障带植被覆盖度显著增减变化图

按照变化方向统计可知，显著变化的区域中，显著降低的区域面积为 6.42 万 km²，占屏障区面积的 7.42%，其中，极显著降低的区域面积为 2.64 万 km²，占屏障区面积的 3.05%；显著增加的区域面积为 15.20 万 km²，占屏障区面积的 17.57%，其中，极显著增加区域面积约为 11.85 万 km²，占屏障区总面积的 13.70%。

整体而言，塔里木防沙屏障带北部、河西走廊防沙屏障带西端以及内蒙古西段的准格尔旗—杭锦旗—阿拉善左旗一带植被覆盖度呈增加趋势，而塔里木防沙屏障带北部小部分区域、河西走廊防沙屏障带西端的敦煌市、东端的天祝、古浪等地以及内蒙古北部地区固阳县—察哈尔右翼中旗—正蓝旗一线植被覆盖度呈现出明显的降低趋势。

4.6.2　NPP 动态特征

（1）NPP 分布特征

由 2010 年北方防沙屏障带 NPP 空间分布可知，北方防沙屏障带的 NPP 分布特征和植被覆盖度分布特征基本一致。北方防沙屏障带的 NPP 主要以低值和较低值为主，其面积分别为 42.77 万 km² 和 17.37 万 km²，分别占屏障区总面积的 49.20% 和 19.99%，广泛分布于塔里木防沙屏障带和河西走廊防沙屏障带西段和东端以及内蒙古防沙屏障带西段和中部部分地区；其次是 NPP 值处于中间的区域，其面积为 10.77 万 km²，约占屏障区面积的 12.39%，主要分布于内蒙古中部和东北部、河西走廊中部小部分区域以及塔里木防沙屏障带北部的绿洲区边缘地带；NPP 较高和 NPP 高的区域较少，其面积分别为 9.96 万 km² 和 6.05 万 km²，分别占屏障区总面积的 11.46% 和 6.96%，主要分布于塔里木防沙屏障带北部的绿洲区、河西走廊中部偏东南地区及内蒙古东部（图 4-57）。

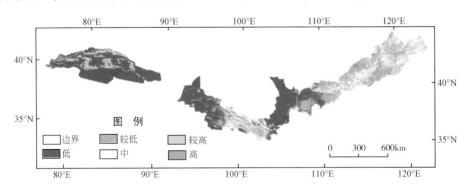

图 4-57　2010 年北方防沙屏障带屏障区 NPP 空间分布图

（2）NPP 变化特征

2000～2010 年，北方防沙屏障带年 NPP 呈现出先增加后减少的趋势。通过对北方防沙屏障带近 10 年的 NPP 进行趋势分析发现，2000～2010 年北方防沙屏障带 NPP 以无显著变化区域为主（图 4-58），其面积为 70.98 万 km²，占屏障区面积的 82.06%；显著变化区的面积为 15.52 万 km²，占屏障区总面积的 17.94%，其中，极显著变化的面积为 6.26 万 km²，占屏障带面积的 7.24%。根据变化方向，显著变化的区域中，显著增加的面积为 13. 11 万 km²，占屏障区总面积的 15. 17%，其中，极显著增加的面积为 5. 59 万 km²，占屏障区面积的 6. 46%；显著减少的面积为 2. 43 万 km²，占屏障区面积的 2. 81%，其中，极显著减少的区域面积为 0. 67 万 km²，占屏障区总面积的 0. 77%。从空间分布上看，NPP 值无显著变化的区域广泛分布于整个屏障区，显著增加区主要集中在内蒙古东部与河西走廊地区，显著降低区主要集中在内蒙古北部的固阳县—察哈尔右翼中旗—正蓝旗一线，另外，塔里木防沙屏障带北部地区也呈现出较为明显的下降趋势。

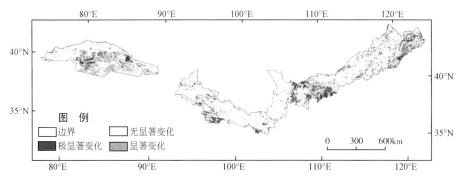

图 4-58 2000~2010 年北方防沙屏障带 NPP 显著变化图

4.6.3 叶面积指数动态特征

(1) 叶面积指数分布特征

由 2010 年北方防沙屏障带叶面积指数分布图可知，北方防沙屏障带的叶面积指数总体较低。塔里木防沙屏障带大部分地区叶面积指数小于 0. 5，仅在盆地中的绿洲带叶面积指数在 0. 5~2；河西走廊干旱少雨，自然降水总的分布趋势是由西北向东南逐渐增多，且空间分布很不均匀，受地形的抬升作用，山区降水大于川区，呈带状，因此，该区的植被叶面积指数也是在东南部较高，西部和东端叶面积指数较低，且叶面积指数高值区呈带状分布；内蒙古防沙屏障带降水少而集中，且由东北向西南递减，故该防沙带的叶面积指数东北部较高，西南部较低 (图 4-59)。

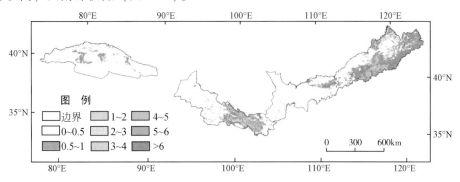

图 4-59 2010 年北方防沙屏障带屏障区叶面积指数分布图

（2）叶面积指数变化特征

通过对比 2000 年、2005 年和 2010 年北方防沙屏障带不同级别叶面积指数发现，近 10 年来，北方防沙屏障带的叶面积指数小于 0.5 的区域呈先减少后增加，总体略有减少的趋势（图 4-60）；叶面积指数在 0.5~1 的面积先增加后减少，总体略有减少；叶面积指数在 1~2 的面积先增加后减少，总体略有增加；此外，其他级别的叶面积指数面积也略有增加。可见，北方防沙屏障带在 2000~2010 年叶面积指数呈上升趋势。由图 4-61 也可以明显看到北方防沙屏障带在近 10 年间的叶面积指数有所改善，且改善的区域主要分布在塔里木防沙屏障带北部的绿洲地带以及河西走廊中部和内蒙古东北部，但在内蒙古东北部也同时存在小面积的叶面积指数退化区。

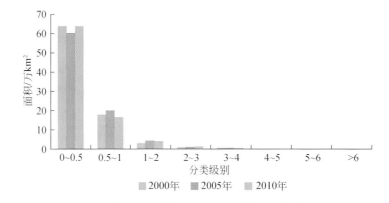

图 4-60　2000 年、2005 年和 2010 年北方防沙屏障带不同级别叶面积指数对比图

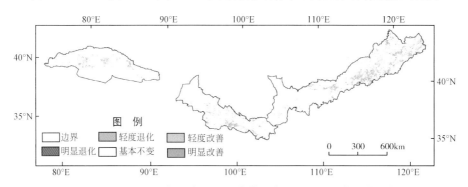

图 4-61　2000~2010 年北方防沙屏障带屏障区叶面积指数变化趋势图

4.7　南方丘陵山地屏障带生态系统质量及变化

南方丘陵山地屏障带作为国家主体生态功能区划中"两屏三带"国家生态安全格局的重要组成部分，是为加强植被修复和水土流失防治，发挥其在华南和西南的生态安全作用而建立的。同时作为长江流域与珠江流域的分水岭及源头区，对长江流域与珠江流域主体功能的发挥也至关重要。本节分析了 2000~2010 年南方丘陵山地屏障带植被覆盖度、NPP 以及叶面

积指数的变化特征，并以森林生态系统为例分析了其生态系统质量的变化特征，旨在掌握南方丘陵山地屏障带生态系统的质量，从而为我国的生态安全建设提供决策依据。

4.7.1　植被覆盖度动态特征

（1）植被覆盖度分布特征

南方丘陵山地屏障带的植被覆盖度整体较高，2010 年，该屏障带平均植被覆盖度高达84.6%。本书将南方丘陵山地屏障带的植被覆盖度按照自然分级法划分为 5 个级别，得到了 2010 年南方丘陵山地屏障带的植被覆盖度空间分布图（图 4-62）。其中植被较高覆盖区面积最大，为 11.19 万 km^2，占屏障区总面积的 38.76%；其次为高覆盖度区，其面积为10.44 万 km^2，占屏障区面积的 36.16%；中覆盖度的面积为 5.49 万 km^2，占屏障区面积的 19.02%；覆盖度较低和低的面积较小，分别为 1.6 万 km^2 和 0.15 万 km^2，分别占屏障区面积的 5.54% 和 0.53%。在空间分布上，植被覆盖度呈中部、东部覆盖度高，西部略低的分布特征。

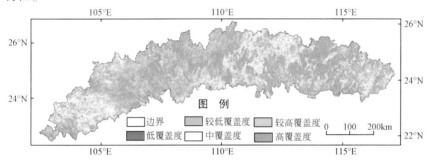

图 4-62　2010 年南方丘陵山地屏障带植被覆盖度空间分布

（2）植被覆盖度变化特征

2000~2010 年，南方丘陵山地屏障带植被覆盖度变化平缓（图 4-63），整体呈缓慢上升趋势，10 年间植被覆盖度仅增加了 0.2%。

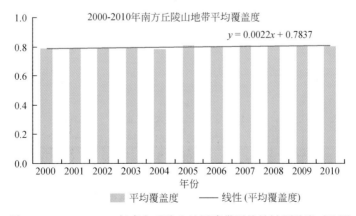

图 4-63　2000~2010 年南方丘陵山地屏障带平均植被覆盖度对比图

由图 4-64 和图 4-65 及对其统计分析的结果可知，南方丘陵山地屏障带植被覆盖度无显著变化的区域面积最大，为 25.00 万 km²，占屏障区总面积的 86.60%；显著变化的面积为 3.87 万 km²，占屏障区总面积的 13.40%，其中，极显著变化的面积为 1.37 万 km²，占屏障带面积的 4.75%。

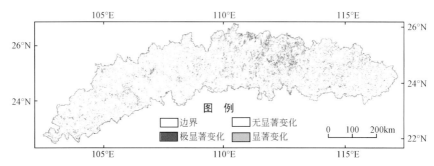

图 4-64　2000~2010 年南方丘陵山地屏障带植被覆盖度显著变化图

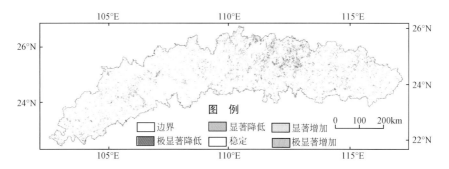

图 4-65　2000~2010 年南方丘陵山地屏障带植被覆盖度显著增减变化图

根据植被覆盖度的变化方向，显著变化的区域中，显著增加的面积 1.39 万 km²，占屏障带总面积的 4.81%，其中，极显著增加的面积为 0.37 万 km²，占屏障区总面积的 1.28%；显著减小的面积为 2.28 万 km²，占屏障带面积的 7.90%，其中，极显著减少的区域面积为 0.80 万 km²，占屏障带面积的 2.77%。

从空间分布特征看，屏障区内的湖南地区、广西东北部和广东西部为植被覆盖度显著和极显著下降区，且分布连续，显著及极显著上升区零散分散于整个研究区，说明南方丘陵山地屏障带十年退耕还林工程效果显著。

分阶段来看，2000~2005 年和 2005~2010 年，研究区 70% 以上的区域植被覆盖度呈上升趋势（图 4-66），呈下降趋势面积所占比例较小，其主要是其他生态系统类型转换为人工表面造成的；就 2000~2010 年而言，植被覆盖度上升和下降所占面积几乎持平，结合南方丘陵山地屏障带 2000~2010 年一级生态系统结构变化图可以看出，十年间耕地大面积减少，退耕还林工程效果显著，但还有一大部分耕地转变为人工表面，原先耕地中农作物在生长季时的植被覆盖度很高，而转变为人工表面，其覆盖度几乎为 0，覆盖度有显著下降，尤其是 2000~2005 年，其显著下降最为明显。

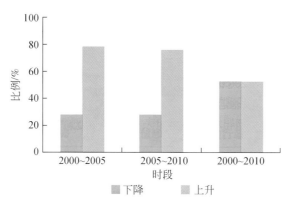

图 4-66　2000~2010 年南方丘陵山地屏障带植被覆盖度变化空间分布图

4.7.2　NPP 动态特征

(1) NPP 分布特征

南方丘陵山地屏障带的 NPP 以较高和中等级别为主 (图 4-67), 其中 NPP 较高的区域面积最大, 为 9.80km², 占屏障区面积的 33.96%; 中等级别 NPP 的面积为 9.65 万 km², 占屏障区面积的 33.43%; 其次为较低级别的 NPP, 其面积为 4.84 万 km², 占屏障区面积的 16.76% 左右; NPP 级别高的区域面积为 3.76 万 km², 占屏障区面积的 13.03%; 面积最小的为 NPP 低值区, 其面积为 0.84 万 km², 仅占屏障区面积的 2.81% 左右。

如图 4-67 所示, NPP 高值区主要分布于屏障区云南西部的金平、河口、个旧等地、广西西部的百色等地、广东东部和西北部部分地区; 较高值区主要分布于屏障区东部 (广东、江西)、中部 (广西) 及西南小部分地区 (云南部分地区); 而中低值区主要为研究区的北部 (贵州、湖南部分地区) 和西南地区 (云南)。对比 NPP 和植被覆盖度的空间分布图可知, NPP 空间分布与植被类型空间分布密切相关。NPP 高值区主要分布在研究区亚热带常绿阔叶林、常绿针叶林及混交林覆盖地区 [>410gC/(m²·a)], 而低值主要分布在草地及耕地覆盖区。

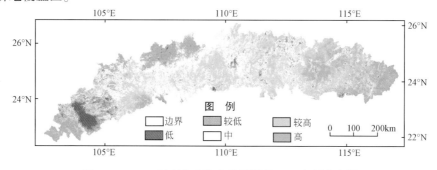

图 4-67　2010 年南方丘陵山地屏障带 NPP 空间分布图

（2）NPP 变化特征

南方丘陵山地屏障带 74.4% 的区域年平均 NPP 呈增加趋势，其中 8.1% 的地区增加趋势显著（$P<0.05$），主要分布在西部云南省的丘北县、砚山县及贵州省境内的黔西南州和黔南州，研究区中部，北部湖南省的永州市和郴州市和东部广东省的大埔县、丰顺县（图 4-68），这些地区均是由耕地及裸岩裸地构成的其他土地利用类型转为林地的主要地带，其中耕地转为林地面积有 311.7km²。这说明人类开采自然资源进行人类经济活动与退耕还林、封山育林达到了一个动态平衡。NPP 显著降低的区域占 2.1%，主要分布在广西与云南交界处的广南县和西林县以及广西的都安县，主要土地覆被由 2000 年的林地转换为其他生态系统类型（图 4-69 和图 4-70）。

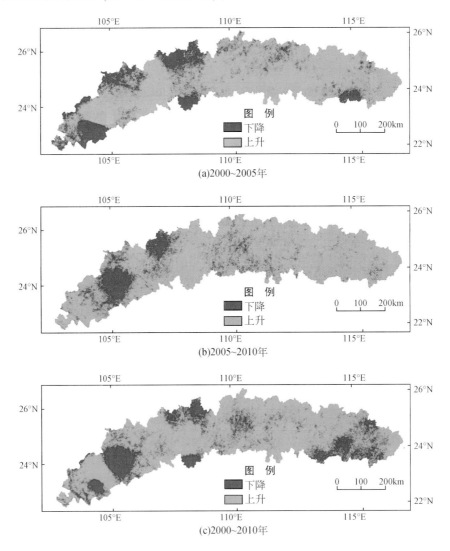

(a)2000~2005年

(b)2005~2010年

(c)2000~2010年

图 4-68 不同时段南方丘陵山地屏障带 NPP 变化空间分布图

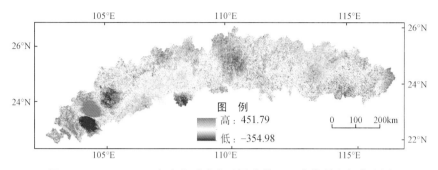

图 4-69 2000~2010 年南方丘陵山地屏障带 NPP 变化量空间分布图

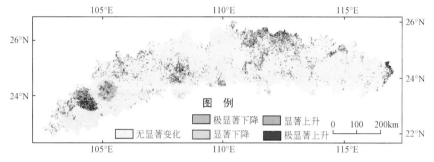

图 4-70 2000~2010 年南方丘陵山地屏障带 NPP 显著变化空间分布图

分阶段来看，前五年和后五年间，除绝大部分区域无显著变化外，NPP 显著上升的区域面积比例最高，75% 以上区域的 NPP 呈现增加，但大部分上升趋势并不显著。

4.7.3 叶面积指数动态特征

（1）叶面积指数分布特征

如图 4-71 所示，南方丘陵山地屏障带的叶面积指数在空间分布上存在明显的差异。叶面积指数介于 2~4 的区域广泛分布于整个研究区，叶面积指数在 0~1 的区域主要集中在云南的东南部的蒙自县、文山县、砚山县、开远市及广南县以南等地，贵州南部的兴义县、贞丰县和安龙县等，湖南省南部的部分县域以及广东北部的小部分县域，叶面积指数处于其他级别的区域零散分布于整个南方丘陵山地屏障带。

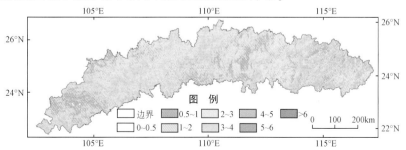

图 4-71 2010 年南方丘陵山地屏障带叶面积指数空间分布图

（2）叶面积指数变化特征

由图 4-72 可知，南方丘陵山地屏障带的叶面积指数介于 2～3 的面积最大，叶面积指数在 3～4 的区域面积次之，面积最小的为叶面积指数大于 6 的区域。2000～2005 年，叶面积指数在 0.5～1、4～5 及 5～6 的面积在减小，叶面积指数在 1～2 的面积先增加后减小，在 2～3 的面积在持续增加，在 3～4 的面积先减少后增加。

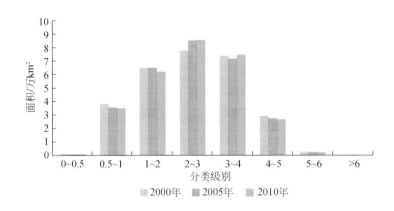

图 4-72　2000 年、2005 年和 2010 年南方丘陵山地屏障带不同级别叶面积指数对比图

由图 4-73 可知，南方丘陵山地屏障带的叶面积指数在 2000～2010 年整体呈改善趋势，但在局部零星分布着退化的区域。根据统计结果，南方丘陵山地屏障带叶面积指数基本不变的面积最大，为 22.49 万 km²，占屏障区总面积的 77.97%，广泛分布于整个屏障区；其次是轻度改善的面积，为 4.52 万 km²，占屏障区面积的 15.66%，主要分布于屏障区的西部；明显改善的面积占屏障区面积的 4.08%，集中分布于屏障区的东部地区；轻度退化的面积占屏障区总面积的 2.29%，零星分布于屏障区的西部地区；明显退化的面积最小，不足 0.01 万 km²。

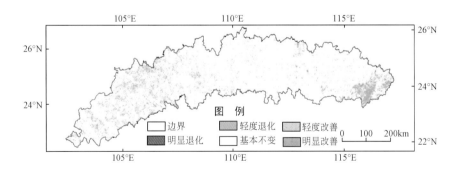

图 4-73　2000～2010 年南方丘陵山地屏障带叶面积指数变化趋势图

4.7.4 南方丘陵山地屏障带森林质量变化特征

（1）森林质量特征

南方丘陵山地屏障带森林资源丰富，森林覆盖度较大，包括落叶阔叶林、常绿阔叶林、落叶针叶林、常绿针叶林和针阔混交林等类型。森林系统面积占屏障区总面积60%左右，且50%以上的森林生态系统质量处于良好状况，30%左右的森林生态系统质量处于中等水平，质量为优、差和劣的森林所占比例较小。森林质量分级空间分布表现为生态质量最优的区域集中分布在屏障区西部（云南的金平、个旧、河口和屏边），而质量最劣的区域主要分布在云南的文山县，质量良好的区域均匀分布于整个研究区，质量中等的区域集中在研究区北部和东部（图4-74）。

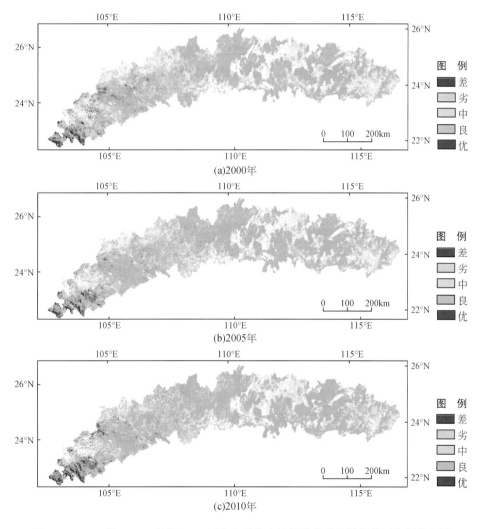

图 4-74　2000 年、2005 年及 2010 年南方丘陵山地屏障带森林质量分级空间分布图

（2）森林生态系统质量变化

1999 年以来，国家大力实行退耕还林（还草）、封山育林、生态移民等重大建设工程，南方丘陵山地屏障带的石漠化有所好转，植被覆盖度、生物量等有所增加。2000～2010 年，该屏障带的森林生态系统质量整体有所提升，森林质量等级为差和劣的比例明显下降（图 4-75）。

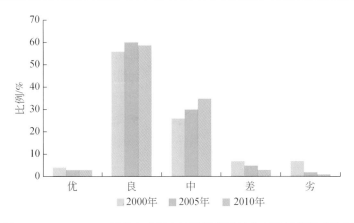

图 4-75　2000～2010 年南方丘陵山地屏障带森林生态系统质量对比图

（3）典型区森林质量变化

2000～2010 年，南方丘陵山地屏障带森林总面积先增加后减少，总减少量为 177km²，但森林质量呈增加趋势，且存在明显的空间差异。南方丘陵山地屏障带的森林面积东部大于西部，森林动态变化西部大于东部，森林质量东部优于西部。现以典型区——江西省崇义县为例，探讨研究区典型县域近 10 年间的森林质量变化。

江西省崇义县位于江西省西南部，总面积约 2200km²，森林资源丰富，林地面积占全县总面积的 86% 以上。根据森林 FDI 值，将崇义县森林质量分为 5 级。

如图 4-76 所示，崇义县森林质量总体较好，森林质量等级均为 3 级及以上水平。各年不同等级森林面积见表 4-13。

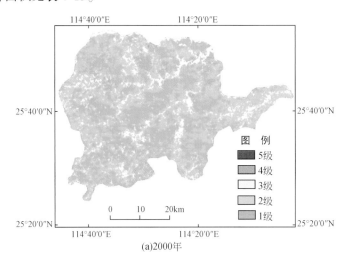

(a)2000年

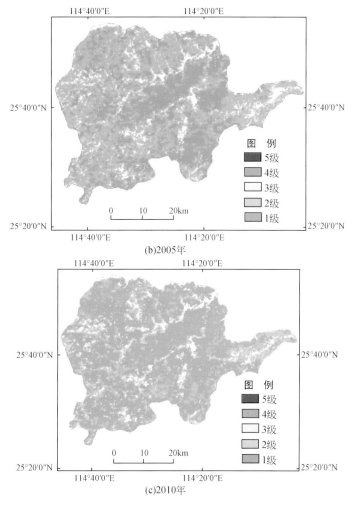

图 4-76 2000 年、2005 年和 2010 年江西崇义县森林质量分级图

由表 4-13 可知，十年间，崇义县森林质量经历了"先下降，后上升"的过程。2000
和 2005 年，不同等级森林所占比例依次为 2 级>1 级>3 级，2010 年，不同等级森林所占
比例依次为 1 级>2 级>3 级。十年中，森林总面积变化不大，但是森林质量发生了明显变
化，1 级森林面积占森林总面积从 2000 年的 44% 增长到 2010 年的 75% 以上。可见，崇义
县的森林生态系统质量在 2000～2010 年有了很大的提升。

表 4-13 江西崇义县不同等级森林面积及百分比

年份	1 级		2 级		3 级		4 级		5 级	
	面积/km²	百分比/%	面积/km²	百分比/%	面积/km²	百分比/%	面积/km²	百分比/%	面积/km²	百分比/%
2000	834.31	44.1	1052.62	55.7	3.75	0.2	0	0	0	0
2005	624.75	32.9	1256.31	66.2	17.50	0.9	0	0	0	0
2010	1426.31	75.3	467.18	24.6	1.43	0.1	0	0	0	0

4.8 "两屏三带"生态系统质量变化驱动因素

20世纪90年代以来,伴随社会经济的飞速发展,人类对生态系统的干扰不断加剧,持续恶化的生态环境状况与人们对生态文明的追求之间的矛盾愈发严重。党的"十八大"将生态文明建设纳入中国特色社会主义建设的总体布局,提出了建设"美丽中国"的伟大目标。评价生态系统质量现状及演变,以便为生态恢复提供科学决策依据,成为地理学、生态学和环境科学研究的热点。"两屏三带"生态系统质量变化的驱动因素主要包括自然方面和社会方面,其中自然方面主要指气候波动对生态系统的影响,如自然灾害、地震、火灾等,社会方面如经济政策、社会经济以及人口活动等方面。本书主要从气候、人类活动、生态恢复以及地质灾害四个方面来解释生态系统受到的影响。

4.8.1 气候波动对屏障区生态系统的影响

2000~2010年屏障区气候条件稳定,因此生态系统整体稳定。但是受当地水热条件和生态系统类型的影响,各屏障区对气候波动的响应也不同。例如,肖洋等人基于2000~2010年的生物量和植被覆盖度,并结合植被区划数据,分析了内蒙古的生态系统质量状况,探讨了气候对内蒙古生态系统质量的影响,结果表明,内蒙古的生态系统质量变化与气候关系非常密切,其与降水呈现明显的正相关关系,与温度呈现明显的负相关关系。

受气候波动的影响,青藏高原生态屏障带有一定面积的草地转化为湿地(1773.71km^2),其中湖泊面积增加较为明显,如图4-77所示。丁永建等对近50年来我国的寒区和旱区湖泊变化的气候因素进行了分析,结果表明,位于我国寒区和旱区的湖泊对气候变化具有高度敏感性。万玮等从面积、强度和空间分异特征等多个方面对该区湖泊近30年来的变化进行分析,结果表明,造成区域内湖泊面积扩张的主要因素是冰雪融水量的增加、降水量的增多以及蒸发量的减少。这是因为在青藏高原以寒区为背景的环境中,气候变化对湖泊变化的影响受降水和气温影响均较为突出,同时由于多年冻土的存在,气温上升可导致湖盆冻土隔水层的融化。有学者以羌塘地区为研究区对近30年的湖泊面积变化进行了研究。羌塘地区是青藏高原最大的内流区、世界海拔最高的内陆湖区,由于羌塘地区东南部地形起伏大且构造发育,绝大部分大湖泊、大河流都集中分布在这里。相对小湖而言,大湖的变化状况更能反映该区域天然湖泊变化的总体趋势。羌塘地区东南部气候寒冷干燥,复杂多变,年平均气温多在0度以下,暖季(7-9月)日均温度虽可超过5度,但夜间仍可降至0度以下,有冰冻现象,是我国较寒冷的地区之一。该区年均降水量约为50-300mm,80%以上集中在6-9月,干湿季分明,其中班戈县的年降水量约为301.13mm,申扎县为290.19mm,多以雪、霰、冰雹等固态降水形式出现,区内有扎加藏布、恰嘎尔藏布、永珠藏布、申扎藏布和巴汝藏布等几条河流贯穿,冰雪融水补给较羌塘北部稍丰,多为空寂的无人区,有少数藏族牧民居住。从整体趋势来看,近30年来,色林错湖泊扩张面积显著,扩张方向从多到少依次为:正北、正东、东北、正西、东南、西北、正南和西南。以正北作为主导方向，西南和正南方向扩张缓滞。大量实测资料表明，在全球气候变暖的影响下，对气候反应敏感的青藏高原的冰川也在退缩和融化，从而使流域内的湖泊有丰富的水源补给，因此，冰雪融水量的增加是造成区域内湖泊面积呈扩张趋势的主要原因。据西藏高原大气环境科学研究所的最新研究资料表明，藏北地区年平均气温变化同全球气温增暖的趋势相一致，总体上呈较显著的上升趋势，另外，申扎、改则、那曲、安多、班戈和当雄 6 个气象站的观测数据也表明该区域平均温度呈逐年上升趋势．另外，羌塘地区东南部海拔超过 4500m，因而高原冻土非常发育，如果温度持续升高，冻土便会开始解冻释放水，进而对区域内湖泊面积变化产生影响。该研究进一步表明湖泊变化趋势不仅表现在时间序列上的演进，而且表现在空间上的分异特征，这与湖泊的地理位置、构造特征、气温和降水等因素密切相关。湿地面积增加意味着冰川消融加快（2000～2010 年温度增加速率 0.1℃/a），从长远看不利于屏障区生态环境可持续发展。同时，气候波动导致青藏高原屏障区北部低覆盖草地的覆盖度和 NPP 显著上升。

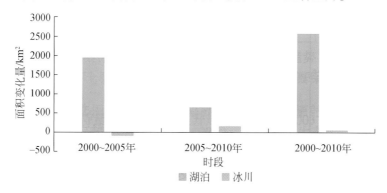

图 4-77 青藏高原生态屏障带湖泊面积变化状况

北方防沙屏障带的生态系统 NDVI 与上月降雨量的相关性最为明显，其次为月平均气温。就整个防沙带而言，生态系统质量取决于区域的水热条件。南方丘陵山地屏障带温度年际变化与年最大 NDVI、年均 NPP 密度波动呈显著正相关（$p<0.01$）。东北森林屏障带大兴安岭地区 NPP 增加与降水具有显著相关性。

由表 4-14 可知，北方防沙屏障带 NDVI 与上月降雨量的相关性最为明显，其次为月平均气温。实际上，北方防沙屏障带 6 月平均气温与降水量呈现出明显的一致性。从图 4-78 可以看出，内蒙古东部与河西走廊地区的降雨量较为丰沛，可达到 500～600mm/a，因此 NDVI 值也较高，而新疆地区与内蒙古的阿拉善左旗地区降水偏少，NDVI 值偏低。

表 4-14 7 月上旬 NDVI 与 6 月气候因子的相关系数

北方防沙带子屏障带	月平均气温	月平均风速	月降水量
内蒙古	0.689***	−0.230**	0.710***
河西走廊	0.712***	−0.264**	0.764***
新疆	0.696***	−0.314*	0.683***

注：*、**、*** 分别表示 $p<0.05$，$p<0.01$ 与 $p<0.001$。

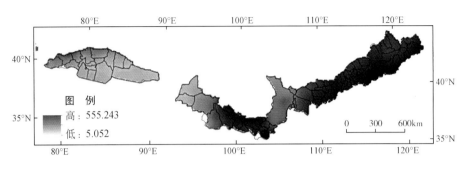

图 4-78   2000~2010 年平均降水量分布图

由图 4-79 可知，NDVI 值的变化与降水量的变化高度相关，内蒙古东部地区与河西走廊地区降水量增加明显，NDVI 值增加，而内蒙古西部地区与塔里木的大部分地区降水量则出现了较为明显地减少趋势，NDVI 值降低。结果表明，NDVI 对气候因子的线性响应主要表现为与温度和降水的正相关。

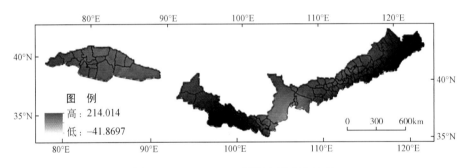

图 4-79   2000~2010 年降水量变化趋势

4.8.2   人类活动对屏障区生态系统的干扰

随着人口的增长和科技的发展，人类逐渐加大对生物资源的利用强度，并创造了巨大的物质财富。与此同时，土地开垦等人类活动也改变了生态系统的结构，严重影响多种生态服务功能的维持，如土地开垦、水资源开发利用、森林采伐、过度放牧等活动常使生态系统中一级结构缺损一个或几个组成成分，从而降低土壤流失控制和沉积物保持的功能、营养物质贮存与循环的功能以及调节气候的功能。这些活动使原有的生产者从生态系统中消失，分解者和土壤中的各种营养物质也会随水土流失而冲走，引起土壤肥力下降、土壤团聚体结构破坏，最后导致母质裸露和土壤沙化以及土地资源质量不断退化，甚至导致生态系统崩溃。土地利用/覆盖变化过程对维持生态系统服务功能起着决定性作用，土地利用变化必然影响生态系统的结构和功能，土地利用方式的变化将直接影响生态系统所提供服务的种类和强度。研究土地利用/覆盖变化驱动下的生态系统服务价值的变化具有重要意义，这也是土地利用/覆盖变化环境效应的一个重要量化指标。只有将生态系统服务价值核算引入到土地利用决策当中，才能促进自然资源的合理开发，实现土地可持续利用。本书主要研究土地的利用对屏障区生态系统的影响，如屏障区农田和城镇面积增加，导致森林、灌丛和草地等自然系统破碎化程度增加，农田开发对周围草地生态系统带来扰动。调查发现，在农地周围 3km 范围内，草地质量改善与退化并存，距离农用地距离越远，NPP 变化量越小，反之越大（图 4-80）。工矿用地由于抽取地下水对草地退化的影响较大，调查发现，在距工矿用地 13km 处依然有很大影响（图 4-81）。

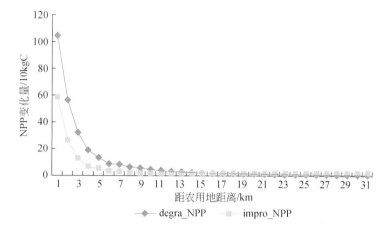

图 4-80 农田对周围草地生态系统的扰动

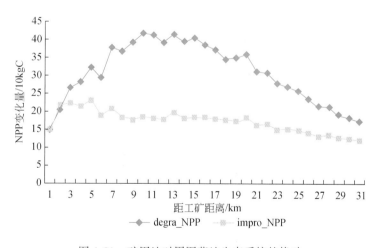

图 4-81 矿用地对周围草地生态系统的扰动

4.8.3 生态恢复措施对屏障区生态系统的影响

2000～2010 年，生态恢复措施在位于干旱半干旱地区的黄土高原屏障带效果显著，退耕还林还草等在屏障区范围引起了生态系统质量的显著提高（P<0.01），整个屏障区生态

系统质量也显著提升。生态恢复措施的效果在其他屏障区表现为局部生态系统质量的提高。

　　人口总是从经济不发达地区向经济发达的城市和沿海地区迁移流动。落后地区信息闭塞，人们交往较少，教育落后，公共事务管理也较为困难和薄弱；发达地区信息传播非常广泛和迅速，人们交往很多，各个层次的教育都十分发达，人们很容易了解环境保护的基础知识，看到环境保护的行为。人口迁移流动到发达地区，其环境保护意识必然得到相应的提高；同时，由于人口数量的增加，原居住地的居民也会更加深刻地体会到资源的紧张和环境保护的紧迫性，从而更加关注环境保护。因此，环境保护意识也同时得到了提高。可见，乡村人口的减少促进了北方防沙带局部生态环境质量的改善（图4-82）。

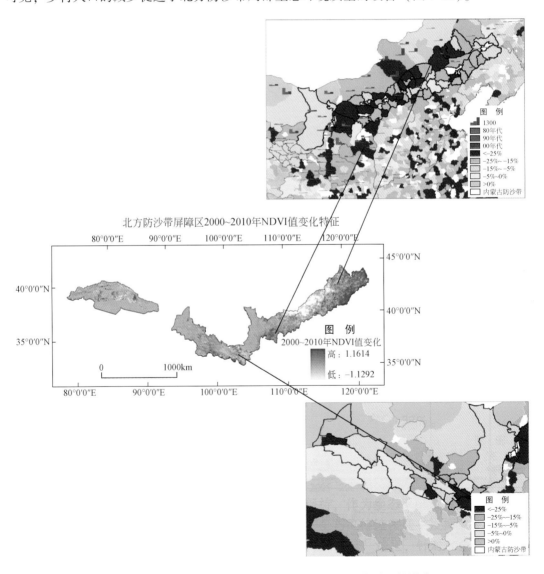

图4-82　北方防沙屏障带乡村人口减少对生态系统质量的影响

再如, 南方丘陵山地屏障带的江西省崇义县森林质量较好 (林地面积 86%, 3 级及以上)。十年间, 森林质量经历了"先下降, 后上升"的明显变化 (1 级森林面积比例从 2000 年的 44% 上升到了 2010 年的 75% 以上), 自然因素中的气温、降水等与森林质量变化没有明显的相关性。人文因素中推行"民营林场"发展是影响该县十年内森林质量变化最重要的原因。整地方式和整地面积要合理, 如果采用整地方式不合理, 整地面积过大, 对土壤、植被的破坏程度也就越大, 易造成水土流失, 生物多样性、生态环境会受到影响。造林树种的选择有本地树种和外来树种, 本地树种是本地生态系统和景观的重要组成部分, 但若选择生长率低的本地树种, 产量低, 经济和生态效益不明显, 若选择外来树种, 没有足够的引种实验, 不能适应本地的土壤和气候条件, 会造成大范围非正常死亡或其他的负面生态影响, 而且具有侵入性, 破坏本地生态系统。通过苗圃育苗、造林、透光抚育作业、采伐、开发林地经济等活动可改善林农关系, 为周边广大居民提供就业机会, 参与森林各项活动使社会稳定和谐; 通过各项营林活动, 提高森林质量, 可显著提高森林的保持水土、涵养水源、净化空气、固碳等社会服务功能。

4.8.4 地质灾害对屏障区生态系统的影响

川滇生态屏障带的汶川县、都江堰市、彭州市、什邡市、绵竹县和安县 2007 年以前植被覆盖度稳定, 2008 年汶川地震的龙门山断裂带上植被覆盖度呈现明显下降态势, 且 2009 年、2010 年覆盖度持续下降, 主要原因是汶川地震所产生的山体滑坡、崩塌、泥石流和堰塞湖均是生态系统的威胁要素, 使土壤中泥石、砂砾增多, 土壤结构、土壤粒度被破坏、土壤的孔隙度和土壤容重发生改变, 随着水土的流失, 土地丧失土壤基质、有机质和营养元素, 造成土地退化, 进而造成土地丧失、土壤流失和土壤质量下降等。而龙门山段震区是降雨丰沛的地区, 小区域的集中降雨, 导致山体水系径流量增大, 土壤侵蚀力度加大, 水土流失加剧, 进而造成土壤贫瘠、植被覆盖度降低, 造成龙门山段植被、水体、土壤、城镇等生态系统结构受损、功能破坏。虽然进行了震后生态修复, 但连续几年降低说明受灾范围内生态系统遭受剧烈破坏, 短期内难以恢复 (图 4-83)。

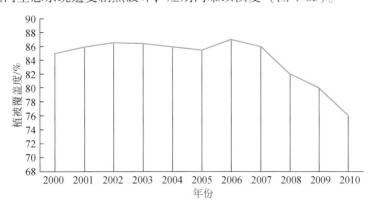

图 4-83　龙门断裂带植被覆盖度变化趋势

4.8.5 典型地带生态质量驱动因素分析

4.8.5.1 东北森林屏障带森林质量变化驱动因素

通过分析森林质量与农村人均用电量、降雨和海拔的相关性可知（图 4-84 ~ 图 4-86），农村用电量、海拔和降雨也影响了森林生态系统的质量，农村用电量、海拔和森林生态系统质量具有较高的相关性，且呈正相关关系。这说明区域内的社会干扰对森林生态系统的质量具有重要的影响作用。

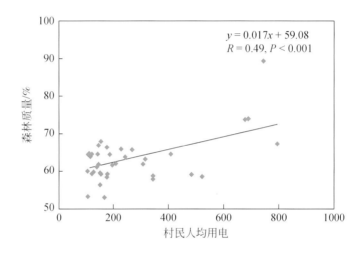

图 4-84　东北森林屏障带森林质量与村民人均用电

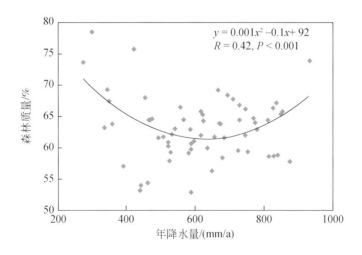

图 4-85　东北森林屏障带森林质量与降水

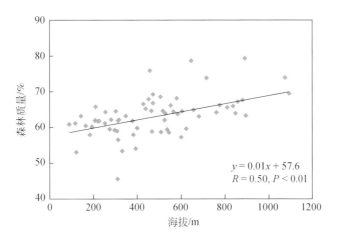

图 4-86　东北森林屏障带森林质量与海拔

4.8.5.2　南方丘陵山地屏障带喀斯特地貌区 NPP 变化驱动

喀斯特地貌是南方丘陵山地屏障带的典型地貌，为进一步分析喀斯特区域植被的生长及分布情况，特提取了本屏障带的喀斯特区域。南方丘陵山地屏障带的喀斯特区域面积有 $1.02 \times 105 \mathrm{km}^2$，占屏障区总面积 35.8%。喀斯特地貌主要分布于研究区西部云南境内，中西部贵州和广西西部，以及北部的湖南、广西东部和广州部分区域（图 4-87）。

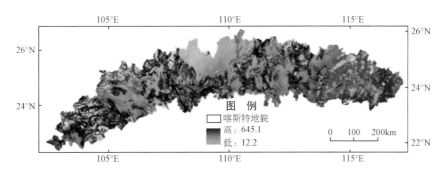

图 4-87　2000～2010 年南方丘陵山地屏障带平均 NPP 及喀斯特分布

南方丘陵山地屏障带喀斯特区的年际 NPP 呈波动上升趋势，且喀斯特区域（$a=3.45$）要比整个屏障区（$a=3.19$）的 NPP 增长速率略快（图 4-88）。20 世纪 90 年代以来，随着国家八七扶贫计划及西部大开发战略的实施，进行了退耕还林（还草）、封山育林、生态移民等重大建设工程，其对石漠化区的植被恢复起到了重要作用。面积占 78% 的喀斯特地貌区植被覆盖增加，特别是中西部的广西境内喀斯特区林地增加面积较集中（图 4-89），云贵区的喀斯特区主要是草灌丛恢复，在一定程度上说明石漠化综合防治的有效性和生态效益正在呈现。

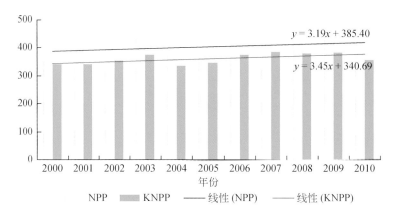

图 4-88   典型区喀斯特区域年均 NPP

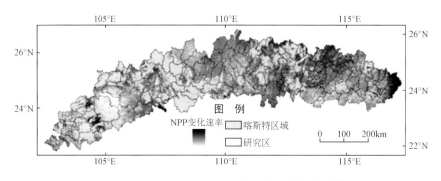

图 4-89   2000~2010 NPP 变化速率及喀斯特分布

4.8.5.3   南方丘陵山地屏障带森林质量变化

以崇义县为代表，主要从自然因素、人文因素以及经济发展方式三个方面来分析南方丘陵山地屏障带森林质量变化。

（1）自然因素

2000~2010 年，崇义县年均温在 19.4~20.2，呈波动上升的趋势。降水数据表明，崇义县降水量十年间随时间没有明显变化，降水量震荡，季节变化明显，但整体森林质量较好。结果表明，气温、降水等自然因素与近 10 年的森林质量变化没有明显的相关性。

（2）人文因素

2005 年 9 月，崇义县根据自身林业资源优势，出台了《崇义林业产权制度配套改革若干意见》，推行"民营林场"的发展。至 2010 年，民营林场的经营方式对林地的积极影响主要表现在：退耕还林工作的加速推进和残次林质量提升。

（3）经济发展方式

2000~2005 年，与崇义县森林质量整体下降对应的经济社会发展指标是地区生产总值增长缓慢，低于屏障区平均水平；人口数量 5 年间几乎未变，甚至有所下降，远低于屏障区平均水平。结合崇义县科技、教育、文化等其他经济发展指标，人口数量的缩减并非社会发展和人口素质提高的结果。经济发展的压力在一定程度上一方面加剧了对森林初级资源的掠夺式利用，另一方面放松了对森林资源的有效管理。2005～2010 年，崇义县森林质量显著提升的同时，人口数量明显增加，高于屏障区平均水平，地区生产总值，尤其是第二产业发展较快，形成了"经济发展–森林质量提升–经济更快发展"的良性循环。就崇义县而言，人文因素是影响十年内森林质量变化最重要的原因。

4.9 小 结

2000～2010 年，"两屏三带"生态系统整体稳定，局部地区受生态恢复措施，人类活动扩张和地质灾害等影响显著。在各个屏障带中，青藏高原生态屏障带主要受气候变化的影响，人类活动影响小，总体植被覆盖、NPP 及叶面积指数稳定，屏障区生态系统结构和质量相对稳定，但是气候变化的影响不容忽视。黄土高原—川滇生态屏障带植被覆盖状况和 NPP 总体稳定，在屏障区的中部出现显著下降的区域；黄土高原屏障部分的植被覆盖度以每年 1.25% 的速率显著上升，NPP 以每年 $3.99gC/(hm^2 \cdot a)$ 的速率显著上升，而且主要发生在覆盖度小于 50% 的退耕区域；该屏障区叶面积指数 70% 以上处于基本不变状态，但在中部地区出现轻度退化；就黄土高原而言，2000～2010 年，生态恢复措施（退耕还林）导致黄土高原生态屏障带生态系统质量显著上升。东北森林生态屏障带大部分地区植被覆盖度无显著变化，NPP 总体稳定，叶面积指数 77.75% 的区域基本无变化，13.87% 的区域略有改善。北方防沙屏障带植被覆盖、NPP 和叶面积指数都表现为总体稳定。南方丘陵山地植被覆盖度和 NPP 平缓上升，但是趋势不显著（$P>0.05$），叶面积指数近 80% 基本不变，15.66% 趋于改善。北方防沙屏障带、南方丘陵山地屏障带和黄土高原—川滇生态屏障带整体上生态系统稳定，但是生态恢复，人类活动扩展和地质灾害的重点区域生态系统质量受到显著影响。其中，东北森林屏障带人工林比例稍有增加，北方防沙屏障带生态恢复成效和人类活动扩展影响并存，南方丘陵山地屏障带石漠化防治和林场经营效果明显，川滇生态屏障带地质灾害对灾区生态系统破坏明显。

第 5 章 | 屏障区生态系统胁迫评估

生态系统胁迫是指各种自然和人类活动因素对生态系统产生的干扰和破坏，是导致区域生态系统格局、质量、生态问题和服务功能变化的原因。作为生态安全战略格局的主体，"两屏三带"在涵养水源、调节气候、防治水土流失、保护生态多样性、防风固沙和保护天然植被等方面发挥着重要的作用，对国家生态安全的保障和可持续发展的实现具有重要战略意义。"两屏三带"也是我国生态格局中生态系统的脆弱区，虽然近年来对"两屏三带"生态系统的重要性认识有所加强，区域内生态系统保护政策的实施明显增多，但各种自然和人类活动因素对生态系统的胁迫仍然存在，且这种胁迫具有迅速、直接、强力和持久等特点。因此，本研究将从自然胁迫指标和人类活动胁迫两方面对屏障区的生态系统胁迫进行评估，分析影响生态系统格局、质量和服务功能等的自然和人类活动因素的变化特征，揭示生态系统变化及其原因。

5.1 数据与方法

5.1.1 数据来源

本节采用的数据主要有：2000 年、2005 年和 2010 年 30m 分辨率的全国土地利用分类图、屏障区各县市统计年鉴和农村统计年鉴，2000 年和 2010 年全国农村人口密度数据，2000～2010 年全国年降雨和年度平均日气温空间分布专题图等。

5.1.2 生态系统胁迫评估方法

目前，生态系统胁迫的评估对生态系统恢复的重要性已被国内外专家学者所重视。国内学者们主要从不同层次、不同角度对生态系统胁迫进行了相关研究，例如，赵峥运用 DPSIR 模型评价了甘肃省生态系统胁迫的相对大小；王纪伟等运用主成分分析法，利用人类胁迫综合指数（HPI）分析了关中地区各市（区）人类活动对生态系统胁迫的变化；柏超等运用主成分分析法、Z 分数法和综合指数法对 2000～2010 年广东省生态环境胁迫的格局和变化情况进行了综合性的定量评价。结合"两屏三带"国家生态屏障区的自然地理和人类活动特征，本研究将从自然因素和人类活动因素两个方面评估其对生态系统的胁迫作用。

5.1.2.1 自然因素生态系统胁迫评估

（1）基于降雨与气温的生态系统胁迫评估

降雨和气温对生态系统的修复和维持具有重要作用，降雨偏少将导致旱灾，降雨偏多会导致洪涝灾害，气温升高或降低也会对生态系统产生影响。近 50 年，黄土高原的年降雨量显著减小，侵蚀性降雨量的减小趋势接近显著，但汛期降雨量和暴雨量减少趋势不显著，这意味着近 50 年，黄土高原缺水情形逐渐严峻，因暴雨导致的剧烈水土流失未有明显缓解。随着全球变暖的加剧，极端气温的出现越来越频繁，西藏极端（最高与最低）气温呈显著升高趋势，高温和低温同样对生态系统的正向演变产生胁迫。本节利用国家屏障区年降雨空间分布图和年日均气温空间分布图提取其降雨和气温的平均值、最大值和最小值，并分析屏障区降雨和气温的平均值、最大值、最小值及其变化特征，评估气温和降水等自然因素对其生态系统胁迫。

（2）基于 SPI 的旱涝灾害胁迫评估

气象灾害对地区的影响巨大，在气象灾害中，旱涝灾害的影响又最为严重。我国是世界上旱涝灾害发生最频繁的国家之一，这一现状在生态薄弱的屏障区更为明显。近年来，在全球气候变暖背景下，水循环加强，极端气候事件增多，表现为干旱发生频率和强度明显增加。IPCC 第五次评估报告指出，到 21 世纪末期，中纬度陆地上大部分地区及热带潮湿区的极端降雨将更加频繁且强度会增加，这表明未来洪涝灾害影响将更大。标准化降雨指数 SPI（standardized precipitation index）不仅具有计算简单和多时间尺度的优势，能够对不同空间的旱涝进行比较，稳定性较好，而且在极端情况下，优于国内广泛使用的 Z 指数，因而在干旱监测中得到了广泛应用。

本书将运用 SPI 指数对屏障区生态系统干旱与洪涝灾害的胁迫作用进行评估。根据《气象干旱等级（GB/T20481—2006）》国家标准的定义，标准化降雨指数（SPI）是表征某时段降雨量出现概率多少的指标，它适用于月以上尺度相对于当地气候状况的干旱的监测及评估。SPI 采用 Γ 分布概率来描述降雨量的变化，将偏态概率分布的降雨量进行正态标准化处理，最终用标准化降雨累积频率分布来划分旱涝等级。SPI 计算公式如下：

$$\text{SPI} = S\frac{t - (c_2 t + c_1) t + c_0}{[(d_{3t} + d_2) t + d_1] t + 1.0} \tag{5-1}$$

式中，$t = \sqrt{\ln\frac{1}{G(x)^2}}$，$G(x)$ 为与 Γ 函数相关的降雨分布概率；x 为年或季降雨量样本；S 为概率密度正负系数。

当 $G(x) > 0.5$ 时，$S = 1$；当 $G(x) \leq 0.5$ 时，$S = -1$。$G(x)$ 由 Γ 分布函数概率密度积分公式计算：

$$G(x) = \frac{1}{\beta^\gamma \Gamma(\gamma)}\int_0^x x^{\gamma-1} e^{-\frac{x}{\beta}} \mathrm{d}x, \ x > 0 \tag{5-2}$$

式中，γ、β 分别为 Γ 分布函数的形状和尺度参数；c_0、c_1、c_2 和 d_1、d_2、d_3 分别为 Γ 分布函数转换为累积频率简化近似求解公式的计算参数，其中 $c_0 = 2.515\ 517$，$c_1 = 0.802\ 853$，$c_2 = 16\ 950.010\ 328$，$d_1 = 1.432\ 788$，$d_2 = 0.189\ 269$，$d_3 = 0.001\ 308$。

干旱划分等级干旱等级标准，并按干旱等级标准增加了雨涝划分等级（表 5-1）。可见，SPI$\leqslant -1.0$ 为干旱界值，SPI$\geqslant 1.0$ 为雨涝界值。

表 5-1　SPI 等级分类表

SPI 标准	等级
SPI$\geqslant 2.00$	极涝
$1.50 \leqslant$ SPI < 2.00	重涝
$1.00 \leqslant$ SPI < 1.50	中涝
$-1.00 <$ SPI < 1.00	接近正常
$-1.50 <$ SPI $\leqslant -1.00$	中旱
$-2.00 <$ SPI $\leqslant -1.50$	重旱
SPI$\leqslant -2.00$	极旱
SPI$\geqslant 2.00$	极涝

5.1.2.2　人类活动因素生态系统胁迫评估

（1）基于人口密度的生态系统胁迫评估

中国是世界上人口最多的国家，人口基数大且增长迅速。巨大的人口数量和快速增长的速度，对生态环境造成了巨大的压力，人口对生态脆弱的屏障区生态系统的影响和胁迫更大。本研究以屏障区各县为基本研究单元，通过各县农村人口密度的绝对变化率（变化量），对屏障区生态系统的人类活动胁迫进行评估。

（2）基于建设用地指数的生态系统胁迫评估

近年来，随着中国社会经济的快速发展，城乡建设用地不断扩张，对社会经济和生态环境造成了一系列影响。建设用地作为与人类生产生活关系最为密切的用地类型之一，其扩张速度和强度不仅是区域经济发展水平的标志，也会在一定时期内造成区域生态环境问题的产生。有效地分析区域内建设用地的分布特征与变化情况对生态系统胁迫的评估具有重要意义。本研究选用建设用地指数来分析建设用地扩张对生态系统的胁迫程度，其中建设用地指数分别由居民地、工业用地、交通用地和矿业占地所占比例表示。

（3）基于土地利用强度的生态系统胁迫评估

人类活动对自然生态系统的影响日渐加剧，人类干扰已成为全球环境变化的重要驱动力。土地利用强度直接反映了人类活动对生态系统的影响程度，也是土地利用可持续程度的重要测度指标。当前土地科学研究主要关注土地覆被变化及其对生态环境的影响，而土地利用强度的高分辨率时空表达尚在探索阶段。土地利用强度不同于土地集约利用程度，其内涵更广泛，包括广度和深度两个方面内容，广度方面是指受人类干预或利用并产生社会经济效益的土地面积，通常用土地利用率来表示；深度方面是指劳动、资本、技术和物资等生产要素在单位土地面积上的投入量，即土地利用集约程度。某区域土地利用强度是深度和广度的综合，宏观上，土地利用类型的转变一般导致土地利用强度的变化，如新增建设用地导致区域土地利用程度提高，退耕还林导致区域土地利用程度降低等，这是文中土地利用程度研究的基本依据。

本研究区范围大、分布广，各个屏障区异质性强，基于土地利用分类系统的基本准则，考虑到区域尺度空间范围、研究区域各类土地利用类型、分类层次性等因素，参考刘纪远的土地利用分类系统，根据地表被人类活动干扰程度及其可逆性分为人工地类、半人工地类、半天然地类、天然地类 4 个一级类型，各土地利用类型的等级指数见表 5-2。其中，1 代表受人类影响低，2 代表受人类影响较低，3 代表受人类影响较高，4 代表受人类影响高。

表 5-2　土地利用类型及等级

土地级	未利用土地级	林草水用地级	农业用地级	城镇聚落用地级
土地利用类型	沙漠、冰川/永久积雪、裸地	草地、森林、灌丛、湿地	耕地、园地	居民地、工矿交通用地
等级指数	1	2	3	4

5.2　"两屏三带"生态系统胁迫评估

5.2.1　基于降雨的生态系统胁迫评估

水资源是维持生态系统的重要纽带，大气降雨作为水资源的重要来源，其时空分布及强度变化会对生态系统有着重要影响。本节利用 2000～2010 年平均降雨、降雨变化、最低与最大降雨分析降雨对国家屏障区的胁迫。

5.2.1.1　平均降雨空间变化分析

由图 5-1 和表 5-3 可知，国家生态屏障区降雨分布存在较大的空间差异。国家生态屏障区年平均降雨量在 400～800mm 的区域面积较大，占屏障区面积的 41.1%，其次是 200～400mm、800mm 以上和 200mm 以下，其面积比例分别为 27.1%、17.4% 和 14.4%。

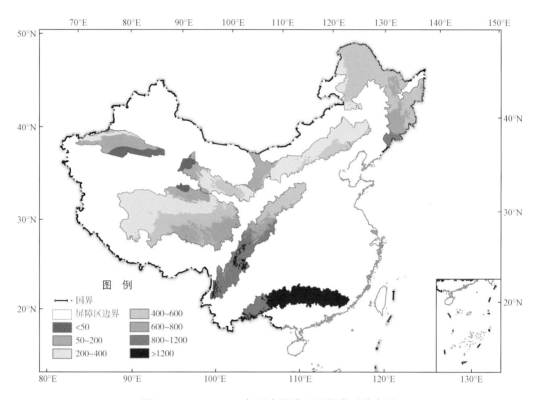

图 5-1　2000～2010 年国家屏障区平均降雨分布图

表 5-3　国家屏障区不同降雨梯度面积统计表　　　　（单位：km²）

屏障带	<50mm	50～200mm	200～400mm	400～600mm	600～800mm	800～1200mm	>1200mm
青藏高原生态屏障带	12 538	70 557	408 928	245 863	189 308	2 357	0
黄土高原生态屏障带	0	0	0	106 910	9 445	0	0
川滇生态屏障带	0	0	0	10 248	55 203	196 304	30 244
东北森林屏障带	0	0	58 345	431 320	102 042	22 811	0
塔里木防沙屏障带	67 189	126 493	33 625	9 855	1 383	84	0
河西走廊防沙屏障带	25 096	48 707	78 903	53 880	36	0	0
内蒙古防沙屏障带	0	88 873	262 310	70 792	0	0	0
南方丘陵山地屏障带	0	0	0	0	0	52 964	234 853
国家屏障区	104 823	334 630	842 111	928 868	357 417	274 520	265 097

　　青藏高原生态屏障带年降雨量以 200～800mm 为主，其面积比例高达 90.8%，其中，年降雨量在 200～400mm 的区域所占比例为 44.0%，集中分布于屏障带西部；年降雨量在 400～800mm 的区域所占比例为 46.8%，主要位于屏障带东部；北端的柴达木盆地年降雨量在 200mm 以下。黄土高原生态屏障带年降雨量在 400～800mm，其中年降雨量在 400～600mm 的区域面积比例为 91.2%。川滇生态屏障带年降雨量以 800mm 以上为主，比例高

达 77.6%，分布广泛，东北部年降雨量以 600~800mm 为主，比例为 18.9%。东北森林屏障带年平均降雨量以 400~800mm 为主，所占比例高达 86.8%，最西侧年平均降雨量在 200~400mm，最南端年平均降雨在 800~1200mm。塔里木防沙屏障带年平均降雨量以 200mm 以下为主，比例高达 81.1%，其中，年平均降雨量在 50mm 以下的区域面积比为 28.2%，集中分布于南部；北端天山地区年平均降雨量为 400~600mm。河西走廊防沙屏障带年降雨量在 200~400mm 的面积较大，所占比例为 38.2%，集中于西北部和东南部；其次是年平均降雨在 200mm 以下的区域，所占比例为 35.7%，主要分布于屏障带西北端；年平均降雨量在 400~600mm 的面积比例为 26.1%，主要分布在祁连山中段。内蒙古防沙屏障带年平均降雨量以 200~400mm 为主，比例达 62.2%，其西端年平均降雨量在 50~200mm，占屏障带的 21.1%；南方丘陵山地屏障带降雨较多，年平均降雨量在 800mm 以上，其中，年平均降雨量 1200mm 以上的比例为 81.2%，分布于中部和东部。

综上所述，青藏高原生态屏障带西部和东南部、塔里木防沙屏障带、河西走廊防沙屏障带西北部、内蒙古防沙屏障带年平均降雨量低于 400mm，属于干旱、半干旱地区，部分区域如格尔木市、塔里木盆地南部年降雨量低于 50mm，降雨处于极度短缺状态。上述区域以草地生态系统为主，降雨的短缺会显著降低草地生态系统的光合生产力，迫使草地植物生长发育延迟。此外，降雨的短缺还会影响区域农业生产、城镇供水，成为区域经济发展的限制性因素。

5.2.1.2　2000~2010 年降雨量时空变化分析

（1）总降雨量时空变化分析

由国家屏障区近十年平均降雨统计表（表 5-4）可知，各个屏障带年平均降雨总体上均呈现不同程度的增加。2000~2010 年，年降雨量增加较多的为南方丘陵山地屏障带和东北森林屏障带，其增加量在 150mm 以上，其他屏障带增加量在 100mm 上下波动。

表 5-4　国家屏障区近十年平均降雨统计表　　　　（单位：mm）

年份	青藏高原生态屏障带	黄土高原生态屏障带	川滇生态屏障带	北方防沙屏障带	东北森林屏障带	南方丘陵山地屏障带
2000	389	455	976	212	521	1483
2001	375	509	1008	216	446	1520
2002	387	503	913	248	523	1736
2003	409	704	947	284	570	1227
2004	378	427	965	251	498	1293
2005	512	521	1006	274	558	1444
2006	354	516	819	224	543	1604
2007	431	559	914	237	450	1361
2008	432	442	941	256	510	1600
2009	463	527	888	205	601	1193
2010	476	572	1069	318	676	1657

（2）年降雨量变化趋势分析

利用趋势线分析，可得知2000～2010年各个屏障带降雨量的年平均变化。由图5-2可知，国家屏障区年降雨变化存在着较大的空间异质性。

结合图5-2和表5-5可知，国家屏障区年平均降雨量以增加为主，其面积比例高达78.4%。年平均降雨增加量以0～10mm/a的区域面积较大，为1 403 143km²，占国家屏障区面积的45.2%，主要分布在北方防沙屏障带、青藏高原生态屏障带中部和黄土高原生态屏障带，其中，在塔里木防沙屏障带，其所占面积比例高达88.0%，在河西走廊防沙屏障带的面积比例达67.7%，主要分布在屏障带西北部和东南部，在内蒙古防沙屏障带的面积比例为73.6%，在青藏高原生态屏障带的面积比例为36.5%，分布于中部地区，在黄土高原生态屏障带的面积比例为60.9%，分布于东北和西南端。其次是年平均降雨增加量在10～20mm/a，其面积占国家屏障区的31.2%，重点分布在青藏高原生态屏障带西部和东部、川滇北部、东北森林屏障带中部和西北部，在各自屏障带内所占比例分别为48.3%、24.2%和53.3%。年平均降雨量减少区域主要分布在青藏高原生态屏障带南端、川滇生态屏障带西南部和南方丘陵山地屏障带东部，在各自屏障带内所占比例分别为13.9%、54.5%和62.2%。

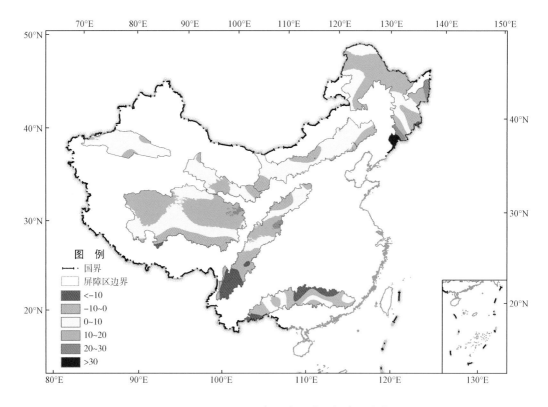

图5-2　2000～2010年国家屏障区年降雨变化

表 5-5　国家屏障带年降雨变化面积统计表　　　　　　（单位：km^2）

屏障带	<-10	-10~0	0~0	10~20	20~30	>30
青藏高原生态屏障带	5 183	124 358	340 003	449 279	10 728	0
黄土高原生态屏障带	0	34 732	70 866	10 757	0	0
川滇生态屏障带	77 888	82 628	50 827	70 739	9 917	0
东北森林屏障带	2 490	42 806	197 620	327 405	29 093	15 104
塔里木防沙屏障带	0	23 137	210 003	5 489	0	0
河西走廊防沙屏障带	0	26 552	139 996	40 074	0	0
内蒙古防沙屏障带	0	72 220	310 422	39 332	1	0
南方丘陵山地屏障带	58 634	120 621	83 406	23 880	1 276	0
国家屏障区	144 195	527 054	1 403 143	966 955	51 015	15 104

青藏高原生态屏障带南端降雨量的减少会加剧城镇生态系统的水供给，降低该区域湿地生态系统的稳定性，使草地退化更加严重。内蒙古防沙屏障带与河西走廊防沙屏障带交界处降雨量的减少会加剧该区域原本已经极度沙化的程度。

5.2.1.3　极端降雨变化分析

在全球变暖的背景下，降雨事件普遍呈现出极端化趋势，极端降雨事件会对生态环境产生诸多负面影响，如影响山体滑坡的次数、位置和严重程度，引起坡地农田养分流失，甚至引发洪涝灾害，对社会稳定、经济发展和人民生活产生了严重影响。本书利用 ArcGIS 空间分析模块，对 2000~2010 年的降雨数据以像元为单位进行最大或最小合成，得到 2000~2010 年国家屏障区最高或最低降雨分布。

（1）最大降雨量空间分析

由图 5-3 和表 5-6 可知，国家屏障区最大降雨量为 400~800mm 的面积较大，比例为 52.2%，主要分布于青藏高原生态屏障带、河西走廊防沙屏障带东南部、内蒙古防沙屏障带中部和东北部、黄土高原生态屏障带东北部以及东北森林屏障带，且在各自屏障带内所占比例均超过了 40%，在青藏高原生态屏障带、黄土高原生态屏障带及东北森林屏障带更为集中，所占比例在 70%~80%；年最大降雨量在 400mm 以下和 800~1600mm 的比例分别为 22.1% 和 18.7%，前者重点分布于北方防沙带，后者重点分布于川滇生态屏障带和南方丘陵山地屏障带，在各自屏障带所占比例分别为 93.1% 和 26.4%；年平均降雨量在 1600mm 以上的区域占国家屏障区的 6.9%，主要分布于南方丘陵山地屏障带中部和东部，在南方丘陵山地屏障带所占比例为 73.6%。

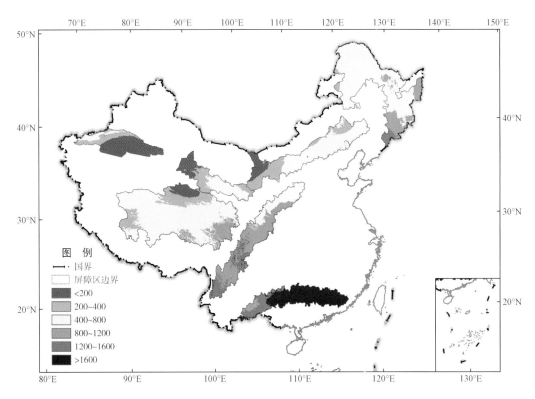

图 5-3 2000～2010 年国家屏障区最大降雨量分布（单位：mm）

表 5-6 2000～2010 年国家屏障区不同梯度最大降雨量面积统计表（单位：km²）

屏障带	<200mm	200～400mm	400～800mm	800～1200mm	1200～1600mm	>1600mm
青藏高原生态屏障带	46 416	138 701	655 239	89 195	0	0
黄土高原生态屏障带	0	0	90 576	25 779	0	0
川滇生态屏障带	0	0	16 271	171 670	100 263	3 795
东北森林屏障带	0	10 501	487 880	95 111	21 005	21
塔里木防沙屏障带	152 230	49 181	34 051	3 164	3	0
河西走廊防沙屏障带	55 108	65 626	85 888	0	0	0
内蒙古防沙屏障带	51 326	117 904	252 390	355	0	0
南方丘陵山地屏障带	0	0	0	17 089	58 997	211 731
国家屏障区	305 080	381 913	1 622 295	402 363	180 268	215 547

由上述分析可知，黄土高原生态屏障带年最大降雨量在 400～800mm，雨量大、强度大的极端降雨会引起严重的土壤侵蚀。降雨与泥石流的关系密切，川滇生态屏障带是泥石流多发区域，年最大降雨量在 1200～1600mm，高强度的降雨会引发滑坡泥石流。南方丘陵山地屏障带年最大降雨量在中部和东部地区高于 1600mm，且极端降雨持续时间长，会造成洪涝灾害发生。

（2）最低降雨量空间分析

由图 5-4 和表 5-7 可知，国家屏障区最低降雨量在 200～400mm 与 50～200mm 的面积较大，比例分别为 30.3% 和 29.7%，前者主要分布于青藏高原生态屏障带中部、内蒙古防沙屏障带中部和东北部及东北森林屏障带西北部，在各自屏障带所占比例分别为 37.7%、64.7% 和 64.8%，后者主要分布于青藏高原生态屏障带北部和内蒙古防沙屏障带西南部，所占比例分别为 27.5% 和 32.2%；其次是年最低降雨量在 400～600mm 的区域，占国家屏障区面积的 15.1%，主要分布于青藏高原东南部、黄土高原生态屏障西南部及东北森林屏障带东南部，在各自屏障区所占比例分别为 28.1%、63.4% 和 27.7%；年最低降雨量小于 50mm 的区域面积比例为 7.4%，集中分布于塔里木防沙屏障带南部、河西走廊防沙屏障带西北端及青藏高原生态屏障东北端，占各自屏障区的比例分别为 58.4%、19.3% 和 4.2%；年最低降雨量大于 800mm 的区域主要分布于南方丘陵山地屏障带及川滇生态屏障带中部。

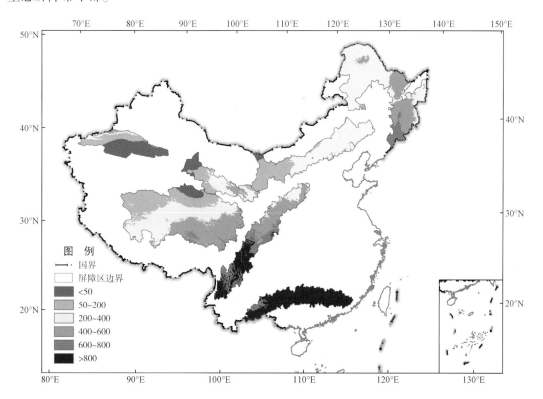

图 5-4　2000～2010 年国家屏障区最低降雨量分布

表 5-7　2000～2010 年国家屏障带不同梯度最低降雨量面积统计表（单位：km²）

屏障带	<50mm	50～200mm	200～400mm	400～600mm	600～800mm	>800mm
青藏高原生态屏障带	38 610	254 874	350 783	261 568	23 716	0
黄土高原生态屏障带	0	0	42 599	73 756	0	0

屏障带	<50mm	50~200mm	200~400mm	400~600mm	600~800mm	>800mm
川滇生态屏障带	0	0	914	60 423	104 888	125 774
东北森林屏障带	0	2 802	398 152	170 195	43 363	6
塔里木防沙屏障带	139 536	69 724	23 925	5 009	434	1
河西走廊防沙屏障带	39 787	64 803	80 339	21 693	0	0
内蒙古防沙屏障带	9 300	136 033	273 335	3 307	0	0
南方丘陵山地屏障带	0	0	0	0	16 484	271 333
国家屏障区	230 035	923 586	942 090	469 119	145 528	397 108

由上述分析可知，塔里木防沙屏障带南部和河西走廊防沙屏障带西北端年最低降雨量小于 50mm，极低的降雨量不利于植被的生长发育，使得这些沙化极度严重的区域沙化过程不易逆转。

5.2.2 基于气温的生态系统胁迫评估

温度是影响生态系统呼吸的主要因素之一，本节利用 2000~2010 年国家屏障区的平均温度、年温度变化、最高与最低温度分析温度对生态系统的胁迫作用。

5.2.2.1 平均温度

由图 5-5 和表 5-8 可知，国家屏障区温度分布空间差异明显。总体上，国家屏障区年平均温度低于 5℃的面积为 1 792 389km^2，占国家屏障区面积的 57.6%。

青藏高原生态屏障带平均温度以 5℃以下为主，比例高达 93.8%，这有利于该区域冻土、冰川生态系统的稳定，其中，-5~0℃的区域面积较大，比例为 45.6%，分布于中部和东部，其次是平均温度低于-5℃的区域，所占比例为 29.4%，集中于西北部地区；年平均温度介于 5~10℃的区域集中于东北部的格尔木市。黄土高原生态屏障带年平均温度以 5~15℃为主，比例高达 98.8%，其中年平均温度在 10~15℃的面积较大，达 73 817km^2，所占比例为 63.4%，较为均匀地分布于黄土高原生态屏障带。川滇生态屏障带年平均温度集中在 5~20℃，比例达 81.9%，其中年平均温度在 10~15℃的面积较大，为 96 306km^2，占川滇生态屏障带面积的 32.9%，主要分布于西南部。东北森林屏障带纬度较高，年平均温总体偏低，以-5~5℃为主，面积为 524 525km^2，所占比例高达 85.3%，其中年平均温度在 0~5℃的面积较大，所占比例为 55.6%，分布于中部和南部地区；年平均温度低于-5℃的面积较小，比例为 7.8%，分布于大兴安岭北部。塔里木防沙屏障带年平均温度以 5~15℃为主，面积为 187 682km^2，比例为 78.7%，其中年平均温度在 10~15℃的区域面积较大，比例达 64.5%，主要分布于塔里木盆地中南部；平均温度在-5℃以下的区域面积较小，在塔里木防沙带北端呈狭长带状分布。河西走廊防沙屏障带年平均温度介于-5~5℃的面积较高，所占比例为 53.5%，主要分布于东南部；年平均温度在-5℃以下与10~15℃的面积大小相近，比例分别为18.0%和18.3%，前者主要分布于祁连山，后者主要分布于西北端。内蒙古防沙带年平均温度以0~10℃为主，比例为87.1%，其中年平均温度在5~10℃的面积较大，比例达60.5%，集中分布于东南部和西南部；年平均温度为10~15℃的面积较小，比例为12.8%，主要分布于贺兰山。南方丘陵山地屏障带总体年平均温度以15℃以上为主，面积为282 538km^2，比例达98.2%，其中，年平均温度在20℃以上的区域面积所占比例为55.2%，主要位于中部和东部地区。

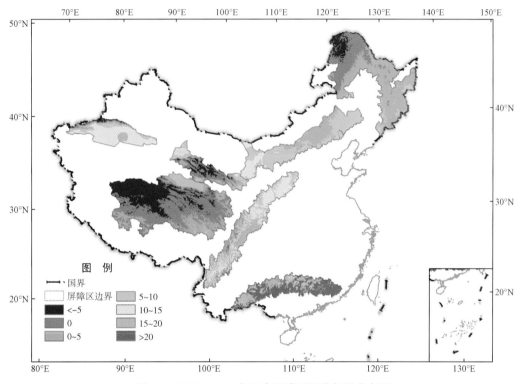

图5-5　2000~2010年国家屏障区平均气温分布图

表5-8　2000~2010年国家屏障区平均气温面积分布统计表　（单位：km^2）

屏障带	<-5	-5~0	0~5	5~10	10~15	15~20	>20
青藏高原生态屏障带	273 139	424 151	174 883	56 918	460	0	0
黄土高原生态屏障带	0	0	1 300	41 237	73 817	1	0
川滇生态屏障带	425	9 311	39 164	61 654	96 306	81 220	3 919
东北森林屏障带	47 993	182 779	341 746	42 000	0	0	0
塔里木防沙屏障带	9 705	12 090	15 429	33 880	153 802	13 723	0
河西走廊防沙屏障带	37 207	68 969	41 731	37 885	20 830	0	0
内蒙古防沙屏障带	0	389	111 978	255 493	54 115	0	0
南方丘陵山地屏障带	0	0	0	1	5 278	123 543	158 995
国家屏障区	368 469	697 689	726 231	529 068	404 608	218 487	162 914

5.2.2.2 温度变化

政府间气候变化专门委员会（IPCC）第四次评估报告指出，以温度升高为主要特征的气候变化已对全球所有陆地和多数海洋的自然生态系统产生了重要影响。

如表 5-9 所示，温度增加的面积为 2 095 977km²，占国家屏障区总面积的 67.03%，约为温度减少面积的两倍，表明国家屏障区以温度增加为主。年平均温度增加量介于 0.02 ~ 0.16℃/a 的区域面积较大，为 552 220km²，占国家屏障区面积的 17.7%，其次是年平均温度增加量介于 0 ~ 0.02℃/a、0.06 ~ 0.10℃/a 和 0.14 ~ 0.18℃/a 的区域，年平均温度增加量介于 0.10℃/a 和 0.14℃/a 以及大于 0.18℃/a 的区域面积较小。

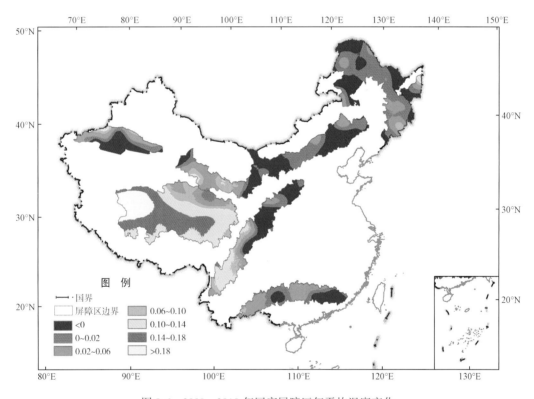

图 5-6　2000 ~ 2010 年国家屏障区年平均温度变化

由图 5-6 和表 5-9 可知，2000 ~ 2010 年，青藏高原生态屏障带以增温为主，增温的面积比例高达 99.6%，其中，年平均温度增加量介于 0.14 和 0.18℃/a 的面积较大，占青藏高原生态屏障带面积的 33.6%，主要分布在屏障带的中部地区；年平均温度增加量大于 0.18℃/a 的区域比例达 24.9%，主要分布在屏障带的西部地区；年平均温度增加量介于 0.06℃/a 和 0.10℃/a 的面积中等，比例为 16.7%，分布在东北部。黄土高原生态屏障带以降温为主，降温面积达 80693km²，比例为 69.3%，主要分布在黄土高原生态屏障带东南部；屏障带西北部以增温为主，增加幅度较小，介于 0℃/a 和 0.06℃/a 之间。川滇生态屏障带以增温为主，增温面积比例达 69.6%，主要位于西南部，其中年温度增加量介于

0.06℃/a 和 0.10℃/a 的面积较大，比例为 42.8%，分布于西南部。东北部以降温为主，面积为 88 736km²，比例为 30.4%。东北森林屏障带增温区域面积较大，集中在小兴安岭和长白山，降温比例达 46.9%，主要沿大兴安岭分布。塔里木防沙屏障带南部以降温为主，比例达 49.4%；北部处于增温状态，年平均增温介于 0.02℃/a 和 0.06℃/a 的比例为 28.4%，主要沿塔里木河分布。河西走廊防沙屏障带以增温为主，比例为 82.8%，而其西北端和东南端以降温为主，比例为 17.2%。内蒙古防沙屏障带以降温为主，比例为 71.2%，分布在西南和东北部；中部地区以增温为主，年平均温度增加量介于 0℃/a 和 0.06℃/a 之间。南方丘陵山地屏障带中部和西部地区年平均温度增加量介于 0℃/a 和 0.06℃/a，比例达 63.4%，降温区域集中在东部。

表 5-9　2000 ~ 2010 年屏障带年平均温度变化面积统计表　　（单位：km²）

屏障带	<0	0 ~ 0.02	0.02 ~ 0.06	0.06 ~ 0.10	0.10 ~ 0.14	0.14 ~ 0.18	>0.18
青藏高原生态屏障带	3 707	15 592	72 268	155 427	231 069	312 953	138 534
黄土高原生态屏障带	80 693	22 943	12 719	0	0	0	0
川滇生态屏障带	88 736	12 819	48 175	124 928	14 798	2 543	0
东北森林屏障带	288 513	208 423	100 971	14 120	2 485	6	0
塔里木防沙屏障带	117 938	38 497	64 313	15 655	2 226	0	0
河西走廊防沙屏障带	35 550	18 275	94 039	58 758	0	0	0
内蒙古防沙屏障带	300 492	90 840	30 643	0	0	0	0
南方丘陵山地屏障带	100 290	53 505	129 092	4 930	0	0	0
国家屏障区	1 015 919	460 894	552 220	373 818	250 578	315 502	138 534

增温对不同屏障带生态系统产生的胁迫具有差异性。青藏高原生态屏障带中部地区分布着较多的冰川如各拉丹东冰川和念青唐古拉山西段冰川，中部地区气温的持续升高会引发该区域冰川退化、冻土退化，对高寒生态系统造成较大的胁迫；河西走廊防沙屏障带西北地区存在着极重度的沙化，该区域温度增加会加重沙化程度；东北森林屏障带温度增加会加速土壤碳分解，降低植物物种多样性，从而对小兴安岭和长白山森林生态系统的良性演化产生胁迫；南方丘陵山地屏障带中部和西部地区温度的增加会引起潜在的干旱；塔里木防沙屏障带及内蒙古防沙屏障带沙化区域温度几乎全部降低，有利于减缓沙化进程。

5.2.2.3　极端气温分析

极端气候事件是指某类气候要素量值或统计值在某一时间段内显著偏离其平均态、且达到或超出其观测或统计量值区间上下限附近特定阈值的事件。与平均态相比，极端气候事件的发生更具有突发性、不可预见性等，对人类社会经济的发展和生态环境造成更为深远的影响。最高与最低温度是极端气候事件的一部分。本书利用 ArcGIS 空间分析模块，对 2000 ~ 2010 年的月温度数据以像元为单位进行最大或最小合成，得到 2000 ~ 2010 年国家屏障区最高或最低温度分布。

（1）最高温度分析

由图 5-7 和表 5-10 可知，各屏障带最高气温分布空间差异明显。青藏高原生态屏障带最高气温主要介于 10℃ 和 20℃，其面积比例为 81.8%。黄土高原生态屏障带南部最高气温介于 20℃ 和 40℃，其中，最高气温介于 30℃ 和 40℃ 的区域比例为 48.7%，分布于东北部；其余地区最高气温介于 20℃ 和 30℃。川滇生态屏障带最高气温介于 20℃ 和 30℃ 的面积较大，比例为 57.0%，主要分布于西南部；最高气温介于 30℃ 和 40℃ 的区域面积中等，比例为 25.0%，主要位于东北部。东北森林屏障带最高温度以 20℃ 和 30℃ 为主，比例达 53.2%，集中分布在西北部大兴安岭和东南部长白山，其次是最高气温介于 30℃ 和 40℃，比例为 37.3%，分布在中部小兴安岭；最东端三江平原最高气温在 50℃ 以上。塔里木防沙屏障带最高温度以 30℃ 和 40℃ 为主，比例达 73.5%，主要分布在塔里木盆地。河西走廊防沙屏障带最高温度介于 20℃ 和 30℃ 的区域面积较大，比例为 43.2%，分布在屏障带西北和东南部；其次是最高温度介于 10℃ 和 20℃，比例为 38.3%，沿中部祁连山分布。内蒙古防沙屏障带最高温度以 30℃ 和 40℃ 为主，比例高达 77.2%；其次是最高温度在 40℃ 和 50℃ 的区域，比例达 12.8%，分布在东北端；中部地区最高温度介于 20℃ 和 30℃。南方丘陵山地屏障带最高温度以 30℃ 和 40℃ 为主，比例达 81.6%，重点分布在中部和东部，西部地区最高气温介于 20℃ 和 30℃。

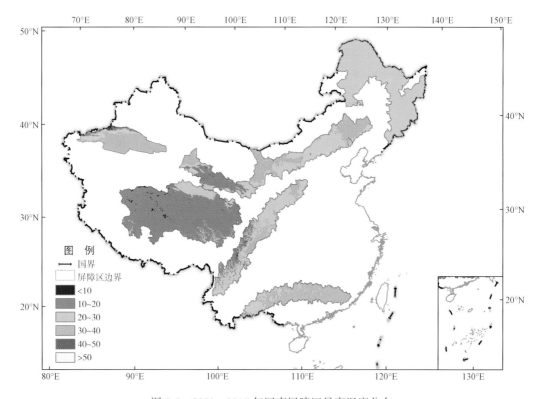

图 5-7　2000～2010 年国家屏障区最高温度分布

表 5-10   2000 ~ 2010 年国家屏障区最高温度面积统计表   （单位：km²）

屏障带	<10℃	10 ~ 20℃	20 ~ 30℃	30 ~ 40℃	40 ~ 50℃	>50℃
青藏高原生态屏障带	336	760 456	168 758	1	0	0
黄土高原生态屏障带	0	0	59 624	56 731	0	0
川滇生态屏障带	245	52 417	166 397	72 940	0	0
东北森林屏障带	0	13	326 980	229 656	34 779	23 090
塔里木防沙屏障带	301	13 828	48 956	175 544	0	0
河西走廊防沙屏障带	0	79 322	89 366	37 934	0	0
内蒙古防沙屏障带	0	0	40 542	325 740	53 987	1 706
南方丘陵山地屏障带	0	0	52 883	234 934	0	0
国家屏障区	882	906 036	953 506	1 133 480	88 766	24 796

由上述分析可知，青藏高原生态屏障带最高温度介于 10℃ 和 20℃，过高的温度会加快冰川消融速度，加大湖泊、河流等湿地生态系统蒸发量；南方丘陵山地屏障带持续的高温会引起干旱、土地龟裂，对农田生态系统造成严重影响。

（2）最低温度

由图 5-8 和表 5-11 可知，各屏障带最低气温分布空间差异明显。国家屏障区最低温度以 -10℃ 以下为主，占国家屏障区面积的 82.0%。青藏高原生态屏障带最低温度以 -30℃ 和 -20℃ 为主，比例高达 70.1%；最低温度在 -20℃ 和 -10℃ 的区域面积比例为 24.9%，分布于屏障带东北和南端，中部冰川分布地带和西端区域最低温度在 -30℃ 以下。黄土高原生态屏障带最低温度以 -20℃ ~ -10℃ 为主，比例为 54.7%，集中分布于屏障带的东北部；最低温度在 -10℃ 和 0℃ 间区域面积比例为 25.4%，分布于西南端。川滇生态屏障带最低温度在 -20℃ 和 10℃ 之间，以 -20℃ 至 -10℃ 为主，比例为 71.9%，分布在西侧；最低温度在 -10℃ 至 0℃ 的区域主要分布在中部地区，最低温度在 0℃ 至 10℃ 的区域分布于东侧。东北森林屏障带最低温度在 -30 至 -20℃ 的区域面积较大，比例达 53.1%，集中分布于东南部；西北部最低温度以 -30℃ 为主，比例为 46.8%，极低的温度会引发霜冻灾害，可能对林木的组织或整个幼树、幼苗产生致命伤害，进而对林木生长发育，天然或人工更新产生很大的限制。塔里木防沙屏障带最低温度以 -20℃ 至 -10℃ 为主，比例高达 84.5%，几乎覆盖整个区域，其次是最低温度在 -30℃ ~ -20℃ 之间，比例为 13.6%，分布于屏障带北端。河西走廊防沙屏障带中部最低温度以 -30℃ 至 -20℃ 为主，比例为 57.7%，其次是最低温度介于 -20℃ 至 -10℃ 的区域，其比例为 40.9%，分布在屏障带的西北和东南部。内蒙古防沙屏障带西南部最低温度以 -20℃ 至 -10℃ 为主，比例为 41.5%，而东北部最低温度在 -30℃ ~ -20℃，比例 58.5%。南方丘陵生态屏障带最低温度介于 0℃ ~ 10℃，比例高达 95.9%，最低温度介于 -10℃ ~ 0℃ 的区域面积比例为 3.0%，零星分布于屏障带中部。

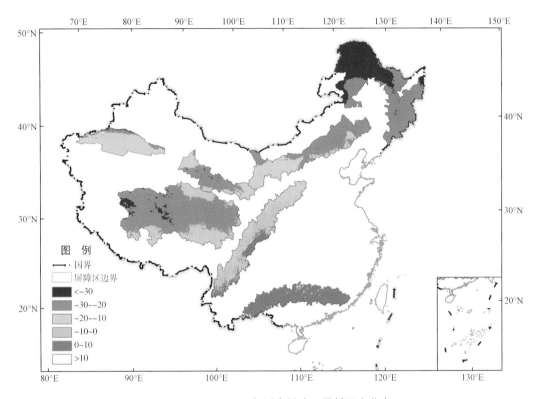

图 5-8　2000～2010 年国家屏障区最低温度分布

表 5-11　2000～2010 年国家屏障区最低温度面积统计表　　　（单位：km²）

屏障带	<−30℃	−30～20℃	−20～10℃	−10～0℃	0～10℃	>10℃
青藏高原生态屏障带	40 111	656 913	231 837	690	0	0
黄土高原生态屏障带	0	184	57 853	159 797	74 165	0
川滇生态屏障带	0	94	83 723	32 538	0	0
东北森林屏障带	287 690	326 503	325	0	0	0
塔里木防沙屏障带	3 453	30 266	201 603	3 307	0	0
河西走廊防沙屏障带	2 873	119 211	84 538	0	0	0
内蒙古防沙屏障带	0	246 879	175 096	0	0	0
南方丘陵山地屏障带	0	0	0	8 722	276 110	2 971
国家屏障区	334 127	1 380 050	834 975	205 054	350 275	2 971

5.2.3　基于 SPI 指数干旱特征的生态系统胁迫评估

根据 1980～2010 年"两屏三带"生态屏障区内 134 个气象站点的逐年降水实测数据，利用 SPI 计算原理，对屏障区的旱涝分布特征进行分析，屏障区的旱涝空间分布如图 5-9

所示。

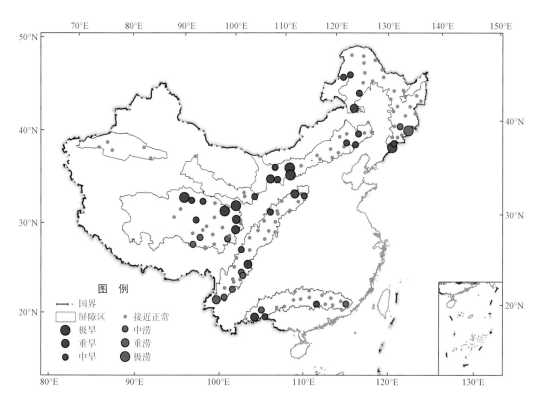

图5-9　2000年国家屏障区旱涝空间分布图

由图5-9可知，2000年，国家屏障区的干旱灾害主要发生在青藏高原生态屏障区东北部、内蒙古防沙带的西部、东北森林屏障带的西部和南部以及南方丘陵山地屏障带的西部，而川滇生态屏障带南部洪涝灾害频发，青藏高原生态屏障区东南部也有洪灾暴发，东北森林屏障带的东北部局部地区有强度较大的洪涝灾害发生。干旱和洪涝对生态系统的危害极大，屏障区洪涝和干旱出现区域的生态系统都不同程度受到了胁迫，而其他地区胁迫程度相对较小。

由图5-10可知，2005年，国家屏障区的干旱灾害主要发生在东北森林屏障带北部、内蒙古防沙带的中西部和北部以及川滇生态屏障带南部。东北森林屏障带北部旱灾最为严重，而其北部的大兴安岭是我国重要的林业基地之一，极度的旱灾对其生态系统产生了严重的胁迫。内蒙古防沙带水草丰美，是中国北方重要的畜牧区之一，干旱灾害对内蒙古防沙带中西部和北部草场恢复产生了重要影响，其西部干旱程度较大，该地区的生态系统受到了较大程度的自然胁迫。川滇生态屏障带的南部也受到了干旱灾害的胁迫，旱灾主要分布在云南和四川的交界地带，对当地的生态系统产生严重影响。同年，青藏高原生态屏障区和南方屏障带西部洪灾相对频繁，东北森林屏障带的西部和南部、南方丘陵山地屏障带的西部，该地区生态系统都不同程度受到了洪涝灾害的胁迫与影响。

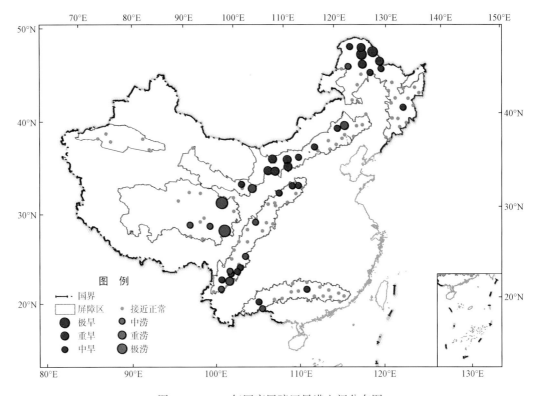

图 5-10 2005 年国家屏障区旱涝空间分布图

由图 5-11 可知，2010 年，国家屏障区的干旱灾害主要发生在河西防沙带东部、内蒙古防沙带东北局部地区、青藏高原东南部和川滇生态屏障带东南部，与 2005 年相比，屏障区的旱灾影响区域明显有所减少。同年，塔里木防沙带西部、青藏高原生态屏障区北部、内蒙古防沙带中东部、东北森林屏障带东部和南部、黄土高原生态屏障带中部以及南方屏障带中南部洪涝灾害频发，其中塔里木防沙带西部、青藏高原生态屏障区北部和东北森林屏障带南部的洪灾强度较大，该地区生态脆弱，生态系统受到了严重的自然胁迫。

为了进一步分析 2000～2010 年"两屏三带"生态屏障区的旱涝灾害空间分布的变化趋势，本书利用一元线性回归分析法，对 2000～2010 年屏障区 134 个气象站点的 SPI 指数进行分析，2000～2010 年屏障区的旱涝变化特征如图 5-12 所示。

2000～2010 年，国家屏障区旱涝变化趋势空间差异性较大，SPI 指数增长较为显著的地区有青藏高原中北部和东北部、黄土高原中东部、内蒙古防沙带东部和西部、塔里木防沙带东部、南方丘陵山地屏障带东南部及东北森林屏障带北部、东部和南部，其中青藏高原中部、北部和东北部及东北森林屏障带南部 SPI 指数增长显著，说明青藏高原中北部和东北部受洪灾胁迫的程度加大，该地区土质疏松，生态系统薄弱，其受洪涝引起的滑坡、泥石流等灾害也会有所加剧，生态系统的洪涝灾害胁迫明显加剧。东北森林屏障带北部大兴安岭和南部长白山南部生态系统受洪涝灾害胁迫程度迅速增加，尤其长北山南部地区洪

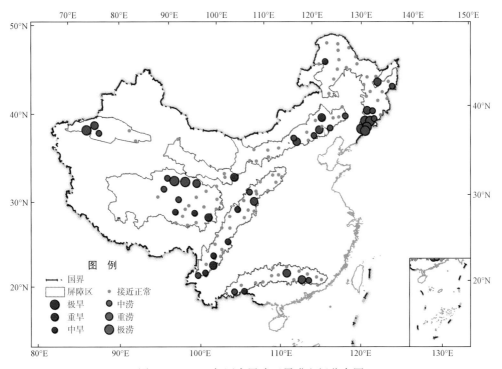

图 5-11　2010 年国家屏障区旱涝空间分布图

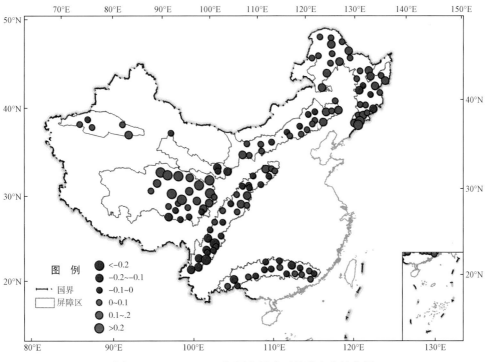

图 5-12　2000～2010 年国家屏障区旱涝变化趋势图

灾发生频率增加最明显，该地区未来的生态系统的自然胁迫一定程度上会有所加剧。黄土高原地区土质疏松，植被覆盖度小，生态脆弱，其受自然灾害的影响较大，黄土高原生态屏障带中部的洪灾发生率会有所上升，该地区生态系统的洪灾胁迫有不同程度的增加。

黄土高原—川滇生态屏障带南部和南方丘陵山地屏障带西部的旱灾程度越来越明显，2000 年，该地区有洪灾出现，2005 年之后旱灾频发，生态系统受旱灾胁迫的程度显著增加。河西走廊防沙屏障带的干旱灾害也有所增加，其东部的旱灾胁迫明显增加。

5.2.4 基于人口密度的生态系统胁迫评估

随着城市化和社会经济的快速发展，人类活动对生态系统的胁迫程度越来越大，影响生态系统的人类活动胁迫指标有多种，但人口密度是对区域生态系统产生胁迫最重要的因子之一，也是影响生态系统质量最直接的人类活动胁迫因子。本研究以"两屏三带"生态屏障区 2000 年和 2010 年的农村人口密度为基础数据，对其生态系统的人类活动胁迫进行评估，人口密度的空间分布及其变化如图 5-13 ~ 图 5-15 所示。

由图 5-13 可知，2000 年，生态屏障区人口密度较高的地区有塔里木防沙带中部，河西防沙带东部，青藏高原生态屏障区东部和东南部，黄土高原—川滇生态屏障带的南部、中西部和北部，南方丘陵山地屏障带中西部和东南部，内蒙古防沙带的中部和东南部及东北森林屏障带的中西部地区。其中，黄土高原—川滇生态屏障带的南部和南方丘陵山地屏障带西部

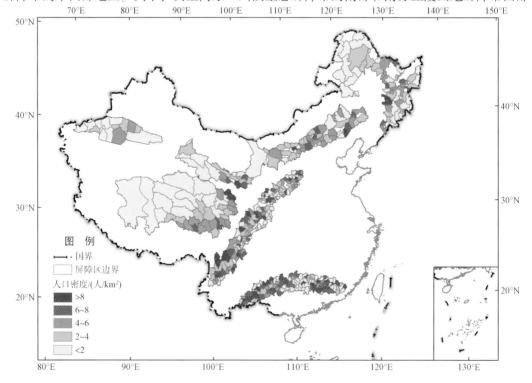

图 5-13 2000 年国家屏障区人口密度空间分布图

及东南部人口密度相对较大,该地区生态系统受人类活动的胁迫也会相对较大。青藏高原生态屏障区、河西防沙带、黄土高原生态屏障带和内蒙古防沙带生态脆弱,生态系统承载力相对较小,该地区人口密度较大的区域生态系统受人类活动胁迫的影响也较为突出。

由图 5-14 可知,2010 年,国家生态屏障区人口密度较高的地区有塔里木防沙带中部、河西走廊防沙屏障带东南部,青藏高原生态屏障带东部和东南部,黄土高原—川滇生态屏障带的南部、中西部,南方丘陵山地屏障带西部和东北部,内蒙古防沙带的中东部及东北森林屏障带的西南部和中西部地区。其中,黄土高原—川滇生态屏障带的南部、内蒙古防沙带的中东部、南方丘陵山地屏障带中西部人口密度相对较大,该地区生态系统受人类活动的胁迫也会相对较大。同年,各屏障区其他地区大部分区域人口密度相对较低,其生态系统受人类活动的胁迫影响也相对较小。

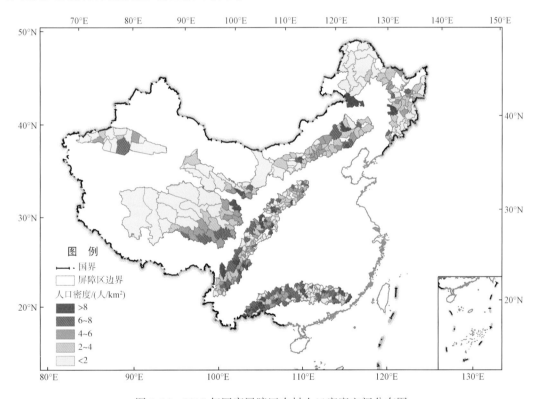

图 5-14　2010 年国家屏障区农村人口密度空间分布图

由图 5-15 可知,2000～2010 年,生态屏障区的人口密度变化空间差异较大。塔里木防沙带中西部,青藏高原生态屏障带东南部、西部和北部,黄土高原—川滇生态屏障带东南部和中部局部地区,南方丘陵山地屏障带西部和东南部,内蒙古防沙带东部局部地区以及东北森林屏障带西部和东南部的人口密度有所增加。其中,塔里木防沙带中西部和青藏高原生态屏障区东南部地区的人口密度整体增加明显。其他各屏障区人口密度增量较大的区域较少,零星地散布在各个生态屏障区内,主要是黄土高原—川滇生态屏障带中部、南方丘陵山地屏障带中部、内蒙古防沙带东部、东北森林屏障带西部的局部县市,该地区因人类活动产生的生态系统胁迫会有所加剧。

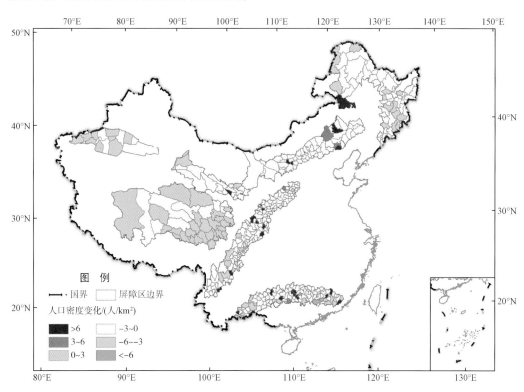

图 5-15　2000～2010 年国家屏障区农村人口密度变化趋势图

2000～2010 年，塔里木防沙带东部，青藏高原生态屏障带中西部，河西走廊防沙屏障带大部分地区，黄土高原—川滇生态屏障带中部和北部大部分地区，南方丘陵山地屏障带、东北森林屏障带的中部大部分地区以及内蒙古防沙带中西部地区人口密度有所下降，黄土高原—川滇生态屏障带北部和南方丘陵山地屏障带中东部的局部县市人口密度下降显著，该地区因人类活动导致的生态系统胁迫不同程度上会有所缓解。

5.2.5　基于建设用地指数的生态系统胁迫评估

近年来，伴随我国城镇化和工业化的快速推进，建设用地需求持续上升，开发建设活动强度对生态系统的影响明显增大，更多生态敏感地带被各类建设用地占据，区域内的生态廊道、生态斑块和生态节点减少，建设用地的扩展对生态系统产生了越来越大的胁迫与影响。本研究选用"两屏三带"生态屏障区 30m 分辨率的全国土地分类图（2000 年、2005 年、2010 年）对其建设用地程度进行整体评估，并根据建设用地对其生态系统胁迫进行分析，其中建设用地是居民地、工业用地、交通用地和矿业占地的综合体。国家生态屏障区在目标时间段的建设用地的空间分布如图 5-16 和表 5-12 所示。

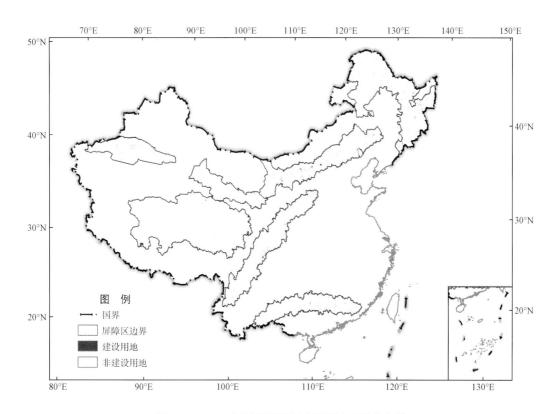

图 5-16   2000 年国家屏障区建设用地空间分布图

表 5-12   2000～2010 年国家屏障区建设用地统计表

年份		青藏高原生态屏障带	黄土高原—川滇生态屏障带	东北森林屏障带	北方防沙屏障带	南方丘陵山地屏障带
2000	总面积/km²	772.84	3 887	7 026.62	8 344.03	3 988.62
	占地百分比/%	0.08	0.95	1.14	0.96	1.38
2005	总面积/km²	928.02	4 613.6	7 618.21	9 354.43	4 407.68
	占地百分比/%	0.1	1.13	1.24	1.08	1.53
2010	总面积/km²	996.98	5 183.92	8 135.37	10 487.67	4 805.17
	占地百分比/%	0.11	1.27	1.32	1.21	1.66

从图 5-16 可知，2000 年国家生态屏障区的建设用地比较集中的地区有塔里木防沙带中部和东北部，河西走廊防沙屏障带东部，青藏高原生态屏障带东北部，内蒙古防沙带的中部和东部，黄土高原—川滇生态屏障带的中东部、北部及南部，南方丘陵山地屏障带的中东部及东北森林屏障带的大部分地区。其中，青藏高原生态屏障带建设用地面积为772.84km²，占屏障区的 0.08%；黄土高原—川滇生态屏障带建设用地面积为 3887km²，占屏障区的 0.95%；东北森林屏障带建设用地面积为 7026.62km²，占屏障区的 1.14%；

北方防沙屏障带建设用地面积为 8344.03km²，占屏障区的 0.96%；南方丘陵山地屏障带建设用地面积为 3988.62km²，占屏障区的 1.38%。可见，2000 年，南方丘陵山地屏障带和东北森林屏障带的建设用地指数（建设用地占地比例）相对较大，其生态系统受建设用地胁迫因子的影响最大。

由图 5-17 可知，2005 年，国家生态屏障区的建设用地比较集中的地区有塔里木防沙带中部和东北部，河西防沙带东北部，青藏高原生态屏障带北部，内蒙古防沙带的中部和东部大部分地区，黄土高原—川滇生态屏障带的中东部、南部和北部大部分地区，南方丘陵山地屏障带的中东部以及东北森林屏障带的大部分地区。其中，青藏高原生态屏障带建设用地面积 928.02km²，占屏障区的 0.1%；黄土高原—川滇生态屏障带建设用地面积 4613.6km²，占屏障区的 1.13%；东北森林屏障带建设用地面积 7618.21km²，占屏障区的 1.24%；北方防沙带建设用地面积 9354.43km²，占屏障区的 1.08%；南方丘陵山地屏障带建设用地面积 4407.68km²，占屏障区的 1.53%。可见，2005 年，南方丘陵山地屏障带和东北森林屏障带的建设用地指数（建设用地占地比例）相对较大，其生态系统受建设用地胁迫因子的影响最大。与 2000 年相比，各屏障带的建设用地明显有不同程度的增加。

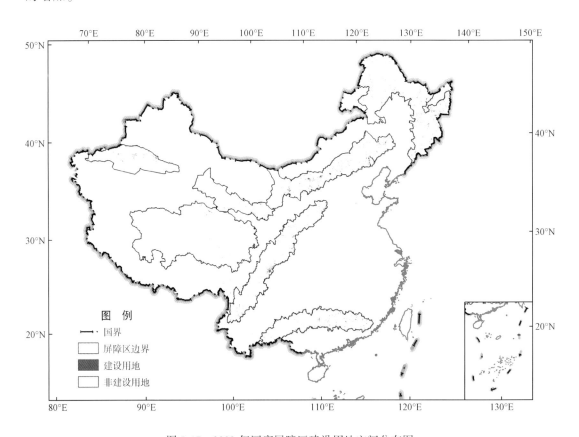

图 5-17　2000 年国家屏障区建设用地空间分布图

由图 5-18 可知, 2010 年, 国家生态屏障区的建设用地比较集中的地区有塔里木防沙带中部和东北部、河西防沙带东部、青藏高原生态屏障区北部, 内蒙古防沙带的中部和东部大部分地区, 黄土高原—川滇生态屏障带的中东部、南部和北部大部分地区, 南方丘陵山地屏障带的中东部以及东北森林屏障带的大部分地区。其中, 青藏高原生态屏障区建设用地面积 996.98km², 占屏障区的 0.11%; 黄土高原—川滇生态屏障带建设用地面积 5183.92km², 占屏障区的 1.27%; 东北森林屏障带建设用地面积 8135.37km², 占屏障区的 1.32%; 北方防沙带建设用地面积 10487.67km², 占屏障区的 1.21%; 南方丘陵山地屏障带建设用地面积 4805.17km², 占屏障区的 1.66%。可见, 2010 年, 南方丘陵山地屏障带和东北森林屏障带的建设用地指数 (建设用地占地比例) 相对较大, 其生态系统受建设用地胁迫因子的影响最大。与 2005 年相比, 各屏障带的建设用地明显有不同程度的增加。

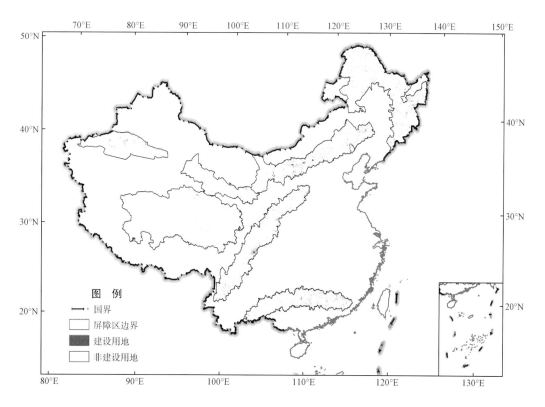

图 5-18　2010 年国家屏障区建设用地空间分布图

就 2000～2010 年而言, 各个屏障带的建设用地指数均有所增长。其中, 黄土高原—川滇生态屏障带建设用地指数的增长量最大, 为 0.32%, 南方丘陵山地屏障带建设用地指数的增长量次之, 为 0.28%, 北方防沙带和东北森林屏障带的建设用地指数绝对增长量分别为 0.27% 和 0.18%, 青藏高原生态屏障带建设用地指数绝对增长量最小, 为 0.03%, 因为青藏高原生态屏障带的生态系统承载力小, 其生态系统受建设用地胁迫因子的影响也不容小视。可见，黄土高原—川滇生态屏障带、南方丘陵山地屏障带和北方防沙带建设用地指数增长最为明显，其生态系统受人类活动的胁迫程度也整体加剧。

5.2.6 基于土地利用强度的生态系统胁迫评估

土地是生态系统的重要组成部分，在生态系统承载能力内合理利用土地，对生态系统的演变有重要作用。任何地区的土地利用变化是影响生物多样性和生态系统稳定性的主要驱动力。土地利用强度综合了影响土地系统变化的自然与人类活动驱动要素，为深入分析人类活动对生态系统的胁迫提供了重要的依据。

（1）土地利用强度分布特征

本研究通过对 2000 年、2005 年和 2010 年三个时期"两屏三带"各土地利用类型分级赋值，研究国家生态屏障区土地利用强度的分布情况及其变化特征，并基于土地利用强度揭示人类活动对各屏障带生态系统的胁迫程度。国家生态屏障区土地利用强度空间分布和土地利用强度等级的占地面积及比例分别如图 5-19 和表 5-13 所示。

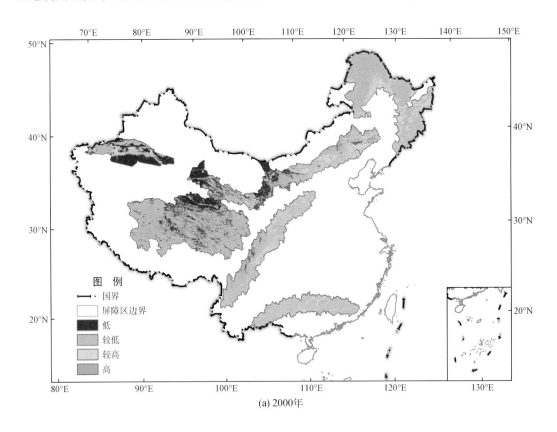

(a) 2000年

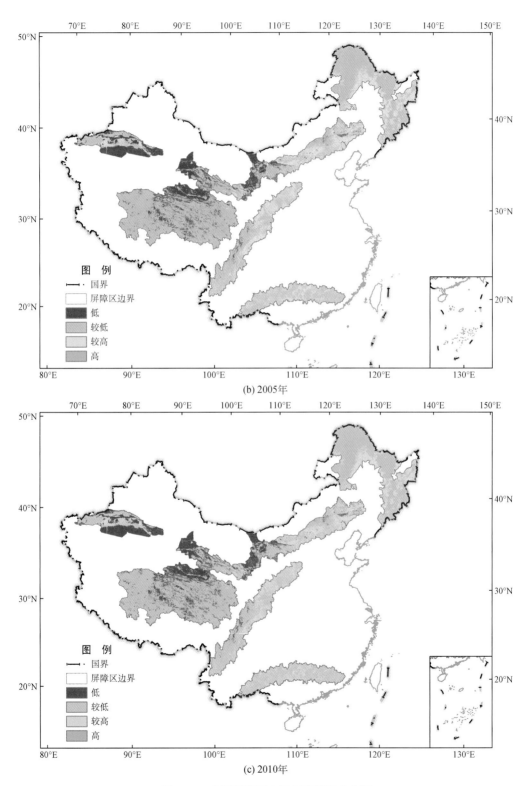

(b) 2005年

(c) 2010年

图 5-19　全国屏障区土地利用等级分布图

表 5-13　2000～2010 年各等级土地利用强度统计表

年份	低		较低		较高		高	
	面积/km²	百分比/%	面积/km²	百分比/%	面积/km²	百分比/%	面积/km²	百分比/%
2000	467 834.00	15.03	2 242 000.56	72.01	379 431.94	12.19	24 316.56	0.78
2005	466 087.69	14.97	2 243 448.44	72.05	376 845.19	12.10	27 184.19	0.87
2010	465 370.50	14.95	2 242 711.56	72.03	375 629.94	12.06	29 871.06	0.96

　　土地利用强度分布特征表明，我国生态屏障区大部分地区受人类活动胁迫程度较小，受人类活动胁迫的区域约占整个屏障区面积的72%。各屏障带大部分地区内受人类活动胁迫较小，说明各个屏障带受人类胁迫程度较小，具备发挥屏障功能的条件。全国屏障区约有15%受人类活动胁迫低的未利用地，主要分布于塔里木盆地、河西走廊、青藏高原北部及内蒙古西南部。可见，受人类干扰低的区域呈区域性集聚分布，且聚集于我国西北部地区。人口密度小、自然条件恶劣是这些地区土地利用程度低的主要原因。

　　其次，受人类干扰较高的区域分布较广，约占国家屏障区面积的12%，主要分布于东北森林屏障带北部、黄土高原—川滇生态屏障带中部、南方丘陵山地屏障带东部、内蒙古及塔里木防沙屏障带少部分区域，这些区域有较高的人口密度，并且地势相对平坦，为人类进行一定的经济活动提供了条件，因此，受人类干扰程度较大。

　　最后，只有约0.8%的屏障区受人类活动胁迫程度高，零星分布于各个屏障带。就各个屏障带来看，东北森林屏障带土地利用强度最高，受人类活动胁迫最大；其次为黄土高原—川滇生态屏障带、南方丘陵山地屏障带；北方防沙屏障带和青藏高原生态屏障带土地利用强度最低，受人类活动胁迫最低，其中青藏高原生态屏障带几乎不存在受人类干扰高及较高的区域，造成这种现象的原因可能是青藏高原复杂险峻的地势、恶劣的气候及较少的人口分布。

　　在全国尺度下，我国屏障区东部土地利用强度高，受人类活动胁迫大；西部地区土地利用强度低，受人类活动胁迫小。总的来说，与已有研究相比，本研究有效刻画了我国屏障区土地利用强度的空间异质性，有助于深入理解人类与自然生态系统的交互格局及其生态环境效应，为可持续土地利用政策的制定提供科学依据。

（2）土地利用强度变化特征

　　土地利用强度的变化特征可以直观表现出屏障区人类活动对生态系统胁迫程度的变化。本研究利用"两屏三带"在2000年、2005年和2010年三个时期的土地利用强度统计特征，分析屏障区人类活动生态系统胁迫程度的变化特征。

　　由表5-14可知，2000～2010年，各级土地利用强度变化差异明显。其中，土地利用强度高的区域一直保持增长趋势，并且增长最快，由2000年的24 316.56km²增加到2010年的29 871.06km²，增长了22.84%，这与2000年以来的城市化建设有着很密切的关系；其次，土地利用强度较高的区域变化较大，近10年，土地利用强度较高的区域面积持续减少，由2000年的379 431.94km²减少到了2010年的375 629.94km²，减少了1%，这很大程度上是由于1999年开始推行退耕还林还草工程，大量耕地转化为林地与草地，由利

|246|

用程度较高转变成利用程度较低；土地利用强度低的区域由 2000 年的 467 834.00km² 减少到了 2010 年的 465 370.50km²，减少了 0.53%，说明人类活动对该区域生态系统的胁迫有所增加，人类对生态系统的干预程度加强；最后，土地利用强度较低的部分变化最小，土地利用强度较低的部分在近 10 年间先增加后减少，2000~2005 年由于退耕还林还草等生态恢复工程尚处于初始阶段，草地林地面积有所增加，但其效益无法抵消城市化建设等造成的土地利用强度的增加，故土地利用强度略有增加；2005~2010 年，退耕还林还草等工程的成效凸显，林草地面积增加，土地利用强度略有减少。

表 5-14　2000~2010 年各等级土地利用强度变化统计表

时段	土地利用强度	低	较低	较高	高
2000~2005 年	变化面积/km²	−1 746.31	1 447.88	−2 586.75	2 867.63
	变化率/%	−0.37	0.06	−0.68	11.79
2005~2010 年	变化面积/km²	−717.19	−736.88	−1 215.25	2 686.88
	变化率/%	−0.15	−0.03	−0.32	9.88
2000~2010 年	变化面积/m²	−2 463.50	711.00	−3 802.00	5 554.50
	变化率/%	−0.53	0.03	−1.00	22.84

整体来看，近十年来，随着经济发展、城市化建设的加快，人类活动对屏障区生态系统胁迫的程度有所加大，并且在政策干预下人类活动胁迫程度有着明显的变化。因此，在国家屏障区建设工作中，恰当的政策支持是屏障区保护与建设工作有效实施的保障，恰当的政策不仅为生态保护工作进行指引，更是为生态保护工作提供了源源不断的动力。

5.3　青藏高原生态屏障带生态胁迫评估

青藏高原生态屏障带作为"两屏三带"中的重要组成部分，其功能主要是发挥西南地区生态安全屏障的作用。国家虽已实施了多项保护政策，但屏障区的生态系统胁迫依然严峻，研究其生态系统胁迫的现状及变化特征，对了解和明确其生态安全屏障作用是否有效发挥具有重要的意义。青藏高原生态系统脆弱，霜冻、白灾、干旱等自然灾害时有发生。青藏高原最高、平均、最低气温升高趋势十分明显，空气、地表、土壤温度都随增温幅度增强而增加，短期增温对高寒植被有正效应，而温度持续升高则对植被产生负效应。青藏高原地区虽然资源较为富裕，但人口压力逐步增大且人口素质不高。研究表明，青藏高原人口的发展已超出了其土地承载能力，已对该区域自然资源、生态环境等诸方面造成日益沉重的压力，成为人口压力最大的地区之一。结合青藏高原生态屏障带的胁迫特征，本研究将基于气温和人口密度对其生态系统胁迫进行评估。

5.3.1　基于气温的生态系统胁迫评估

青藏高原生态屏障带是我国冰川积雪的主产分布地带，而该地区气温有升高趋势，气温变化引起青藏高原生态屏障带冰川变化，进而对其生态系统产生了较大的胁迫。本书选用 2000～2010 年青藏高原生态屏障带的年平均气温数据对其生态系统的胁迫程度进行评估。

由图 5-20 可知，青藏高原生态屏障带气温空间差异大，西北和中部的年平均气温整体较低，北部和东南部相对较高。2000 年，北格尔木市和都兰县中西部气温较高，年平均气温在 5℃之上，东南部部分县市在 0℃之上，而尼玛县、班戈县的北部、南格尔木市及治多县西北部的年平均气温在零下 5℃之下。2005 年，北格尔木市和都兰县中西部气温较高，年平均气温在 5℃之上，北格尔木市年平均气温在 5℃之的范围有所增加，东南部部分县市年平均气温在 0℃之上，而尼玛县、班戈县的北部、南格尔木市和治多县西北部的年平均气温在零下 5℃之下。与 2000 年相比，2005 年零下 5℃以下的区域范围明显有所减少。2010 年，北格尔木市和都兰县中西部气温较高，年平均气温在 5℃之上，东南部分县市年平均气温在 0℃之上，而尼玛县和班戈县的北部、南格尔木市西部和治多县西北部的年平均气温在零下 5℃之下。与 2005 年相比，2010 年零下 5℃之下的区域范围减少更明显。

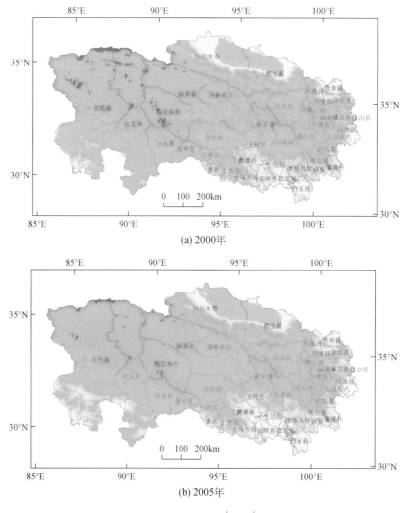

(a) 2000年

(b) 2005年

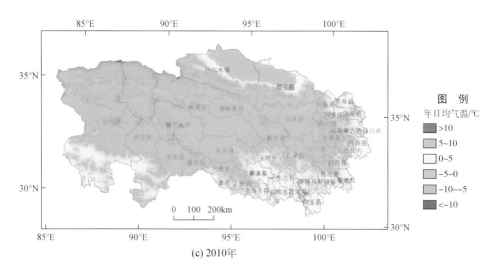

(c) 2010年

图5-20 青藏高原生态屏障带的年度平均日气温空间分布

温度偏高对本地的生态系统在一定程度上造成了威胁,异常的低温也不利于生态系统的演变与发展,青藏高原生态屏障带温度偏高或偏低的地区生态系统都受到了不同程度的胁迫。北格尔木市的生态系统一定程度上受到了气温因子的胁迫,且受气温因子的胁迫有所加剧。

由图5-21可知,2000~2010年,青藏高原生态屏障带增温现象非常明显,除东北部的都兰县中部气温稍有降低外其余地区均出现不同程度的增温,且增温程度整体自西南向东北递减。其中,尼玛县、班戈县、南格尔木市和杂多县等地区以及玉树县、石渠县和称多县的交界处增温极其显著,这些地区生态系统受气温因子的胁迫有所加剧。

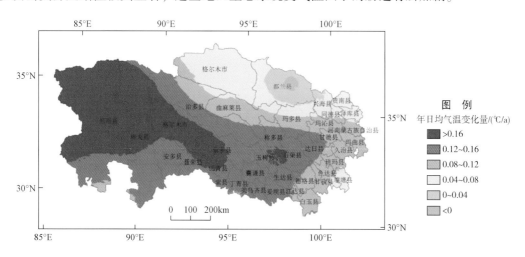

图5-21 2000~2010年青藏高原生态屏障带的年平均气温变化图

5.3.2 基于人口密度的生态系统胁迫评估

青藏高原生态屏障带人类活动相对较低，但其气候干燥多风、地表土壤沙质含量高、植被稀疏、森林覆盖率低，生态系统承载力小，人为的乱砍乱挖、过度放牧极易使得生态系统受到严重的胁迫。现有研究表明，青藏高原生态屏障带的生态系统质量与人口密度关系较大。本研究以青藏高原生态屏障带 2000 年和 2010 年的农村人口密度为基础数据，对其生态系统胁迫进行评估，人口密度的空间分布及其变化如图 5-22 和图 5-23 所示。

由图 5-22 可知，青藏高原生态屏障带人口密度整体偏低，人口密度的空间差异较大，东南部高，西北部低。2000 年，屏障带东部的贵南县、泽库县人口密度最高，其次为东南部的甘孜县和南部的类乌齐县，西北部各县的人口密度都相对较低，整个屏障带的平均人口密度为 3.9 人/km²。2010 年，屏障带东部的贵南县和泽库县人口密度最高，其次为东南部的甘孜县、德格县和色达县以及南部的妥坝县、类乌齐县和索县，西北部各县的人口密度都较低，整个屏障带的平均人口密度为 5.1 人/km²。

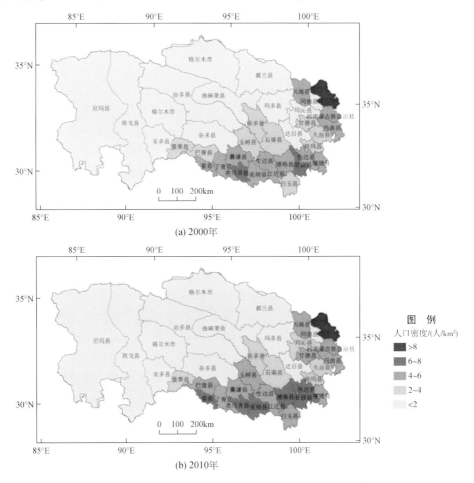

(a) 2000年

(b) 2010年

图 5-22 青藏高原生态屏障带农村人口密度空间分布

由图 5-23 可知，2000～2010 年青藏高原生态屏障带人口密度总体上呈增加趋势。其中，东南部各县人口密度增加明显，尤其是色达县、甘孜县、德格县和白玉县增长最显著，北部和西部人口密度略有增加，而中部各县人口密度略有减少。对比图 5-22 和图 5-23 发现，虽然屏障区东北部的贵南县人口密度较大，但其人口密度在近 10 年间略有下降。

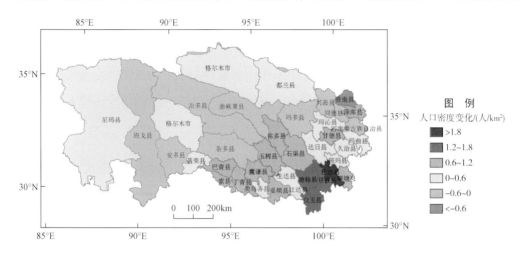

图 5-23　2000～2010 年青藏高原生态屏障区农村人口密度变化趋势

2000～2010 年的人口密度变化说明，青藏高原生态屏障带人类活动胁迫整体有所加剧，其中，东南部生态系统受人类活动胁迫的程度最大，而中部众县人类活动胁迫略有减弱，贵南县生态系统受人类活动胁迫程度明显下降。

5.4　黄土高原—川滇生态屏障带生态胁迫评估

黄土高原—川滇生态屏障带作为"两屏三带"中的重要组成部分，其功能主要是发挥西南地区生态安全屏障的作用，研究其生态系统胁迫的现状及变化特征，对其生态安全屏障作用的后期维护与研究具有重要的意义。川滇黔接壤地区是中国自然灾害极易发区，洪涝、干旱等自然灾害时有发生，自然灾害已经成为该区域资源环境安全、社会经济发展规划、生态环境保育和重大工程建设中不可忽视的重要问题。黄土高原地区年降雨量、侵蚀性降雨量和汛期降雨量明显减少，缺水情形会更为严峻，但暴雨量却未显著减少。黄土高原光热资源增加，增温和少雨将对黄土高原地区的生态系统产生严重胁迫。黄土高原—川滇生态屏障带生态系统脆弱，人口分布集中，该地区生态系统受人口密度的影响较大。结合黄土高原—川滇生态屏障带的生态系统胁迫特点，本研究将基于降雨和人口密度对其生态系统胁迫进行评估。

5.4.1　基于降雨的生态系统胁迫评估

黄土高原—川滇生态屏障带生态系统脆弱，干旱、洪涝等自然灾害在该地区时有发生，降雨对该地区生态系统的发展与恢复有着重要的现实意义。本书选用屏障带 2000 ~ 2010 年的年降雨数据对其生态系统胁迫程度进行整体评估。

由图 5-24 可知，黄土高原—川滇生态屏障带降雨的空间差异性明显，整体呈现出自西南向东北逐渐递减的趋势。2000 年，川滇生态屏障带大部分地区降雨均超过了 600mm，其中，屏障带西南部地区的年降雨量较大，超过了 800mm，甚至部分地区的年降雨量超过了 1200；中部部分地区年降雨量介于 600 ~ 800；东北部降雨量相对较低，不足 600mm，尤其是屏障带北部的陇东和陕北地区，年降雨量偏少，不足 400mm。可见，2000 年，川滇生态屏障带整体降雨充足，这有利于生态系统的恢复与发展。但屏障带北部的陇东和陕北地区降雨偏少，处于半干旱状态，其生态系统在一定程度上也受到了降雨因子的胁迫。

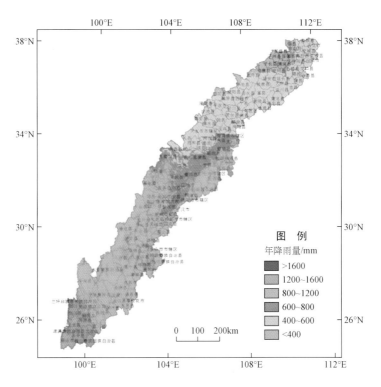

图 5-24　2000 年黄土高原—川滇生态屏障带降雨空间分布图

由图 5-25 可知，2005 年，屏障带西南部的年降雨量与 2000 年相比明显有所减少，屏障区中部的降雨偏多，理县南部、都江堰市西部、汶川县南部和西北部部分地区的年降雨量超过 1200mm，该地区受因降雨过多引起的滑坡等灾害的生态系统胁迫程度也有所增加。相比 2000 年，屏障带东北部降雨量明显增加，降雨量低于 800mm 的各级降雨量分界线明显北移，北部年降雨量低于 400mm 的区域明显减少，但陕北的子洲县、绥德县西部和山西临县西部降雨仍旧偏少，该地区生态系统在不同程度上受到了降雨因素的胁迫与影响。

由图 5-26 可知，2010 年，屏障区西南部和中部年降雨偏多，保山市、云龙县西部和

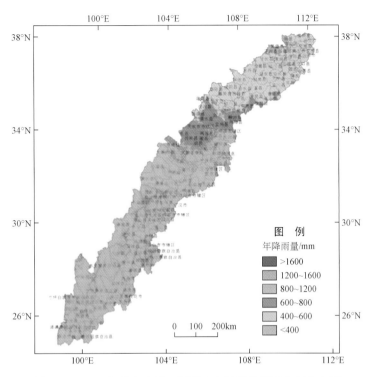

图 5-25　2005 年黄土高原—川滇生态屏障带降雨空间分布图

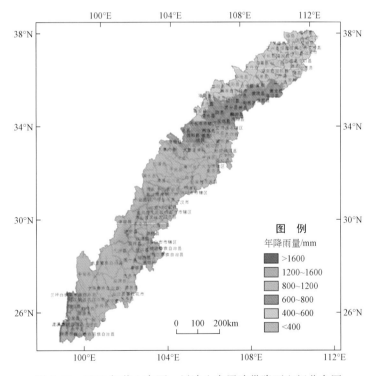

图 5-26　2010 年黄土高原—川滇生态屏障带降雨空间分布图

兰坪白族普米族自治县等地年降雨量超过 1200mm。相比 2005 年，年降雨量超过 1200mm 的区域范围有所扩大，且东北部的降雨量增加，降雨量低于 800mm 的各级降雨量分界线明显北移，说明该地区受因降雨过多引起的滑坡等灾害的胁迫有所加剧，中部的泸定县西部和汶川县南部降雨也明显偏多，该地区生态系统受自然胁迫的程度有所上升。

从图 5-27 可知，2000～2010 年，川滇生态屏障带西南部降雨量明显减少，黄土高原生态屏障带西北部降雨略有减少，可见，这些地区生态系统受降雨因素的胁迫程度明显加剧。而黄土高原—川滇生态屏障带中部和东北部年降雨增加明显，这些地区受因降雨过多引起的滑坡等灾害的胁迫有所加剧。

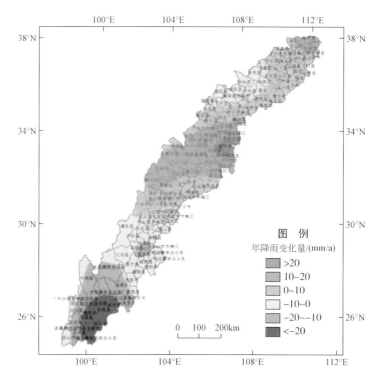

图 5-27　2000～2010 年黄土高原—川滇生态屏障带年降雨变化趋势图

5.4.2　基于人口密度的生态系统胁迫评估

黄土高原—川滇生态屏障带生态系统承载力较小，尤其是黄土高原生态屏障带地表土壤沙质含量高、地形破碎、植被稀疏、气候干燥、多暴雨、土壤流失严重，生态系统脆弱。然而，黄土高原—川滇生态屏障带经济发展快速，人类活动频繁，使得脆弱的生态系统受到严重的胁迫。黄土高原—川滇生态屏障带的生态系统质量与人口密度关系较大。本研究以黄土高原—川滇生态屏障带 2000 年和 2010 年的农村人口密度为基础数据，对其生态系统胁迫进行评估。

2000 年，屏障带南部的洱源、香格里拉、木里、米易和越西等县，中部的理县、九寨沟县、宁强县、康县、徽县、灵台县、陇县、彭阳县、泾川县和洛川县等地和东北部的清涧、中阳等县人口密度相对较大，该地区生态系统受人类活动胁迫的程度较大，而屏障区中东部和陕北部分地区人口密度明显较低（图 5-28）。

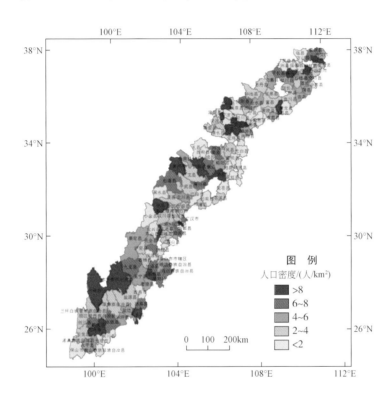

图 5-28　2000 年黄土高原—川滇生态屏障
带人口密度空间分布图

2010 年，屏障带南部的洱源、鹤庆、香格里拉、木里、九龙、西昌、米易、越西、美姑、康定等县和中部的九寨沟县、旺苍县、理县、成县、勉县等地区人口密度大，且与2000 年相比，南部人口密度大的地区有所增加，这些地区生态系统受人类活动胁迫的程度在一定程度上有所加剧。而屏障带的陇东地区和陕北地区农村人口密度与 2000 年相比有所减少，该地区生态系统受人类活动胁迫的程度也有所减少（图 5-29）。

由图 5-30 可知，2000～2010 年，黄土高原—川滇生态屏障带的人口密度变化空间差异大，人口密度增量较大的县市较少，散布于屏障区的中部和南部，而中部和北部的人口密度有明显地减少趋势，南部的宾川、西昌、美姑、盐源、九龙、康定等县和中部的旺苍县、勉县、成县、礼县、华亭县等地人口密度明显增加，可见这些地区人类活动胁迫有不同程度的加剧，而屏障区大部分地区人口密度有明显的下降趋势，可见这些地区人类活动胁迫有不同程度的缓解。

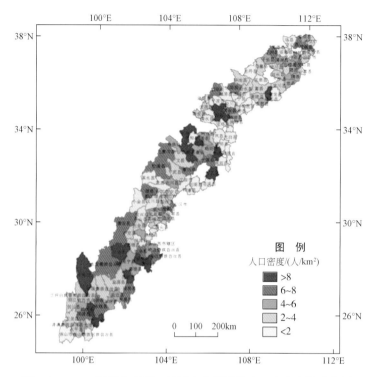

图 5-29　2010 年黄土高原—川滇生态屏障带人口密度空间分布图

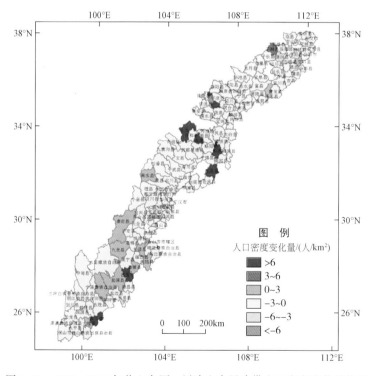

图 5-30　2000～2010 年黄土高原—川滇生态屏障带人口密度变化趋势图

5.5 东北森林屏障带生态胁迫评估

东北森林屏障带作为"两屏三带"中的重要组成部分,其功能主要是发挥东北地区生态安全屏障的作用,研究其生态系统胁迫的现状及变化特征,对其生态安全屏障作用的后期维护与研究具有重要的意义。在全球变暖的大背景下,东北地区的气候特征变化明显,气候变化引起的干旱、洪涝等灾害也时有发生,区域的生态系统胁迫问题较为突出。东北地区的年平均气温以 0.6℃/10a 的速率上升,春季气温上升最高,冬季次之,其降雨变化以 0.27mm/a 的速率递减,其中春季降雨略有增加,夏、秋季降雨均为减少趋势。倪春迪认为东北地区的温度呈现递增趋势,东北地区树种分布区域随着气温的递增有较大的变化,到 2020 年,该地区落叶松分布区域整体向东北移动。因此,对东北森林屏障带生态系统胁迫进行评估变得尤为重要。结合东北森林屏障带的生态系统胁迫特点,本研究将基于降雨和气温对其生态系统胁迫进行评估。

5.5.1 基于降雨的生态系统胁迫评估

东北森林屏障带生物多样性丰富,植物群落繁荣,适度的降雨对其生态系统的发展起着重要的作用。因此,基于降雨的变化对东北森林屏障带生态系统胁迫进行评估尤为必要。本研究选用东北森林屏障带 2000～2010 年的年降雨数据对其生态系统胁迫程度进行评估,东北森林屏障带在 2000、2005 和 2010 年降雨空间分布及其变化如图 5-31～图 5-34 所示。

2000 年,东北森林屏障带的西部地区年降雨量偏少,漠河县西部、额尔古纳市中西部、鄂温克族自治旗中西部、牙克石市西部、科尔沁右翼前旗、扎兰屯市和阿荣旗北部等地的年降雨量小于 400mm,而东北森林屏障带东南部降雨偏多,安图县东部、和龙市、珲春市北部和汪清县东部年降雨量大于 800mm。

2005 年,东北森林屏障带北部和西部降雨偏少,相比 2000 年,东北森林屏障带西部降雨偏少的区域明显减少,漠河县东部、塔河县、呼玛县东部、鄂伦春自治旗东北部、额尔古纳市西部和鄂温克自治旗西部等地降雨偏少,东北森林屏障带南部降雨偏多,长白山南部部分县市年降雨量大于 1000mm,该地区受到因降雨过多引发的自然灾害的胁迫也相对较高。

2010 年,东北森林屏障带的鄂温克自治旗西部和额尔古纳市西南部降雨明显偏少,该地区生态系统不同程度受到了降雨因子的影响;南部降雨偏多,长白山南部部分县市年降雨量大于 1000mm 区域范围明显增多,该地区受到因降雨过多引发的自然灾害的胁迫也有所增大。相比 2000 年,降雨偏少的区域又有所减少,降雨量大于 600mm 的区域显著增加。

2000～2010 年东北森林屏障带的年降雨变化空间差异大,除东南部部分地区年降雨量略有减少外其他地区年降雨均有不同程度的增加,其中,长白山南部的年降雨增量最大,该地区生态系统受因降雨偏多引起的自然灾害的胁迫有所加剧,大兴安岭和小兴安岭地区年降雨量也均有不同程度的增加,该地区生态系统受因降雨偏多引起的自然灾害的胁迫也有所增加。

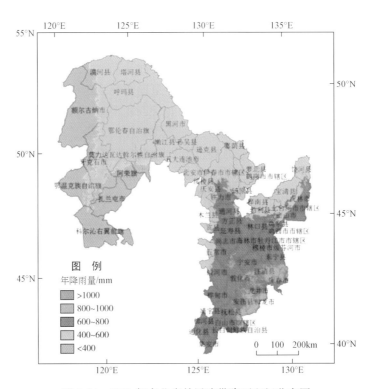

图 5-31　2000 年东北森林屏障带降雨空间分布图

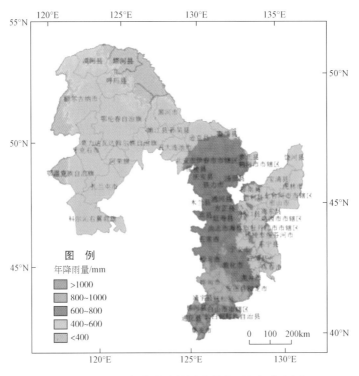

图 5-32　2005 年东北森林屏障带降雨空间分布图

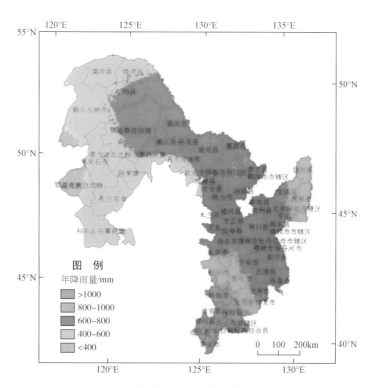

图 5-33　2010 年东北森林屏障带降雨空间分布图

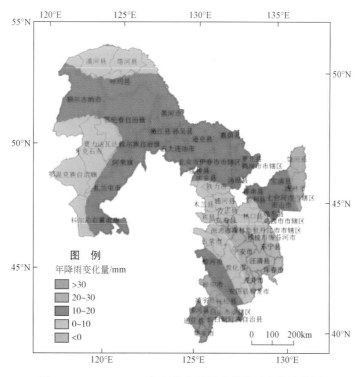

图 5-34　2000～2010 年东北森林屏障带降雨变化趋势图

5.5.2 基于气温的生态系统胁迫评估

东北森林屏障带是我国木材的主产区，而东北地区气温有升高趋势，气温变化引起东北地区树种分布区域的移动对其生态系统产生了较大的胁迫。本研究选用屏障区的年平均气温数据（2000~2010年）对其生态系统胁迫程度进行评估。

2000年，东北森林屏障带西北部的漠河县、塔河县、呼玛县、根河市、额尔古纳市、鄂伦春自治旗西部和牙克石市北部等地年平均气温较低（图5-35）。其中，漠河县、额尔古纳市北部和根河市中北部年平均气温低于零下6℃，而长北山南部大部分地区年平均气温在3℃以上，东北森林屏障带气温异常偏高或偏低的地区生态系统都受到了不同程度的胁迫。漠河县西部和额尔古纳市北部均受到了少雨和低温的双重影响，使得该地区的生态系统胁迫更为明显。

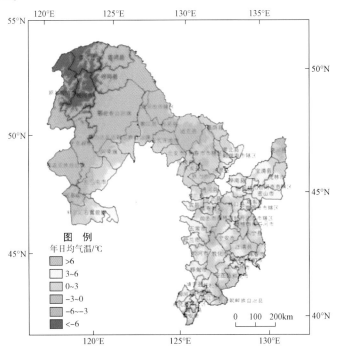

图 5-35　2000 年东北森林屏障带年均气温空间分布图

2005年，东北森林屏障带西北部的漠河县、塔河县、呼玛县、根河市、额尔古纳市、鄂伦春自治旗西部和牙克石市北部等地年平均气温较低，相比2000年，年平均气温低于零下6℃的区域快速减少（图5-36）。而长北山南部大部分地区年平均气温在3℃以上，东北森林屏障带气温异常偏高的地区生态系统都受到了不同程度的胁迫。漠河县东部和额尔古纳市北部均受到了少雨和低温的双重影响，使得该地区的生态系统胁迫更为明显。

2010年，东北森林屏障带西北部的漠河县、塔河县、呼玛县、根河市、额尔古纳市、鄂伦春自治旗西部和牙克石市北部等地年平均气温较低（图5-37），相比2005年，年平均

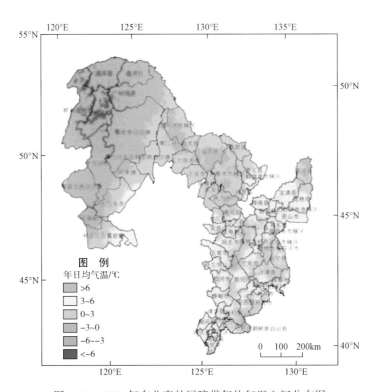

图 5-36　2005 年东北森林屏障带年均气温空间分布图

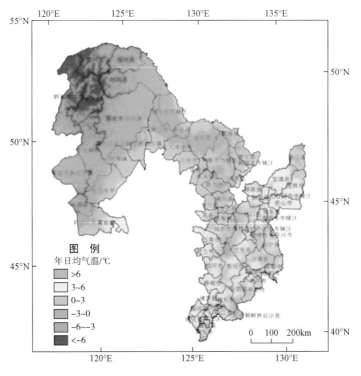

图 5-37　2010 年东北森林屏障带年均气温空间分布

气温低于零下6℃的区域有所增多。而长北山南部大部分地区年平均气温在3℃以上，东北森林屏障带气温异常偏高的地区生态系统受到了不同程度的胁迫。

由图5-38可知，2000~2010年，东北森林屏障带年平均气温变化空间差异性大，西北和东北地区年日均气温下降显著，其中额尔古纳市和漠河县北部、萝北县和鹤岗市年平均气温下降幅度均在0.04℃以上，而东北森林屏障带西部、中西部和东部的年日均气温增加明显，其中饶河县北部增幅在0.08℃以上。东北森林屏障带气温异常偏高或偏低的地区生态系统都受到了不同程度的胁迫。

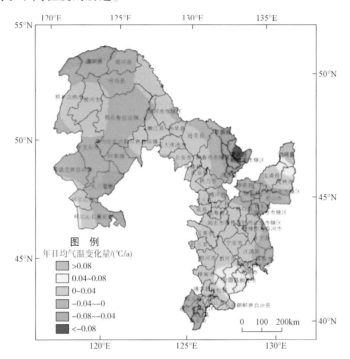

图5-38　2000~2010年东北森林屏障带年均气温变化趋势

5.6　北方防沙带生态胁迫评估

北方防沙带主要位于我国新疆、甘肃、内蒙古等地区，是我国生态安全屏障之一，在我国生态安全战略格局中具有重要的地位。过去十年是北方防沙带生态环境受人类活动干扰强度最大的时期，经济建设和资源开发对其生态环境影响不断增大，自然灾害对其生态系统胁迫不断加大，国家对北方防沙带的生态环境建设和改善不断增加，但该区域的生态系统胁迫依然存在，研究并评估其生态系统胁迫的现状及变化特征，对其生态安全屏障作用的后期维护与研究具有重要的意义。中国北方地区未来呈现干旱化倾向，其中轻度和中度季节性干旱发生频率将降低，重度和极端季节性干旱发生频率将增加。2008~2009年，我国北方地区出现了大面积的持续干旱，干旱灾害对该地区生态系统演变造成了严重的影响。

内蒙古防沙带作为北方防沙带中的重要部分，该地区的降雨量对草地恢复有明显的正面影响，草地恢复受人类活动的影响也非常明显。北方防沙带植被在防止土壤侵蚀、保持土壤肥力等方面发挥了重要作用，但该地区植被受干旱等灾害的影响较大。中国北方在人口增加和经济发展的持续压力下，建设用地在未来将增长迅速，而北方防沙带的城镇扩张速度也较快。结合北方防沙带的生态系统胁迫特点，本研究将从基于 SPI 指数的干旱特征和建设用地指数两方面对其生态系统胁迫进行评估。

5.6.1 基于 SPI 指数干旱特征的生态系统胁迫评估

北方防沙带气候干燥多风，地表土壤沙质含量高。塔里木防沙带的绝大部分区域、河西走廊防沙屏障带的西部以及内蒙古防沙带的西部地区降雨量较小，河西走廊防沙屏障带的东部及内蒙古防沙带的东部地区降雨量较大。内蒙古防沙带的东部、河西走廊防沙屏障带的东部及塔里木防沙带的中部少部分地区植被覆盖度较高，而内蒙古防沙带的西部、河西走廊防沙屏障带的西部及塔里木防沙带的大部分地区植被覆盖度较低。北方防沙带生态系统承载力小，生态系统脆弱，霜冻、干旱等自然灾害时有发生，使得其生态系统受到严重的胁迫。

本书选用 1980~2010 年北方防沙带内 29 个气象站点的逐年降雨量为数据基础，计算并分析了北方防沙带 SPI 的空间分布，从而对北方防沙带在目标时间段的干旱时空分布特征进行探究，并详细分析其变化趋势。北方防沙带 SPI 的空间分布及其变化如图 5-39 和图 5-40 所示。

由图 5-39 可知，2000 年，北方防沙带干旱灾害发生较少，内蒙古防沙带东部的科尔沁左翼后旗有旱灾发生，内蒙古防沙带中部和东部部分地区有洪涝灾害发生，其中达拉特旗、伊金霍洛旗和惠农县发生了较为重大的洪涝灾害。2005 年，北方防沙带干旱灾害发生较少，内蒙古防沙带东部的科尔沁左翼后旗有旱灾发生，内蒙古防沙带中部洪涝灾害范围有所扩展，其中，达拉特旗、伊金霍洛旗的洪涝灾害强度有所下降，而其他地区洪涝灾害强度有所上升。2010 年，北方防沙带干旱灾害主要发生在塔里木防沙带西部和内蒙古防沙带东南部，其中，塔里木防沙带的柯坪县和阿克苏市旱灾强度较大，内蒙古防沙带中部的张北县和赤峰市干旱也较为严重，而河西防沙带东部局部地区和内蒙古防沙带东部的巴林右旗有洪灾发生，洪灾强度较为严重。

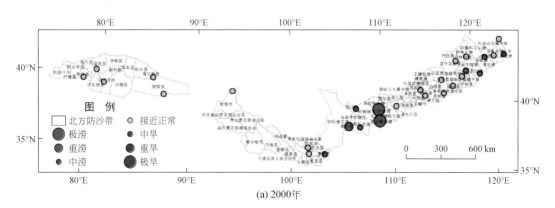

(a) 2000年

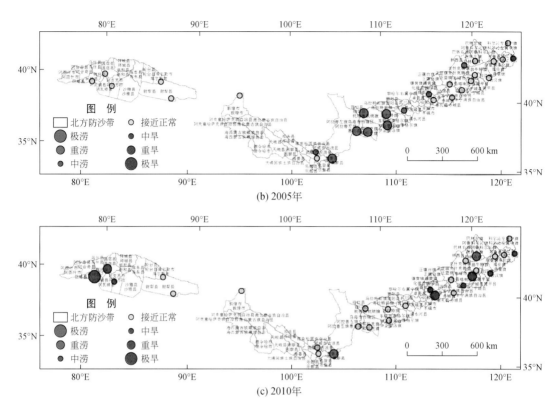

(b) 2005年

(c) 2010年

图 5-39　北方防沙带旱涝空间分布图

由图 5-40 可知，2000～2010 年，北方防沙带 SPI 指数减少明显的地区有河西防沙带东部和内蒙古防沙带北部，其中，河西防沙带东部 SPI 指数减少尤为明显，说明该地区生态系统受干旱灾害的胁迫程度有所增加。塔里木防沙带南部、内蒙古防沙带中部和东南部一带 SPI 指数增加明显，其中，塔里木防沙带尉犁县的东南部、内蒙古防沙带中部的惠农县、东部的敖汉旗、奈曼旗及科尔沁左翼后旗 SPI 指数增加最为显著，其 SPI 变化率超过了 0.1，说明该地区生态系统受洪涝灾害的胁迫程度有所加剧。

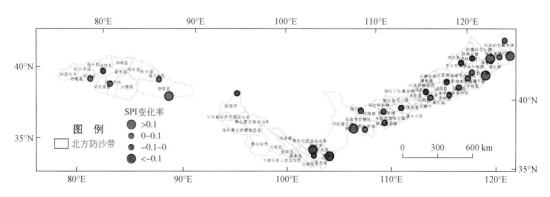

图 5-40　2000～2010 年北方防沙带旱涝空间变化趋势图

5.6.2 基于建设用地指数的生态系统胁迫评估

中国北方的建设用地在未来增长迅速,而北方防沙带的城镇扩张速度也较快,建设用地快速扩展,使区域的生态系统受到了严重的胁迫。本研究选用北方防沙带 30m 分辨率的全国土地分类图 (2000、2005 和 2010 年) 对其建设用地程度进行分析,并根据建设用地指数对其生态系统胁迫进行评估。其中,建设用地指数是居民地面积比例、工业用地比例、交通用地比例、矿业占地比例的综合值。北方防沙带在目标时间段的建设用地指数及其变化如图 5-41 和图 5-42 所示。

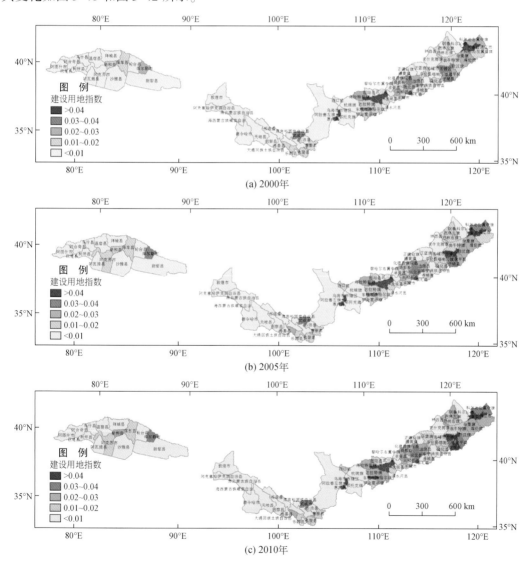

图 5-41 北方防沙带建设用地指数空间分布图

2000 年，塔里木防沙带的新和县、库尔勒市、库车县等地的城市化水平相对较高，其他大部分地区城市化生态胁迫指数均较低；河西防沙带南部的武威市、大通县、互助县、永登县和景泰县等地区城市化生态胁迫指数相对较大，该地区的人类活动生态胁迫程度也相应较大，而其他大部分地区城市化生态胁迫指数均较低；内蒙古防沙带中部的乌海市、惠农县、东胜市、包头市、土默特右旗、托克托县、土默特左旗、呼号浩特市、万全县、张北县、康保县、太仆寺旗和沽源县等地区和东北部的宁城县、建平县、喀喇沁旗、赤峰市、开鲁县、通辽市和科尔沁左翼中旗等地区的建设用地指数较大，该地区的人类活动生态胁迫程度也相应较大，而西部大部分地区城市化水平均较低。

2005 年，塔里木防沙带的库尔勒市、新和县、阿克苏市和库车县等地的城市化水平相对较高，其他大部分地区城市化生态胁迫指数均较低；河西防沙带南部的武威市、大通县、互助县、永登县和景泰县等地区城市化生态胁迫指数相对较大，该地区的人类活动生态胁迫程度也相应较大，而其他大部分地区城市化生态胁迫指数均较低；内蒙古防沙带中部的乌海市、惠农县、东胜市、乌拉特前旗、包头市、土默特右旗、托克托县、土默特左旗、呼号浩特市、万全县、张北县、康保县和太仆寺旗、沽源县等地区和东北部的宁城县、建平县、喀喇沁旗、赤峰市、奈曼旗、开鲁县、通辽市和科尔沁左翼中旗等地区的建设用地指数较大，该地区的人类活动生态胁迫程度也相应较大，而西部大部分地区城市化水平均较低。

2010 年，塔里木防沙带的库尔勒市、新和县、阿克苏市和库车县等地的城市化水平相对较高，其他大部分地区城市化生态胁迫指数均较低；河西防沙带南部的武威市、大通县、互助县、永登县和景泰县等地区城市化生态胁迫指数相对较大，该地区的人类活动生态胁迫程度也相应较大，而其他大部分地区城市化生态胁迫指数均较低；内蒙古防沙带中部的乌海市、惠农县、东胜市、准格尔旗、乌拉特前旗、包头市、土默特右旗、托克托县、土默特左旗、呼和浩特市、察哈尔右翼前旗、万全县、张北县、康保县、太仆寺旗和沽源县等地区和东北部的宁城县、建平县、喀喇沁旗、赤峰市、奈曼旗、敖汉旗、巴林左旗、开鲁县、通辽市和科尔沁左翼中旗等地区的建设用地指数较大，该地区的人类活动生态胁迫程度也相应较大，而西部大部分地区城市化水平均较低。

2000 ~ 2010 年，塔里木防沙带的库尔勒市的城市化生态胁迫指数增长相对较高（图 5-42），说明该地区城市化过程中的人类活动胁迫明显加剧，其他大部分地区城市化生态胁迫指数增长量均较低，而乌什县和柯坪县的城市化生态胁迫指数微弱下降，说明该地区城市化过程中的人类活动胁迫有所缓解；河西防沙带南部的大通回族土族自治县等地区近 10 年来城市化生态胁迫指数增长量相对较大，说明该地区城市化过程中的人类活动胁迫明显加剧，其他大部分地区城市化生态胁迫指数增长量均较低；内蒙古防沙带中部的乌海市、惠农县、东胜市、准格尔旗、乌拉特前旗、固阳县、包头市、土默特右旗、呼号浩特市、察哈尔右翼前旗、察哈尔右翼后旗和万全县等地区和东北部的喀喇沁旗、赤峰市、敖汉旗、巴林左旗和巴林右旗等地区的建设用地指数增长量较大，说明这些地区城市化过程中的人类活动胁迫明显加剧，其他西部大部分地区城市化生态胁迫指数增长量均较低。

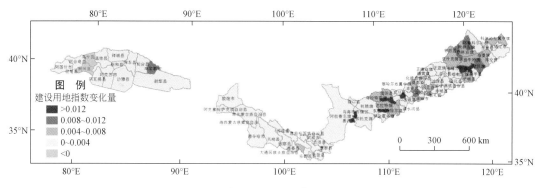

图 5-42　2000～2010 年北方防沙带建设用地指数变化趋势图

5.7　南方丘陵山地屏障带生态胁迫评估

南方丘陵山地屏障带作为"两屏三带"中的重要组成部分，其功能主要是发挥华南和西南地区生态安全屏障的作用，研究其生态系统胁迫的现状及变化特征，对了解和明确其生态安全屏障作用是否有效发挥具有重要的意义。南方丘陵山地屏障带水热资源组合良好，相比处于干旱与半干旱区的北方地区，生态系统质量相对较好。同时，由于南方丘陵山地屏障带人口密度大，社会经济发展和城镇化进程较快，非农建设用地需求量迅速增加，并未充分考虑生态系统的承载力，生态问题日益突出，使得生态系统胁迫评估在这一地区尤为迫切。社会发展、人类城市化和政府政策对南方丘陵山地屏障带生态系统的发展有重要的影响，结合南方丘陵山地屏障带的人类活动特点，本书将基于人口密度和建设用地指数对其生态系统胁迫进行评估。

5.7.1　基于人口密度的生态系统胁迫评估

南方丘陵山地屏障带人类活动频繁，随着中国经济的快速发展，这一特点变得更为明显。南方丘陵山地屏障带的生态系统质量与人口密度关系较大。本研究以南方丘陵山地屏障带 2000 年和 2010 年的农村人口密度为基础数据，对其生态系统胁迫进行评估，人口密度的空间分布及其变化如图 5-43 和图 5-44 所示。

由图 5-43 可知，2000 年，云南省东部的蒙自、砚山等县农村人口密度明显较大，广西壮族自治区西部的隆林、东兰等县和湖南省的江永县等地农村人口较多，广州市的连州市、阳山县、英德县、翁源县等地和江西南部的定南、寻乌等县农村人口密度相对较大，该地区不同程度上受人类活动生态胁迫较大，而广西壮族自治区东北部和湖南省南部农村人口密度相对较低。2010 年，云南省东部的个旧市、蒙自县、麻栗坡县等地和广西壮族自治区东北部的兴安、灵川、恭城等县农村人口密度明显较大，江西省南部的安远、龙南等县和广东省东部的连平、丰顺等县农村人口明显较多，该地区不同程度上受人类活动生态胁迫较大，而广西壮族自治区东北部和湖南省南部农村人口密度相对较低。

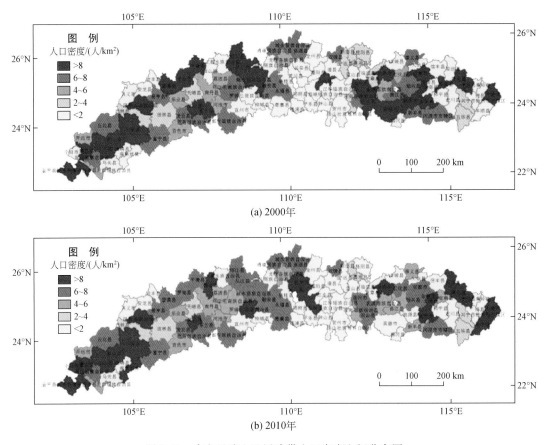

(a) 2000年

(b) 2010年

图 5-43　南方丘陵山地屏障带人口密度空间分布图

从图 5-44 可知，2000～2010 年，云南省东部、广西壮族自治区北部、广东省东南部的农村人口密度明显增加，该地区的人类活动生态胁迫在一定程度上有所加剧，而广西壮族自治区西南部、贵州省南部、湖南省南部和广东省西北部等地的农村人口密度明显下降，该地区的人类活动生态胁迫在一定程度上有所缓解。

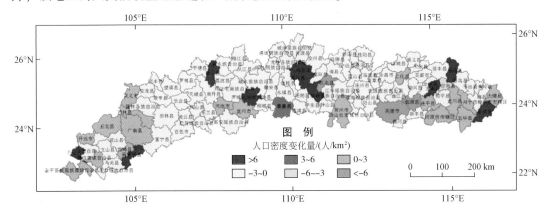

图 5-44　2000～2010 年南方丘陵山地屏障带人口密度变化趋势图

5.7.2 基于建设用地指数的生态系统胁迫评估

经济的快速发展推动了城市化的发展，中国的城市化的速度和规模有目共睹。随着城市的急剧扩张，建设用地快速扩展，使区域的生态系统受到了严重的胁迫，该现象在生态脆弱的南方丘陵山地屏障带更为明显。本研究选用南方丘陵山地屏障带 30m 分辨率的全国土地分类图（2000、2005 和 2010 年）对其建设用地的利用程度进行分析，并根据建设用地指数对其生态系统胁迫进行评估。其中，建设用地指数是居民地面积比例、工业用地比例、交通用地比例、矿业占地比例 4 个胁迫指标的综合值。南方丘陵山地屏障带在不同时间段的建设用地指数及其变化如图 5-45 和图 5-46 所示。

南方丘陵山地屏障带的建设用地指数空间差异性显著，整体呈现出自东向西逐渐递减的变化趋势。2000 年，云南省东南部的开远、个旧、蒙自等地和贵州省南部的兴义、贞丰等地建设用地指数相对较大，广西壮族自治区的柳州、百色、宜州、柳城、鹿寨、桂林、灵川、钟山和贺州等地城市化水平较高，而湖南南部的永州、郴州、桂阳、江永、江华和

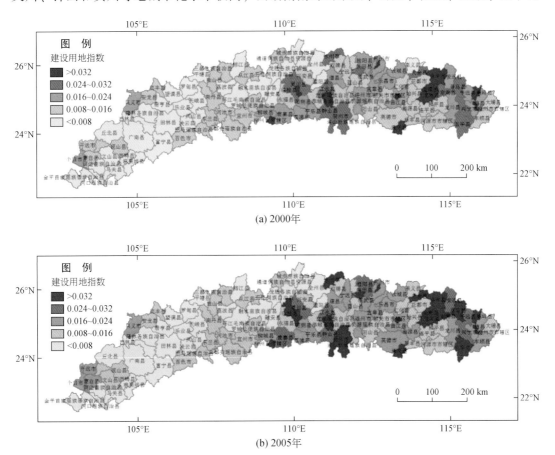

(a) 2000年

(b) 2005年

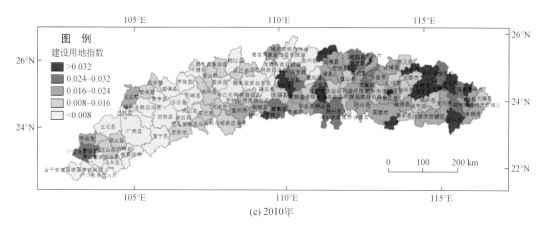

(c) 2010年

图 5-45　南方丘陵山地屏障带建设用地指数空间分布图

嘉禾等地建设用地指数相对较大，江西南部的信丰、龙南、定南、大余和寻乌等地城市化水平也较高，广东的韶关、佛冈、梅州、五华、兴宁、平原和蕉岭等地建设用地指数也较高，一定程度上这些地区城市化过程中的人类活动胁迫相应较大。

相比 2000 年，云南省在 2005 年东南部的个旧、蒙自建设用地指数有所上升，广西东北部的荔浦和贺州市建设用地明显上升，湖南南部的永州、嘉禾等地和江西省南部的定南、大余等地建设用地指数增加明显，广东省东北部的曲江、佛冈、梅县等地城市化水平增长显著。

相比 2005 年，贵州南部在 2010 年的兴义市建设用地指数有所增加，湖南南部的永州、嘉禾等地城市化水平增长明显，江西南部的信奉、龙南等地和广东省东北部的英德、兴宁、平远等地城市化生态胁迫指数有所增加。

由图 5-46 可知，2000～2010 年云南省东南部、广西壮族自治区北部和南部、湖南省和江西省南部、广东省东北部等地区的城市化生态胁迫指数明显增长，湖南省南部和江西省南部的城市化生态胁迫指数增加最为显著，说明这些地区在城市化进程中的人类活动生态胁迫有不同程度的加剧，而其他西部大部分地区城市化生态胁迫指数增长缓慢，广西壮族自治区北部的融水苗族自治县的城市化生态胁迫指数微弱下降，说明这些地区在城市化进程中的人类活动生态胁迫有所缓解。

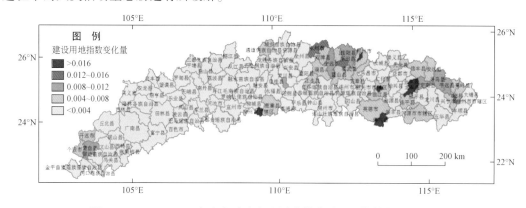

图 5-46　2000～2010 年南方丘陵山地屏障带建设用地指数变化趋势图

第6章 | 屏障区生态系统服务功能及屏障效应评估

生态系统为人类提供了赖以生存和发展的多种产品和维持人类生命支持系统。生态系统服务是指人类从生态系统获得的各种惠益，是人类赖以生存和发展的基础。由于人类对生态系统服务及其重要性缺乏充分认识，对生态系统的长期压力和破坏，导致生态系统服务能力退化。从国家和区域不同尺度开展生态系统服务的系统研究，发展生态系统服务评估方法，全面认识我国生态系统服务的空间格局及其演变特征，对保障我国生态安全具有重要意义。生态系统服务研究已成为国际生态学和相关学科研究的前沿和热点。

为了改善和提高生态服务质量，增强其防御能力，我国"十一五"期间提出了"两屏三带"国家生态屏障区。本章围绕国家发展战略和生态保护监管的重大需求，以遥感调查为主，结合地面调查/核查工作，系统获取"两屏三带"2000~2010年生态服务功能变化情况及生态屏障效应，评估其变化趋势对国家生态安全格局的影响，为后续区域生态功能提升提供理论依据。

基于生态十年数据集和遥感监测数据，在国家尺度探讨了"两屏三带"水源涵养、水土保持、防风固沙、生物多样性及碳固定等生态服务功能；并在区域尺度上定量评估了各个生态屏障区主要生态系统服务功能的时空变化特征。为突出区域重点生态系统服务功能，青藏高原生态屏障带着重讨论了水源涵养、土壤保持、防风固沙及生物多样性服务功能；川滇—黄土高原生态屏障带重点讨论其土壤保持、生物多样性服务功能；东北森林屏障带主要关注了水源涵养、土壤保持、碳固定和生物多样性服务功能；北方防沙屏障带重点研究了防风固沙服务功能；南方丘陵生态屏障带着重探讨了水源涵养、土壤保持、碳固定及食品供给服务功能。

6.1 数据来源

生态系统服务功能评估主要利用遥感解译获取的2000、2005和2010年三期全国生态十年数据（表6-1），包括植被覆盖度、生物量和蒸散发等，2000~2010年气象观测数据、社会经济统计数据（表6-2）和调查观测数据（表6-3），基础地理信息和环境背景数据（表6-4），并综合运用生态系统定位监测站的长期监测数据。

表 6-1 全国生态遥感反演参数表

序号	名称	分辨率/m	时相	来源
1	生态系统类型	30	2000 年，2005 年，2010 年	中国科学院遥感与数字地球研究所
2	生态系统面积	30	2000 年，2005 年，2010 年	中国科学院遥感与数字地球研究所
3	植被覆盖度	30	2000 年，2005 年，2010 年	中国科学院遥感与数字地球研究所
4	植被指数	250	2000 年，2005 年，2010 年	中国科学院遥感与数字地球研究所
5	蒸发散	250	2000 年，2005 年，2010 年	中国科学院遥感与数字地球研究所
6	生态系统生物量	250	2000 年，2005 年，2010 年	中国科学院遥感与数字地球研究所

表 6-2 社会经济数据表

序号	名称	时间	来源
1	粮食、畜牧业、水果产量	2000～2010 年	中国科学院地理科学与资源研究所/中国农业科学研究院
2	人口（总人数、户数、人口密度、受教育程度）	2000～2010 年	中国科学院地理科学与资源研究所/中国农业科学研究院
3	经济（第一、第二、第三产业产值、人均产值、人均 GDP）	2000～2010 年	中国科学院地理科学与资源研究所
4	农业（农产品种植面积和产量，牲畜数量和产量，森林面积与林产品产量及产值）	2000～2010 年	中国科学院地理科学与资源研究所/中国农业科学研究院

表 6-3 调查观测数据表

序号	采样方式	区域	数据项	来源
1	项目地面核查	全国	植被覆盖度	项目实施管理办公室
2	长期观测站	全国	生态系统生物量	中国科学院网络台站
3	长期观测站	全国	生态系统径流系数	中国科学院网络台站
4	长期观测站	全国	太阳辐射、温度、风速、日降雨量、年降雨量	国家气象局

表 6-4 基础地理信息和环境背景数据表

序号	名称	时间	来源
1	1：25 万数字高程（DEM）	最近	中国科学院地理科学与资源研究所/美国地质调查局
2	1：100 万全国数字化土壤图	最近	中国科学院地理科学与资源研究所
3	1：100 万地质图	最近	中国科学院地理科学与资源研究所
4	土壤有机质含量分布	最近	中国科学院地理科学与资源研究所
5	自然保护区分布	最近	环境保护部

6.2 生态系统服务功能研究方法

MEA（联合国千年生态系统服务评估）将生态系统服务功能划分为支持服务、产品提供服务、文化服务和调节服务四个类型。本章重点关注国家屏障区生态调节服务和产品提供服务功能。其中，生态调节功能主要包括水源涵养、土壤保持、防风固沙、生物多样性保护和固碳释氧等维持生态平衡、保障全国和区域生态安全等方面的功能，产品提供服务功能主要包括食品供给功能等。对不同生态系统服务功能的定量化分析需要科学的研究方法，因此，本节就不同生态系统服务功能的研究方法进行系统阐述。

6.2.1　水源涵养

目前，对森林水源涵养功能研究的方法很多，有土壤蓄水能力法、降水储存量法、水量平衡法、林冠截留量法、多因子回归法、综合蓄水量法、年径流量法和 InVEST 模型等，由于水源涵养功能物质量无法通过实验或者其他手段直接验证，因此，本书选取通过测量其他相对较易的参数，然后通过经验公式进行转换的森林降雨储存法来进行水源涵养的估算，即用森林生态系统的蓄水效应来衡量其涵养水分的功能。计算方法为

$$Q = A \times J \times R \tag{6-1}$$
$$J = J_0 \times K \tag{6-2}$$
$$R = R_0 \times R_g \tag{6-3}$$

式中，Q 为与裸地相比较，森林、草地、湿地、耕地、荒漠等生态系统涵养水分的增加量（mm/（hm^2/a））；A 为生态系统面积（hm^2）；J 为计算区多年均产流降雨量（$P>20$mm）（mm）；J_0 为计算区多年均降雨总量（mm）；K 为计算区产流降雨量占降雨总量的比例；根据赵同谦等以秦岭—淮河一线为界限将全国划分为北方区和南方区。而北方降雨较少，降雨主要集中于 6~9 月，甚至一年的降雨量主要集中于一两次降雨中。南方区降雨次数多、强度大，主要集中于 4~9 月。因此，建议北方区 K 取 0.4，南方区 K 取 0.6。R_0 为产流降雨条件下裸地降雨径流率；R_g 为产流降雨条件下生态系统降雨径流率。R 为与裸地（或皆伐迹地）比较，生态系统减少径流的效益系数；根据已有的实测和研究成果，结合各种生态系统的分布、植被指数、土壤、地形特征以及对应裸地的相关数据，可确定全国主要生态系统类型的 R 值，表 6-5 是主要森林生态系统的 R 值。

表 6-5　中国主要森林生态系统类型 R 值

森林类型	寒温带落叶松林	温带针叶林	温带亚、热带落叶阔叶林	温带落叶小叶疏林	亚热带常绿落叶阔叶混交林	亚热带常绿阔叶林	亚热带、热带针叶林	亚热带热带竹林	热带雨林、季雨林
R 值	0.21	0.24	0.28	0.16	0.34	0.39	0.36	0.22	0.55

6.2.2　土壤保持量

土壤保持作为人类对生态系统干预的一种有效手段，其生态服务功能也受到越来越多

的重视。近年来，我国土壤保持工作取得了飞速发展，其研究方法基本可以分为两类：一类是基于统计数据，对土壤保持服务价值量进行估算，这种估算对统计数据的依赖性强，难以反映土壤保持服务功能在空间上的分布特征；另一类是基于 GIS 和遥感的土壤侵蚀模型估算，在此基础上建立土壤保持价值评估指标体系。越来越多的学者倾向于运用模型估算土壤保持功能，其中肖寒等基于 USLE 和 GIS 技术对海南岛生态系统的土壤保持功能及其价值进行了评估，说明利用 GIS 技术研究大区域土壤侵蚀是一种可行的方法和技术途径。李铖等运用 RUSLE、GIS 和 RS 技术对杭州湾地区进行了评价。黄和平等和刘琦等分别对皇甫川流域和太原地区进行土壤保持功能的价值评价。肖玉等和刘敏超等对青藏高原和三江源地区土壤保持功能及价值的研究结果表明，USLE 在高海拔陡坡地区也可以取得良好的效果。通用土壤流失方程（USLE）是目前应用最广泛、具有较好实用性的土壤流失遥感定量模型。土壤保持量即潜在侵蚀和现实土壤侵蚀量之差。潜在土壤侵蚀量是指在没有植被覆盖和任何水土保持措施条件下的土壤侵蚀量，即 $C=1$，$P=1$；现实土壤侵蚀量是考虑植被覆盖和任何水土保持措施条件下的土壤侵蚀量。计算公式为

$$A_c = A_P - A_r = R \times K \times LS \times (1 - C_P \times P_F) \tag{6-4}$$

式中，A_P 为单位面积土壤潜在侵蚀量；A_r 为土壤实际侵蚀量；A_c 为土壤保持量（$t \cdot hm^2/a$）；R 为降雨侵蚀力因子 $[MJ \cdot mm \cdot hm^2/(h \cdot a)]$；$K$ 为土壤可蚀性因子 $[t \cdot hm^2 \cdot h/(hm^2 \cdot MJ \cdot mm)]$；LS 为坡长坡度因子（无量纲）；$C$ 为地表植被覆盖因子（无量纲）；P 为土壤保持措施因子（无量纲）；P 为管理因子。

各个因子在第二章第二节已有详细说明，不再赘述。

6.2.3　防风固沙

防风固沙是生态系统服务功能之一，它通过各种工程设施的建设，对风沙起到固、阻、输、导的作用，从而达到减小风沙危害的目的。风蚀模型是防风固沙功能分析的技术手段，英国科学家 Bagnold 提出的输沙率方程是最早的风蚀模型。随着地理信息系统、遥感、模型模拟等技术的发展与综合应用，基于统计和经验的风蚀模型研究也随之发展，相继提出了通用风蚀方程（WEQ）、基于风速廓线发育的德克萨斯侵蚀分析模型（TEAM）、涉及人类活动因素的 Bocharov 模型、修正风蚀方程模型（RWEQ）、风蚀流失量模型以及以过程为基础的风蚀预报系统（WEPS）等主要风蚀模型。国内学者应用风蚀模型进行了诸多的研究与探讨，并通过实验提出了各自的模型，对塔里木河下游防风固沙、黑河下游等地区防风固沙功能进行评估等。其中，风蚀流失量模型充分考虑气候条件、植被覆盖状况、土壤可蚀性、土壤结皮、地表粗糙度等因素，经验证，通过参数的修正和公式调整可以应用到我国防风固沙量评估中，对保育风沙区的环境具有重要意义。风蚀流失量模型的计算公式为：

$$Q = \iiint\limits_{xyz} \{3.90(1.0413 + 0.0441\theta + 0.0021\theta^2 - 0.0001\theta^3) \times [V^2(8.2 \times 10^{-5})$$

$$\times V_{CR} \times S_{DR}^2/(H^3 \times d^2 \times F)_{xyt}]\} d_x d_y d_z \tag{6-5}$$

式中，Q 为风蚀流失量（t）；V 为风速/（m/s）；H 为空气相对湿度（%）；V_{CR} 为植被盖度（%）；S_{DR} 为人为地表结构破损率（%）；d 为颗粒平均粒径（mm）；F 为土体硬度（N/cm^2）；θ 为坡度（°）；x 为距参照点距离（km）；y 为距参照点距离（km）；t 为时间（s）。

6.2.4 生物多样性

生物多样性是地球上所有生命形式的总称，包括物种多样性、遗传多样性以及生态系统多样性。指标评估、模型模拟和情景分析是生物多样性评估中常用的 3 种方法，三者侧重点不同。其中，指标评估是指衡量达到监测或评估目标的单位或方法，已在各种环境和资源监测中得到广泛应用，一个成功的生物多样性指标应具备代表性、科学客观性、实用性和可操作性等特点。生物生境质量指数反映了能够科学客观的反应生物多样性。本节主要从区域生境质量、生境稀缺性两个方面评价区域生物多样性维持功能。计算方法如下。

（1）生境质量

采用生境质量指数评价生境质量：

$$Q_{xj} = H_j \left[1 - \left(D_{xj}^z / D_{xj}^z + k^z \right) \right] \tag{6-6}$$

式中，Q_{xj} 为土地利用与土地覆盖 j 中栅格 x 的生境质量；D_{xj}^z 为土地利用与土地覆盖或生境类型 j 中栅格 x 的生境胁迫水平：

$$D_{xj} = \sum_{r=1}^{R} \sum_{y=1}^{Y_r} \left(w_r / \sum_{r=1}^{R} w_r \right) r_y i_{rxy} \beta_x S_{jr} \tag{6-7}$$

式中，R 为胁迫因子个数，Y_r 为胁迫因子层在土地利用类型图中的栅格数栅格 y 中胁迫因子 r（ry）对栅格 x 中生境的胁迫作用为 i_{rxy}。

$$i_{rxy} = 1 - \left(\frac{d_{xy}}{d_{r\max}} \right) \tag{6-8}$$

$$i_{rxy} = \exp \left(-\left(\frac{2.99}{d_{r\max}} \right) d_{xy} \right) \tag{6-9}$$

式中，d_{xy} 为栅格 x 与栅格 y 之间的直线距离，$d_{r\max}$ 是胁迫因子 r 的最大影响距离。W_r 为胁迫因子的权重，表明某一胁迫因子对所有生境的相对破坏力；β_x 为栅格 x 的可达性水平，1 表示极容易达到；S_{jr} 为土地利用与土地覆盖（或生境类型）j 对胁迫因子 r 的敏感性，该值越接近 1 表示越敏感；k 是为半饱和常数，当 $1 - \left(\dfrac{D_{xj}^z}{D_{xj}^z + k^z} \right) = 0.5$ 时，k 值等于 D 值；H_j 为土地利用与土地覆盖 j 的生境适合性；z 为模型默认参数，通常取 2.5。

（2）生境稀缺性

生境稀缺性的计算方法为

$$R_x = \sum_{x=1}^{x} \sigma_{xj} R_j \tag{6-10}$$

式中，R_x 为栅格 x 的稀缺性。

如果栅格 x 在土地利用与土地覆盖 j 中，$\sigma_{xj} = 1$。

$$R_j = 1 - \frac{N_j}{N_{j,\text{baseline}}} \tag{6-11}$$

土地利用与土地覆盖 R_j 值越接近 1，土地利用与土地覆盖受到保护的可能性越大，如果土地利用与土地覆盖 j 在基线景观格局下消失，则 $R_j = 0$；N_j 为当前土地利用与土地覆盖 j 的栅格数；$N_{j,\text{baseline}}$ 基线景观格局下土地利用与土地覆盖 j 栅格数。

6.2.5 固碳量

碳固定是捕获、收集碳并封存至安全碳库的过程，其方式可分为自然植被固碳与人工固碳。生态系统的固碳功能，对于人类社会和整个动物界以及全球气候平衡，都具有重要意义。经查阅文献发现学者对碳固定的评估多采用文献资料整理和实地调查的研究方法。刘恩等采用样地调查与生物量实测方法，研究了我国南亚热带广西 3 个不同林龄红锥人工林（10 年、20 年和 27 年生）的不同器官、凋落物层和土壤层的碳含量，以及不同林龄红锥人工林的乔木层、凋落物层和土壤层碳贮量及其分配特征。黄麟等基于政府间气候变化专门委员会（IPCC）的土地利用、土地利用变化及林业（LULUCF）方法框架，构建中国陆地生态系统碳固定服务定量评估技术体系，结合我国的实际情况，充分利用近些年我国科学家在区域碳循环方面的最新资料和研究成果，采用文献参数整理和类型赋值等方法，研究我国陆地生态系统碳固定量的估算。本研究区域范围广、区域生境恶劣。因此，本书采用全国土地利用变化数据库的 2000 年、2010 年全国 1km 百分比栅格土地利用数据集，提取森林、草地、湿地生态系统一级类型信息。根据国际地圈生物圈计划（IGBP）分类系统，采用遥感自动分类方法，根据土地利用类型、碳库（土壤、凋落物、林下植被、乔木）评价生态系统碳固定功能，计算公式为

$$C_{ij\_storage} = C_{ij\_above} \times S_{ij} + C_{ij\_below} \times S_{ij} + C_{ij\_dead} \times S_{ij} \tag{6-12}$$

式中，$C_{ij\_storage}$ 为第 j 种土地利用类型栅格 i 的碳贮量；C_{ij_above} 为第 j 种土地利用类型栅格 i 单位面积乔木层碳贮量；C_{ij_below} 为第 j 种土地利用类型栅格 i 单位面积灌木层和草本层碳贮量；C_{ij_soil} 为第 j 种土地利用类型栅格 i 单位面积土壤碳贮量；C_{ij_dead} 为第 j 种土地利用类型栅格 i 单位面积凋落物层碳贮量；S_{ij} 为第 j 种土地利用类型栅格 i 的面积。

6.2.6 食品供给量

食品供给是指县域生态系统提供的粮食、水产品、肉类、林果产品等食物产量（P_{food}）、木材（P_{wood}）和淡水资源量（P_{water}）。对食物供给能力的研究，目前有两类研究方法：一类是从自然生态系统的初级生产力出发，结合太阳辐射、温度、水、土地资源潜力、作物生长模型等，模拟和预测食物生产能力；第二类是用实际粮食产量和耕地面积等来评估和预测，或按照人均粮食消费标准来计算人口供给能力。随着社会的进步，人类的消费结构发生了巨大的变化，不再以单纯的"粮食"（谷物类、豆类、薯类）来获取能量和物质，还包括能提供人类生存所需营养成分的其他作物，如蔬果、油料、糖料、肉类、奶类以及禽蛋等，且对这部分食物的需求量也越来越大，亟待构建新的食物系统观。由于传统的粮食供给能力很少区分粮食类型，未考虑由于地理区域的差异导致的食物的不同来

源，未考虑不同食物所提供的营养成分的差异，故不同类的食物不能简单加和，如果没有统一量纲，只以"产量"不能准确反映我国各地区的食物生产能力，掩盖了其真实的食物生产能力。因此，本书采用营养成分法，将五大类食物类型（谷类、油料、糖料、蔬果、畜牧类）都纳入进来，把五类食物转化为统一标准，将产量转化为热量，然后将食物热量进行统计，分析我国食物生产空间特征，反映更全面、更客观的食物生产综合能力，分析屏障区食物生产空间特征，为提高我国食物生产能力提供科学性建议。具体计算公式为：

$$E_s = \sum_{i=1}^{n} E_i = \sum_{i=1}^{n} (100 \times M_i \times EP_i \times A_i) \tag{6-13}$$

式中，E_s 为区县食物总供给热量（kcal）；E_i 为第 i 种食物所提供的热量（kcal）；M_i 为区县第 i 种食物的产量（t）；EP_i 为第 i 种食物可食部的比例（%）；A_i 为第 i 种食物每100g可食部中所含热量（kcal）；$i=1, 2, 3, \cdots, n$ 为某区县食物种类。

6.3 水源涵养服务功能评价

水源涵养是陆地生态系统所能提供的水文服务，指在一定时间和空间范围内，生态系统保持水分的过程和能力，在多种因素的作用下（如生态系统类型、地形、海拔、土壤、气象等）具有复杂性和动态性特征。其功能主要为：截留降水、抑制蒸发、涵蓄土壤水分、增加降水、缓和地表径流、补充地下水和调节河川流量等功能。自然生态系统如森林、灌丛和草地等具有"天然绿色水库"的美誉，有着巨大的水源涵养功能。我国水源涵养重要区主要是指森林分布较为广阔以及河流与湖泊的主要水源补给区和源头区，其中，国家屏障区中相对应的区域是森林覆盖率高的东北森林屏障带、南方丘陵山地屏障带及重要湖泊、河流的发源地青藏高原生态屏障带，本节着重讨论这些区域的水源涵养服务功能。

本书利用森林降雨储存法分别计算2000~2010年东北森林屏障带、南方丘陵山地屏障带及青藏高原生态屏障带的水源涵养量，在此基础上，将水源涵养量等级分为低、较低、中、较高和高5个等级，对不同等级作统计分析和空间转移矩阵，探讨水源涵养量的变化特征和相互转化程度，并利用简单回归模型分析了植被变化对水源涵养量的影响程度。

6.3.1 东北森林屏障带水源涵养生态系统服务功能

东北地区森林资源面积为 6×10^{11} hm²，占全国森林总面积的28.1%，有林地面积为 3.34×10^7 hm²，是全国最大的林区，处于我国水源涵养变化影响最显著的地区。水源涵养功能是东北森林屏障带生态系统的重要功能之一，东北森林屏障带水源涵养能力在2000~2010年呈现先减后增的趋势，水源涵养量在2000~2005年约减少了7.84%，在2005~2010年约增加了3.67%。

（1）水源涵养功能及十年变化
由图6-1可知，研究区水源涵养空间分布差异明显，水源涵养能力较高的区域主要分布在吉林、辽宁地区，较低区域集中于研究区北部外围部分，2005 年、2010 年研究区水源涵养功能与 2000 年相比区别不大。

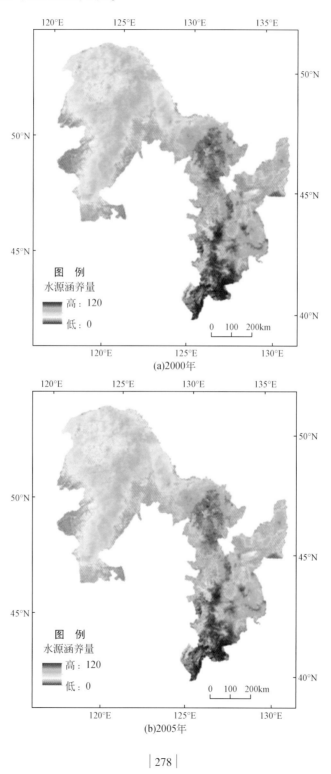

(a)2000年

(b)2005年

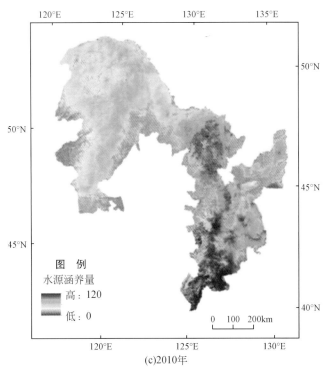

(c)2010年

图 6-1　2000～2010 年东北森林屏障带水源涵养空间分布

（2）水源涵养量分级统计

从不同等级水源涵养面积看（图 6-2），2000～2010 年，以中级、较低、低级为主，三者占到 92% 左右，平均面积分别为 26.34 万 km²、19.81 万 km²、10.52 万 km²，比例分别为 43.19%、32.48%、17.25%，较高、高级面积较少，平均面积分别为 3.35 万 km²、0.97 万 km²，比例分别是 5.49%、1.58%。从水源涵养面积近十年变化看，各个等级均呈波动变化，其中低、较低、中波动幅度较小，高、较高波动幅度较大。

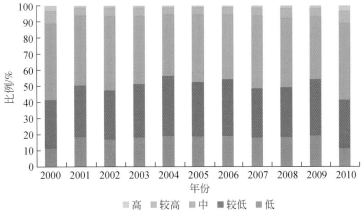

图 6-2　2000～2010 年东北森林屏障带水源涵养分级图

由图6-3可知，东北森林屏障带水源涵养功能在2000～2010年退化较严重的区域主要分布于大兴安岭东南部扎兰屯、牙克石东南部和阿荣旗的西南部，以及小兴安岭中部逊克县。

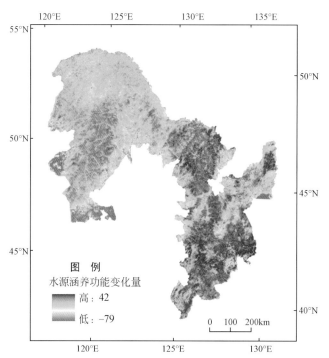

图6-3 2000～2010年东北森林屏障带水源涵养功能变化量图

（3）水源涵养功能变化显著程度

由表6-6可知，研究区水源涵养功能变化分为无显著变化、下降（极显著下降、显著下降）、上升（显著上升、极显著上升），以无显著变化为主，面积为487 083 km²，比例占到79.78%；水源涵养功能上升中以显著上升为主，面积为3443km²，比例为0.56%，占上升面积的78.70%；水源涵养功能下降中以显著下降为主，面积为81 537 km²，比例为13.36%，占下降面积的68.50%。从平均变化量看，极显著下降的平均变化量绝对值最大，显著下降的平均变化量的绝对值高于极显著上升。

表6-6 东北森林屏障带植被水源涵养功能变化显著程度及比例

变化趋势	平均变化量/（mm/hm²）	面积/km²	面积比例/%
极显著下降	-6.99	37 501	6.14
显著下降	-6.01	81 537	13.36
极显著上升	5.82	932	0.15
显著上升	4.15	3 443	0.56
无显著变化	-3.43	487 083	79.78

6.3.2 南方丘陵山地屏障带水源涵养生态系统服务功能

（1）水源涵养量

由图 6-4 可知，2000 年、2005 年、2010 年研究区生态系统水源涵养量空间分布特征大致为：东高西低，东南高西北低。

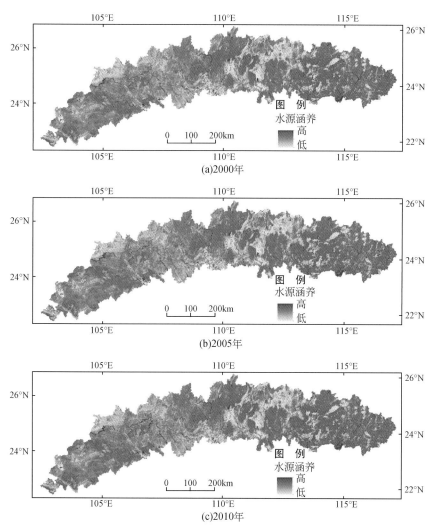

图 6-4　南方丘陵山地屏障带水源涵养量空间分布

（2）各生态系统类型水源涵养量

如表 6-7 所示，研究区生态系统水源涵养量总体特征为：森林>农田>灌丛>草地>湿地。2000～2010 年各生态系统水源涵养量变化特征为：森林和草地水源涵养量均有所增加，湿地、农田以及灌丛水源涵养量持续减少。各生态系统单位面积涵养量特征为：

湿地>森林>草地>灌丛>农田。十年变化特征：森林、草地水源涵养能力增大，湿地涵养能力呈减小趋势，由 2000 年的 955.47m³/hm²一直下降到 2010 年的 889.68m³/hm²，农田和灌丛水源涵养能力基本保持不变。研究区生态系统水源涵养总量呈持续增加态势，由 2000 年的 856.4×10⁷m³增加到 2005 年的 864.96×10⁷m³，进一步增加到 2010 年的 872.47×10⁷m³，共增加了 16.08×10⁷m³。

表 6-7　各生态系统类型水源涵养量及其比例

生态系统类型	2000 年			2005 年			2010 年		
	涵养量/10⁷m³	百分比/%	单位面积涵养量/10⁷m³	涵养量/10⁷m³	百分比/%	单位面积涵养量/10⁷m³	涵养量/10⁷m³	百分比/%	单位面积涵养量/10⁷m³
森林	592.36	69.17	349.40	601.22	69.51	354.08	609.94	69.91	358.67
草地	61.04	7.13	325.26	63.18	7.30	334.70	63.25	7.25	335.09
湿地	32.88	3.84	955.47	32.09	3.71	926.18	31.94	3.67	889.68
农田	94.16	10.99	165.17	92.94	10.75	165.13	92.38	10.59	165.13
灌丛	75.96	8.87	214.98	75.53	8.73	214.96	74.96	8.59	214.98

（3）水源涵养量分级统计

由表 6-8 可知，近 10 年来，研究区水源涵养功能级别主要集中在较高、中级和较低级别，尤其是中级，面积最大，所占比例达到 50% 左右；高、低级别比例极少，两者比例总和仅在 3% 左右。低、较低、高、中级四个级别的水源涵养功能生态系统面积近十年均增加，前三者均是持续增加，而中级先增后减，最终增加的幅度都较小。较低级别的水源涵养功能生态系统面积持续减少，由 2000 年的 64030.8km²下降到 2010 年的 62866.0km²，减少了 1164.8km²，比例下降了 0.4%。

表 6-8　不同级别水源涵养功能生态系统的面积及比例

年份	统计参数	高	较高	中	较低	低
2000	面积/km²	3 407.5	71 805.5	144 905.2	64 030.8	4 723.8
	百分比/%	1.2	24.9	50.2	22.2	1.6
2005	面积/km²	3 426.2	71 973.4	144 979.3	63 246.0	5 247.9
	百分比/%	1.2	24.9	50.2	21.9	1.8
2010	面积/km²	3 561.7	72 065.5	144 909.1	62 866.0	5 470.4
	百分比/%	1.2	24.9	50.2	21.8	1.9

由图 6-5 可知，中级水源涵养广泛分布于研究区，高级、较高级水源涵养主要分布在东部地区，西部地区零星分布，低级、较低级集中于中部和西部地区。结合研究区土地利用类型图可知，水源涵养功能高的主要为湿地生态系统，水源涵养功能低的主要为居住地、工业用地、交通用地、裸土硬质地面或植被稀少的地面。

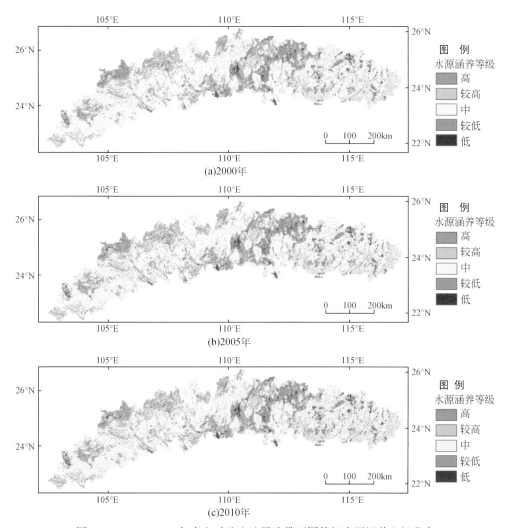

图 6-5 2000~2010 年南方丘陵山地屏障带不同等级水源涵养空间分布

（4）水源涵养量转移及转移强度

由表 6-9 可知，2000~2005 年，水源涵养功能高等级主要转换成中和较低等级，转换面积分别为 42.7km² 和 87.2km²；较高等级主要转换至中和较低，面积分别为 2385km²、527.4km²；中等级主要转向较高和较低，面积分别为 2341.7 km²、2429.1km²；较低等级主要转向较高和中，面积分别为 1063.7km²、2738.5km²；低等级主要转向较低、较高、中，面积分别为 79.6 km²、106.7 km²、98.5km²。由上述可知，水源涵养功能等级的转向主要在邻级之间，尤其是中-较高、中-较低之间的转换。

与 2000~2005 相比，2005~2010 年，水源涵养功能等级之间的主要转换方式基本没有变化，转移强度总体增加。其中，高等级转换成中和较低等级的面积均是前五年的两倍之多，较高等级转换至中和较低等级的面积幅度分别为 25%、130%；中等级转向较高等级的面积增加了 662.5km²，增幅达 28%；低等级转向较低、较高、中，面积分别为 181.3 km²、

202km^2、135.9km^2,涨幅分别达89%、38%、128%;而中等级转向较低的面积减少了约16%,较低等级转向中级的面积减少了763.9km^2,减幅为28%。

从2000~2010总体来看,近十年,研究区水源涵养功能的变化方向主要是向中和较高等级转移,且各生态系统以向森林生态系统转换为主。除自身转移的面积(分别为123272.87 km^{2}和69715.72 km^2)外,转入的面积分别为8356.23 km^{2}和5829.38 km^2。

表6-9 不同级别水源涵养功能生态系统转移强度表 (单位:km^2)

时段	等级	高	较高	中	较低	低
	高	3 249.1	20.1	42.7	87.2	10.1
	较高	19.8	72 466.7	2 385	527.4	241.7
2000~2005	中	88.5	2 341.7	126 471.2	2 429.1	197.3
	较低	143.8	1 063.7	2 738.5	70 344.5	544.2
	低	10.3	106.7	98.5	79.6	2 767.8
	高	3 137.6	29.9	116.2	202.5	25.3
	较高	43.7	71 610.8	2 978.9	1 212.2	153.4
2005~2010	中	73.3	3 004.2	126 423.6	2 032.1	202.7
	较低	162.9	698.4	1 974.6	70 119.1	512.8
	低	10.2	202	135.9	181.3	3 231.6
	高	3 056	31.8	105.5	186.5	29.3
	较高	42.8	69 715.7	4 463.9	1 220.1	198
2000~2010	中	112.2	4 455.3	123 272.9	3 398.1	289.1
	较低	203.6	1 221.8	3 662.6	68 749.4	997.1
	低	13	120.4	124.2	192.9	2 612.4

由图6-6和表6-9可知,研究区水源涵养功能的变化以同一级别自身转移为主,其转移强度达85%~96%。十年间不同级别之间的变化,高等级主要向较低等级转移,转移强度为2.6%~5.8%,较高等级主要向中等级转移,转移强度为3.2%~5.9%,中等级以向较高等级转移为主,转移强度最大达到3.4%,较低等级以中等级转移为主,转移强度最高为4.9%,低等级主要转向较高和较低等级,转移强度为2.6%~6.3%。

(5)水源涵养功能变化程度

如图6-7所示,2000~2005年,研究区水源涵养量以显著上升、无显著变化及极显著下降为主。其中,显著上升区域集中于中部,无显著变化在东西部均较多,而极显著下降区域集中在西部与中部。2005~2010年,以无显著变化和极显著下降为主,但相比2000~2005年,西部地区极显著下降面积明显减少,大部分转为无显著变化,中部地区前五年显著上升区域转为无显著变化,东部地区较为稳定,变化较小。2000~2010年,总体上,绝大部分地区水源涵养量无显著变化,处于稳定状态;极显著上升或下降的区域比例非常低(<3%),东部和西北部地区水源涵养量明显增加,南部小片地区有所减少。

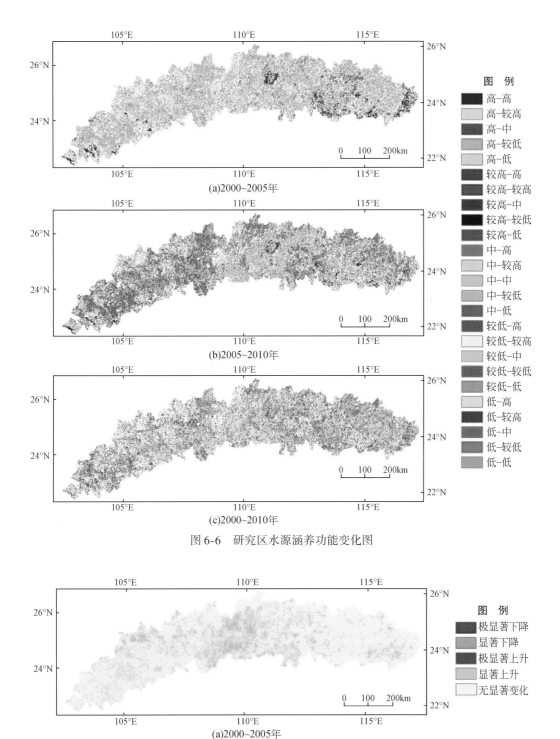

图 6-6 研究区水源涵养功能变化图

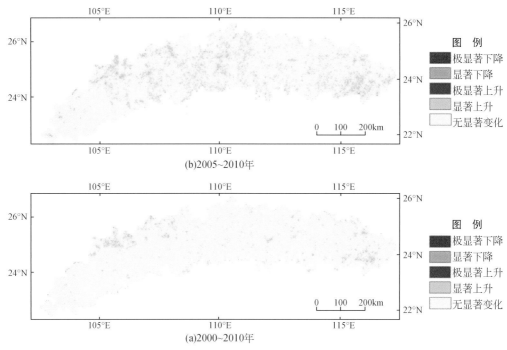

图 6-7　水源涵养量显著变化空间分布

（6）水源涵养十年变化综合分析

结合图 6-8 和表 6-10 可知，近十年，研究区大部分地区水源涵养量呈现增加趋势，其面积为 241 921 km², 占总面积的 82.84%；水源涵养量减少的区域面积仅为 31 691 km²，占总面积的 10.85%；水源涵养功能无变化的区域的面积为 18 419 km²，占总面积的 6.31%。单位面积水源涵养量增加的幅度低于水源涵养量减少的幅度，其原因主要是，湿地生态系统的水源涵养量所占比例较大，而研究区近 10 年来湿地生态系统呈萎缩趋势，导致水源涵养量减少的区域其减少的总量较大，但这并不影响整个研究区水源涵养量的变化趋势。

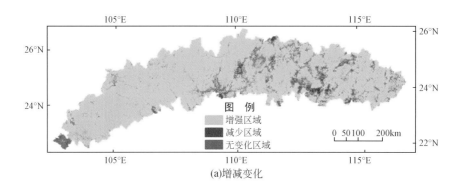

(a)增减变化

(b)平均分布

图 6-8　2000～2010 年研究区水源涵养量增减变化和平均分布图

表 6-10　生态系统水源涵养功能面积变化情况统计表

变化情况	变化面积/km²	比例/%	平均变化量/(m³/km²)
增加区域	241 921	82.84	854.10
减少区域	31 691	10.85	1 391.82
无变化区域	18 419	6.31	0

6.3.3　青藏高原水源涵养生态系统服务功能

（1）2000～2010 年青藏高原水源涵养量特征分析

2000～2010 年水源涵养量分级特征和空间分布特征、统计结果如图 6-9 所示。

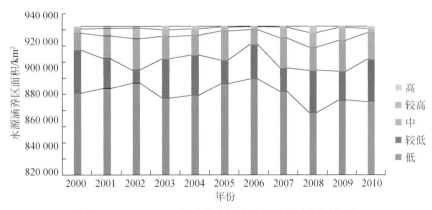

图 6-9　2000～2010 年青藏高原生态屏障带水源涵养量

由分级统计特征结果可知，2000～2010 年，研究区水源涵养为低级的面积一直最大，在 2010 年比例达 94%，其次是较低、中、较高和高，所占比例分别为 2.6%、1.9%、0.6% 和 0.2%。

分阶段来看，水源涵养中等级的面积先增加后减少整体呈增加趋势，前五年增加的面积为后五年减少面积的 4.5 倍左右，共增加了 7409km^2，增幅为 60.1%。低、较低、较高、高水源涵养面积均有不同程度的减少，低等级的面积先增后减，从 2000 年的 881 507.6km^2 增加到 2005 年的 888 322.5km^2，继而下降到 2010 年的 874 869.7km^2，最后减少了 6637.9km^2，较低级、较高级、高级面积均是先减后增，较低级分别减少和增加了 14 576.6、14 027.6km^2，较高级面积在 2006 年降到最小为 1911.3km^2，共减少了 122.3km^2，高级面积减少了 100.6km^2，减幅达 5.1%。

由图 6-10 可知，生态系统一级分类各类型水源涵养特征表现为，冰川/永久积雪水源涵养量最高，其次为湿地、森林、灌丛和草地。

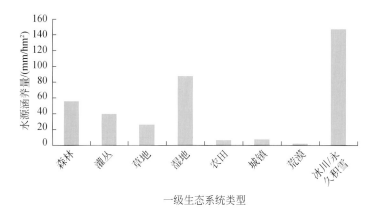

图 6-10 一级生态系统水源涵养量近十年平均值

由图 6-11 可知，水源涵养量空间差异明显，西部有湖泊的湿地区域以及东南部地区多为水源涵养量较高地区，北部多为水源涵养量低值区。

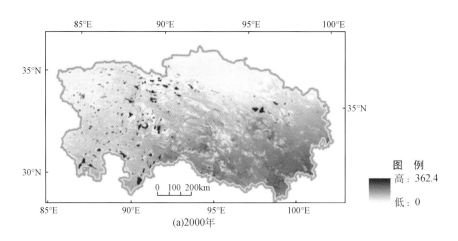

(a)2000年

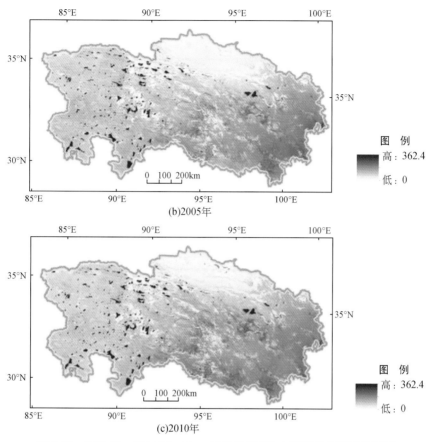

图 6-11　2000 年、2005 年、2010 年青藏高原生态屏障带水源涵养量图

（2）2000～2010 年水源涵养变化量分析

在 GIS 中，采用栅格计算器，将两期水源涵养量数据相减，得到水源涵养量变化量图，如图 6-12 所示。

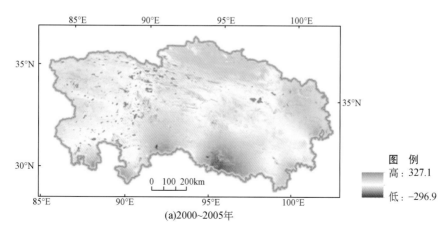

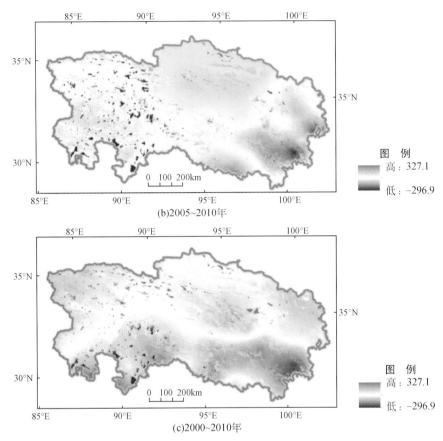

图 6-12　不同时段青藏高原生态屏障带水源涵养变化量图

　　从空间上看，不同时段青藏高原生态屏障带水源涵养变化量空间差异明显。2005~2010年，屏障区中北部和中南部地区水源涵养量明显增加，西部和东部地区水源涵养量明显减少，其他地区水源涵养量无明显变化。各类型水源涵养平均变化量差异较大，绝大部分类型水源涵养量有所减少。其中，湖泊、河流、水库/坑塘、森林沼泽及灌丛沼泽等类型水源涵养量明显减少，运河/水渠水源涵养量有所增加。2000~2010年，屏障区北部大部分区域水源涵养量明显增加，南部大部分区域水源涵养量明显减少，其他地区水源涵养量无明显变化。各类型水源涵养平均变化量差异较大，水库/坑塘、运河/水渠和河流等类型水源涵养量明显增加，常绿阔叶林、针阔混交林、常绿阔叶灌木林、常绿针叶灌木林及灌丛沼泽等类型水源涵养量有所减少。

　　（3）2000~2010年水源涵养量变化程度分析

　　统计2000~2010年水源涵养量年平均值，并分析其变化趋势，如图6-13所示。基于象元计算2000~2010年水源涵养量变化斜率 a 和 P 值，统计水源涵养量变化程度，如下表6-11所示。2000~2010年水源涵养量年平均值呈上升趋势，其中，2009年水源涵养量平均值最大，为33.0mm/hm^2，2006年水源涵养量平均值最小，为24.7mm/hm^2，2000年、2005年和2010年水源涵养量平均值呈先升高后降低趋势。

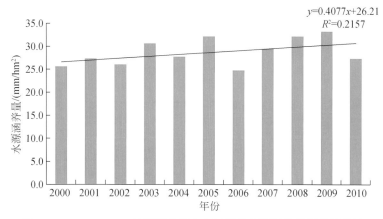

图 6-13　2000～2010 年青藏高原生态屏障带水源涵养量平均值统计

对水源涵养量变化显著程度的统计（表 6-11）分析可知，2000～2010 年屏障区大部分区域（78.3%）无显著变化，极显著上升和显著上升的面积较大，面积比例分别为 10.0%、11.6%，表明 2000～2010 年屏障区水源涵养量局部有较大改善。

表 6-11　青藏高原生态屏障带 2000～2010 年水源涵养量变化程度统计表

变化趋势	平均变化量/(mm/hm²)	面积/km²	面积比例/%
极显著下降	−103.0	235.3	0.0
显著下降	−66.7	185.4	0.0
极显著上升	9.8	93 422.8	10.0
显著上升	6.4	107 886.1	11.6
无显著变化	0.0	729 452.9	78.3

如图 6-14 所示，2000～2010 年水源涵养量上升区主要位于屏障区东北部，显著上升和极显著上升区分布较为连续，其余大部分区域水源涵养量无显著变化，极显著下降区域和显著下降的区域所占面积零星分散在青藏高原的西部。

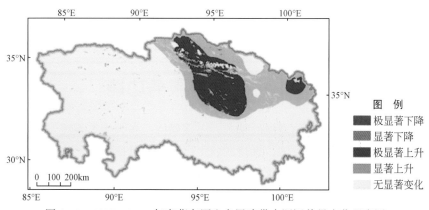

图 6-14　2000～2010 年青藏高原生态屏障带水源涵养量变化程度图

（4）植被变化对水源涵养量的影响贡献率

为分析青藏高原生态屏障带植被覆盖变化对水源涵养量的影响贡献率，以水源涵养量年平均值为因变量，以植被覆盖度年平均值、年平均气温、年平均降水量为自变量，做线性回归分析，相关系数见表6-12。

表6-12 水源涵养量线性回归相关系数表

变量	非标准化系数	标准差	标准化系数	t 统计量	显著性水平
植被覆盖度	−0.70	0.27	−0.37	−2.60	0.04
年平均气温	−0.34	0.92	−0.05	−0.37	0.73
年平均降水量	0.06	0.01	0.83	6.22	0.00

其中，植被覆盖度的贡献率为−37%，且通过显著性检验；年平均气温的贡献率较低，为−5%，未通过显著性检验；年平均降水量的贡献率最大，为83%，且通过显著性检验，综上表明植被覆盖度变化对水源涵养量具有负相关关系。

（5）小结

1）从水源涵养量分级统计特征看，水源涵养量低的区域所占比例最高，其次为较低、中、较高、高覆盖区域。

2）从水源涵养量的空间分布特征看，水源涵养量空间差异明显，西部有湖泊的湿地区域以及东南部地区多为水源涵养量较高地区，北部多为水源涵养量低值区。

3）从水源涵养变化量看，2000～2010年屏障区北部大部分区域水源涵养量明显增加，南部大部分区域水源涵养量明显减少，其他地区水源涵养量无明显变化。各类型水源涵养平均变化量差异较大，水库/坑塘、运河/水渠及河流等类型水源涵养量明显增加，常绿阔叶林、针阔混交林、常绿阔叶灌木林、常绿针叶灌木林和灌丛沼泽等类型水源涵养量有所减少。

4）从水源涵养量年平均值统计看，2000～2010年水源涵养量年平均值呈上升趋势，2000年、2005年、2010年三年水源涵养量平均值呈先升高后降低趋势。

5）从水源涵养量变化程度看，2000～2010年屏障区大部分区域（78.3%）无显著变化，极显著上升和显著上升的面积相对较大，主要位于屏障区东北部，分布较为连续，表明2000～2010年屏障区水源涵养量局部有较大改善。

6）回归分析表明，植被覆盖度变化对水源涵养量的贡献率为−37%。

6.4 土壤保持服务功能

生态系统服务是人类生存与发展的基础。土壤保持，作为生态系统调节服务之一，在预防全球性环境问题——土壤侵蚀，维持区域生态安全与可持续发展中发挥重要作用。我国不少地区存在着严重的水土流失现象，尤其是"两屏三带"地区，针对水土流失严重区域，土壤保持定量研究能为区域生态系统的科学管理和减缓区域土壤侵蚀提供科学支持。本节利用修正的通用土壤流失方程（RUSLE）评估2000～2010年"两屏三带"的土壤保持功能，按照土壤保持量大小进行分级，分别统计不同土壤保持量等级的面积与不同生态系统的土壤保持量大小，分析它们的变化趋势与变化程度，并利用空间转移矩阵探讨不同等级的土壤保持量间的相互转换，在此基础上，使用线性回归模型研究植被变化、降雨量等因素对土壤保持量的影响贡献率。

6.4.1 "两屏三带"土壤保持功能

土壤保持的重要性评价主要考虑生态系统减少水土流失的能力及其生态效益。全国土壤保持的极重要区域面积为 63.8 万 km²，主要分在黄土高原、太行山区、秦岭—大巴山区、祁连山区、环四川盆地丘陵区以及西南喀斯特地区等区域；较重要区域面积为 76.4 万 km²，主要分布在川西高原、藏东南、海南中部山区以及南方红壤丘陵区。本节对研究区 2000~2010 年的土壤保持能力及其空间格局进行分析，以期对小流域的水土保持、土地利用结构调整、退耕还林、生态补偿以及水库管理提供更好的决策支持。

结合图 6-15 和表 6-13 可知，2010 年，全国生态屏障区土壤保持总量 405.45 亿 t，单位面积土壤保持量为 1046.86 t/(hm²·a)。水土保持功能空间差异较大。首先，屏障区之间水土保持功能差异较大。其中，川滇屏障带和南方丘陵山地屏障带土壤保持功能最强，年土壤保持量分别为 226.25 亿 t 和 113.80 亿 t；东北森林屏障带和青藏高原生态屏障带土

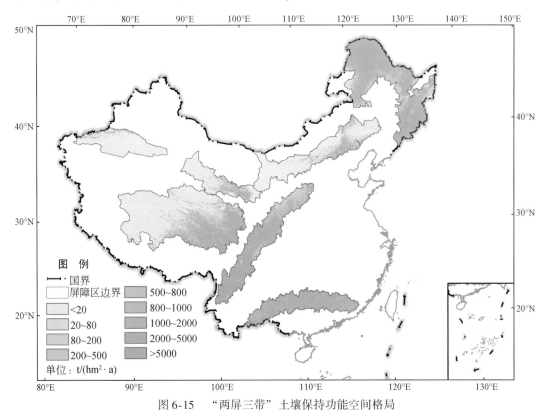

图 6-15 "两屏三带"土壤保持功能空间格局

壤保持功能居中，分别为 34.75 亿 t 和 24.26 亿 t；黄土高原屏障带土壤保持功能较低，年土壤保持量分别为 2.92 亿 t。其次屏障带内部也呈现的空间差异。相比较，南方丘陵山地屏障带和川滇屏障带土壤保持功能空间一致性较好；而其余各屏障带土壤保持功能呈现明显的区域分异。

表 6-13　各屏障区土壤保持总量表　　　　　　　　　　（单位：亿 t）

年份	黄土高原屏障带	川滇屏障带	青藏高原生态屏障带	南方丘陵屏障带	河西走廊防沙屏障带	东北森林屏障带	内蒙古防沙屏障带	"两屏三带"屏障区
2000	0.54	70.66	8.33	29.19	0.43	7.09	0.62	116.86
2001	0.74	84.58	6.85	30.86	0.49	8.12	0.70	132.34
2002	0.50	72.69	6.60	41.08	0.41	7.99	0.61	129.88
2003	1.27	78.36	11.13	24.89	0.45	10.00	0.70	126.8
2004	0.53	61.16	9.08	29.50	0.39	6.69	0.77	108.12
2005	0.81	74.40	9.63	36.20	0.47	8.43	0.80	130.74
2006	0.78	44.30	5.55	36.60	0.43	9.70	0.73	98.09
2007	2.31	170.82	16.32	87.98	1.36	13.89	1.55	294.23
2008	1.45	171.88	22.80	101.84	0.79	18.81	2.44	320.01
2009	2.09	178.48	25.95	76.77	1.19	28.49	1.01	313.98
2010	2.92	226.25	24.26	113.80	1.08	34.75	2.39	405.45

由图 6-16 可知，土壤保持能力以"胡焕庸线"为界东南区域土壤保持能力大于西北地区的土壤保持能力，东北森林屏障带土壤保持能力变化显著程度较高；东北森林屏障带和南方丘陵山地屏障带土壤保持能力变化显著程度较高的原因可能是这两个屏障带森林覆盖度较高。

6.4.2　东北森林屏障带土壤保持功能

由图 6-17 可知，东北森林屏障带土壤保持量空间差异较大，土壤保持量较低的区域呈块状或线状分布，线状集中于西部地区，块状在研究区最东部。较高区域位于东部的东北平原，土壤保持量中等区域主要集中于西部。2005 年，东北森林屏障带土壤保持能力得到一定的改善，这可能与我国把将保护东北黑土地承载能力作为当前和今后一个时期刻不容缓的重要任务，水利部 2003 年正式启动了东北黑土区水土流失综合治理试点工程有一定的关联。

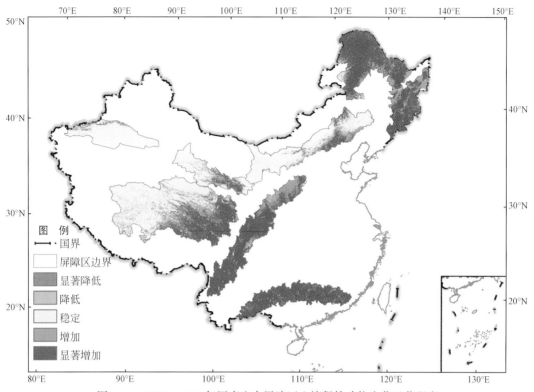

图 6-16 2000~2010 年国家生态屏障区土壤保持功能变化显著程度

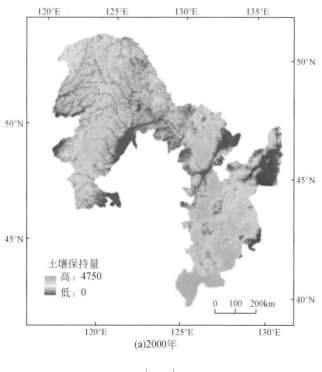

(a)2000年

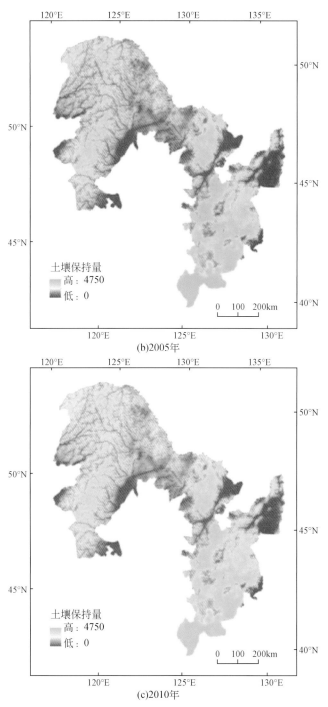

(b)2005年

(c)2010年

图 6-17 2010 年东北森林屏障带土壤保持分布

从不同土壤保持等级面积看，东北森林屏障带 2000～2010 年土壤保持低级区域面积一直最大，其次是较低、中、高、较高（图 6-18），平均面积分别为 37.64 万 km^2、11.20

万 km²、5.01 万 km²、3.78 万 km²、3.37 万 km²，所占比例分别为 61.7%、18.36%、8.21%、6.19%、5.54%。近十年，低级土壤保持面积先增后减，前五年增加面积 0.2 万 km²，后五年减少面积为 0.01 万 km²，共增加了 0.19 万 km²；较低、中、较高、高级土壤保持面积均呈不同程度的减少，分别减少了 0.03 万 km²、0.03 万 km²、0.05 万 km²、0.08 万 km²。由上述分析可知，2000~2010 年，东北森林屏障带土壤保持功能变化不大，不同等级的土壤保持面积均呈很小幅度的减少或增加，表明东北森林屏障带生态系统较为稳定。

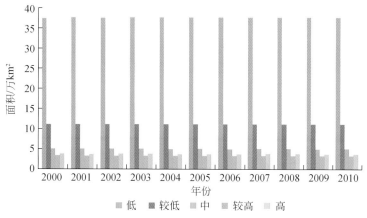

图 6-18　2000~2010 年东北森林屏障带不同土壤保持等级面积

6.4.3　川滇—黄土高原生态屏障带土壤保持服务

川滇—黄土高原生态屏障带是我国黄河、长江、珠江等大江大河的上游和源头区，在我国水资源保护中起着举足轻重的作用，对华东、华南和华中等经济发达地区的水资源安全起着重要的屏障作用。黄土高原是世界著名水土流失区，黄河泥沙主要来源于此。近50a 黄土高原气候暖干化趋势显著，同期大规模地实施了水库、淤地坝等水利工程和植树造林、退耕还林还草等生态建设工程，该背景下黄土高原土壤保持功能的强弱时空变化特征引人关注。

6.4.3.1　黄土高原生态屏障带土壤保持服务

黄土高原地处生态过渡带和环境脆弱区，区内大范围的土壤侵蚀严重影响了当地的生态环境。因此，评估该区退耕还林还草工程的土壤保持效应对区域生态恢复和经济发展具有重要的实践意义。本书以黄土高原森林草原区为研究对象，应用修正通用土壤流失方程，根据 2000 年、2005 年和 2010 年气象数据及土地利用等数据，从不同坡度、植被覆盖度、土地利用类型等方面评估了黄土高原森林草原区退耕还林还草工程的土壤保持效应。

（1）土壤保持服务评价结果

2000~2010 年土壤保持效应显著增加（图 6-19），土壤保持量共增加 2.41 亿 t。其中 2000~2005 年，单位面积土壤保持量由 3033.15 t/（km²·a）增加至 3902.11 t/（km²·a），

至 2010 年为 5114.86 t/(km² · a)，与 2000 年相比单位面积土壤保持量增加了
2081.71 t/(km² · a)。在研究区东南部土壤保持效应较高，主要为陕西黄陵县、黄龙县、
宜川县，至 2010 年单位面积土壤保持量均在 6000 t/(km² · a)；在研究区北部及东北部土
壤保持量较低，主要分布于陕西绥德县、子洲县，以及山西孝义市、汾西县等地，单位面
积土壤保持量不足 2000 t/(km² · a)，随着退耕还林还草工程的实施，绥德县、子洲县土
壤保持能力显著提升，单位面积土壤保持量分别由 1170.64 t/(km² · a) 和 907 t/(km² · a)
增加到 2555.60 t/(km² · a) 和 2370.62 t/(km² · a)，而孝义市、汾西县单位面积土壤保持
量未有明显变化，分别为 25 589.14t/(km² · a) 和 1997.22 t/(km² · a)，其主要原因是山
西孝义市和汾西县含有大量的煤矿，退耕还林还草工程建设的过程中，当地煤炭资源的开
采破坏了地表植被，造成地表破碎化，加剧了区域土壤侵蚀。

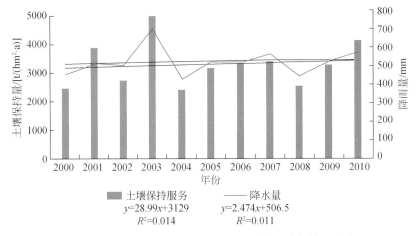

图 6-19　2000～2010 年黄土高原生态屏障带土壤保持量变化图

（2）不同土地利用类型的土壤保持效应

在各土地利用类型中林地 ［5405.57 t/(km² · a)］、草地 ［3598.41 t/(km² · a)］ 和耕地
［3078.81 t/(km² · a)］ 单位面积的土壤保持量明显高于其他土地利用类型，其中林地显著
高于草地和耕地，其他用地 ［3027.97 t/(km² · a)］ 和人工表面 ［2938.21 t/(km² · a)］
相差不多，湿地 ［2626.91 t/(km² · a)］ 最低（图 6-20）。由于森林的冠层对于降水有阻
截作用，枯枝落叶层又具有节流作用，在研究区属于黄土高原半湿润向半干旱的过渡带，
生物气候及土壤水分条件适宜乔冠木的生长，并且在研究区分布着陕西省子午岭国家自然
保护区、山西省庞泉沟国家级自然保护区以及多处省市县级自然保护区，这些保护区的设
立，有效地保护了区域内的森林及自然植被，因此，研究区内森林具有较高的土壤保持效
应。相比草地和耕地则对降水不具有阻截作用，不能很好地阻抗降水对地表的冲刷，但对
于地表土壤具有一定的稳固作用，因此，草地和耕地的保持效应略低于林地。

通过对比分析，黄土高原生态屏障带内草地土壤保持服务功能最高，平均土壤保持服
务为 9086.51 t /(km² · a)，相比较农田和森林的年平均水土保持服务基本接近。从年增
长率来看，草地服务功能增长尤为迅速，以 344.26 t/(km² · a) 的速率增加，其次是林地

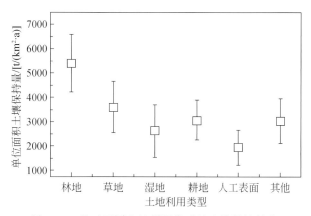

图 6-20　基于不同土地利用类型的土壤保持效应

以 161.89 t/（km² · a）的速率增加，最低的是农田，以 25.77 t/（km² · a）的速率增加。可见，在黄土高原生态屏障带，草地和林地对该区域土壤保持具有重要的功能，当然，农田也具有一定的土壤保持服务功能，是不可忽视的。

（3）不同林地的土壤保持服务功能

不同植被类型的林地的土壤保持服务功能之间存在明显差异（图 6-21）。由于植被类型不同，根系枝干分布深度及密度具有很大的差异，从而土壤的蒸发和植被的蒸腾不同，由此引起的土壤干燥化程度和土壤水分的分布也不同。从时间变化趋势来看，各种植被类型的土壤保持功能在 2003 年都是特别的强，而针叶混交林在各种植被类型中的土壤保持功能是最小的。

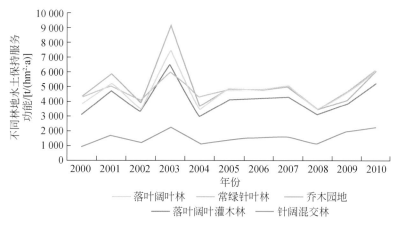

图 6-21　2000～2010 年黄土高原生态屏障带不同林地水土保持服务功能

从图 6-22 可以看出，2000～2010 年黄土高原林地的水土保持功能是呈现缓慢增加的趋势，其斜率为 19.462，$R^2 = 0.0043$，这说明我国构建的"两屏三带"生态屏障区对于生态系统的服务功能有一定的提升作用，植被具有显著的水土保持功能，是影响黄土高原土壤保持量最重要的影响因素之一，这种功能所产生的巨大作用，使林草植被建设在防治土壤侵蚀和控制水土流失的各项措施中，成为一项有效而长远的根本性措施。

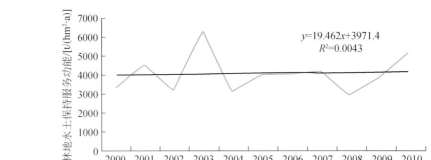

图6-22　2000～2010年黄土高原生态屏障带林地水土保持服务功能

6.4.3.2　川滇生态屏障带土壤保持服务

由图6-23可知，2000～2010年川滇生态屏障带土壤保持服务增量最高达11 332 t/（hm²·a），最低为-17 627 t/（hm²·a），东北地区土壤保持服务普遍增加，而西南地区普遍减少。2000～2010年川滇生态屏障带土壤平均保持量最高达到341 022 t/（hm²·a），中部地区偏高，边缘地区尤其是东北角和西南角偏低。由图6-24可知，2000～2010年川滇生态屏障带土壤保持服务与降雨量基本成正比，整体走向趋于平稳，川滇生态屏障带土壤保持服务浮动在0～2300 t/（hm²·a），降雨量浮动在800～110mm。

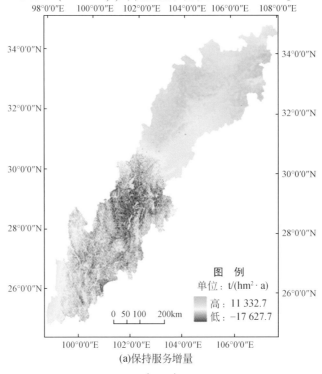

(a)保持服务增量

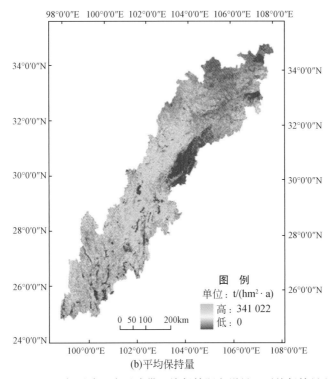

(b)平均保持量

图 6-23　2000～2010 年川滇生态屏障带土壤保持服务增量、平均保持量空间分布图

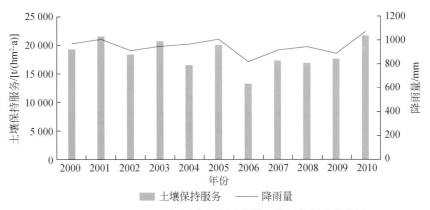

图 6-24　2000～2010 年川滇生态屏障带土壤保持服务变化图

6.4.4　青藏高原生态屏障带土壤保持功能

　　青藏高原是中国和亚洲的"江河源"，地理位置极为特殊，自然资源和生物多样性丰富，生态系统服务价值极高，是中国重要的生态屏障。青藏高原生态屏障带是青藏高原的核心区域，生态地位尤为重要，受全球变化和人类活动的综合影响，青藏高原生态环境压力增大，土壤侵蚀加重，而生态系统的土壤保持服务有助于缓解土壤侵蚀强度。因此，本

节分析 2000~2010 年青藏高原生态屏障带土壤保持量的变化特征，为青藏高原生态屏障带土壤侵蚀的防治提供一定的理论依据。

（1）2000~2010 年土壤保持量特征分析

从土壤保持量的空间分布特征看（图 6-25），2000~2010 年，青藏高原生态屏障带土壤保持量空间差异明显，土壤保持量最大值为 832.8 t/(km²·a)，东南部地区多为土壤保持量较高地区，主要分布在四川省的白玉县、甘孜县、德格县以及石渠县，西藏的江达县、妥坝县、生达县以及类乌齐县等地区；中部、西部和北部则多为土壤保持量低值区，主要分布在青海省的西南地区和西藏的东北地区。

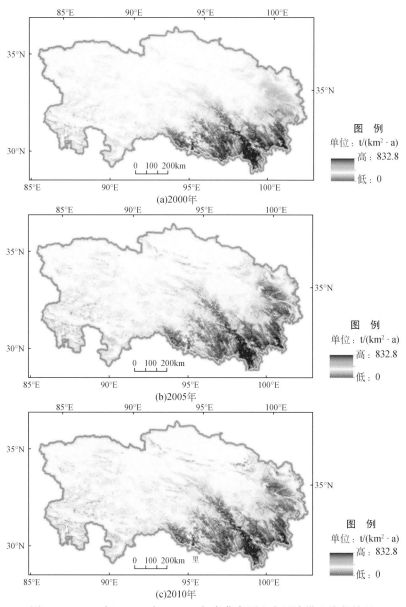

图 6-25 2000 年、2005 年、2010 年青藏高原生态屏障带土壤保持量

从土壤保持量平均状况看（图 6-26），2000～2010 年青藏高原生态屏障带土壤保持量低的区域面积最大，平均为 894 620.1km²，比例最高，平均为 96.2%，占绝对优势，其次为较低、中、较高和高土壤保持区。

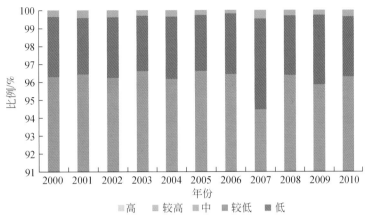

图 6-26　2000～2010 年青藏高原生态屏障带土壤保持量比例

从不同等级土壤保持量面积变化看，各个等级土壤保持面积均呈现波动变化，低级土壤保持面积在 2007 年达到最低值 879 022.3km²，比例为 94.5%，而较低级、中级土壤保持面积在 2007 年均达到最大值，分别为 46 933.7km²、4161.2km²，比例分别为 5.0%、0.4%。较高与高级土壤保持面积在 2001 年达到最大值，分别为 227.4km²、13.2km²。近十年来总体上土壤保持各个等级变化幅度均很小，土壤保持量稳定。

（2）2000～2010 年土壤保持变化量分析

在 GIS 中，采用栅格计算器，将两期土壤保持量数据相减，得到土壤保持量变化量图，如图 6-27 所示。基于森林、灌丛、草地和湿地生态系统三级分类统计土壤保持量平均变化量，如图 6-28 所示。

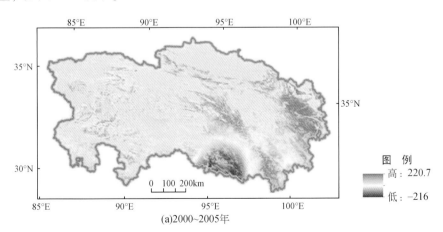

(a)2000～2005年

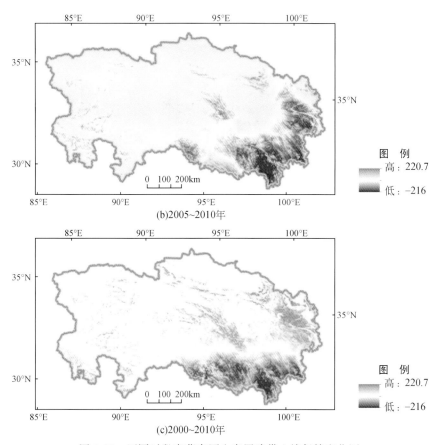

(b)2005~2010年

(c)2000~2010年

图6-27　不同时段青藏高原生态屏障带土壤保持变化图

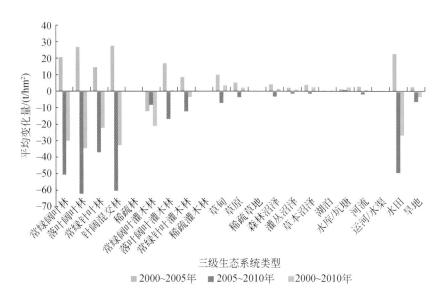

图6-28　基于三级分类的土壤保持量变化量统计

从空间分布上看，2000～2005年，土壤保持变化量空间差异明显（图6-27）。屏障区东南部地区土壤保持量有所增加，南部小片区域土壤保持量有所减少，其余大部分地区土壤保持量无明显变化。由图6-28可知，各类型土壤保持量平均变化量差异较大，大部分类型土壤保持量有所增加。其中，常绿阔叶林、落叶阔叶林、针阔混交林、水田等类型土壤保持量明显增加，常绿阔叶灌木林土壤保持量有所减少。2005～2010年，土壤保持量变化量空间差异明显，屏障区南部小片区域土壤保持量有所增加，屏障区东南部边缘地区土壤保持量明显减少，其余大部分地区土壤保持量无明显变化。各类型土壤保持量平均变化量差异较大，大部分类型土壤保持量有所减少。其中，常绿阔叶林、落叶阔叶林、针阔混交林等土壤保持量明显减少。2000～2010年，土壤保持量变化量空间差异明显，屏障区东北部地区土壤保持量明显增加，屏障区东南部地区土壤保持量明显减少，其余大部分地区土壤保持量无明显变化。各类型土壤保持量平均变化量差异较大，草甸、草原、草本沼泽等类型土壤保持量有所增加，常绿阔叶林、落叶阔叶林和针阔混交林等类型土壤保持量明显减少。

（3）2000～2010年土壤保持量变化程度分析

统计2000～2010年土壤保持量年平均值，并分析其变化趋势，如下图6-29所示。基于象元计算2000～2010年土壤保持量变化斜率 a 和 P 值，土壤保持量变化程度空间分布如下图6-30所示。

2000～2010年土壤保持量年平均值呈上升趋势，其中，2003年土壤保持量平均值最大，为23.6t/hm²，2006年土壤保持量平均值最小，为14.2t/hm²，2000年、2005年、2010年三年土壤保持量平均值呈先升高后降低趋势（图6-29）。

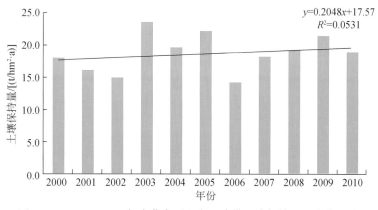

图6-29　2000～2010年青藏高原生态屏障带土壤保持量平均值统计

从土壤保持量变化显著程度的空间分布特征看，2000～2010年土壤保持量上升区主要位于屏障带东北部，显著上升和极显著上升区分布较为连续，其余大部分区域土壤保持量无显著变化（图6-30）。

从土壤保持量变化显著程度的统计分析看，2000～2010年屏障区大部分区域（86.4%）无显著变化（表6-14），极显著上升和显著上升的面积较大，面积比例分别为

7.5%、6.1%，显著下降和极显著下降区域面积几乎为0，表明2000～2010年屏障区土壤保持量局部有很大改善。

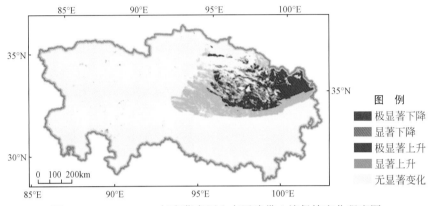

图6-30 2000～2010年青藏高原生态屏障带土壤保持变化程度图

表6-14 青藏高原生态屏障区土壤保持量变化程度统计表

变化趋势	平均变化量/(t/hm²)	面积/km²	面积比例/%
极显著下降	−3.7	50.4	0.0
显著下降	−2.0	192.0	0.0
极显著上升	11.6	69 495.9	7.5
显著上升	10.2	56 661.8	6.1
无显著变化	−0.7	803 961.4	86.4

（4）植被变化对土壤保持量的影响贡献率

为分析青藏高原生态屏障带植被覆盖变化对土壤保持量的影响贡献率，以土壤保持量年平均值为因变量，以植被覆盖度年平均值、年平均气温、年平均降水量为自变量，做线性回归分析，相关系数表如表6-15所示。表中，植被覆盖度的贡献率为6%，未通过显著性检验；年平均气温的贡献率较低，为−3%，未通过显著性检验；年平均降水量的贡献率最大，为93%，且通过显著性检验，综上表明植被覆盖度变化对土壤保持量的影响贡献较小，年平均降水量对土壤保持量的贡献最大。

表6-15 土壤保持量线性回归相关系数

自变量	标准化系数B	标准差	标准化系数Beta	t统计量	显著性水平
植被覆盖度	0.12	0.30	0.06	0.39	0.70
年平均气温	−0.16	1.04	−0.03	−0.16	0.88
年平均降水量	0.07	0.01	0.93	6.32	0.00

（5）小结

1）从土壤保持量分级统计特征看，2000年、2005年和2010年各年土壤保持量低的区域所占比例最高，其次为较低、中、较高、高区域。

2）从土壤保持量的空间分布特征看，2000年、2005年、2010各年土壤保持量空间差异明显，东南部地区多为土壤保持量较高地区，中部、西部、北部则多为土壤保持量低值区。

3）从土壤保持变化量看，2000～2010年屏障区东北部地区土壤保持量明显增加，屏障区东南部地区土壤保持量明显减少，其余大部分地区土壤保持量无明显变化。各类型土壤保持量平均变化量差异较大，草甸、草原、草本沼泽等类型土壤保持量有所增加，常绿阔叶林、落叶阔叶林、针阔混交林等类型土壤保持量明显减少。

4）从土壤保持量年平均值统计看，2000～2010年土壤保持量年平均值呈上升趋势，2000年、2005年、2010年三年土壤保持量平均值呈先升高后降低趋势。

5）从土壤保持量变化程度看，2000～2010年屏障区大部分区域（86.4%）无显著变化，极显著上升和显著上升的面积相对较大，主要位于屏障区东北部，分布较为连续，表明2000～2010年屏障区土壤保持量局部有很大改善。

6）回归分析表明，植被覆盖度变化对土壤保持量的贡献率仅为6%。

6.4.5 南方丘陵山地屏障带土壤保持功能

由图6-31可知，研究区土壤保持量空间分布特征为西高东低，山地高于平地。2000年、2005年、2010年土壤保持总量分别为479.88×10⁷t、527.76×10⁷t、557.82×10⁷t，土壤保持量持续增加。

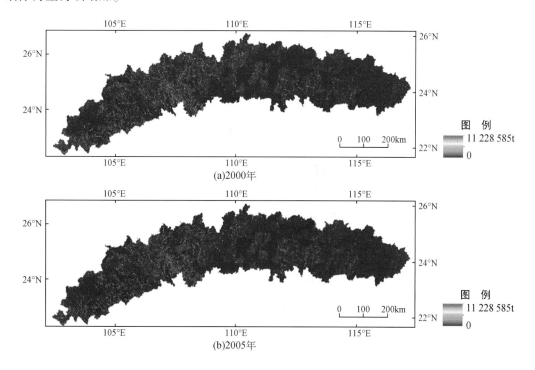

(a)2000年

(b)2005年

(c)2010年

图 6-31　南方丘陵山地带土壤保持空间分布图

（1）土壤保持量分级统计

根据生态系统土壤保持功能特征评估结果，将土壤功能数据标准化，分为高、较高、中、较低、低五类，分布如图 6-32 所示。

从图 6-32 中可以看出，2000 年、2005 年、2010 年土壤保持功能等级以低为主，土壤保持能力为高、较高、中和较低的区域零星分布在南方丘陵山地屏障带的西部，也有少部分分布在江西省的南部和广东省北部；2000～2010 年土壤保持功能时间尺度上变化不大。

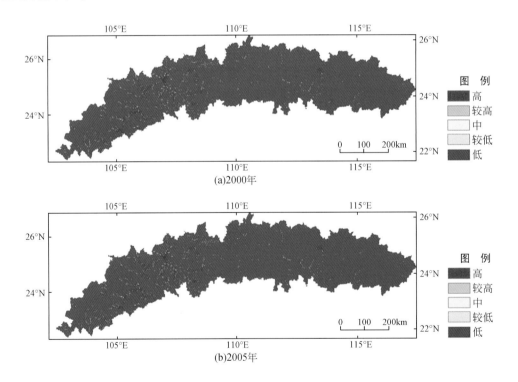

(a)2000年

(b)2005年

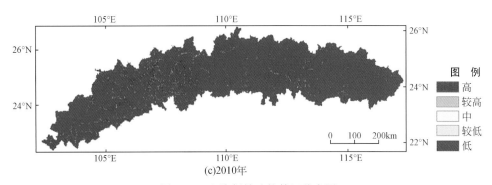

(c)2010年

图 6-32 土壤保持功能等级分布图

由表 6-16 可知，研究区土壤保持量低的区域面积最大，平均为 284 353km²，所占比例达 98.77%，其次为较低、高、中、较高区域，共占比例不到 3%。低级土壤保持量面积持续下降，下降了 459km²，但下降幅度较小，仅为 0.16%，高、较高、中、较低级土壤保持量面积持续上升，分别增加了 124 km²、40 km² 和 72 223km²，涨幅分别为 14.37%、17.09%、14.94% 和 12.97%。总体上土壤保持功能有微弱的增强态势。

表 6-16 不同级别土壤保持功能生态系统的面积及比例

年份	统计参数	高	较高	中	较低	低
2000	面积/km²	863	234	482	1 719	284 600
	百分比/%	0.3	0.08	0.17	0.6	98.85
2005	面积/km²	943	264	530	1 843	284 318
	百分比/%	0.33	0.09	0.18	0.64	98.76
2010	面积/km²	987	274	554	1 942	284 141
	百分比/%	0.34	0.1	0.19	0.67	98.7

（2）不同级别土壤保持量转移

由表 6-17 可知，2000～2005 年，高等级转向较高等级的面积为 5km²，转化至其他等级的面积为 0；较高等级主要转向高级，面积为 81km²，转移比例为 34.6%；中级主要转向较高级，面积为 114km²，转移比例为 23.7%；较低级主要转向中级，转移面积为 172km²；低级主要转向较低级，转移面积为 332km²，转向其他等级的面积为 0。由上述分析可知，土壤保持量转移集中于邻级之间，且是转向高的一级（如较高级转向高级），可见，前五年土壤保持功能在增强。

与 2000～2005 相比，2005～2010 年，各个等级的主要转向发生变化，相互间转移的面积存在不同程度的增加或减少。高级向较高级转移面积的增幅为 580%；较高级主要转向高级和中级，面积分别为 78 km²、49km²，前者减少了 3km²，后者增加了 41km²，增幅达 513%；中级主要转向较高和较低级，前者面积减少了 11km²，后者增加了 79km²，增幅达 584%；较低级主要转向中级和低级，面积分别为 165km² 和 175km²，前者减少了 7km²，后者增加了 126km²，涨幅为 257%；低级转向较低级的面积增加了 20km²。由上述分析可知，土壤保持量转移仍集中于邻级之间，但转向低一级（如中转向较低）的面积明显增加，且涨幅很大，表明后五年土壤保持功能在下降。

2000～2010 年，高级主要转向较高级，较高级主要转向高级，中转向较高级，较低级主要转向中级，低级主要转向较低级，表明土壤保持量转移集中于邻级之间，且是转向高的一级（如较高级转向高级），表明 2000～2010 年土壤保持功能在增强，与许联芳等人的研究结果一致。

表 6-17　不同级别土壤保持功能生态系统转移矩阵表　　　　（单位：km^2）

时段	等级	高	较高	中	较低	低
2000～2005 年	高	858	5	0	0	0
	较高	81	145	8	0	0
	中	4	114	350	13	1
	较低	0	0	172	1 498	49
	低	0	0	0	332	284 268
2005～2010 年	高	909	34	0	0	0
	较高	78	137	49	0	0
	中	0	103	340	89	0
	较低	0	0	165	1 503	175
	低	0	0	0	352	283 966
2000～2010 年	高	857	6	0	0	0
	较高	123	100	11	0	0
	中	7	168	287	19	1
	较低	0	0	256	1 426	37
	低	0	0	0	497	284 103

（3）各生态系统土壤保持量

由表 6-18 可知，研究区各生态系统土壤保持量大小排序为森林生态系统>灌丛生态系统>农田生态系统>湿地生态系统>草地生态系统。2000～2010 年，森林、草地、湿地、灌丛生态系统土壤保持量持续增加，分别增加了 12.1×10^{7}t、2.2×10^{7}t、4.4×10^{7}t 以及 3.6×10^{7}t，增幅分别为 5.0%、12.2%、13.5% 和 3.8%，农田生态系统土壤保持量先减后增，后五年增加面积小于前五年减少面积，共减少了 1.5×10^{7}t。总体上土壤保持量持续上升，由 2000 年的 470.5×10^{7}t 增加到 210 年的 491.3×10^{7}t，增加了 20.81×10^{7}t，表明土壤保持功能在增强。

表 6-18　各生态系统土壤保持量及其百分比

生态系统类型	2000 年		2005 年		2010 年	
	土壤保持量/10^{7}t	百分比/%	土壤保持量/10^{7}t	百分比/%	土壤保持量/10^{7}t	百分比/%
森林	240.8	51.2	246.6	51.4	252.9	51.5
草地	18.1	3.8	19.1	4.0	20.3	4.1

生态系统 类型	2000 年		2005 年		2010 年	
	土壤保持量/10^7t	百分比/%	土壤保持量/10^7t	百分比/%	土壤保持量/10^7t	百分比/%
湿地	32.7	7.0	34.5	7.2	37.1	7.6
农田	83.3	17.7	81.6	17.0	81.8	16.6
灌丛	95.6	20.3	97.6	20.4	99.2	20.2

（4）土壤保持功能变化分析

从 2000～2010 年整体阶段来看（图 6-33），绝大部分地区土壤保持量无显著变化，极显著上升或下降的区域比例非常低（<1.3%），东部和中部地区明显增加，西部地区有所减少。分阶段特征：2000～2005 年土壤保持量上升的面积明显低于 2005～2010 年，保持量下降的面积明显高于 2005～2010 年。

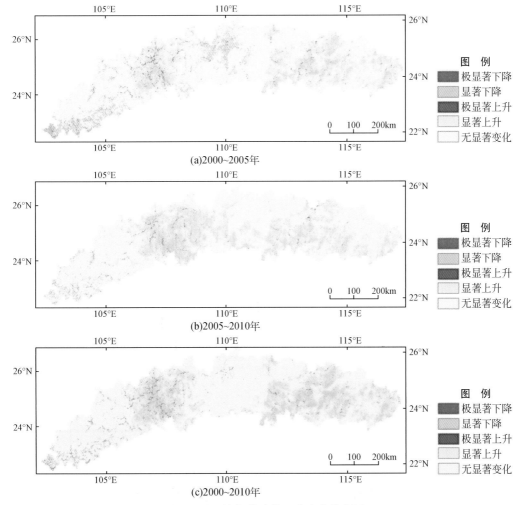

图 6-33 土壤保持功能显著变化分布图

（5）土壤保持十年变化综合分析

根据土壤保持功能动态变化结果（表6-19）可知，2000～2010年，土壤保持量增加的区域面积达205 422km²，占总面积的71.35%，而土壤保持量减少的区域面积仅为增加区域面积的2/5，且增加区域的平均变化量为3215.81t/km²，为减少区域的平均变化量6.5倍左右，无变化区域面积较少，比例仅有0.18%。上述表明，十年间南方丘陵山地屏障带土壤侵蚀的状况整体得到好转，退耕还林、封山育林等生态保护政策发挥了应有的作用。

表6-19　生态系统土壤保持功能面积变化情况统计表

变化情况	变化面积/km²	百分比/%	平均变化量/（t/km²）
增加区域	205 422	71.35	3 215.81
减少区域	81 972	28.47	−506.78
无变化区域	504	0.18	0
合计			2 709.03

由图6-34可知，研究区土壤保持量减少的区域分布于东西两侧及北部地区，涉及县市有西部的个旧市、蒙自县、文山县和马关县，北部的容山县、从江县、融水苗族自治县、三江桐水族自治县，东部的河源市市辖区、五华县、兴宁县、梅州市和丰顺县等地区。无变化区域零星分布于研究区东部，其他地区的土壤保持量基本增加。2000～2010土壤保持量平均变化量整体处于较低的水平，土壤保持较高的区域主要分布在西部地区。

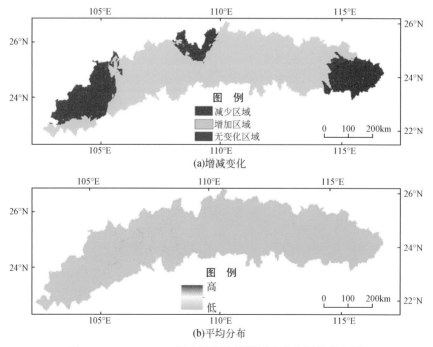

图6-34　2000～2010年土壤保持量增减变化和平均分布图

(6) 土壤保持功能与降雨量之间的关系

由图 6-35 可知，10 年间，研究区土壤保持功能的变化趋势与降雨量的变化趋势大致相同，降雨量越大，土壤保持量能力越强。

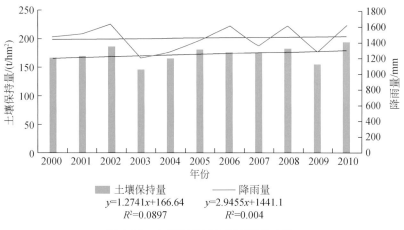

图 6-35　土壤保持量与降雨量的变化

6.5　防风固沙服务功能

中国是受沙尘暴危害最严重的国家之一，尤其是西北地区，几乎每年都有强沙尘暴发生，其对我国生态安全和经济财产造成的危害显而易见。生态系统提供的防风固沙功能能起到预防土地沙化、降低沙尘暴危害的作用。全国防风固沙极重要区面积为 30.6 万 km²，主要分布在内蒙古浑善达克沙地、科尔沁沙地、毛乌素沙地、鄂尔多斯高原、阿拉善高原、塔里木河流域和准噶尔盆地等区域。防风固沙较重要区面积为达 44.1 万 km²，集中于呼伦贝尔草原、京津风沙源区、河西走廊、阴山北部、河套平原、宁夏中部等区域。"两屏三带"中的北方防沙屏障带是防风固沙极重要区，青藏高原生态屏障带是防风固沙较重要区。因此，本章首先分析了我国 1980~2007 年我国沙尘暴强度的时空变化特征，并重点研究了北方防沙屏障带和青藏高原生态屏障带的防风固沙服务功能。

6.5.1　"两屏三带"沙尘暴强度时空变化特征

利用气象台站沙尘暴观测样点数据，利用 GIS 空间插值技术，得到不同时段沙尘暴强度空间分布图（图 6-36）。然后利用趋势线分析方法得到近 30 年来沙尘暴空间变化图（图 6-36）。

我国沙尘暴主要分布在河西走廊、阿拉善高原、南疆盆地南缘及内蒙古中部等地区。这些区域是风沙的主要源地，也是我国冷空气入侵我国的主要通道之一，除春季外，降雨量少，属于我国沙尘暴监测、预测和防沙治沙的重点地区。对于沙尘暴活动频繁的省份，

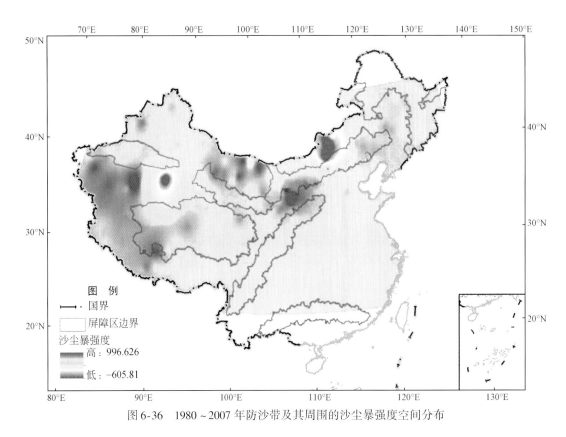

图 6-36   1980 ~ 2007 年防沙带及其周围的沙尘暴强度空间分布

新疆、西藏、青海、陕西、内蒙古和河北等省份沙尘暴都是减小的趋势。虽然南疆盆地南缘和河西走廊的沙尘暴强度趋势是减小的，但是内蒙古中部大部分地区的沙尘暴强度呈现增大的趋势，预示着我国沙尘暴高发区有从南疆盆地南缘及河西走廊向内蒙古西部，宁夏北部北移的趋势。

1980 ~ 2007 年，沙尘暴强度有减弱的趋势（图 6-37）。然而从 20 世纪 90 年代到 21 世纪初，沙尘暴强度有增强的趋势，在内蒙古防沙屏障带的北方最为明显。相反在内蒙古的东南风（下方向），防沙带的强度明显减弱。除了在新疆的西南部外，绝大部分地区的沙尘暴强度有增加的趋势。

6.5.2   北方防沙屏障带防风固沙功能

2000 ~ 2010 年，国家生态系统屏障防风固沙单位面积呈现增加趋势，从 2000 年的 1.93t/hm² 增加到 2010 年的 2.22t/hm²，十年来单位面积总计增加 0.29t/ha 亿 t，总增幅达 15.2%。2000 ~ 2010 年，国家生态系统屏障防风固沙总量呈现整体增加趋势，从 2000 年的 1.67 亿 t 增加到 2010 年的 1.92 亿 t，十年来总计增加 0.25 亿 t，总增幅达 15.2%。对于北方防沙屏障带，其防风固沙能力在空间上具有明显的区域差异（图 6-38），其中，内蒙古防沙屏障带防风固沙能力较强，其次是河西走廊防沙屏障带，最低的是塔里木防沙

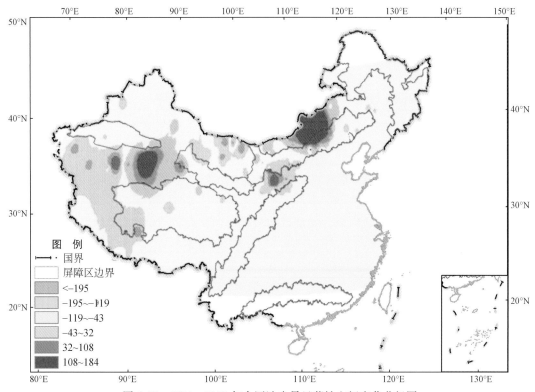

图 6-37　1980~2007 年全国沙尘暴显著性空间变化分级图

屏障带。近 10 年，河西走廊防沙屏障带和内蒙古防沙屏障带防风固沙量均增加，前者先减后增，后者持续增加；塔里木防沙屏障带防风固沙量减少，但减小幅度较小。

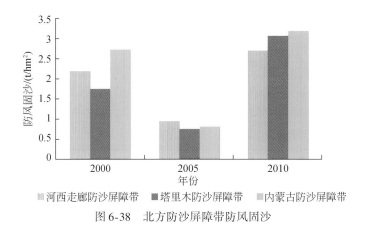

图 6-38　北方防沙屏障带防风固沙

利用北方防沙屏障带 2000 和 2010 年防风固沙量，计算得到北方防沙屏障带 2000~2010 年防风固沙变化量空间分布图（图 6-39）。防风固沙量增加较多的区域位于河西走廊防沙屏障带的中部、内蒙古防沙屏障带西部。

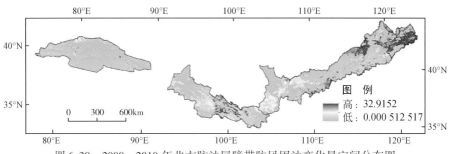

图 6-39　2000~2010 年北方防沙屏障带防风固沙变化量空间分布图

根据图 6-39 得到图 6-40。稳定区域集中于塔里木防沙屏障带大部分地区。缓慢增加区域集中于塔里木防沙屏障带西部和南部、河西走廊防沙屏障带中部和东南部以及内蒙古防沙屏障带的中部和东北部；极显著增加区域集中于内蒙古防沙屏障带的东北端；其他增加类型面积较小。

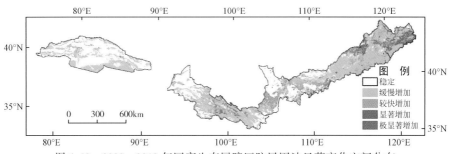

图 6-40　2000~2010 年国家生态屏障区防风固沙显著变化空间分布

由表 6-20 可知，北方防沙屏障带 33.49% 区域属于稳定区域，35.36% 属于缓慢增加，极显著增加面积最小，仅占 0.31%，其次是显著增加和较快增加类型，所占比例分别为 6.99% 和 10.15，所占比例最大的是缓慢增加和稳定区域，所占比例分别为 35.36% 和 33.49%。在北方防沙带内也存在明显差异。稳定区域中塔里木防沙屏障带所占比例最大，为区域总面积的 14.78%，其次是内蒙古防沙屏障带，为 10.59%，较小的是河西走廊上防沙带；缓慢增加的区域中内蒙古防沙屏障带所占比例最大，为 18.32%，最小的是塔里木防沙屏障带，为 8.09%；较快增加以上类型均以内蒙古防沙屏障带为主，塔里木防沙屏障带最小，河西走廊防沙屏障带居中。

表 6-20　北方防沙屏障带显著性变化程度分区表　　　　　　　（单位:%）

变化程度	塔里木防沙屏障带	河西走廊防沙屏障带	内蒙古防沙屏障带	合计
稳定	14.78	8.12	10.59	33.49
缓慢增加	8.09	8.95	18.32	35.36
较快增加	0.43	1.82	7.91	10.15
显著增加	0.24	1.31	5.45	6.99
极显著增加	0.007	0.21	0.1	0.31

注：因简化取值，合计值与各项加和可能略有出入。

6.5.3 青藏高原生态屏障带防风固沙功能

(1) 2000～2010 年防风固沙量特征分析

由表 6-21 可知，2000～2010 年，青藏高原生态屏障带防风固沙量平均状况表现为，防风固沙量低的区域面积最大，比例最高，平均为 76.6%，其次为较低、中、较高和高防风固沙区。从时间尺度上来看，2000～2010 年，防风固沙量为低的区域面积呈现波动下降的趋势；防风固沙量为较低的区域的面积在 2000、2001 年下降趋势明显，而从 2002-2010 年其面积呈波动增长，这与刘洪兰等的研究结果一致，刘洪兰等研究沙尘暴的变化趋势时发现，沙尘暴突变年份也是 2001 年；防风固沙量为中的区域的面积波动上升，但是上升趋势不明显；防风固沙量为较高和高的面积变化趋势一致，都是波动上升的趋势，在 2009 到 2010 年都出现大幅度的增加。

表 6-21　2000～2010 年青藏高原生态屏障带防风固沙量统计表

年份	统计参数	低	较低	中	较高	高
2000	面积/km²	724 567.6	145 672.0	53 576.4	7 572.1	49.7
	百分比/%	77.8	15.6	5.8	0.8	0.0
2001	面积/km²	736 628.2	129 545.6	57 492.9	7 708.8	62.2
	百分比/%	79.1	13.9	6.2	0.8	0.0
2002	面积/km²	707 334.7	126 138.8	75 558.9	21 037.6	1 367.7
	百分比/%	75.9	13.5	8.1	2.3	0.1
2003	面积/km²	718 201.6	134 208.2	67 315.5	11 501.1	211.4
	百分比/%	77.1	14.4	7.2	1.2	0.0
2004	面积/km²	707 446.6	128 861.8	73 233.9	21 385.8	509.8
	百分比/%	76.0	13.8	7.9	2.3	0.1
2005	面积/km²	726 731.1	137 988.0	60 564.0	6 129.8	24.9
	百分比/%	78.0	14.8	6.5	0.7	0.0
2006	面积/km²	703 231.6	130 304.1	79 885.8	17 792.5	223.8
	百分比/%	75.5	14.0	8.6	1.9	0.0
2007	面积/km²	714 309.9	132 604.3	77 138.0	7 223.9	161.6
	百分比/%	76.7	14.2	8.3	0.8	0.0
2008	面积/km²	722 752.3	144 428.6	51 238.8	12 607.7	410.3
	百分比/%	77.6	15.5	5.5	1.4	0.0
2009	面积/km²	715 366.8	139 666.5	65 922.9	10 257.7	223.8
	百分比/%	76.8	15.0	7.1	1.1	0.0
2010	面积/km²	670 033.9	131 447.9	90 305.2	37 611.6	2 039.1
	百分比/%	71.9	14.1	9.7	4.0	0.2
2000～2010 年平均状况	面积/km²	713 327.7	134 624.2	68 384.8	14 620.8	480.4
	百分比/%	76.6	14.5	7.3	1.6	0.1

　　由图 6-41 可知，青藏高原生态屏障带防风固沙量空间差异明显，东南部地区多为防风固沙量高值区。屏障区全年防风固沙量低的区域在不断增加，主要分布在屏障区西部和西北部地区，并呈现向中部和东部地区蔓延的趋势，中部和东南部地区防风固沙量不断减少，防风固沙能力低的区域逐渐扩大并连接成片，使原屏障区东北部固沙能力较强的地区受到侵蚀，防风固沙功逐年减弱。2010 年，屏障区东北部边缘防风固沙功能有所好转，中部地区防风固沙能力提高显著。

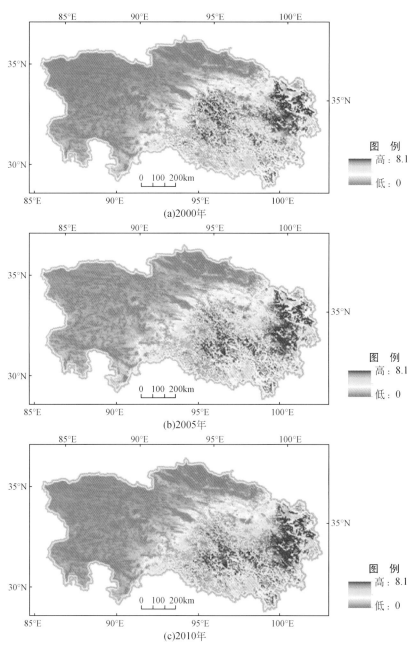

图 6-41　2000 年、2005 年、2010 年青藏高原生态屏障带防风固沙量分布图

（2）2000～2010年防风固沙量变化程度分析

统计2000～2010年防风固沙量年平均值，并分析其变化趋势，如图6-42所示。基于象元计算2000～2010年防风固沙量变化斜率 a 和 P 值，统计防风固沙量变化程度（表6-22），防风固沙量变化程度空间分布如图6-43所示。2000～2010年防风固沙量年平均值呈上升趋势，其中，2010年防风固沙平均值最大，为1.18kg/m²，2008年防风固沙量平均值最小，为0.92kg/m²，2000年、2005年、2010年防风固沙量平均值呈先降低后升高趋势。

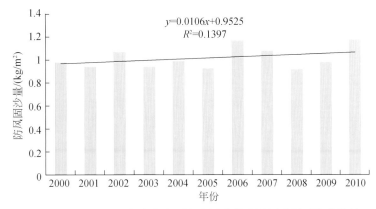

图6-42 2000～2010年青藏高原生态屏障带防风固沙量平均值统计

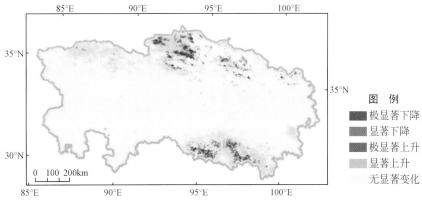

图6-43 2000～2010年青藏高原生态屏障带防风固沙量变化程度图

由表6-22可知，2000～2010年屏障区大部分区域（85.5%）防风固沙量无显著变化，极显著上升和显著上升的面积较大，面积比例分别为3.9%、9.8%，表明2000～2010年屏障区防风固沙量局部有较大改善。

表6-22 2000～2010年青藏高原生态屏障带防风固沙量变化程度统计表

变化趋势	平均变化量/（kg/m²）	面积/km²	面积比例/%
极显著下降	-0.3	2 536.5	0.3
显著下降	-0.3	4 936.2	0.5
极显著上升	0.3	36 778.7	3.9
显著上升	0.3	91 001.8	9.8
无显著变化	0.2	796 188.0	85.5

从防风固沙量变化显著程度的空间分布特征看，2000～2010年防风固沙量上升区主要位于屏障区中北部、西北部、南部边缘地区，防风固沙量下降区主要位于屏障区北部和西部，分布较为分散，其余大部分区域防风固沙量无显著变化（图6-43）。

（3）植被变化对防风固沙量的影响贡献率

为分析青藏高原生态屏障带植被覆盖变化对防风固沙量的影响贡献率，以防风固沙量年平均值为因变量，以植被覆盖度年平均值、年平均气温和年平均降水量为自变量，做线性回归分析，相关系数见表6-23。其中，植被覆盖度的贡献率为40%，未通过0.05显著性检验；年平均气温的贡献率为76%，且通过显著性检验；年平均降水量的贡献率为-63%，且通过显著性检验，综上表明植被覆盖度变化对屏障区防风固沙功能具有正相关关系。

表6-23　防风固沙量线性回归相关系数

变量	非标准化系数 B	Std. Error	标准化系数 Beta	t	Sig.
植被覆盖度	0.02	0.01	0.40	2.17	0.07
年平均气温	0.15	0.04	0.76	4.07	0.00
年平均降水量	0.00	0.00	-0.63	-3.60	0.01

（4）小结

1）从防风固沙量分级统计特征看，防风固沙量低的区域所占比例最高，其次为较低、中、较高、高防风固沙区。

2）从防风固沙量的空间分布特征看，防风固沙量空间差异明显，东南部地区多为防风固沙量高值区，西部及北部多为防风固沙量低值区。

3）从防风固沙变化量看，2000～2010年屏障区西北部地区防风固沙量明显减少，东南部地区防风固沙量明显增加，其他区域防风固沙量无变化。

4）从防风固沙量年平均值统计看，2000～2010年防风固沙量年平均值呈上升趋势，2000年、2005年、2010年防风固沙量平均值呈先降低后升高趋势。

5）从变化显著程度的统计分析来看，2000～2010年屏障区大部分区域（85.5%）防风固沙量无显著变化，极显著上升和显著上升的面积较大，主要位于屏障区中北部、西北部、南部边缘地区，面积比例分别为3.9%和9.8%，表明2000～2010年屏障区防风固沙量局部有较大改善。

6）回归分析表明，植被覆盖度变化对防风固沙量的贡献率为40%。

6.6　生物多样性服务功能

中国是世界上生物多样性最丰富的国家之一，具有物种丰富、物种特有程度高和遗传资源丰富的特点。由于人口众多、发展模式单一落后、工业化进程加快、气候变化和外来物种入侵等原因，中国的生物多样性面临着严重的威胁，生物多样性的保护刻不容缓。生物多样性的保护对于维护国家生态安全具有重要意义，同时也是中国可持续发展的需要。国家重要保护动植物的集中分布区，以及典型生态系统分布区是生物多样性重要区。我国生物多样性保护极重要区域面积为 200.8 万 km²，主要包括大兴安岭、秦岭—大巴山区、浙闽山地、武夷山区、南岭山地、武陵山区、岷山–邛崃山区、滇南、滇西北高原、滇东南和藏东南等地区，以及鄂尔多斯高原、锡林郭勒与呼伦贝尔草原区等。生物多样性保护较重要区面积为 107.6 万 km²，主要包括松潘高原及甘南地区、羌塘高原、大别山区、长白山及小兴安岭等地区。本章主要研究国家屏障区生物多样性服务功能。

6.6.1 "两屏三带"生物多样性保护

由图 6-44 和图 6-45 可知，"两屏三带"国家屏障区中生物多样性较高的屏障带有东北森林屏障带、川滇—黄土高原生态屏障带以及南方丘陵屏障带。南方丘陵带和川滇生态屏障区是生物多样性的热点区域，在该区域自然保护区重点保护物种最高分别是 89 种和 62 种，其次就是青藏高原生态屏障带，相对而言塔里木防沙屏障带保护物种最小。由于南方丘陵屏障区的资料还在收集中，故在本章重点探讨东北森林屏障带、川滇—黄土高原生态屏障带和青藏高原生态屏障带的生物多样性服务功能。

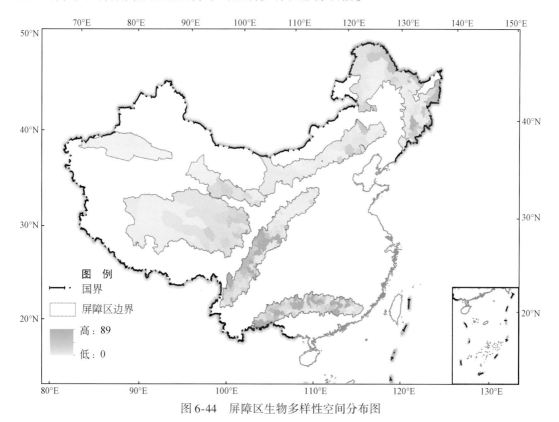

图 6-44　屏障区生物多样性空间分布图

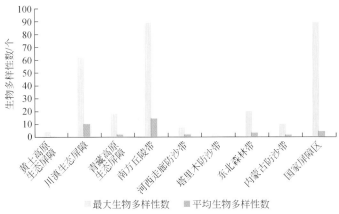

图 6-45　重点植物物种受保护空间分布对比图

6.6.2　东北森林屏障带生物多样性保护功能

2000 年、2005 年和 2010 年东北森林屏障带生物多样性功能变化不大，有下降趋势。濒危物种最适应生境面积呈现下降趋势，不适应生境面积呈现增加趋势。

由图 6-46 可知，2000 年东北森林屏障带屏障区不适宜生境地区主要分布在屏障区的边界地区，如内蒙古自治区的扎兰屯市、阿荣旗、莫力达瓦达斡尔族自治旗和黑龙江省的嫩江县、五大连池市、北安市、绥棱县和庆安县等县；最适宜生境地区占大部分面积。但到了 2005 年东北森林屏障带不适宜生境地区明显增大，建立自然保护区是生物多样性保护的有效手段之一。2010 年和 2005 年相比东北森林屏障带生境质量没有得到明显的提升。

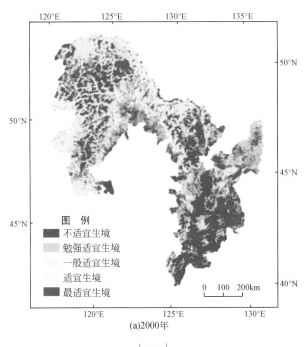

(a)2000年

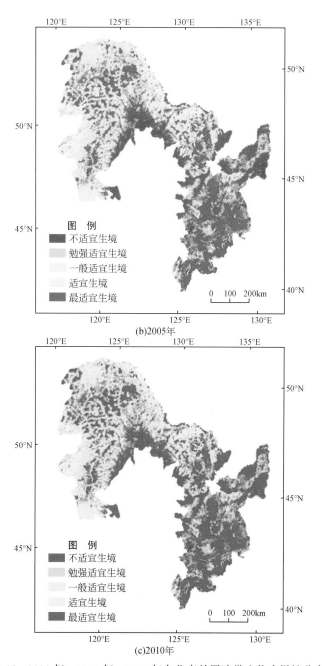

图 6-46　2000 年、2005 年、2010 年东北森林屏障带生物多样性分布图

6.6.3　川滇—黄土高原屏障区生物多样性评估

（1）川滇植物物物种多样性空间分布评估

在全国植物多样评估基础上，通过图层空间叠加处理，得到川滇植物多样性评估数

据。整理成果如下所示。

如图 6-47 所示，川滇生态屏障区 85% 以上区县均有重点保护植物分布，是我国重点植物保护中占据重要的位置，县域植物物种最高 31 种，重点保护植物大于 20 种以上的区县有四川省洪雅县、天全县、平武县、彭州市、大理市、峨眉山市、福贡县、泸水县、绵竹市、茂县、青川县、陕西洋县和四川九寨沟县等，云南大理市、松潘县以及兰坪白族普米族自治县等区县。

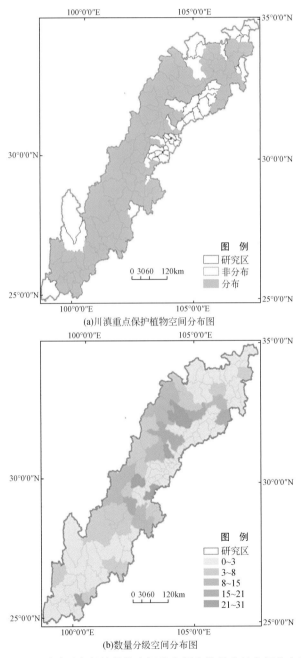

(a)川滇重点保护植物空间分布图

(b)数量分级空间分布图

图 6-47　川滇重点保护植物空间分布图和数量分级空间分布图

从图6-48可以看出，1、2级重点保护植物物种空间分布具有相似性，基本集中分布在四川盆地的西北边缘地带，其中2级重点保护植物物种更为明显；1级重点保护植物数量分级空间分布情况没有2级重点保护植物数量分级空间分布情况对比明显。

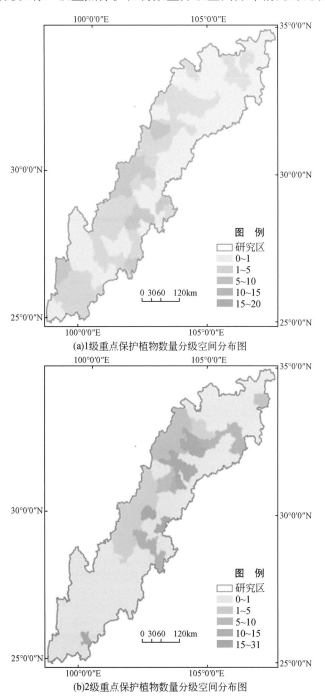

(a)1级重点保护植物数量分级空间分布图

(b)2级重点保护植物数量分级空间分布图

图6-48　1级重点保护植物数量分级空间分布图和2级重点保护植物数量分级空间分布图

（2）川滇动物物种多样性空间分布评估

川滇重点保护动物空间分布图和川滇重点保护动物数量分级空间分布如图 6-49 所示。

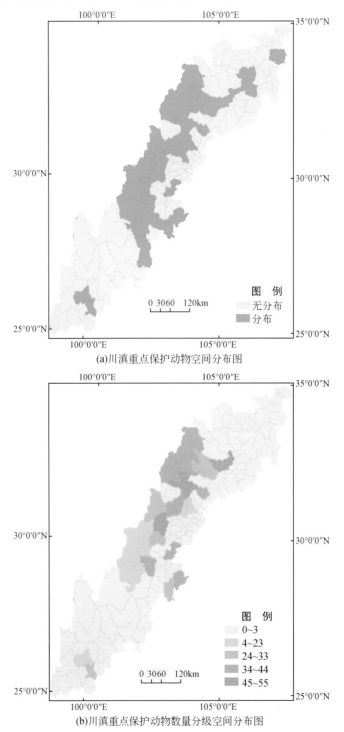

(a)川滇重点保护动物空间分布图

(b)川滇重点保护动物数量分级空间分布图

图 6-49　川滇重点保护动物空间分布图和川滇重点保护动物数量分级空间分布图

由图6-50可知，川滇生态屏障区177个区县中，仅有33个区县有重点保护动物分布。在这些区县中，重点保护动物相对比较集中，其中，四川省青川县最多，保护动物物种高

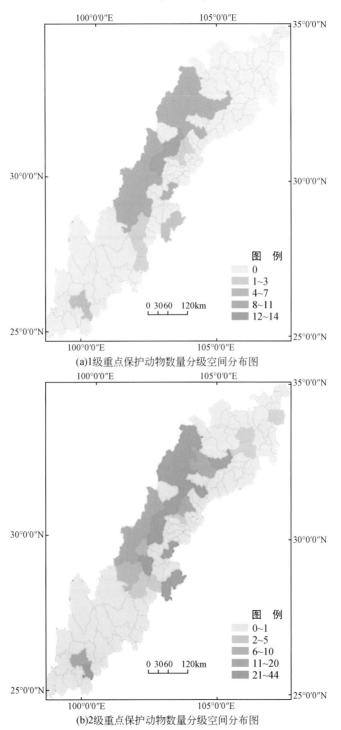

(a)1级重点保护动物数量分级空间分布图

(b)2级重点保护动物数量分级空间分布图

图 6-50　1 级重点保护动物数量分级空间分布图和 2 级重点保护动物数量分级空间分布图

达 55 种，该县域不仅拥有世界最为关注的大熊猫，而且还有数量较多，密度极大的扭角羚大型兽类，以及金丝猴、虎、豹、黑熊、扭角羚、中华种沙鸭、金雕以及绿尾红雉等国家重点保护动物，一级有 11 种，二级 44 种，其中，不少为我国特产。其次保护动物较多的区县有四川省茂县、稻城县、腾冲县、宝兴县、松潘县、九寨沟县、南江县和石棉县，云南省德钦县、大理市和南涧彝族自治县等区县。

（3）动物多样性与植物多样性相关关系研究

相关研究表明，植被组成尤其是森林面积与植物、濒危植物、哺乳动物、鸟类丰富度等存在着密切的相关关系。森林生态系统中，物种丰富度大小依次为热带季雨林>亚热带常绿阔叶林和针叶林>暖温带针叶林和阔叶林>温带针阔混交林>寒温带针叶林。对青藏高原高寒地区生物多样性的研究表明，不同类型生态系统的物种丰富度依次为森林生态系统>高寒灌丛生态系统>高寒草原生态系统>高寒荒漠生态系统。在世界 14 个陆生生物群区中，以热带与亚热带阔叶林的物种丰度为最高，苔原、北部森林与针叶林和温带针叶林较低。

对动物多样性和植物多样性进行相关性分析，结果见表 6-24，动物与植物区县分布相关系数均在 0.73 以上，结果表明，二者具有较高的相关性，在空间上子相关程度较高。

表 6-24　植物多样性与动物多样性相关系数表

项目	变量	bio_ numb	zoo_ num
植物多样性	Pearson Correlation	1	0.073
	Sig.（2-tailed）		0.333
	N	177	177
动物多样性	Pearson Correlation	0.073	1
	Sig.（2-tailed）	0.333	
	N	177	177

（4）植物多样性与生态类型关系研究

本书通过计算不同区县各土地利用类型比例，并在 GeoDA 中进行空间关联分析，结果如图 6-51 所示。林地、草地与植物多样性呈现明显的正相关关系，而人工表面、农田比例与植物多样性呈现明显的负相关关系。从图中可以看出，农田对于生物多样性的影响是负面的，而林地、草地对植物的多样性是正面的。

（5）动物多样性与生态类型关系研究

由图 6-52 可知，林地、草地与动物多样性呈现明显的正相关关系，而人工表面、农田比例与动物多样性呈现明显的负相关关系。尤为明显的是随着林地所占比例的提高，动物多样性呈现明显的上升态势，尤其是当区县森林比例提高到 40%之后，动物多样性呈现明显的增加态势。人工表面增加至 10%时，动物多样性呈现明显的锐减。同样，当区县农田比例提高到 40%时，动物多样性呈现明显的锐减，当区县农田比例提高到 60%时，动物多样性则几乎消失殆尽。

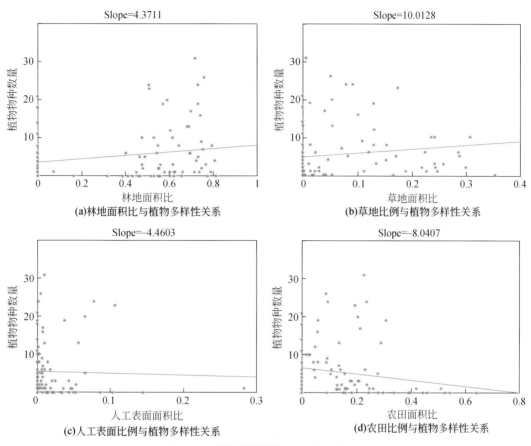

图 6-51   植物多样性与土地类型关系图

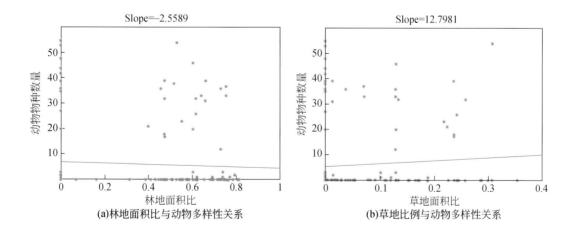

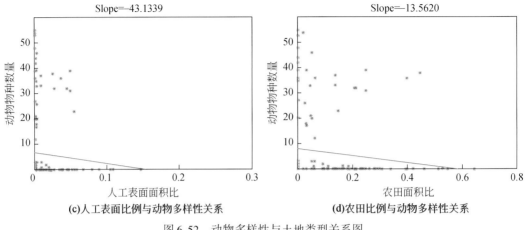

(c)人工表面比例与动物多样性关系　　　　(d)农田比例与动物多样性关系

图6-52　动物多样性与土地类型关系图

6.6.4　青藏高原生态屏障带生物多样性服务功能

青藏高原是全球生物多样性最集中的地区之一，是除南、北极之外人类留给自己的最后一片净土。长期以来，由于地处高寒、动植物生长极为缓慢，生态环境十分脆弱，加之全球"暖室效应"，致使高原生物多样性生存形势严峻。有资料表明，近200年来青藏高原濒于或已灭绝的鸟类110种，兽类200多种，两栖类30多种以及植物500余种。据最保守估计，每一天地球上都要灭绝一个物种。在青藏高原，每年至少有20多个物种灭绝，其形势相当严峻。因此，保护青藏高原的生物多样性刻不容缓。

（1）2000～2010年生境质量特征分析

由表6-25可知，2000～2010年，青藏高原生态屏障带生境质量平均状况表现为生境质量低的区域面积最大，比例最高，平均为59.6%，其次为较低、中、较高、高值地区。2000年、2005年和2010年青藏高原生境质量为低的区域所占面积比例为59.6%，所占面积分别为556 683km²、556 848km²和557 089km²；生境质量为较低的区域所占比例为17%；生境质量为中的区域所占面积比例为19.9%；生境质量为较高的区域所占面积比例为1.9%；生境质量为高的区域所占面积为1.6%。

表6-25　2000～2010年青藏高原生态屏障带生境质量统计表

年份	统计参数	低	较低	中	较高	高
2000	面积/km²	556 683.0	158 855.0	186 082.0	17 813.0	15 182.0
	百分比/%	59.6	17.0	19.9	1.9	1.6
2005	面积/km²	556 848.0	158 729.0	186 040.0	17 817.0	15 181.0
	百分比/%	59.6	17.0	19.9	1.9	1.6

续表

年份	统计参数	低	较低	中	较高	高
2010	面积/km²	557 089.0	158 657.0	185 883.0	17 817.0	15 169.0
	百分比/%	59.6	17.0	19.9	1.9	1.6
2000~2010 年平均	面积/km²	556 873.3	158 747.0	186 001.7	17 815.7	15 177.3
	百分比/%	59.6	17.0	19.9	1.9	1.6

　　如图 6-53 所示，2000 年、2005 年和 2010 年青藏高原生态屏障带生境质量呈现稳定态势，但青藏高原生境质量空间差异明显，东南部小片区域以及局部分散区域为生境质量较高地区，生境质量低值区主要集中分布在青海省的格尔木市，还有部分离散分布在西藏的尼玛县、班戈县以及青海省的治多县。西部、中部的大部分区域为生境质量中低值区。

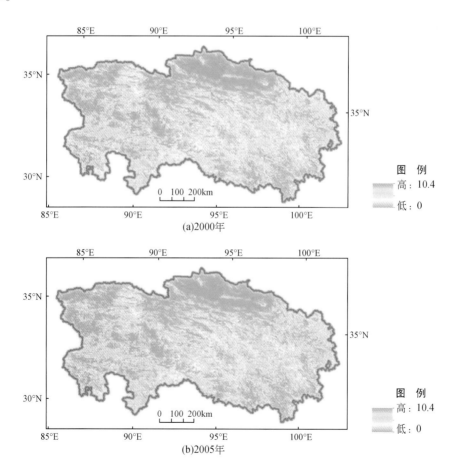

(a)2000年

(b)2005年

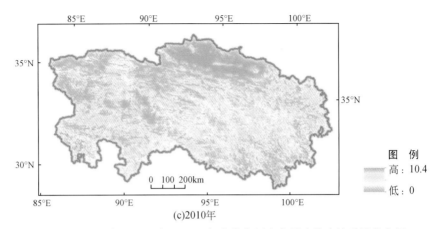

图6-53　2000年、2005年、2010年青藏高原生态屏障带生境质量分布图

（2）2000~2010年生境质量变化分析

2000年、2005年和2010年青藏高原生态屏障带生境质量总体平均值均为2.11，基本无变化。在GIS中，采用栅格计算器，将两期生境质量数据相减，得到生境质量变化量图6-54。对生境质量标准化后重分类，按照0~0.2、0.2~0.4、0.4~0.6、0.6~0.8以及0.8~1.0分别将生境质量划分为低、较低、中、较高、高5个等级，并计算2000~2005年、2005~2010年和2000~2010年各阶段生境质量等级变化，按-4~-2、-2~0、0、0~2以及2~4分别定义为生境质量极显著下降、显著下降、无显著变化、显著上升以及极显著上升。

由表6-26可知，2000~2005年生境质量显著下降的面积比例为0.3%，显著上升的面积比例为0.2%，大部分区域（99.5%）为无显著变化区；2005~2010年生境质量显著下降的面积比例为0.3%，显著上升的面积比例为0.2%，大部分区域（99.5%）为无显著变化区；2000~2010年生境质量显著下降的面积比例为0.4%，显著上升的面积比例为0.4%，大部分区域（99.2%）为无显著变化区。

表6-26　2000~2010年青藏高原生态屏障带生境质量变化程度统计表

变化趋势	2000~2005年		2005~2010年		2000~2010年	
	面积/km²	百分比/%	面积/km²	百分比/%	面积/km²	百分比/%
极显著下降	7	0	17	0	22	0
显著下降	2 353	0.3	2 352	0.3	3 945	0.4
显著上升	2 036	0.2	1 980	0.2	3 290	0.4
极显著上升	10	0	8	0	16	0
无显著变化	930 209	99.5	930 258	99.5	927 342	99.2

由图6-54可知，2000~2005年，生境质量变化量空间差异明显，屏障区西部、北部等分散区域生境质量明显增加，其他区域生境质量无变化。2005~2010年，生境质量变化

显著程度的空间差异也十分明显，屏障区西部、北部等分散区域生境质量显著上升，其余大部分地区生境质量无显著变化；2000～2010 年，生境质量变化量空间呈零星分布，屏障区西部、北部等分散区域生境质量明显增加，其他区域生境质量无明显变化。

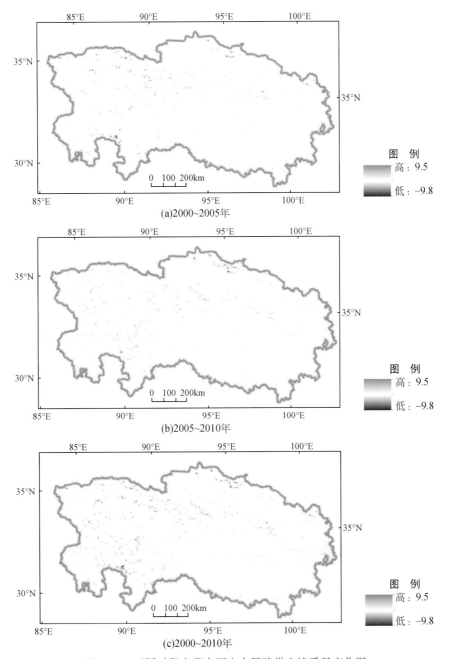

图 6-54　不同时段青藏高原生态屏障带生境质量变化图

（3）小结

1）从生境质量分级统计特征看，生境质量低的区域所占比例最高，其次为较低、中、较高、高值区域。

2）从生境质量的空间分布特征看，生境质量空间差异明显，东南部小片区域以及屏障区局部分散区域为生境质量较高地区，西部、北部、中部的大部分区域为生境质量低值区。2000年、2005年和2010年青藏高原生态屏障带生境质量总体平均值均为2.11，基本无变化。

3）从2000~2010年整体阶段看，屏障区西部、北部等分散区域生境质量明显增加，其余大部分地区生境质量无显著变化。从2000~2005年和2005~2010年分阶段特征看，前一阶段生境质量显著上升和极显著上升的面积略高于后一阶段，生境质量显著下降的面积与后一阶段相差不大，说明2000~2010年屏障区局部区域生境质量逐渐上升，但生境质量变化的面积相对整个研究区而言较小，其余大部分区域生境质量无变化。

4）从变化显著程度的统计分析来看，屏障区绝大部分区域生境质量无显著变化，显著上升或显著下降的区域比例较低。

6.7　固碳服务功能

自工业革命以来，人类活动和化石燃料的过量使用导致大气中 CO_2 浓度不断上升，由此引发全球变暖等一系列环境问题，而由生态系统提供的固碳服务能有效缓解大气 CO_2 浓度的增长速度，成为人类应对气候变化以及全球系统变化过程的有效举措，增加生态系统碳汇已成为各国研究的热点。森林、草地等众多类型的生态系统在全球陆地生态系统固碳过程中均扮演着重要角色。我国陆地生态系统具有强大的固碳服务功能，尤其是国家屏障区，其森林、湿地、草地等生态系统分布广泛，在调节我国碳平衡、减缓大气中 CO_2 等温室气体浓度上升以及维护全国气候等方面中具有不可替代的作用。因此，本节利用遥感数据，结合地面调查数据，分析国家屏障区2000~2010年不同生态系统的固碳服务功能的空间分布、变化程度等。

6.7.1　东北森林屏障带固碳功能

森林生态系统的固碳释氧服务功能是指森林生态系统通过森林植被、土壤动物和微生物固定碳素、释放氧气的功能。东北地区森林的面积和蓄积量均占全国总量的1/3以上，是我国气候变化及对其响应的敏感地带，在全国和区域碳平衡中起到至关重要的作用。作为中国天然林保护工程实施的重点地区之一，东北地区的森林碳源汇功能及其时空格局在"两屏三带"生态屏障区固碳服务功能具有重要的地位。

（1）东北森林屏障带固碳量空间分布

由图6-55可看出，2000年、2005年和2010年东北森林屏障带固碳的最大值为1114 g/（m²·a），最小值为-540 g/（m²·a），森林固碳能力有由南向北逐渐降低的规律，固碳能力较高的区域主要分布在黑龙江省的淇河市、塔河市和呼玛县，以及内蒙古的额尔古纳市和鄂伦春自治区。

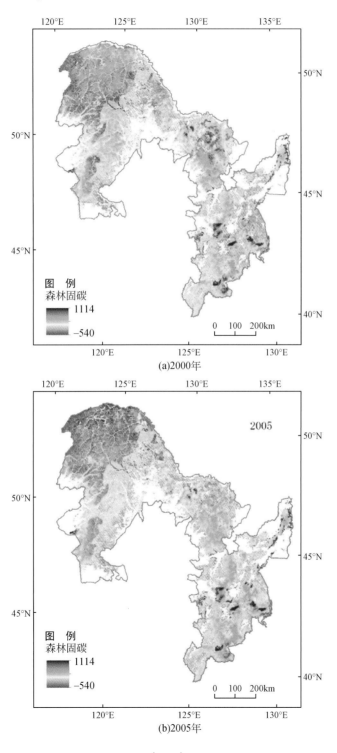

(a)2000年

(b)2005年

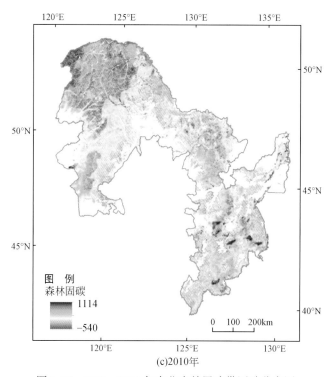

图 6-55   2000~2010 年东北森林屏障带固碳分布图

（2）2000~2010 年固碳变化量

根据不同固碳等级近十年的平均面积大小排序，中>较高>较低>低>高，平均面积分别为 2.14 万 km²、6.93 万 km²、18.23 万 km²、9.97 万 km²、2.22 万 km²，比例依次为 46.13%、25.24%、17.55%、5.61%、5.42%，可知研究区固碳等级面积以中、较高和较低为主，三者占到 90% 左右。

如图 6-56 所示，2000~2010 年，低、较低、中级固碳面积上升，较高、高等级固碳面积下降。低级固碳面积前五年下降，但在 2003 年达到最大值 5.01 万 km²，后五年面积上升，共增加了 0.3 万 km²，增幅达 25.2%；较低级先减后增，在前五年呈较大波动，由 2000 年的 3.84 下降到 2005 年的 2.68 万 km²，增加至 2010 年的 5.98 万 km²，共增加 2.14 万 km²，增幅为 55.73%；中级固碳面积表现较为平稳，增加了 0.32 万 km²，增幅为 1.84%；较高级固碳面积由 2000 年的 12.93 万 km² 下降到 2010 年的 11.2 万 km²，减少了 1.73 万 km²，减幅为 13.38%；高级固碳面积变化幅度较大，减少了 1.02 万 km²，减幅为 24.76%。

（3）东北森林带固碳变化程度

由图 6-57 可知，2000~2010 年，东北森林屏障带森林固碳量大部分区域处于稳定状态。固碳能力降低的区域主要分布在大兴安岭东南的扎兰屯和阿荣旗以及小兴安岭的部分区域。该区域海拔较低，人类活动频繁，自然干扰和人类干扰强度大是该区域固碳能力下降的主要因素之一。

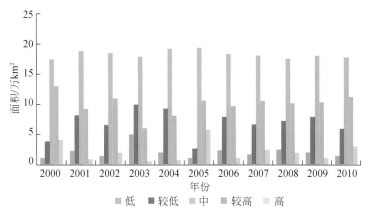

图 6-56   2000~2010 年东北森林屏障带屏障区森林固碳统计

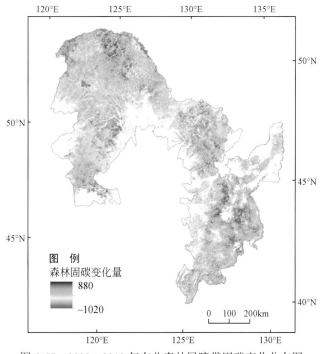

图 6-57   2000~2010 年东北森林屏障带固碳变化分布图

由表6-27可知，研究区碳固定以无显著变化为主，面积为 371 778km²，比例为 94.63%。碳固定下降的面积为 11 066.12km²，比例为 2.81%，其中，极显著下降的面积比例为 77.71%。碳固定上升的面积为 10 083.37km²，比例为 2.56%，其中，显著上升的面积比例为 75.82%。平均变化量的绝对值大小以极显著下降最大，其次是显著下降、极显著上升、显著上升以及无显著变化。

表 6-27　东北森林屏障带森林固碳功能变化显著程度统计表

变化趋势	平均变化量/ [g/(m² · a)]	面积/km²	面积百分比/%
极显著下降	−183.3	2 466.87	0.63
显著下降	−139.92	8 599.25	2.19
极显著上升	121.43	2 438.06	0.62
显著上升	88.36	7 645.31	1.95
无显著变化	−29.44	371 778.00	94.62

6.7.2　青藏高原生态屏障带固碳释氧功能

生态系统的固碳释氧功能，对于人类社会和整个动物界以及全球气候平衡，都具有重要意义。青藏高原生态屏障带是生态敏感区域，随着大气中 CO_2 浓度升高，全球气候变化的异常，对于青藏高原生态屏障带的生态系统固碳释氧功能的测评显得尤为重要。本书通过定量方法对青藏高原的固碳释氧进行估算，并对其时空变化进行分析，为生态保护和改善区域生态环境提供参考。

（1）2000~2010 年固碳释氧量特征分析

如图 6-58 所示，研究区固碳释氧量空间差异明显，东南部地区固碳释氧量较高，西北部地区较低，2000~2005 年基本没有变化。

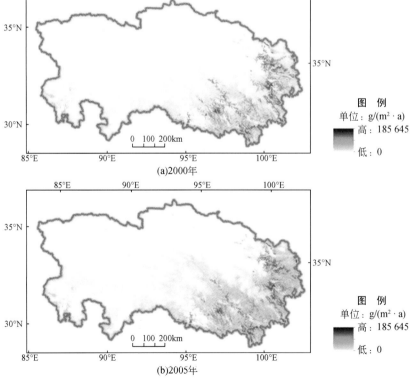

(a)2000年

(b)2005年

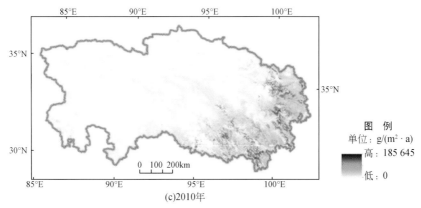

(c)2010年

图 6-58　2000 年、2005 年、2010 年青藏高原生态屏障带固碳释氧量分布图

从表 6-28 可知，研究区固碳释氧量低值区域所占比例最高，平均面积达 445 325.9km²，平均为 96.4%，其次为较低、中、较高、高覆盖区域，平均面积分别为 13 092.2 km²、3826.3 km²、298.4 km²、6.5 km²。从固碳释氧量不同等级面积的变化看，各个等级近十年来比较平稳，变化不大。

表 6-28　2000～2010 年青藏高原生态屏障固碳释氧量统计表

年份	统计参数	低	较低	中	较高	高
2000	面积/km²	445 702.1	12 791.3	3 732.6	273.3	5.2
	百分比/%	96.4	2.8	0.8	0.1	0.0
2005	面积/km²	444 573.3	13 694.0	4 013.6	348.8	9.0
	百分比/%	96.1	3.0	0.9	0.1	0.0
2010	面积/km²	445 702.1	12 791.3	3 732.6	273.3	5.2
	百分比/%	96.4	2.8	0.8	0.1	0.0
2000～2010 年平均状况	面积/km²	445 325.9	13 092.2	3 826.3	298.4	6.5
	百分比/%	96.3	2.8	0.8	0.1	0.0

（2）2000～2010 年固碳释氧量变化量分析

在 GIS 中，采用栅格计算器，将两期固碳释氧量数据相减，得到固碳释氧量变化量图，如图 6-59 所示。

从空间上看，不同时段青藏高原生态屏障带固碳释氧变化量空间差异明显。2000～2005 年、2005～2010 年及 2000～2010 年屏障区东南部地区固碳释氧量有所增加，西部、北部地区固碳释氧量基本无变化。

（3）2000～2010 年固碳释氧量变化程度分析

由表 6-29 可知，2000～2010 年屏障区绝大部分区域（98.3%）固碳释氧量无显著变化，其面积为 454 431km²；上升和下降的面积均较小，其中，固碳释氧下降面积以显著下降为主，显著下降面积为 4181.9km²，比例为 0.9%，几乎占下降面积的 100%，固碳释氧上升面积以显著上升为主，显著上升面积为 3690.6km²，与显著下降面积相差较小，比例为 0.8%，也几乎占固碳释氧下降面积的 100%。

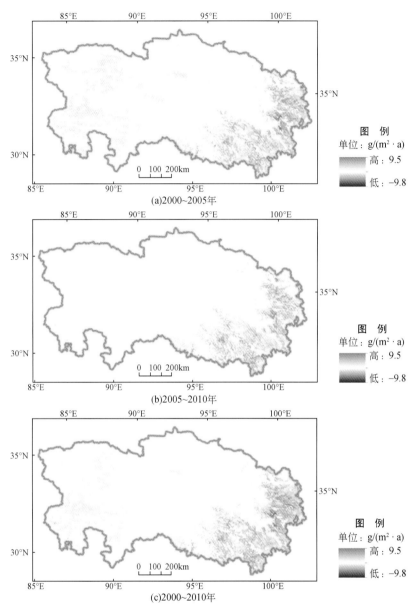

图 6-59　不同时段青藏高原生态屏障带固碳释氧变化量图

表 6-29　青藏高原生态屏障带固碳释氧量变化程度统计表

变化趋势	平均变化量/[g/(m²·a)]	面积/km²	面积比例/%
极显著下降	−92 896.0	2.2	0.0
显著下降	−19 475.6	4 181.1	0.9
极显著上升	103 967.0	0.8	0.0
显著上升	17 666.2	3 690.6	0.8
无显著变化	1 005.5	454 431.0	98.3

6.7.3 南方丘陵山地屏障带固碳功能

南方丘陵山地带生态系统类型多样，包括乔木、灌木、草地、农田等，不同生态系统提供的固碳量不一致，且不同生态系统使用的研究方法不同。本节分别选取对应各个生态系统固碳的研究方法，分别计算 2000～2010 年林地、灌木、草地、农作物的固碳量，分析其变化趋势。

（1）林地碳固定功能

由图 6-60 可知，2000～2010 年研究区林地面积增加了 567.3km²。生物量密度由 83.9mg·C/hm² 增加至 84.4mg·C/hm²，十年间总生物量增加了 14Tg。其中，云南和贵州地区生物量较高，而广东、广西和贵州部分地区空间变化较大。生物量和碳汇的转化系数为 0.5，森林总碳库由 2000 年的 711.4Tg 增加至 2010 年的 718.4Tg（年均增加 1.077Tg/a），呈上升趋势。

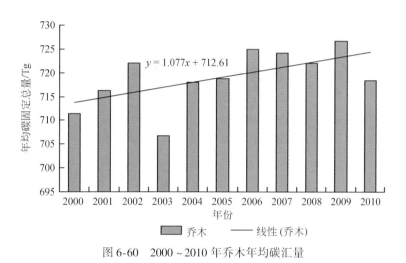

图 6-60 2000～2010 年乔木年均碳汇量

（2）灌木的碳固定功能

本书通过建立跨植被类型的植被生产力（NPP）和碳汇之间的关系，来估算灌木的碳汇，公式如下。

$$y = -0.4 \times 10 - 6x^2 + 0.0026x - 0.243$$

式中，y 为碳汇；x 为基于 CASA 模型计算的 NPP。

根据以上公式得 2000～2010 年单位面积的碳汇，近 10 年来灌木面积呈下降趋势，总碳汇量如图 6-61 所示，年均碳汇量增加了 0.0016Tg。

（3）草地的碳固定功能

本研究通过建立 NDVI 和碳汇之间的关系来计算碳汇及其时空变化，公式如下：

$$Y = 179.71 \times NDVI_{max} + 1.6228$$

式中，Y 为碳汇；$NDVI_{max}$ 为 NDVI 的最大值。

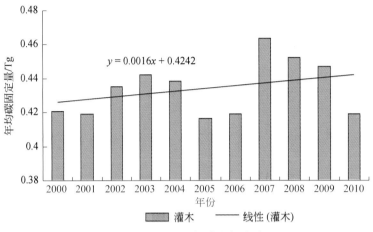

图 6-61　2000～2010 年灌木年均碳汇量

总碳库由 2000 年的 1.22Tg 增加至 2010 年的 1.26Tg，年均碳汇增加 0.0077Tg/a（图 6-62）。

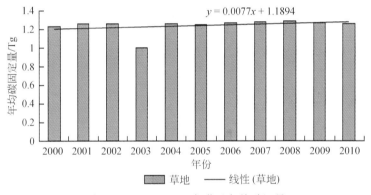

图 6-62　2000～2010 年草地年均碳汇量

（4）农作物的碳固定功能

研究区耕地总面积十年虽有下降，但其总生物量由 2000 年的 0.289Tg 增加至 0.297Tg。但是，这些增加的生物量绝大部分在短期内经分解又释放到了大气。因此，设定农作物生物量的碳汇为零。

（5）碳固定功能综合分析

2000～2010 年研究区年均碳固定量波动变化，2000～2002 连续上升，而 2003～2005 年相继下降，2006 年恢复上升至 2010 年，2008 年、2010 年有波动下降，整体呈上升趋势，年均增加量为 0.4697Tg/a（图 6-63）。

为进一步研究近十年来年均碳汇量变化趋势以及这种变化在空间上的差异，对 2000～2010 年每个像元的碳汇量与年份进行回归来分析碳汇的变化趋势。结果表明，65.5% 的区域碳汇能力呈增加趋势，其中，6.9% 地区增加趋势显著（$P<0.05$），分布于研究区东部、

中西部和西北部，而呈下降区主要位于中东部（图6-64）。

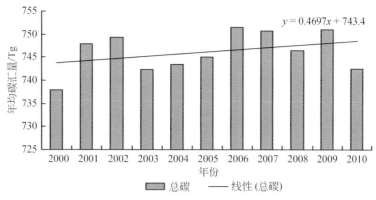

图 6-63 2000~2010 年年均碳汇量

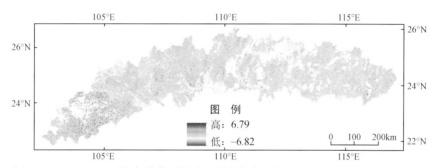

图 6-64 2000~2010 年每个像元的碳汇量与年份进行回归来分析碳汇的变化趋势

从不同植被类型的碳汇能力来看，森林的碳固定能力远高于其他植被类型，是研究区固碳的主要植被类型。

由图 6-65 可知，碳汇变化显著增加和显著减少的区域占小部分，增加但不显著的区域占整个南方丘陵山地屏障带的大部分地区，其次就是减小但不显著的区域。

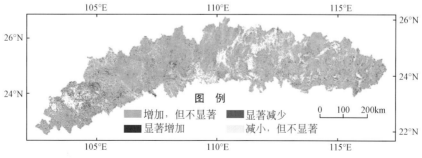

图 6-65 2000~2010 年碳汇变化显著度空间分布

6.8 食品供给服务功能

产品提供功能主要是指提供粮食、油料、肉、奶、水产品、棉花、木材等农林牧渔业初级产品生产方面的功能。食品供给是产品供给的重要组成部分，对我国社会经济的发展及生态安全的稳定性具有重要的意义。我国主要的商品粮基地为南方高产商品粮基地、黄淮海平原商品粮基地、东北商品粮基地和西北干旱区商品粮基地，国家屏障区中含有众多的商品粮基地，对维护我国食品的供给的持续性、稳定性起到重要的作用。南方丘陵山地带自然地理环境优越，适合粮食作物的生长，是国家屏障区中食品供给服务功能突出的屏障带。因此，本书深入分析南方丘陵山地带 2000 ~ 2010 年食品供给的空间分布及变化趋势。

（1）2000 ~ 2010 年食品供给功能分布

如图 6-66 所示，热量的高值主要集中在研究区的南部和东南部，热量的低值主要集中在研究区的北部和西北部。从整体来看，2000 年、2005 年和 2010 年研究区食品供给能力南部和东南部都要高于北部和西北部。

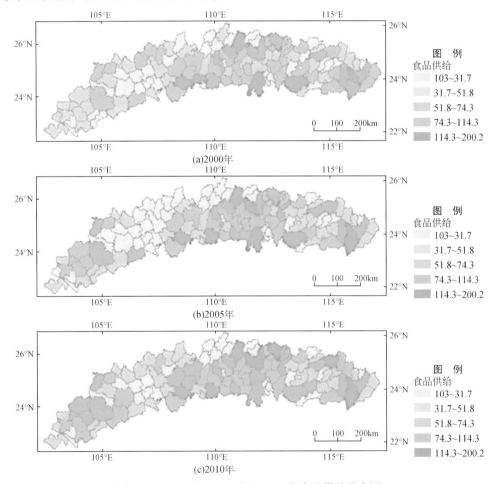

图 6-66 2000 年、2005 年、2010 年食品供给分布图

按研究区县级行政单元划分，2000 年、2005 年和 2010 年食品热量高值和低值分布的行政县见表 6-30。其中，2000 年食品供给高值范围为 $134.5×10^{10} ～ 203.1×10^{10}$ kcal，低值范围为 $7.6×10^{10} ～ 32.5×10^{10}$ kcal；2005 年食品供给高值范围为 $124.5×10^{10} ～ 207.5×10^{10}$ kcal，低值范围为 $8.6×10^{10} ～ 35.8×10^{10}$ kcal；2010 年食品供给高值范围为 $114.4×10^{10} ～ 200.2×10^{10}$ kcal，低值范围为 $10.3×10^{10} ～ 31.7×10^{10}$ kcal。

表 6-30　食品热量高值和低值分布的行政县

年份	高值	低值	最高值	最低值
2000	宜州、柳城、全州、英德、兴宁、贺县	河口、荔波、韶关、乐业、凌云、连南、风山、天峨、西林、桂林、连山、资源、屏边、龙胜、崇义、定南、永州、双牌、东南、册亨、三江、全南、柳州、乳源、西畴、通道、麻栗坡、龙南、新丰、仁化、蕉岭、榕江、田林	宜州	河口
2005	宜州、全州、鹿寨、英德、贺县、五华、道县、兴宁	河口、荔波、风山、乐业、凌云、西林、连南、资源、桂林、三都、连山、崇义、龙胜、罗甸、天峨、东兰、屏边、韶关、永州、双牌、乳源、平塘、独山、全南、册亨、三江、个旧、通道、定南、蕉岭、佛冈、城步、隆林、巴马、龙南	宜州	河口
2010	宜州、道县、全州、鹿寨、宁远、桂阳、兴宁、五华、信丰	河口、荔波、连南、风山、连山、凌云、资源、乐业、桂林、乳源、龙胜、东兰、崇义、新丰、西林、佛冈、天峨、册亨、韶关、三江、全南、屏边、永州、双牌、蕉岭、城步、通道	宜州	河口

（2）2000～2010 年食品供给功能变化

由图 6-67 可知，研究区县级单元食物热量随着时间的推移并不是都增加，各县的食物供给能力随着时间的变化也是有增有减。其中，2000～2005 年各县食物供给减少的最大范围为 $-508.7×10^9 ～ 305.6×10^9$ kcal，增加的最大范围为 $196.7×10^9 ～ 458.1×10^9$ kcal；2005～2010 年各县食物供给减少的最大范围为 $-665.1×10^9 ～ 274.6×10^9$ kcal，增加的最大范围为 $155.8×10^9 ～ 361.2×10^9$ kcal；2000～2010 年各县食物供给减少的最大范围为 $-761.0×10^9 ～ 359.7×10^9$ kcal，增加最大范围为 $199.2×10^9 ～ 533.1×10^9$ kcal。具体分布县见表 6-31。

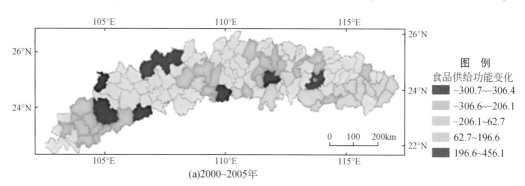

(a)2000～2005年

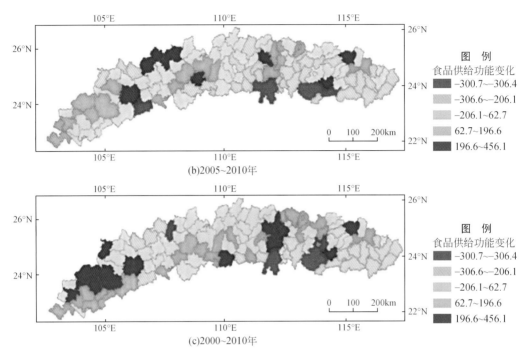

图 6-67 南方丘陵山地屏障带食品供给功能变化图

表 6-31 食物供给变化最大范围分布统计表

时段	减少最大范围	增加最大范围
2000~2005 年	罗甸、平塘、曲江、独山、三都	百色、兴义、鹿寨、江华、广南
2005~2010 年	百色、贺县、英德、钟山、新丰	道县、罗城、翁源、信丰、独山、罗甸、三都、平塘、田林
2000~2010 年	独山、贺县、英德、曲江	道县、江华、鹿寨、翁源、广南、信丰、兴义、宁远、田林、砚山、丘北、蒙自、蓝山

6.9 生态系统服务屏障效应

　　生态屏障效应是指在一定范围或地段，能满足人类特定生态要求并处于与人类社会发展密切相关的特定区域的复合生态系统，该系统具有一定的生态服务功能并具有一定的空间效应，对这种空间效应的测度可称生态屏障度或者生态辐射强度。生态系统服务功能辐射效益评估的最终目的就是为区域生态系统的协调管理提供决策依据。近年来，国际上围绕生态系统服务内涵、生态系统服务类型划分等方面开展了大量的研究。但是，目前，由于对生态系统大部分服务功能缺乏深入的生态学理解，能够为决策提供依据的生态学信息仍然非常少。

　　区域生态系统服务功能的辐射效益评估，是探讨生态系统服务空间流动产生的区域生态公平问题，研究生态系统服务功能的跨区占用或不公平占用及其补偿机制的重要基础。近年来，关于生态系统服务功能对人类的作用机理方面的研究逐渐受到关注，解宇峰借鉴生态服务半径相关理论，利用地理信息系统（GIS）技术通过建构生态辐射模型，尝试把生态用地同建设用地二者联系起来。韩永伟针对生态系统服务功能的流动特性，探索提出了生态系统服务功能辐射效益的概念与内涵，并利用 TERRA-1MODIS250m 分辨率 NDVI 数据，在地理信息系统技术支持下，采用风蚀输沙率模型和沙尘空间传输模型，评估了黑河下游重要生态功能区防风固沙功能的辐射效益。

通过国家生态屏障区的建立，我国屏障区生态系统整体稳定。全区沙化面积逐步减少，风沙治理成效显著，退牧还草促进了草地恢复。退牧还草工程区内外比较，植被覆盖度提高 9.9% 至 22.5%，生物量平均提高 24.25%，累计增加牧草产量 388 万 t。天然林与自然生态区保护初见成效，野生动植物种群恢复性增长。森林资源总消耗量由 150.5 万立方米降低到 69.4 万立方米，减少消耗量 53.9%。自然保护区面积达全区的 34.35%，珍稀野生动物种群增加显著。其中，国家一级保护动物滇金丝猴发展到 700 多只，约占全国种群数量的 33%。生态屏障区森林、草地、湿地等生态系统涵养水源能力具有自东南向西北逐渐递减的分布特点，水源涵养服务功能在波动中有所提升。在雅江河谷重要风沙区，以固沙种草植树为主的防治工程形成规模，生态系统防风固沙功能开始发挥。国家生态平展区的建设保护了生态环境和丰富的自然资源，推动了经济社会持续健康发展，构筑起了稳固的国家生态安全屏障。

6.9.1 屏障区生态辐射评估方法

通过生态辐射概念，建立生态辐射模型，用研究区各年份生态辐射强度总值及生态用地对建设用地的生态影响来表示生态安全屏障效果与作用大小。

（1）生态系统辐射模型简介

生态辐射强度是指具有生态功能的土地斑块，对建设用地斑块产生的作用强度，生态辐射强度的计算基于以下假设：

所有土地类型斑块分为生态用地和非生态用地两种，非生态用地主要指建设用地。根据全国土地分类办法，把除建设用地之外的用地统归为生态用地；建设用地包括居住地、工业用地、交通用地、采矿场；生态辐射强度受到生态用地斑块类型（ES）、生态用地斑块面积（A），以及生态用地与建设用地斑块的距离（S）三个方面的影响。模型如下：

$$R_a = f(E_s, A, S)$$

式中，R_a 为生态辐射强度；E_s 为生态用地斑块类型；A 为辐射斑块面积；S 为生态辐射距离。

国家屏障区生态屏障效应应用生态辐射模型，各种功能斑块类型的权重值采用专家评估法确定（表 6-32）。辐射斑块的最大生态辐射距离参考屏障区对区域生态环境的影响评估结果，并结合服务半径理论的相关成果确定各辐射斑块不同辐射距离范围权重。

表6-32 斑块生态类型及权重

Ⅰ代码	Ⅰ级分类	Ⅱ级代码	Ⅱ级分类	斑块生态权重
1	森林生态系统	11	阔叶林	1
		12	针叶林	0.9
		13	针阔混交林	0.8
		14	稀疏林	0.7
2	灌丛生态系统	21	阔叶灌丛	0.8
		22	针叶灌丛	0.7
		23	稀疏灌丛	0.6
3	草地生态系统	31	草甸	0.15
		32	草原	0.2
		33	草丛	0.15
		34	稀疏草地	0.15
4	湿地生态系统	41	沼泽	1
		42	湖泊	1
		43	河流	1
		52	园地	0.5
5	城镇生态系统	61	居住地	0
		62	城市绿地	0.3
		63	工矿交通	0
6	沙漠生态系统	71	沙漠	0
7	冰川/永久积雪	81	冰川/永久积雪	0
8	裸地	91	裸地	0.1

将斑块类型按照二级生态类型划分为21类，其中，居民地、工矿交通、沙漠和冰川/永久积雪的权重为0；湿地生态系统的权重值相对较大，其中，沼泽、湖泊、河流权重为1；园地权重为0.5；森林生态系统中阔叶林的权重值为1，针叶林的权重值为0.9，针阔混交林的权重值为0.8，稀疏林的权重值为0.8；灌丛生态系统中阔叶灌丛林的权重值为0.8，针叶阔叶林的权重值为0.7，稀疏灌丛林的权重值为0.6；草丛生态系统中草甸的权重值为0.15，草原的权重值为0.2，草丛的权重值为0.15，稀疏草丛的权重值为0.15；城镇生态系统中城市绿地的权重值为0.3。

按照斑块面积的大小赋予权重并分为四个等级，斑块面积小于20km²的权重为1，等级为1；斑块面积大于等于20 km²并且小于80 km²的权重为5，等级为2；斑块面积大于等于80 km²并且小于200 km²的权重赋予10，等级为3；斑块面积大于等于200 km²权重赋予20，等级为4（表6-33）。

表 6-33 斑块面积权重赋值

等级	面积范围/km²	权重
1	<20	1
2	≥20，<80	5
3	≥80，<200	10
4	≥200	20

斑块辐射范围及权重的设置参照表 6-34，当辐射范围小于 $10km^2$，1、2、3、4 等的权重均为 1；当辐射范围大于 $10\ km^2$ 并且小于 $40\ km^2$ 时，2、3、4 等级的权重为 1/3，当辐射范围大于 $40\ km^2$ 且小于 $80\ km^2$ 时，3、4 等级的权重值为 1/5；当辐射范围大于 $80\ km^2$ 且小于 $120\ km^2$ 时，等级 4 的权重值为 1/9。

表 6-34 斑块辐射范围及权重设置

等级	面积范围/km²	辐射最大范围	权重			
			<10km	10～40km	40～80km	80～120km
1	<20	10	1			
2	≥20，<100	40	1	1/3		
3	≥100，<1000	80	1	1/3	1/5	
4	≥1000	120	1	1/3	1/5	1/9

（2）土壤保持屏障效应评估方法

基于全国 90 米 DEM，通过填充、流向、汇流累积以及河网提取基础上，初步得到全国河流子流域图。根据已有河流等资料对河网进行修正，最终提取全国流域分布图。

以屏障区为统计单元，逐年统计各区土壤保持量。收集 2000～2010 年河流泥沙站点数据，在 SPSS 中对站点泥沙含量和区域土壤保持量进行 Persion 相关系数分析，其相关系数则为屏障区土壤保持空间辐射强度。

6.9.2 国家屏障区生态系统生态空间效应评估结果

由图 6-68 和图 6-69，全国生态屏障生态辐射空间差异较大。其中，南方丘陵山地屏障带生态辐射强度最大，辐射强度为 2.76；其次是川滇生态屏障带和东北森林屏障带，辐射强度分别为 2.5 和 2.14；黄土高原生态屏障带生态辐射强度处于中等水平，辐射强度为 1.92；较低的是青藏高原生态屏障带、北方防沙屏障带，辐射强度均小于 1.5。

（1）南方丘陵山地屏障带

由表 6-35 可知，研究区 2000 年、2005 年和 2010 年三个年份的生态辐射强度总值（标准值）分别为 0.949、0.986 和 1，三个年份生态辐射强度总值持续上升，这表明南方丘陵山地屏障带从总体上来看，生态安全屏障保护作用持续加强。

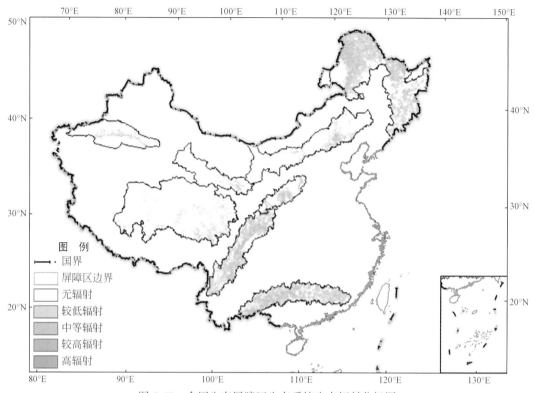

图 6-68　全国生态屏障区生态系统生态辐射分级图

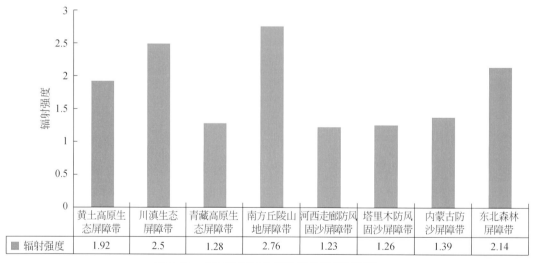

	黄土高原生态屏障带	川滇生态屏障带	青藏高原生态屏障带	南方丘陵山地屏障带	河西走廊防风固沙屏障带	塔里木防风固沙屏障带	内蒙古防沙屏障带	东北森林屏障带
辐射强度	1.92	2.5	1.28	2.76	1.23	1.26	1.39	2.14

图 6-69　生态屏障区土壤保持功能辐射强度

表 6-35 研究区三个年份生态辐射强度评价结果值

生态辐射强度总值	2000 年	2005 年	2010 年
原始值	120 140 576	124 475 803.5	126 532 406.7
标准值	0.949	0.986	1

建设用地上的生态辐射强度及面积见表 6-36。

表 6-36 建设用地生态辐射强度及面积

生态分级	年份	生态辐射强度	生态辐射面积/km²
总值	2000	4 601 312.21	2 268.68
	2005	5 926 468.25	2 854.54
	2010	6 653 681.99	3 364.35
1 级	2000	848 833.85	1 278.89
	2005	1 148 776.65	1 600.01
	2010	1 108 213.88	1 867.93
2 级	2000	2 085 904.32	729.20
	2005	2 796 592.71	950.46
	2010	2 967 914.99	1 088.05
3 级	2000	1 328 498.19	228.09
	2005	1 615 461.50	269.15
	2010	2 001 011.08	350.82
4 级	2000	338 075.86	32.50
	2005	365 637.39	34.93
	2010	576 542.04	57.55

注：生态分级中的级别 1、2、3、4 分别对应辐射强度分级中的 1~20、21~40、41~60、和>60。

根据表 6-36 可知，近十年来，南方丘陵山地屏障带建设用地上的生态辐射强度总值呈上升趋势。建设用地生态辐射强度分级中，除一级中 2005 年到 2010 年有所下降外，其余各级各年份均有所增加。就生态辐射面积而言，研究区各年份生态辐射范围总面积和各级生态辐射范围均有所增加。

综合以上结论：从研究区三个年份生态辐射强度总值持续增加，以及非生态用地上生态辐射强度和生态辐射范围均呈上升趋势。可见，近十年来研究区生态安全屏障保护效果和作用呈加强趋势。

（2）东北森林屏障带生态辐射效应

2000~2010 年，东北森林屏障带辐射强度整体变化不大。从空间上看，小兴安岭、张广才岭和长白山区域是东北森林屏障带辐射强度最大的区域，约占东北森林屏障带总面积的 23.4%；大兴安岭森林区域受降水和温度的影响，具有中等辐射强度，约占总区域的 30%；而辐射强度弱的区域分布广泛，遍及东北森林屏障带的各种生态系统类型，约占东北森林屏障带的 34.8%。

由东北森林屏障带生态辐射强度空间分布图可知，生态辐射强度为中等的区域主要分布在内蒙古的额尔古纳市、鄂伦春自治旗以及黑龙江省的漠河县、塔河县和呼玛县；生态辐射强度为弱和中等的交错分布于黑龙江省的饶河县、宝清县和虎林市；生态辐射强度为强的区域主要分布在黑龙江省、吉林省和辽宁省中部；生态辐射强度为弱的区域主要分布在东北森林屏障带的周围区域（图6-70）。

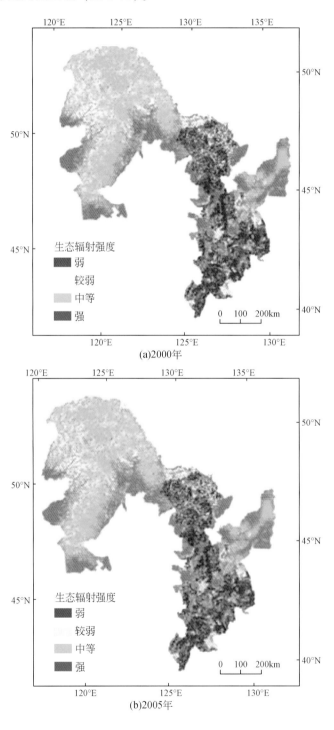

(a)2000年

(b)2005年

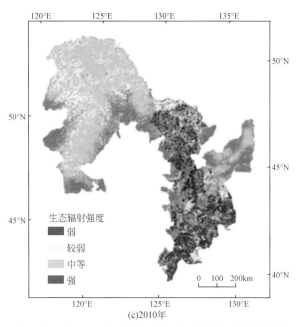

图 6-70 2000～2010 年东北森林屏障带生态辐射强度

从生态屏障的影响与作用强度看，东北森林屏障带的直接辐射影响达到了 110 万 km²，对屏障内部和周边区域具有较强的生态影响。2000～2010 年，生态屏障的影响面积和受影响强度变化不大。其中，2000～2005 年，屏障影响作用较弱地区增加了 1.26%，影响作用中等的区域减少了 1.28%，其余基本不变；2000～2010 年，主要变化是中等影响强度的区域有所增加（图 6-71）。

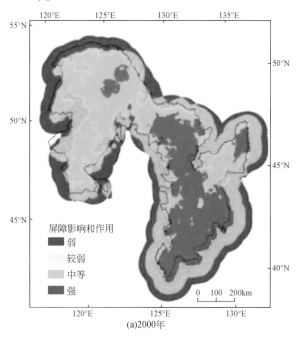

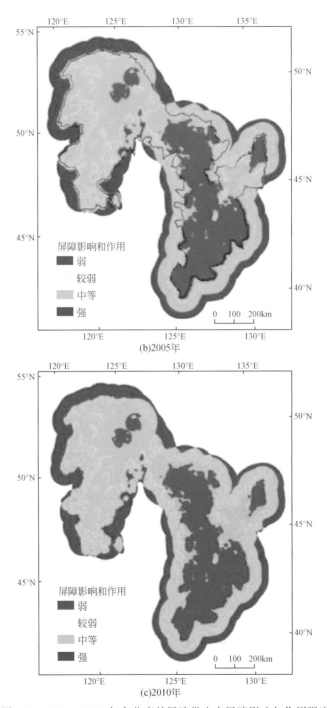

图 6-71　2000 ~ 2010 年东北森林屏障带生态屏障影响与作用强度

　　小兴安岭、长白山和张广才岭区域，由于其水源涵养功能和土壤保持功能强，辐射强度大，受其影响的面积大、强度高；而大兴安岭区域由于受到水源涵养和土壤保持功能的限制，其辐射面积和强度不高。

6.9.3 国家生态屏障区土壤保持辐射效应

6.9.3.1 土壤保持辐射效应评价结果

土壤保持与泥沙含量呈现明显的负相关，并且随着河流呈现增加态势，而相关程度在降低。其中，黄土高原生态屏障效应较高，辐射空间较宽，主要原因是在黄土高原近年来是我国退耕还林还草重点区域，植被覆盖发生了明显的改善。受三峡水库的影响，川滇生态屏障效应表现为对三峡库区以上长江河流段泥沙含量的屏蔽作用。华县站点泥沙主要来源于陇西黄土高原和陇东黄土高原，相比较，渭河关中平原段水土流失较小，可以忽略，但在该地带有着泥沙的沉积过程，辐射强度稍有降低。随着渭河汇入黄河，由于黄河携带了来自陕北黄土高原的大量泥沙，故在花园口站呈现明显的峰值（图6-72）。

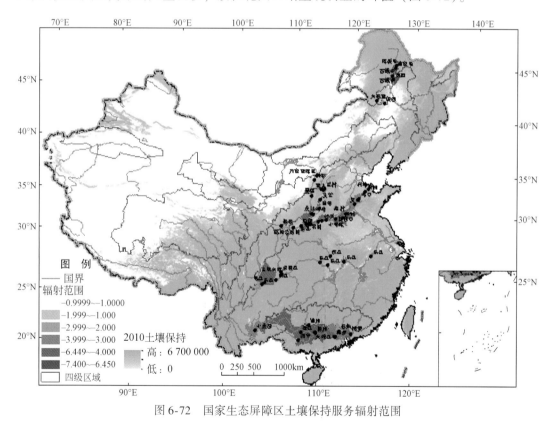

图6-72 国家生态屏障区土壤保持服务辐射范围

6.9.3.2 黄土高原生态屏障带土壤保持空间辐射效应研究

本书收集了黄河流域和长江流域部分站点泥沙数据，站点分布状况如图6-73所示。经整理分析，黄河流域除华县站点外，其余各站点含沙量均呈相对平缓的下降态势，并且上游站点泥沙明显大于下游；华县泥沙含量最大，2000 年华县站点泥沙含量为 41.9kg/m³，2003 年高达 89.6kg/m³，2000～2010 年华县泥沙含量下降了 17.4kg/m³，下降了 41.5%（图 6-74）。

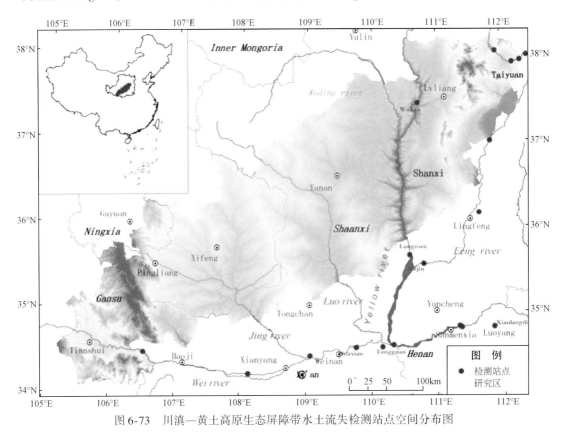

图 6-73　川滇—黄土高原生态屏障带水土流失检测站点空间分布图

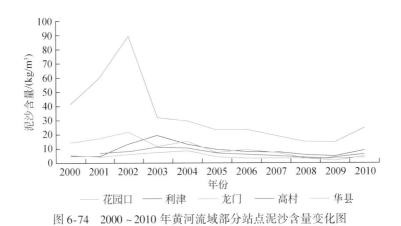

图 6-74　2000～2010 年黄河流域部分站点泥沙含量变化图

通过对比发现，华县水文监测站泥沙数据与黄土高原生态屏障带水土保持服务具有较强的相关性（图 6-75）。究其根源，渭河是一条发源于黄土高原、所有支流均来源于黄土高原，覆盖了研究区的主要范围，而华县位于渭河下游，所监测河流含沙量全部来源于渭河流域。故用该站点具有很好的代表性，同时该站点也是距离研究区较近的站点，监测数据相对比较完整。

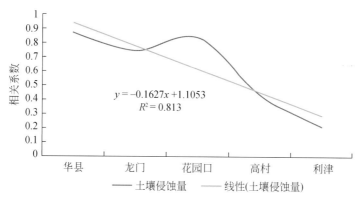

图 6-75 黄土高原生态屏障土壤侵蚀与站点泥沙含量 Person 相关图

通过整理分析，近年来黄土高原生态屏障带水土保持服务功能基本是 12.76t/公顷·年，而华县监测站点的泥沙数据表明，渭河年均泥沙含量为 2.51 亿 t/年，并且逐年在降低（图 6-76）。

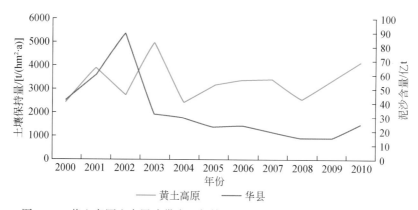

图 6-76 黄土高原生态屏障带水土保持服务与监测站点泥沙含量对比分析

本书收集了研究区比较临近的屏山、朱沱和寸滩站点进行泥沙含量对比分析，结果表明，长江流域各站点远远小于黄河流域各站点泥沙含量；从流域尺度上看，上游泥沙含量大于下游；从时间尺度上看，2000～2010 年各站点泥沙含量均为波动下降趋势。

6.9.3.3 南方丘陵山地屏障带土壤保持屏障效应区域影响

本书主要从土壤保持功能和水源涵养功能影响的河流泥沙含量、河流径流量和河流水质三个方面评价。

南方丘陵山地屏障带的河流分属 3 个流域：长江流域、珠江流域和藏滇国际河流域，具体分布如图6-77所示。由图可知，研究区大部分地区（约75%的区域面积）属于珠江流域。珠江流域九站，其中，小龙潭、大湟江口、梧州、迁江、柳州、南宁和高要水文控制站处于西江干流或支流上，其中，小龙潭、迁江、柳州和南宁处于西江上游，石角水文控制站处于北江，博罗水文控制站属于东江。

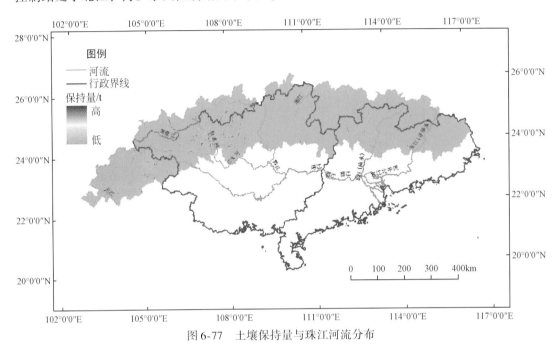

图6-77　土壤保持量与珠江河流分布

（1）流域泥沙含量

由表6-37和图6-78可知，各站点泥沙年平均含量均呈下降趋势，与研究区土壤保持量变化趋势相反，与研究土壤流失变化趋势基本一致；西江上游站点的泥沙含量高于下游站点，各站点中处于西江南盘江的小龙潭站点泥沙含量最大；珠江河流分布与水源涵养量如图6-79所示，三大水系水源涵量大小排序为西江>北江>东江。

表6-37　珠江流各主要站点年平均含沙量统计表　　　　　　（单位：kg/m³）

站点 年份	小龙潭	大湟江口	梧州	迁江	柳州	南宁	高要	石角	博罗
2000	1.24	0.352	0.329	0.673	0.134	0.24	0.324	0.13	0.11
2001	1.23	0.25	0.22	0.628	0.132	0.241	0.23	0.1	0.071
2002	1.14	0.17	0.18	0.157	0.144	0.367	0.21	0.096	0.04
2003	0.85	0.068	0.068	0.067	0.048	0.153	0.085	0.056	0.061
2004	1.05	0.116	0.103	0.087	0.175	0.087	0.144	0.036	0.04
2005	1.27	0.127	0.112	0.077	0.109	0.236	0.159	0.104	0.114
2006	0.944	0.127	0.115	0.075	0.111	0.149	0.166	0.156	0.108

站点 年份	小龙潭	大湟江口	梧州	迁江	柳州	南宁	高要	石角	博罗
2007	1.54	0.041	0.057	0.029	0.065	0.043	0.068	0.069	0.056
2008	1.04	0.123	0.117	0.034	0.088	0.19	0.136	0.127	0.066
2009	0.776	0.069	0.069	0.008	0.259	0.041	0.087	0.047	0.017
2010	0.312	0.066	0.075	0.011	0.114	0.06	0.087	0.151	0.046

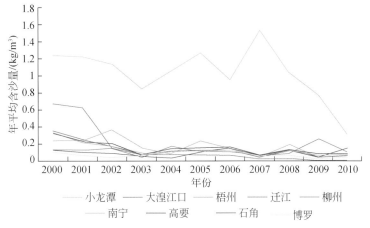

图 6-78　各站点年平均含沙量变化趋势图

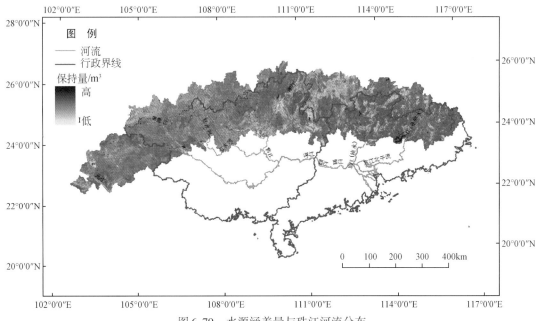

图 6-79　水源涵养量与珠江河流分布

（2）流域年平均径流量

由表6-38和图6-80可知，各站点年平均径流量呈下降趋势，这与研究区水源涵养量的变化趋势相反；各站点中高要水文控制站点的年平均径流量最大，小龙潭控制站点的年平均径流量最小；三大水系站点年平均径流量大小排序为西江>北江>东江。

表6-38　珠江流各主要站点年平均径流量　　　　（单位：亿 m³）

年份\站点	小龙潭	大湟江口	梧州	迁江	柳州	南宁	高要	石角	博罗
2000	38.69	1717	2045	674.6	399	376	2212	419.5	234.6
2001	38.26	2092	2411	667.2	396.7	375.1	2550	537.6	297.1
2002	39.76	2033	2352	677.1	529.2	392.7	2499	492.7	139.6
2003	25.99	1545	1879	562.6	307.4	334.8	1822	359.1	188.8
2004	32.62	1383	1680	503.6	363.4	248.4	1780	244.3	110.7
2005	27.02	1467	1807	515.5	342	294.4	1847	417.4	237.4
2006	26.07	1535	1860	493.8	359.7	295.2	2007	506.1	376
2007	38.43	1430	1589	569.7	328.8	244.7	1667	323.6	267.4
2008	38.42	2084	2442	654.8	460.6	508.8	2704	450.9	307.4
2009	19.46	1416	1607	496	340.6	267.1	1690	253.8	134.4
2010	14.82	1428	1725	498	330	281.4	1925	478.2	217.6

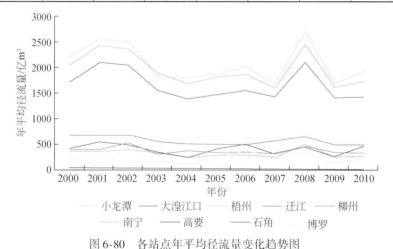

图6-80　各站点年平均径流量变化趋势图

（3）河流水质

河流水质评价分为 Ⅰ 、Ⅱ 、Ⅲ 、Ⅳ 、Ⅴ 和超 Ⅴ 类6 类水质标准，研究区河流水质以 Ⅱ 、Ⅲ 类为主，即以水质较好为主。

由图6-81可知，河流水质 Ⅰ 、Ⅱ 、Ⅲ 类均呈波动上升趋势，表明河流水质往良好方向发展。虽然影响河流水质的因素不单只有河流泥沙含量，但从一定程度上也反映了河流泥沙含量呈减少趋势，研究区生态建设取得了较好的效果。

综合以上分析可知，研究区近10 年来封山育林，退耕还林等生态保护政策取得了较好的效果，南方丘陵山地屏障带生态屏障的效果和作用得到了体现。

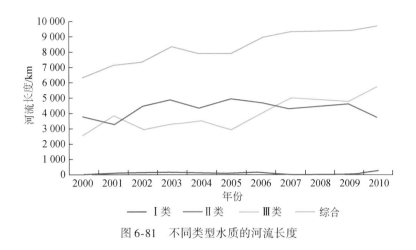

图 6-81 不同类型水质的河流长度

6.9.3.4 青藏高原土壤保持屏障效应

由图 6-82 可知，2000～2010 年青藏高原生态屏障带直门达水文站输沙率平均为 308.54kg/s，年平均输沙率变化的波动性较大，2005 年、2009 年输沙率较大，2010 年输沙率有所下降，但仍高于 2000 年输沙率。2000～2010 年沱沱河水文站输沙率平均为 80.7kg/s，年输沙率变化的波动性较大，但相对直门达水文站其输沙率总体较低，2002 年和 2005 年输沙率较大，2008 年后输沙率呈增加趋势。

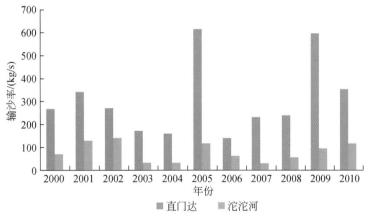

图 6-82 2000～2010 年直门达、沱沱河水文站输沙率变化曲线

Person 相关系数分析表明，2000 年、2005 年、2010 年青藏高原生态屏障带土壤保持功能对区域水环境影响明显。

6.9.4 国家屏障区防风固沙生态辐射效应评估

本书中防风固沙效应在北风防沙屏障区和青藏高原效果显著。故防风固沙生态辐射效应评估重点区域在北方防沙屏障带和青藏高原生态屏障带。

（1）北方防沙屏障区防风固沙生态辐射效应评估

为了评价北方防沙屏障带防风固沙服务屏障作用，本书采用沙尘暴变化来表征其屏障效应。减少沙尘暴强度是设立防沙屏障带及的主要目标，沙尘暴强度也能够准确地刻画防沙屏障带地区的防沙效果。在研究中我们还对防沙屏障带地区内和地区外的沙尘暴强度进行了研究和分析，利用位于这些区域下风向的各个气象站的沙尘暴强度变化时间序列曲线，来讨论北方防沙屏障带的防沙效果及其影响范围。

从图 6-83 可以明显看出，北方防沙以北地区的沙尘暴强度明显高于防沙屏障带以南地区，这充分体现了北方防沙屏障带的防风固沙服务功能，但在新疆地区北方防沙屏障带南方地区的沙尘暴强度高于北方地区的沙尘暴强度，这是由于中国最大的塔克拉玛干沙漠位于南疆，为沙尘暴的形成提供了沙源，使得南部地区的沙尘暴活跃。

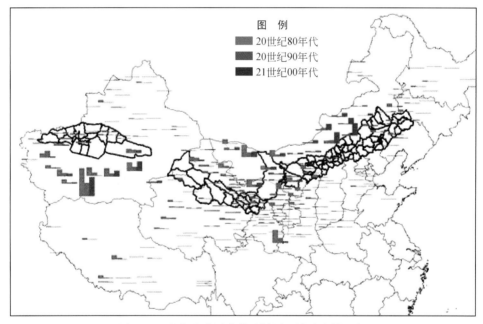

图 6-83　北方防沙屏障带及周围区域沙尘暴强度

利用气象台站沙尘暴观测样点数据，使用 GIS 空间插值技术，得到不同时段沙尘暴强度空间分布图，然后利用趋势线分析方法得到近 30 年来沙尘暴空间变化图，如图 6-84 所示。1980～2007 年，沙尘暴强度有减弱的趋势。然而，从 20 世纪 90 年代到 21 世纪初，沙尘暴强度有增强的趋势，在内蒙古防沙屏障带的北方最为明显。相反在内蒙古的东南风（下方向），防沙屏障带的强度明显减弱。除了在新疆的西南部外，绝大部分地区的沙尘暴强度有增加的趋势。

由图 6-85 可知，1980～2007 年，内蒙古防沙屏障带下风向的沙尘暴强度显著减弱，尤其在 1996 年以后。虽然 2002 年和 2005 年沙尘暴强度有些微增加，但是，这不影响这个区域沙尘暴强度显著减弱的大趋势。因此，我们认为内蒙古防沙屏障带可能具有显著的防沙效果，而且影响范围大。当然这种防沙效果不一定完全由防沙屏障带设置带来的，可能和气温、降水、乡村人口迁出都有密切的关系。

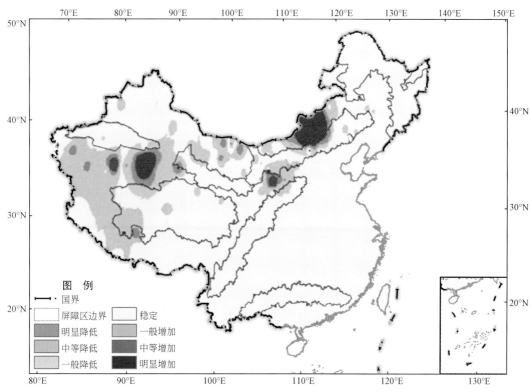

图 6-84　1980～2007 年防沙屏障带及其周围的沙尘暴强度的变化

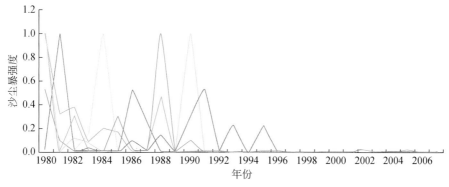

图 6-85　1980～2007 年内蒙古防沙屏障带下风向各气象站的沙尘暴强度变化

　　由图 6-86 可知，1980～2007 年，位于河西走廊防沙屏障带下风向的沙尘暴强度也有明显减弱的趋势。这种减弱的趋势从 20 世纪 1985 年就开始了。然而，2002 年以后沙尘暴强度有明显增强的态势。因此，我们认为河西走廊防沙屏障带可能具有一定的防沙效果，但是该效果不确定性很大。

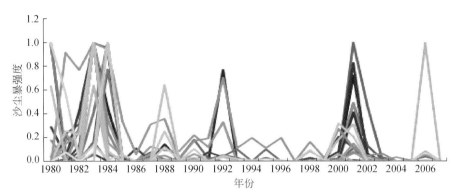

图 6-86 1980～2007 年河西走廊防沙屏障带下风向各气象站的沙尘暴强度变化

由图 6-87 可知，塔里木防沙屏障带南部区域的沙尘暴强度在 1980～2007 年有一定的减弱，但是沙尘暴强度依然非常活跃。因此，我们认为在三个防沙屏障带中，该防沙屏障带效果最差。其实，这个防沙屏障带也是植被指数值最低、植被最差的防沙屏障带。该防沙屏障带很难带来显著的防沙效果。

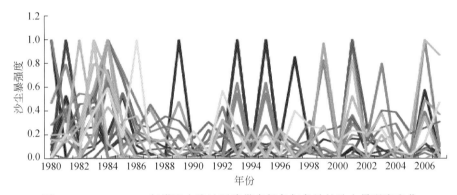

图 6-87 1980～2007 年塔里木防沙屏障带南部各气象站的沙尘暴强度变化

（2）青藏高原防风固沙屏障效应

由于 2010 年青藏高原生态屏障带内气象站无强沙尘暴天气记录，在此，根据全国强沙尘暴序列数据，分别统计分析 2000 年、2005 年强沙尘暴天气日数，并计算强沙尘暴天气日数与对应县区防风固沙功能的 person 相关系数，评估屏障区防风固沙功能对区域生态环境的影响。

由图 6-88 可知，2000 年和 2005 年，青藏高原生态屏障带北部强沙尘暴天气较多，但 2000～2005 年强沙尘暴天气日数有减少趋势。2000 年，格尔木市强沙尘暴天气日数最高，为 16 日，都兰县、兴海县、曲麻莱县强沙尘暴天气日数较高，分别为 7 日、7 日、6 日，贵南县、河南蒙古族自治县、玛多县强沙尘暴天气日数最低，均为 2 日。2005 年，曲麻莱县强沙尘暴天气日数最多，为 7 日，其次为河南蒙古族自治县、都兰县和格尔木市，分别为 4 日、4 日和 3 日，兴海县、班戈县、玛沁县强沙尘暴日数最低，均为 1 日。

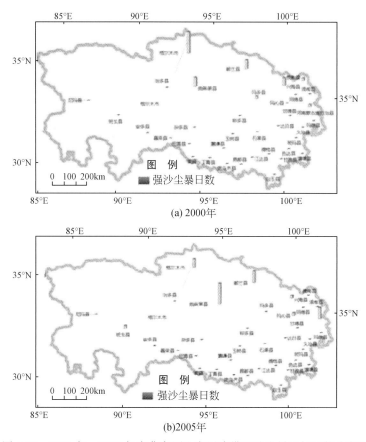

(a) 2000年

(b)2005年

图 6-88　2000 年、2005 年青藏高原生态屏障带强沙尘暴天气日数分布图

2000 年、2005 年各县强沙尘暴天气日数与防风固沙量间的 person 相关系数 $R=0.414$，小于 0.8，且未通过 0.01 显著性检验。可见，青藏高原生态屏障带防风固沙功能对区域大气环境影响不明显。

6.9.5　青藏高原生态系统服务屏障效应

（1）青藏高原生态屏障带固碳释氧屏障效应

2000～2010 年青藏高原生态屏障带年平均气温呈升高趋势（图 6-89），线性升温率达 $1.0℃/10a$，在空间上则呈西部低，东部、南部、北部高的分布特征。

2000～2010 年青藏高原生态屏障带年平均降水量也呈增加趋势，倾向率达 46.7mm/10a，降水的空间差异较大（图 6-90），东南部地区较高，西北部地区较低。2000 年、2005 年、2010 年，青藏高原生态屏障带年湿润指数均呈西部、北部低，东南部高的空间分布格局。2000 年、2005 年、2010 年平均气温与固碳释氧量 person 相关系数 $R=0.14$，小于 0.8 且未通过 0.01 显著性检验；湿润指数与固碳释氧量 person 相关系数 $R=0.18$，小于 0.8 且未通过 0.01 显著性检验。可见，青藏高原生态屏障带固碳释氧功能对区域环境影响不明显。

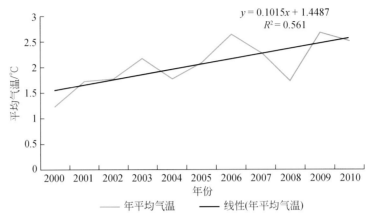

图 6-89   2000～2010 年青藏高原生态屏障带平均气温变化曲线

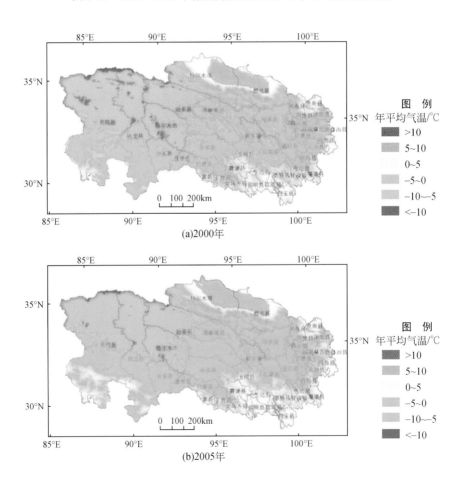

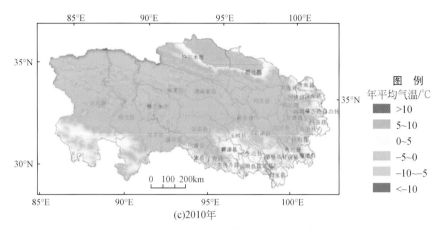

图 6-90 2000 年、2005 年、2010 年青藏高原生态屏障带平均气温分布图

2000 年、2005 年、2010 年青藏高原生态屏障带年平均气温均呈西部低，东部、南部、北部高的空间分布格局；年湿润指数均呈西部、北部低，东南部高的空间分布格局。Person 相关系数分析表明，2000 年、2005 年、2010 年青藏高原生态屏障带固碳释氧功能对区域大气环境影响不明显。

（2）青藏高原水源涵养屏障效应

由图 6-91 可知，2000 ~ 2010 年，青藏高原生态屏障带内直门达水文站径流变化率整体较高，平均为 45.8%，这表明年径流变化波动性较大，其中，2005 年径流变化率最大，2007 年后径流变化率趋于下降，径流变化趋于平稳；沱沱河水文站径流变化率整体较直门达水文站低，平均为 10.5%，这表明年径流变化波动性较小，其中，2002 ~ 2006 年径流变化率较低，2007 年后径流变化率呈先升高后降低的趋势。

2000 年、2005 年、2010 年青藏高原生态屏障带直门达、沱沱河水文站径流变化率与对应县区水源涵养总量的 person 相关系数 $R = 0.89$，大于 0.8，且通过 0.05 显著性检验，表明青藏高原生态屏障带水源涵养功能对区域环境影响较为明显。

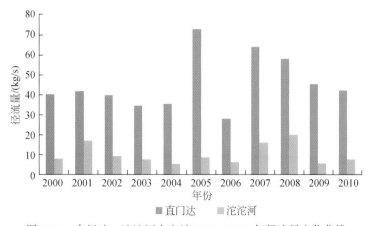

图 6-91 直门达、沱沱河水文站 2000 ~ 2010 年径流量变化曲线

（3）青藏高原生态屏障带生物多样性屏障效应

青藏高原生态屏障带现有特有植物比例呈西部、南部高，东部低的空间分布格局（图6-92）。其中，尼玛县特有植物比例最高，为 15.0%，玛曲县特有植物比例最低，为 2.7%。

特有植物比例与对应县区 2010 年生境质量的 person 相关系数 $0.3 < R = 0.61 < 0.8$，通过 0.01 显著性水平检验，表明青藏高原生态屏障带生物多样性维持功能对区域植物多样性有一定影响。

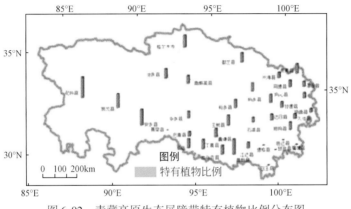

图 6-92 青藏高原生态屏障带特有植物比例分布图

（4）小结

1）2000～2005 年青藏高原生态屏障带强沙尘暴天气日数有所减少；2000～2010 年，青藏高原生态屏障带年平均气温逐渐升高，空间上呈西部低，东部、南部、北部高的分布特征；年平均降水量呈增加趋势；年湿润指数呈西部、北部低，东南部高的空间分布格局。

2）2000～2010 年直门达与沱沱河水文站年径流变化波动性较大，年平均输沙率分别为 308.54kg/s 和 80.7kg/s。

3）青藏高原生态屏障带现有特有植物比例呈西部、南部高，东部低的空间分布格局，其中尼玛县特有植物比例最高，为 15.0%，玛曲县特有植物比例最低，为 2.7%。

4）Person 相关系数分析表明，2000 年、2005 年和 2010 年青藏高原生态屏障带防风固沙功能、固碳释氧功能对区域大气环境影响不明显；水源涵养功能、土壤保持功能对区域水环境影响明显；生物多样性维持功能对区域植物多样性有一定影响。

6.10 小 结

由于目前国内在人类活动影响下生态系统服务功能的变化研究仅局限于一些特定区域或特定生态系统类型，而在国家生态屏障区"两屏三带"尺度上生态系统服务功能变化则缺少研究，因此，此次研究具有非常重要的意义。

本书首先对生态系统服务功能的科学内涵进行了系统梳理，并给出了水源涵养量、土壤保持量、防风固沙量、生物多样性、固碳量和食物供给量科学计算方法，对"两屏三带"以及各个屏障区包括（青藏高原生态屏障估区、川滇—黄土高原生态屏障带、东北森林屏障带、北方防沙屏障带、南方丘陵山地屏障带）近 10 年来的生态系统服务功能变化进行了时空分析。得到如下结论：

1）屏障区的土壤保持功能对下游河流泥沙含量有重要作用。北方防沙带生态环境的改善对于沙尘暴的减弱具有重要意义，从 1997~2007 年，除新疆西南部外，绝大部分地区的沙尘暴强度有减弱。总体来说，内蒙古防沙屏障带具有显著的防沙效果；新疆防沙带的防沙效果不明显。东北森林带、川滇生态屏障和青藏高原生态屏障生境质量直接关系到屏障区的生物多样性保护能力。

2）屏障区的胁迫形势依然严峻：各屏障区局部地区人类活动持续增加，灾害天气和地质灾害长期威胁屏障区生态系统稳定。石漠化防治依然是南方丘陵山地带屏障区生态建设工作的重点，人为主导的屏障区生态系统建设在干旱半干旱区域受到的水分胁迫的影响。

3）基于调查评估结果，我们建议屏障区生态建设应考虑当地的气候条件，屏障区生态系统管理应考虑应对未来气候变化，区域内的生态建设及效果评价应建立长效运行机制。此外生态屏障区边界还值得进一步的商榷。

第7章 屏障区管理对策与建议

7.1 主 要 结 论

屏障区以自然生态系统为主，森林、草地和湿地的总和占各屏障区面积的50%以上；林地面积：南方丘陵山地屏障带>川滇屏障>东北森林带>黄土高原屏障>40%；青藏高原生态屏障和北方防沙带林以草地和荒漠为主，生态系统相对脆弱；湿地在东北森林带，青藏高原屏障区有分布，且9%>面积>6%；青藏高原生态屏障人类活动对屏障区的扰动小，表现为各类型斑块面积增加，聚集度指数有所升高；屏障区生态系统结构和质量相对稳定。除了青藏高原生态屏障，耕地在其他屏障区均有分布，黄土高原生态屏障带>南方丘陵山地屏障带>东北森林带>川滇生态屏障>北方防沙带>12%，说明屏障区内农业生产活动强烈。

屏障区生态系统变化受气候因素中的降水、温度和大风等因素影响，国家生态恢复政策以及人类活动等因素对区域生态系统有着明显的作用。按照生态系统变化特征，屏障区分为三种不同类型：

1）生态恢复措施（退耕还林还草）导致黄土高原生态屏障带生态系统质量显著上升。

2）东北森林带、北方防沙带、南方丘陵山地带和川滇生态屏障带整体上生态系统稳定，但是生态恢复，人类活动扩展和地质灾害等使重点区域生态系统质量受到显著影响。

3）青藏高原生态屏障区主要受气候变化的影响，人类活动影响小，生态系统稳定，但是气候变化的影响不容忽视。

屏障区的土壤保持功能对下游河流泥沙含量有重要作用。北方防沙带生态环境的改善对于沙尘暴的减弱具有重要意义，从1997~2007年，除新疆西南部外，绝大部分地区的沙尘暴强度有减弱。总体来说，内蒙古防沙屏障带具有显著的防沙效果；新疆防沙带的防沙效果不明显。东北森林带、川滇生态屏障和青藏高原生态屏障生境质量直接关系到屏障区的生物多样性保护能力。

屏障区的胁迫形势依然严峻：各屏障区局部地区人类活动持续增加，灾害天气和地质灾害长期威胁屏障区生态系统稳定。石漠化防治依然是南方丘陵山地带屏障区生态建设工作的重点，人为主导的屏障区生态系统建设在干旱半干旱区域受到水分胁迫的影响。

基于调查评估结果，我们建议屏障区生态建设应考虑当地的气候条件，屏障区生态系统管理应考虑应对未来气候变化，区域内的生态建设及效果评价应建立长效运行机制。此外生态屏障区边界还值得进一步的商榷。

7.2 屏障区生态系统管理建议

7.2.1 屏障区生态系统管理应考虑应对未来气候变化

温度和降水特征对北方防沙带和青藏高原屏障区生态系统影响显著，建议加强屏障区生态系统动态变化监测能力，建立以遥感监测为主，辅以地面观测的长期监测机制，为屏障区生态系统管理应对未来气候变化提供科学依据。

7.2.2 屏障区的建设应考虑当地气候条件

在水热条件优越的南方丘陵山地带，森林生态系统的各项服务功能均比其他生态系统类型高，然而以干旱半干旱区气候为主的黄土高原生态屏障带，人工林地植被的生长需要消耗大量的水分，将进一步加剧黄土高原生态屏障水资源紧缺地区的水分胁迫，因此屏障区的生态建设应考虑当地的气候条件，做到因地制宜。

7.2.3 屏障区建设应综合考虑当地生态保护、社会/经济发展需求

大部分屏障区也是生产活动的重要场所，一些地区还面临经济发展的压力，且两者之间的矛盾长期存在。比如南方丘陵山地带耕地面积仅次于森林面积；北方防沙带牲畜头数下降，但是大牲畜头数在部分地区上升（图 7-1），因此屏障区生态建设应综合考虑当地生态系统保护、社会经济发展的需求，在此基础上寻求可持续的生态系统管理对策。

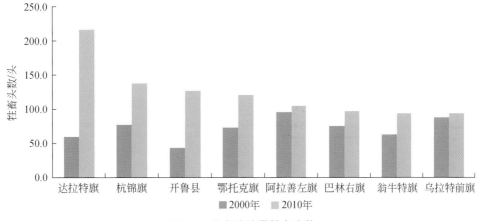

图 7-1 北方防沙带牲畜头数

7.2.4 屏障区生态系统恢复措施的效果需要长期监测

生态系统恢复措施对于生态系统类型的改善在短期内难以解释，需要长期监测。比如草地生态系统禁牧后牧草长势好，但是调查长期禁牧的草地发现沙蒿、柠条和针茅上端枯死的现象时有发生。(图7-2)

(a)

(b)   (c)

图 7-2　禁牧及非禁牧区巴彦胡舒苏木长势对比图 [（a）为圈三年时的长势，
（b）为非禁牧区的长势，（c）为长期禁牧的长势]
注：禁牧后牧草长势好，10 亩地一头羊吃不完，长期禁牧地区沙蒿、柠条和针茅上端枯死

7.3　生态屏障建设案例–麦草方格沙障

土地荒漠化和沙化是一个渐进的过程，但其危害产生的灾害却是持久和深远的。据专家测算，中国每年因土地沙化造成的直接经济损失高达 540 亿元，直接或间接影响近 4 亿人口的生存、生产和生活。如何治理沙漠化是一个世界难题。

我国腾格里沙漠为中国第四大沙漠内部有沙丘、湖盆、草滩、山地、残丘及平原等交错分布。科技工作者和当地群众利用"麦草方格"固沙措施，在腾格里沙漠防沙治沙方面已经取得了重大成果，成为全国沙区中治沙科研示范区。根据 1957 年至 1985 年的不完全统计，在包兰铁路沙坡头地段共扎麦草方格 1.8 万亩，用去麦草 3306.2 万 kg，平均每亩沙地上就铺设过 1800kg 的麦草。经过 60 年，在腾格里沙漠包兰铁路两侧出现了一条令人欣喜的"绿带"。

7.3.1　麦草方格沙障是工程措施

由于用于制作方格沙障的草已经没有生命了，所以"麦草方格"不是生物措施，而是工程措施。麦草方格沙障主要作用是减弱地表风速，遏制地表扬沙。沙区群众把沙障统称为"风墙"，草方格沙障是用麦草、稻草、芦苇等材料，在流动沙丘上扎设成方格状的挡风墙，以削弱风力的侵蚀（图 7-3）。

图 7-3　宁夏中卫市沙坡头草方格沙障工程

施工过程中，先在沙丘上划好施工方格网线，要使沙障与当地的主风向垂直。在一块一平方米的正方形沙上，将修剪均匀整齐的麦草或稻草等材料横放在方格线上，把麦草铺好（每个地方都要铺得均匀，不能多也不能少），再用铁锹从麦草的中间扎下去，插入沙层内约 15cm，使草的两端翘起，直立在沙面上，露出地面的高度约 20～25cm。最后再拥沙埋掩草方格沙障的根基部，把麦草方格固定住。根据试验，草方格沙障的规模以 1m×1m 的正方形效果最好。

7.3.2　麦草方格固沙机理

麦草方格沙障的主要作用是增加沙地表面的粗糙度，削减风力，使之无力携走疏松的沙粒。因为沙子被风刮出一米时，高度不超过 30cm，麦草就可以把它们挡住，使它们不会飞走。这样就起到了防风固沙的作用。这种固沙措施效果很好，用于保护交通干线尤其成功。草方格沙障设置后，有截留降雨的作用，尤其是对冬季的降雪，更能够控制在原地而不被风吹走。因此提高了沙层含水量，使 2m 厚的沙层含水率从 1% 增加到 3%～4% 以上，正由于草方格沙障能够固定流沙，改善沙丘水分条件，从而保护了沙生植物的生长。

据研究，沙坡头地区始建于 1956 年的无灌溉人工固沙植被，至 9～10 年后 40cm 以上土壤层的水分含量与降水显著相关；经过 40 多年的演变，群落中草本和微生物结皮层得到发育。土壤和流沙由藻类、藓类等生物结皮所覆盖。生物结皮的降雨拦截作用、降低反射率和提高毛管的作用，大大提高了土面蒸发，结果改变了固沙区的土壤水环境。日间蒸发作用导致的土壤水分的散失，使表层土壤水分不会迅速降低，吸湿凝结水形成量与生物土壤结皮中的叶绿素含量呈正相关关系，能够提高该区生物土壤结皮的生长活性，有利于其生物量的积累。而且，由于沙生植物多属风播植物，具有靠风传播的果实和种子随流动的沙子一起移动，并保持在流沙的上层表面，而不被沙埋得太深。

麦草方格措施使大量的有机物质加入流沙中，改善了流沙的土壤结构，增加了营养物质，从而促进了微生物的生长繁殖。而微生物的增加，又可以加速有机物的腐烂分解，为沙生植物和藻类提供更多可利用的营养物质，先是地衣、蕨类，然后是草本植物、灌木、半灌木开始更替。如此往复，形成了良性循环。

7.4 屏障区边界调整建议方案

据国家生态屏障区生态环境调查与评估结果，我们建议对"十二五"规划纲要所提出的国家生态屏障区边界予以调整，调整原则为：

1）各屏障区边界的划分综合考虑地形、植被特征及屏障区主体生态系统服务功能，并考虑屏障区内县级行政单元的完整性。

2）青藏高原屏障区向西南适度扩展，把水源涵养和土壤保持服务较高的区域包括进来。

3）塔里木防沙屏障带防风固沙效果不显著，建议范围进行适度扩展，以乡镇为单位，将其周围生态系统防风固沙服务较高的区域包含进来。

4）河西走廊防沙屏障带在现有的基础上北移，调整至祁连山北麓绿洲区北缘。

5）黄土高原生态屏障带和川滇生态屏障带所屏障的区域不同，且面临不同的生态环境问题，建议以秦岭为界，分为黄土高原生态屏障和川滇生态屏障两个独立的部分。

6）黄土高原生态屏障扩大至黄土高原农牧交错带。

7）川滇生态屏障带以横断山为主体，并去除位于成都平原的农田生态系统。

8）缩减南方丘陵山地带生态屏障区位于云南喀斯特地区的部分，而向东边适当扩展，将长江流域和珠江流域分水岭的森林生态系统包含进来。

9）东北森林带扩展到大小兴安岭、长白山区及完达山区。

具体的调整方案如图 7-4 ~ 图 7-10 所示。其中，绿色区域为"十二五"规划纲要所提出的国家生态屏障区范围，红线所包含的区域为本书调查和评估的范围，深蓝线所包含的区域为调整后的国家生态屏障区边界。

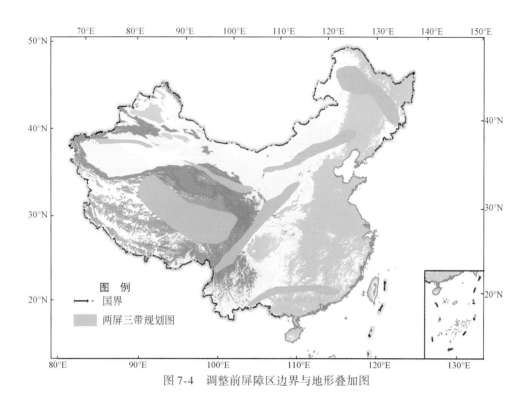

图 7-4 调整前屏障区边界与地形叠加图

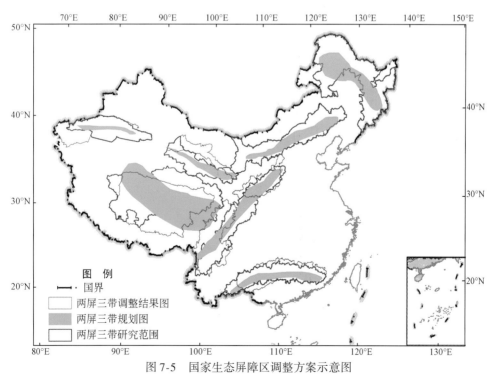

图 7-5 国家生态屏障区调整方案示意图

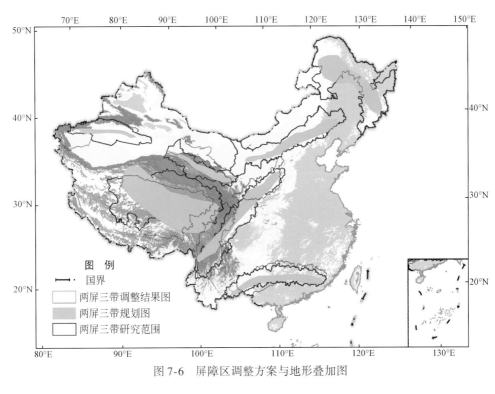

图 7-6 屏障区调整方案与地形叠加图

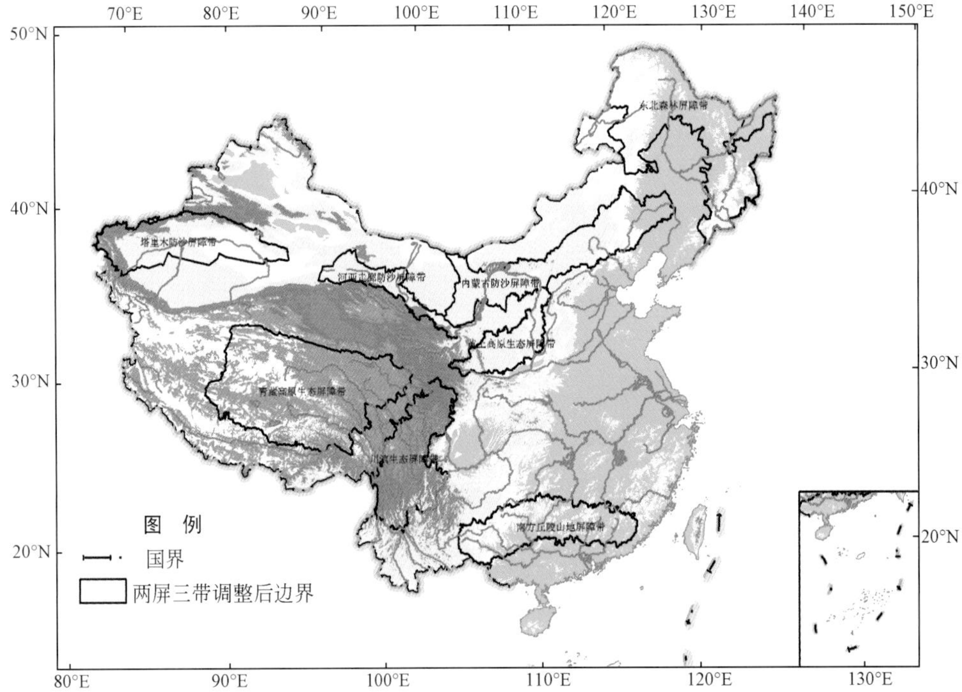

图 7-7 屏障区调整后边界与地形叠加图

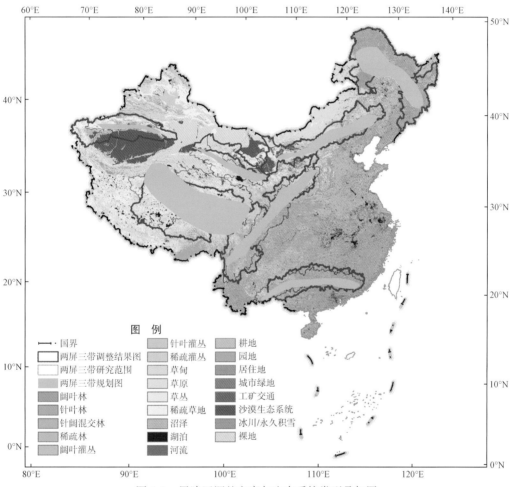

图 7-8　屏障区调整方案与生态系统类型叠加图

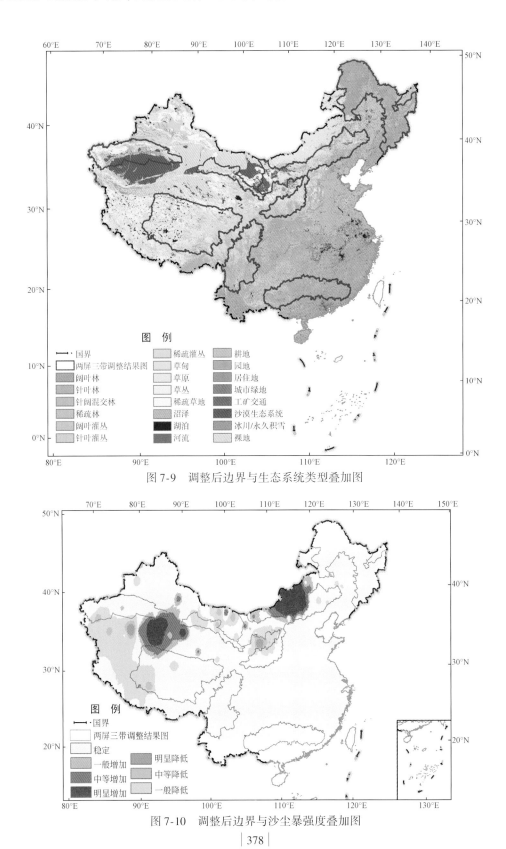

图 7-9　调整后边界与生态系统类型叠加图

图 7-10　调整后边界与沙尘暴强度叠加图

参 考 文 献

白晓永, 王世杰, 陈起伟, 等. 2009. 贵州土地石漠化类型时空演变过程及其评价. 地理学报, 64 (5): 609-618.

柏超, 陈敏, 肖荣波, 等. 2014. 广东省生态环境胁迫综合评价研究. 广东农业科学, 24 (14): 144-172.

宝音, 包玉海, 阿拉腾图雅, 等. 2002. 内蒙古生态屏障建设与保护. 水土保持研究, 9 (3): 62-65, 72.

毕思文. 1997. 全球变化与地球系统科学统一研究的最佳天然实验室——青藏高原. 系统工程理论与实践, 17 (5): 72-77.

蔡崇法, 丁树文, 史志华, 等. 2000. 应用 USLE 模型与地理信息系统 IDRISI 预测小流域土壤侵蚀量的研究. 水土保持学报, 14 (2): 19-24.

蔡强国. 1988. 坡面侵蚀产沙模型的研究. 地理研究, 7 (4): 94-102.

曹有挥. 2007. 安徽沿江主体功能区的划分研究. 安徽师范大学学报, 30 (3): 383-389.

车少静, 李春强, 申双和. 2010. 基于 SPI 的近 41 年 (1965-2005) 河北省旱涝时空特征分析. 中国农业气象, 31 (1): 137-143.

陈国阶. 2002. 对建设长江上游生态屏障的探讨. 山地学报, 20 (5): 536-541.

陈国阶. 2002. 论生态安全. 重庆环境科学, 24 (3): 1-3, 18.

陈强, 陈云浩, 王萌杰, 等. 2015. 2001-2010 年洞庭湖生态系统质量遥感综合评价与变化分析. 生态学报, 35 (13): 4347-4356.

陈书卿, 刁承泰, 周春蓉, 等. 2011. 土地利用规划中生态屏障体系的构建及功能区划研究——以重庆市永川区为例. 水土保持研究, 18 (1): 105-110.

陈思旭, 杨小唤, 肖林林, 等. 2014. 基于 RUSLE 模型的南方丘陵山区土壤侵蚀研究. 资源科学, 36 (6): 1288-1297.

陈星, 周成虎. 2005. 生态安全: 国内外研究综述. 地理科学进展, 24 (6): 8-20.

陈宜瑜. 2011. 中国生态系统服务与管理战略. 北京: 中国环境科学出版社.

陈勇, 周立华, 孙希科. 2011. 青藏高原典型县域冰川退化情景下的适应对策研究. 冰川冻土, 33 (1): 205-213.

陈佐忠. 2003. 草地退化的治理. 中国减灾, 3: 45-46.

戴激光, 郭万钦, 杨太保. 2006. 基于 NOAA-AVHRR 的黄河源地区草地变化与人文因素作用分析. 国土资源科技管理, 23 (1): 109-112.

德吉央宗, 鲁旭阳. 2013. 青藏高原植被净初级生产力及其对气候变化的响应. 绿色科技, 10: 4-6.

董丹, 倪健. 2011. 利用 CASA 模型模拟西南喀斯特植被净第一性生产力. 生态学报, 31 (7): 1855-1866.

董治宝. 1998. 建立小流域风蚀量统计模型初探. 水土保持通报, 18 (5): 55-62.

杜军, 路红亚, 建军. 2013. 1961-2010 年西藏极端气温事件的时空变化. 地理学报, 68 (9): 1269-1280.

段翰晨, 王涛, 薛娴, 等. 2012. 科尔沁沙地沙漠化时空演变及其景观格局——以内蒙古自治区奈曼旗为例. 地理学报, 67 (7): 917-928.

段翰晨, 王涛, 薛娴, 等. 2013. 基于 RS 与 GIS 的科尔沁沙地沙漠化时空演变. 中国沙漠, 33 (2): 470-477.

段学军，陈雯．2005．省域空间开发功能区划方法探讨．长江流域资源与环境，14（5）：540-545．

俄有浩，施茜，马玉平，等．2011．未来10年黄土高原气候变化对农业和生态环境的影响．生态学报，31（19）：5542-5552．

樊杰．2007．我国主体功能区划的科学基础．地理学报，62（4）：39-50．

樊杰．2015．中国主体功能区划方案．地理学报，70（2）：186-201．

方忠权．2008．主体功能区建设面临的问题及调整思路．地域研究与开发，27（6）：29-33．

伏玉玲，于贵瑞，王艳芬，等．2006．水分胁迫对内蒙古羊草草原生态系统光合和呼吸作用的影响．中国科学：D辑，36（A01）：183-193．

傅伯杰．1995．黄土区农业景观空间格局分析．生态学报，15（2）：113-120．

傅伯杰，刘国华，陈利顶，等．2001．中国生态区划方案．生态学报，21（1）：1-6．

傅伯杰，于秀波，Jamie Pittock，等．2011．中国生态系统服务于与管理战略．北京：中国环境出版社．

傅伯杰，周国逸，白永飞，等．2009．中国主要陆地生态系统服务功能与生态安全．地球科学进展，24（6）：571-576．

甘春英，王兮之，李保生，等．2011．连江流域近18年来植被覆盖度变化分析．地理科学，31（8）：1019-1024．

高超，朱继业，朱建国，等．2005．极端降雨事件对农业非点源污染物迁移的影响．地理学报，60（6）：991-997．

高光耀，傅伯杰，吕一河，等．2013．干旱半干旱区坡面覆被格局的水土流失效应研究进展．生态学报，33（1）：12-22．

高国力．2007．我国主体功能区划分及其分类政策初步研究．宏观经济研究，04：3-10．

高清竹，李玉娥，林而达，等．2005．藏北地区草地退化的时空分布特征．地理学报，60（6）：965-973．

高小红，王一谋，王建华，等．2005．陕北长城沿线地区1986-2000年沙漠化动态变化分析．中国沙漠，25（1）：63-67．

高照良．2007．黄土高原地区淤地坝建设及其规划研究．北京：中央文献出版社．

官冬杰，苏维词，周继霞．2007．重庆都市圈生态系统健康评价研究．地域研究与开发，26（4）：102-106，120．

郭坚，王涛，韩邦帅，等．2008．近30a来毛乌素沙地及其周边地区沙漠化动态变化过程研究．中国沙漠，28（6）：1017-1021．

郭中伟，甘雅玲．2003．关于生态系统服务功能的几个科学问题．生物多样性，11（1）：63-69．

国家林业局．2007．第三次中国荒漠化和沙漠化公报，http：//www.gov.cn/ztzl/fszs/content_650487.htm．

国家林业局．2014．第五次中国荒漠化和沙漠化公报，http：//www.forestry.gov.cn/main/58/content-832363.html．［2015-12-19］．

韩永伟，拓学森，高吉喜，等．2010．黑河下游重要生态功能区防风固沙功能辐射效益．生态学报，30（19）：5185-5193．

韩永伟，拓学森，高吉喜，等．2011．黑河下游重要生态功能区植被防风固沙功能及其价值初步评估．自然资源学报，26（1）：58-65．

韩昭庆，冉有华，刘俊秀，等．2016．1930s-2000年广西地区石漠化分布的变迁．地理学报，71（3）：390-399．

胡宝清，蒋树芳，廖赤眉，等．2006．基于3S技术的广西喀斯特石漠化驱动机制图谱分析——以广西壮族自治区为例．山地学报，24（2）：234-241．

胡宝清，廖赤眉，严志强．2004．基于RS和GIS的喀斯特石漠化驱动机制分析．山地学报，22（5）：

583-590

胡宝清，严志强，廖赤眉. 2006. 基于 GIS 的喀斯特土地退化灾害风险评价——以广西都安瑶族自治县为
　　例. 自然灾害学报，15（4）：100-106.

胡聃. 1997. 生态系统可持续性的一个测度框架. 应用生态学报，8（2）：213-217.

胡光印，董治宝，逯军峰，等. 2011. 黄河源区 1975-2005 年沙漠化时空演变及其成因分析. 中国沙漠，
　　31（5）：1079-1086.

胡光印，董治宝，逯军峰，等. 2011. 近 30a 来长江源区沙漠化时空演变过程及成因分析. 干旱区地理，
　　34（2）：300-308.

胡实，莫兴国，林忠辉. 2015. 未来气候情景下我国北方地区干旱时空变化趋势. 干旱区地理，38（02）：
　　239-248.

胡云锋，刘纪远，庄大方，等. 2004. 20 世纪 90 年代内蒙古自治区土地利用动态与风力侵蚀动态对比研
　　究. 干旱区资源与环境，18（S1）：211-219.

胡兆量. 1984. 经济区划的几个问题. 经济地理，3：163-166.

黄秉维. 1958. 中国综合自然区划的初步草案. 地理学报，24（4）：348-365.

黄麟，曹巍，吴丹，等. 2016. 西藏高原生态系统服务时空格局及其变化特征. 自然资源学报，31（4）：
　　543-555.

黄麟，邵全琴，刘纪远. 2011. 近 30 年来青海省三江源区草地的土壤侵蚀时空分析. 地球信息科学学报，
　　13（1）：12-21.

黄玫，季劲钧. 2010. 中国区域植被叶面积指数时空分布-机理模型模拟与遥感反演比较. 生态学报，
　　30（11）：3057-3064.

黄庆旭，史培军，何春阳，等. 2006. 中国北方未来干旱化情景下的土地利用变化模拟. 地理学报，
　　61（12）：1299-1310.

黄兴文，陈百明. 1999. 中国生态资产区划的理论与应用. 生态学报，19（5）：602-606.

吉奇，宋冀凤，刘辉. 2006. 近 50 年东北地区温度降水变化特征分析. 气象与环境学报，22（05）：1-5.

冀琴，杨太保，田洪阵，等. 2014. 念青唐古拉山西段近 40 年冰川与气候变化研究. 干旱区资源与环境，
　　28（7）：12-17.

江东，付晶莹，庄大方等. 2012. 2008-2009 年中国北方干旱遥感动态监测. 自然灾害学报，21（03）：
　　92-101.

江忠善，郑粉莉. 2004. 坡面水蚀预报模型研究. 水土保持学报，18（1）：66-69.

江忠善，郑粉莉，武敏. 2005. 中国坡面水蚀预报模型研究. 泥沙研究，4：1-6.

蒋春丽，张丽娟，张宏文，等. 2015. 基于 RUSLR 模型的黑龙江省 2000-2010 年土壤保持量评价. 中国生
　　态农业学报，23（5）：642-649.

蒋忠诚，李先坤，胡宝清. 2011. 广西岩溶山区石漠化及其综合治理研究. 北京：科学出版社.

金姗姗，张永红，吴宏安. 2013. 近 40a 长江源各拉丹冬冰川进退变化研究. 自然资源学报，28（12）：
　　2095-2104.

郎勇设，柳辉，王耀宗，等. 2016. 宁夏人类活动生态系统胁迫分析及对策研究. 管理观察，619（20）：
　　62-65.

李瑞玲，王世杰，周德全，等. 2003. 贵州岩溶地区岩性与土地石漠化的相关分析. 地理学报，31（2）：
　　314-320.

李森，王金华，王兮之，等. 2009. 30a 来粤北山区土地石漠化演变过程及其驱动力——以英德、阳山、
　　乳源、连州四县（市）为例. 自然资源学报，24（5）：816-826.

李守中，肖洪浪，罗芳，等 . 2005. 沙坡头植被固沙区生物结皮对土壤水文过程的调控作用 . 中国沙漠，
　　25（2）：228-233.

李双成 . 2014. 生态系统服务地理学 . 北京：科学出版社 .

李双成，张才玉，刘金龙，等 . 2013. 生态系统服务权衡与协同研究进展及地理学研究议题 . 地理研究，
　　32（8）：1379-1390.

李天宏，郑丽娜 . 2012. 基于 RUSLE 模型的延河流域 2001-2010 年土壤侵蚀动态变化 . 自然资源学报，
　　27（7）：1164-1175.

李巍 . 2014. 大兴安岭地区土壤侵蚀动态研究 . 哈尔滨：东北林业大学博士学位论文 .

李维京，赵振国，李想，等 . 2003. 中国北方干旱的气候特征及其成因的初步研究 . 干旱气象，21（4）：
　　1-5.

李文辉，余德清 . 2002. 岩溶石山地区石漠化遥感调查技术方法研究 . 国土资源遥感，1：34-37.

李雯燕，米文宝 . 2008. 地域主体功能区划研究综述与分析 . 经济地理，28（3）：852-854.

李小文，王锦地 . 1995. 植被光学遥感模型与植被结构参数化 . 北京：科学出版社 .

李新荣，马凤云 . 2011. 沙坡头地区固沙植被土壤水分动态研究 . 中国沙漠，21（3）：217-222.

李秀芬，朱教君，王庆礼，等 . 2013. 森林低温霜冻灾害干扰研究综述 . 生态学报，33（12）：
　　3563-3574.

李秀珍，布仁仓，常禹，等 . 2004. 景观格局指标对不同景观格局的反应 . 生态学报，24（1）：123-134.

李阳兵，罗光杰，程安云，等 . 2013. 黔中高原面石漠化演变典型案例研究——以普定后寨河地区为例 .
　　地理研究，32（5）：828-838.

李阳兵，王世杰，程安云，等 . 2010. 基于网格单元的喀斯特石漠化评价研究 . 地理科学，30（1）：
　　98-102.

李占斌，朱冰冰，李鹏 . 2008. 土壤侵蚀与水土保持研究进展 . 土壤学报，45（5）：802-809.

李振山，贺丽敏，王涛 . 2006. 现代草地沙漠化中自然因素贡献率的确定方法 . 中国沙漠，26（5）：
　　687-692.

李振山，王一谋 . 1994. 沙漠化评价基本理论初探 . 中国沙漠，14（2）：84-89.

李智广 . 2009. 中国水土流失现状与动态变化 . 中国水利，7：8-11.

梁四海，陈江，金晓媚，等 . 2007. 近 21 年青藏高原植被覆盖变化规律 . 地球科学进展，22（1）：
　　33-40.

廖顺宝，孙九林 . 2003. 青藏高原人口分布与环境关系的定量研究 . 中国人口·资源与环境，13（3）：
　　65-70.

林超，冯绳武，郑伯仁，等 . 1954. 中国自然地理区划大纲（摘要）. 地理学报，1：38-52.

蔺娟 . 2015. 呼和浩特市城乡建设用地扩张与生态环境协调性研究 . 呼和浩特：内蒙古师范大学硕士学位
　　论文 .

刘宝元，史培军 . 1998. WEPP 水蚀预报流域模型 . 水土保持通报，18（5）：6-11.

刘斌涛，陶和平，刘邵权，等 . 2014. 川滇黔接壤地区自然灾害危险度评价 . 地理研究，33（2）：
　　225-236.

刘成明 . 2003. 青藏高原地区人口、资源、环境与可持续发展 . 青海社会科学，11（1）：39-41.

刘传明 . 2007. 湖北省主体功能区划方法探讨 . 地理与地理信息科学，23（3）：64-68.

刘芳，闫慧敏，刘纪远，等 . 2016. 21 世纪初中国土地利用强度的空间分布格局 . 地理学报，71（7）：
　　1130-1143.

刘鸿雁 . 2005. 植物学 . 北京：北京大学出版社 .

刘纪远，刘文超，匡文慧，等．2016．基于主体功能区规划的中国城乡建设用地扩张时空特征遥感分析．地理学报，71（3）：355-369.

刘时银，姚晓军，郭万钦，等．2015．基于第二次冰川编目的中国冰川现状．地理学报，70（1）：3-16.

刘拓．2006．中国土地沙漠化经济损失评估．中国沙漠，26（1）：40-46.

刘宪锋，杨勇，任志远，等．2013．2000-2009年黄土高原地区植被覆盖度时空变化．中国沙漠，33（4）：1244-1249.

刘宪锋，朱秀芳，潘耀忠，等．2014．近53年内蒙古寒潮时空变化特征及其影响因素．地理学报，69（7）：1013-1024.

刘兴良，杨冬生，刘世荣，等．2005．长江上游绿色生态屏障建设的基本途径及其生态对策．四川林业科技，1：1-8.

刘兴元，龙瑞军，尚占环．2012．青藏高原高寒草地生态系统服务功能的互作机制．生态学报，32（24）：7688-7697.

刘羊，江国成．2013．中国将用10年时间投入近878亿治理京津风沙源．资源与人居环境，12：92.

刘宇，傅伯杰．2013．黄土高原植被覆盖度变化的地形分异及土地利用/覆被变化的影响．干旱区地理，36（6）：1097-1102.

刘泽英．2012．第二次全国石漠化监测结果显示我国土地石漠化整体扩展趋势得到初步遏制．中国林业，12：1.

柳艺博，居为民，陈镜明，等．2012．2000～2010年中国森林叶面积指数时空变化特征．科学通报，57（16）：1435-1445.

卢灿霞．2009．南方丘陵地区土地整理现状与对策研究．长沙：湖南大学硕士学位论文.

陆大道．1984．人文地理学中区域分析的初步探讨．地理学报，39（4）：397-408.

陆大道，刘毅，樊杰，等．2001．2000年中国区域发展报告．北京：商务印书馆.

吕添贵．2011．鄱阳湖生态经济区生态屏障的构建策略研究．南昌：江西农业大学硕士学位论文.

马姜明，刘世荣，史作民，等．2010．退化森林生态系统恢复评价研究综述．生态学报，30（12）：3297-3303.

马明国，董立新，王雪梅，等．2003．过去21a中国西北植被覆盖动态监测与模拟．冰川冻土，25（2）：232-236.

马明国，王建，王雪梅．2006．基于遥感的植被年际变化及其与气候关系研究进展．遥感学报，10（3）：421-431.

马占云，林而达，吴正方．2007．东北地区湿地生态系统的气候特征．资源科学，29（6）：16-24.

毛雨景，赵志芳，吴文春，等．2013．云南省水蚀荒漠化遥感调查及成因分析．国土资源遥感，25（1）：128-134.

孟宪毅．2011．构筑生态屏障．内蒙古林业，11：51.

孟兆鑫，邓玉林，刘武林．2008．基于RS的岷江流域土壤侵蚀变化及其驱动力分析．地理与地理信息科学，24（4）：57-61.

苗鸿，王效科，欧阳志云，等．2001．中国水土流失敏感性分布规律及其区划研究．生态学报，21（1）：14-19.

苗建青，谢世友，袁道先，等．2012．基于农户-生态经济模型的耕地石漠化人文成因研究——以重庆市南川区为例．地理研究，31（6）：967-979.

莫申国，张百平，程维明，等．2004．青藏高原的主要环境效应．地理科学进展，23（2）：88-961.

牟雪洁，赵昕奕，饶胜，等．2016．青藏高原生态屏障区近10年生态系统结构变化研究．北京大学学报

（自然科学版），52（2）：279-286.

穆少杰，李建龙，周伟，等.2013.2001-2010年内蒙古植被净初级生产力的时空格局及其与气候的关系.生态学报，33（12）：3752-3764.

倪春迪.2011.东北地区未来气候情景及与之相适应的植被格局研究.哈尔滨：东北林业大学博士学位论文.

聂浩刚，岳乐平，杨文，等.2005.呼伦贝尔草原沙漠化现状、发展态势与成因分析.中国沙漠，25（5）：635-639.

牛振国，张海英，王显威，等.2012.1978～2008年中国湿地类型变化.科学通报，57（16）：1400-1411.

欧阳贝思.2013.南方丘陵山地带十年（2000-2010）土地覆被格局变化及驱动机制研究.长沙：湖南农业大学硕士学位论文.

欧阳贝思，张明阳，王克林，等.2013.2000-2010年南方丘陵山地带土地覆被及景观格局变化特征.农业现代化研究，34（4）：467-471.

欧阳志云，王效科，苗鸿.1999.中国陆地生态系统服务功能及其生态经济价值的初步研究.生态学报，19（5）：19-25.

欧阳志云，郑华.2009.生态系统服务的生态学机制研究进展.生态学报，29（11）：6183-6188.

潘开文，吴宁，潘开忠，等.2004.关于建设长江上游生态屏障的若干问题的讨论.生态学报，24（3）：617-629.

潘颜霞，王新平，张亚峰，等.2013.沙坡头地区吸湿凝结水对生物土壤结皮的生态作用.应用生态学报，24（3）：653-658.

彭建，李丹丹，张玉清.2007.基于GIS和RUSLE的滇西北山区土壤侵蚀空间特征分析——以云南省丽江县为例.山地学报，25（5）：548-556.

乔青.2007.川滇农牧交错带景观格局与生态脆弱性评价.北京：北京林业大学博士学位论文.

乔青，高吉喜，王维，等.2007.川滇农牧交错带土地利用动态变化及其生态环境效应.水土保持研究，14（6）：341-344，347.

秦天枝.2009.我国水土流失的原因、危害及对策.生态经济，10：163-169.

秦伟，朱清科，张岩.2009.基于GIS和RUSLE的黄土高原小流域土壤侵蚀评估.农业工程学报，25（8）：157-163.

冉瑞平，王锡桐.2005.建设长江上游生态屏障的对策思考.林业经济问题，3：137-141.

任杰，钱发军，李双权，等.2015.河南省生态系统胁迫变化研究.中国人口·资源与环境，25（11）：300-303.

任美锷，杨纫章.1961.中国自然区划问题.地理学报，27：66-74.

沈永平，王国亚.2013.IPCC第一工作组第五次评估报告对全球气候变化认知的最新科学要点.冰川冻土，35（5）：1068-1076.

盛莉，金艳，黄敬峰，等.2010.中国水土保持生态服务功能价值估算及其空间分布.自然资源学报，25（7）：1105-1113.

史培军，王静爱，冯文利，等.2006.中国土地利用/覆盖变化的生态环境安全响应与调控.地球科学进展，21（2）：111-119.

四川省林学会办公室.2002.建设长江上游生态屏障学术研讨会纪要.四川林业科技，23（1）：41-43.

宋庆丰，牛香，王兵.2015.黑龙江省森林资源生态产品产能.生态学杂志，34（6）：1480-1486.

宋同清，彭晚霞，杜虎，等.2014.中国西南喀斯特石漠化时空演变特征、发生机制与调控对策.生态学报，34（18）：5328-5341.

苏世平，张继平，付广军，等.2006.榆林沙区荒漠化成因及防治对策.西北林学院学报，21（2）：16-19.

孙峰华，孙东琪，胡毅，等.2013.中国人口对生态环境压力的变化格局：1990～2010.人口研究，37（5）：103-112.

孙鸿烈，郑度，姚檀栋，等.2012.青藏高原国家生态安全屏障保护与建设.地理学报，67（1）：3-12.

孙文义，邵全琴，刘纪远.黄土高原不同生态系统水土保持服务功能评价.自然资源学报，29（3）：365-376.

孙兆文.1999.建设中国北方生态屏障的一些思考.理论研究，2：5-9.

孙兆文，夏连仲.2001.建设中国北方生态屏障的构想及对策.马克思主义与现实，5：94-95.

覃家科，符如灿，农胜奇，等.2011.广西北部湾生态安全屏障保护与建设.林业资源管理，5：30-35.

谭一波，赵仲辉.2008.叶面积指数的主要测定方法.林业调查规划，33（3）：45-48.

汤萃文，陈银萍，陶玲，等.2010.森林生物量和净生长量测算方法综述.干旱区研究，27（6）：939-946.

田丽慧，张登山，胡梦珺，等.2013.1976-2007年青海省刚察县土地沙漠化驱动力分析.中国沙漠，33（2）：493-500.

万玮，肖鹏峰，冯学智，等.2010.近30年来青藏高原羌塘地区东南部湖泊变化遥感分析.湖泊科学，22（6）：874-881.

王成，郄光发，杨颖，等.2007.高速路林带对车辆尾气重金属污染的屏障作用.林业科学，43（3）：1-7.

王东伟，孟宪智，王锦地，等.2009.叶面积指数遥感反演方法进展.五邑大学学报（自然科学版），23（4）：47-52.

王东伟，王锦地，梁顺林.2010.作物生长模型同化MODIS反射率方法提取作物叶面积指数.中国科学：地球科学，40（1）：73-83.

王飞，高建恩，邵辉，等.2013.基于GIS的黄土高原生态系统服务价值对土地利用变化的响应及生态补偿.中国水土保持科学，11（1）：25-31.

王根绪，李娜，胡宏昌.气候变化对长江黄河源区生态系统的影响及其水文效应.气候变化研究，5（4）：202-208.

王纪伟，刘康，瓮耐义.2014.关中地区人类活动对生态系统胁迫变化影响评估.安徽农业科学，42（11）：3326-3329.

王建林，钟志明，王忠红，等.2014.青藏高原高寒草原生态系统土壤碳氮比的分布特征.生态学报，34（22）：6678-6691.

王金华，李森，李辉霞，等.2007.石漠化土地分级指征及其遥感影像特征分析——以粤北岩溶山区为例.中国沙漠，27（5）：765-770.

王静，王克林，张明阳，等.2014.南方丘陵山地带NDVI时空变化及其驱动因子分析.资源科学，36（8）：1712-1723.

王平，史培军.2000.中国农业自然灾害综合区划方案.自然灾害学报，9（4）：16-23.

王麒翔，范晓辉，王孟本.2011.近50年黄土高原地区降水时空变化特征.生态学报，31（19）：5512-5523.

王强，伍世代，李永实，等.2009.福建省域主体功能区划分实践.地理学报，64（6）：725-735.

王如松，欧阳志云.2012.社会-经济-自然复合生态系统与可持续发展.中国科学院院刊，27（3）：337-345.

王晟.2013.南方丘陵城市总体规划阶段城市设计方法应用.长沙：湖南大学硕士学位论文.

王世杰.2003.喀斯特石漠化——中国西南最严重的生态地质环境问题.矿物岩石地球化学通报，22（2）：120-126.

王世杰，李阳兵，李瑞玲.2006.喀斯特石漠化的形成背景、演化与治理.第四纪研究，23（6）：657-666.

王世杰，张殿发.2003.贵州反贫困系统工程.贵阳：贵州人民出版社.

王涛.2004.我国沙漠化研究的若干问题：沙漠化的防治战略与途径.中国沙漠，24（2）：115-123.

王涛.2009.沙漠化研究进展.中国科学院院刊，24（3）：290-296.

王涛，宋翔，颜长珍，等.2011.近35a来中国北方土地沙漠化趋势的遥感分析.中国沙漠，31（6）：1351-1356.

王涛，吴薇，赵哈林，等.2004.科尔沁地区现代沙漠化过程的驱动因素分析.中国沙漠，24（5）：519-528

王涛，朱震达.2001.中国沙漠化研究.中国生态农业学报，9（2）：7-12.

王涛，朱震达.2003.我国沙漠化研究的若干问题——1.沙漠化的概念及其内涵.中国沙漠，23（3）：209-214.

王万中，焦菊英，郝小品，等.1995.中国降雨侵蚀力R值的计算与分布（Ⅰ）.水土保持学报，9（4）：5-18.

王分之，李森，王金华.2007.粤北典型岩溶山区土地石漠化景观格局动态分析.中国沙漠，27（5）：758-764.

王宪礼，肖笃宁，布仁仓，等.1997.辽河三角洲湿地的景观格局分析.生态学报，17（3）：317-323.

王湘龙，韦美满.2010.粤北生态屏障建设现状与对策.林业资源管理，6：13-16.

王小丹，钟祥浩，刘淑珍，等.2009.西藏高原生态功能区划研究.地理科学，29（5）：715-720.

王晓学，李叙勇，吴秀芹.2012.基于元胞自动机的喀斯特石漠化格局模拟研究.生态学报，32（3）：907-914.

王效科，欧阳志云，肖寒，等.2001.中国水土流失敏感性分布规律及其区划研究.生态学报，21（1）：14-19.

王新涛，王建军.2007.省域主体功能区划方法初探.北方经济，12：11-13.

王莺，李耀辉，胡田田.2014.基于SPI指数的甘肃省河东地区干旱时空特征分析.中国沙漠，34（1）：244-253.

王玉宽，邓玉林，彭培好，等.2005.关于生态屏障功能与特点的探讨.水土保持通报，25（4）：103-105.

王玉宽，孙雪峰，邓玉林，等.2005.对生态屏障概念内涵与价值的认识.山地学报，23（4）：431-436.

王月华，李占玲，赵韦.2016.河西走廊内陆河流域极端降雨特征分析.北京师范大学学报（自然科学版），52（3）：333-339.

魏后凯.2007.对推进形成主体功能区的冷思考.中国发展观察，3：28-30.

翁金桃.1995.碳酸盐岩在全球碳循环过程中的作用.地球科学进展，10（2）：154-158.

吴徵.2001.近50年来毛乌素沙地的沙漠化过程研究.中国沙漠，21（2）：164-169.

吴良林，陈秋华，卢远，等.2009.基于GIS/RS的桂西北土地石漠化与喀斯特地形空间相关性分析.中国水土保持科学，7（4）：100-105，124.

吴云，曾源，赵炎，等.2010.基于MODIS数据的海河流域植被覆盖度估算及动态变化分析.资源科学，32（7）：1417-1424.

夏本安，王福生，侯方舟，等.2011.长株潭城市群生态屏障研究.生态学报，31（20）：6231-6241.

肖洋，欧阳志云，王莉雁，等.2016.内蒙古生态系统质量空间特征及其驱动力.生态学报，36（19）：1-12.

解宇峰，李德波，马晓明，等.2010.人居生态环境评价中的生态辐射模型研究——以深圳市龙岗区为例.中国环境科学，30（2）：279-283.

谢宝妮，秦占飞，王洋，等.2014.黄土高原植被净初级生产力时空变化及其影响因素.农业工程学报，30（11）：244-253.

谢高地，肖玉，鲁春霞，等.2006.生态系统服务研究：进展、局限和基本范式.植物生态学报，30（2）：191-199.

谢自楚，刘潮海.2010.冰川学导论.上海：上海科学普及出版社.

辛良杰，李秀彬，谈明洪，等.2015.2000-2010年内蒙古防沙带草地NPP的变化特征.干旱区研究，32（3）：585-591.

熊康宁，黎平，周忠发，等.2002.喀斯特石漠化的遥感GIS典型研究——以贵州省为例.北京：地质出版社.

徐冰鑫，陈永乐，胡宜刚，等.2015.干旱过程中荒漠生物土壤结皮-土壤系统的硝化作用对温度和湿度的响应——以沙坡头地区为例，应用生态学报，26（4）：1113-1120.

徐剑波，陈进发，胡月明，等.2011.青海省玛多县草地退化现状及动态变化研究.草业科学，28（3）：359-364.

徐满厚，薛娴.2013.青藏高原高寒草甸夏季植被特征及对模拟增温的短期响应.生态学报，33（7）：2071-2083.

徐小玲，延军平.2005.陕北沙区人为因素与沙漠化的定量关系研究.干旱区资源与环境，19（5）：38-41.

许端阳，李春蕾，庄大方，等.2011.气候变化和人类活动在沙漠化过程中相对作用评价综述.地理学报，66（1）：68-76.

许志信.2003.草地退化对水土流失的影响.干旱区资源与环境，17（1）：65-68.

薛娴，王涛，吴薇，等.2005.中国北方农牧交错区沙漠化发展过程及其成因分析.中国沙漠，25（3）：320-328.

杨冬生.2002.论建设长江上游生态屏障.四川林业科技，23（1）：1-6.

杨俊.2015.新型城镇化背景下建设用地集约利用研究.武汉：中国地质大学博士学位论文.

杨凯，高清竹，李玉娥，等.2007.藏北地区草地退化空间特征及其趋势分析.地球科学进展，22（4）：410-416.

杨勤科，李锐，曹明明.2006.区域土壤侵蚀定量研究的国内外进展.地球科学进展，21（8）：849-856.

杨勤业，郑度，吴绍洪，等.2002.中国的生态地域系统研究.自然科学进展，12（3）：287-291.

杨青青.2010.基于RS和GIS的桂西北喀斯特石漠化的时空演变及驱动机制.北京：中国科学院研究生院博士学位论文.

杨青青，王克林，岳跃民.2009.桂西北石漠化空间分布及尺度差异.生态学报，29（7）：3629-3640.

杨汝荣.2002.我国西部草地退化原因及可持续发展分析.草业科学，19（1）：23-27.

杨述河，闫海利，郭丽英.2004.北方农牧交错带土地利用变化及其生态环境效应——以陕北榆林市为例.地理科学进展，23（6）：49-55.

杨思全，王薇.2010.毛乌素沙地土地沙漠化评价.干旱区地理，31（2）：258-262.

杨永兴.2002.从魁北克2000-世纪湿地大事件活动看21世纪国际湿地科学研究的热点与前沿.地理科

学，22（2）：150-155.

杨永兴.2002. 国际湿地科学研究的主要特点、进展与展望. 地理科学进展，21（2）：111-120.

姚檀栋，秦大河，沈永平，等.2013. 青藏高原冰冻圈变化及其对区域水循环和生态条件的影响. 自然杂志，35（3）：179-186.

姚文艺，肖培青.2012. 黄土高原土壤侵蚀规律研究方向与途径. 水利水电科技进展，32（2）：73-78.

姚永慧.2014. 中国西南喀斯特石漠化研究进展与展望. 地理科学进展，33（1）：76-84.

叶长盛，王枫.2012. 珠江三角洲地区土地利用和景观格局变化研究. 水土保持通报，32（1）：238-243.

叶亚平，刘鲁君.2000. 中国省域生态环境质量评价指标体系研究. 环境科学研究，13（3）：33-36.

易浪，任志远，张翀，等.2014. 黄土高原植被覆盖变化与气候和人类活动的关系. 资源科学，36（1）：166-174.

易湘生，李国胜，尹衍雨，等.2012. 黄河源区草地退化对土壤持水性影响的初步研究. 自然资源学报，2012（10）：1708-1719.

俞孔坚.1999. 生物保护的景观生态安全格局. 生态学报，19（1）：10-17.

詹姆斯.1982. 地理学思想史. 北京：商务印书馆.

张春来，董光荣，邹学勇，等.2005. 青海贵南草原沙漠化影响因子的贡献率. 中国沙漠，25（4）：511-518.

张登山.2000. 青海共和盆地土地沙漠化影响因子的定量分析. 中国沙漠，20（1）：60-63.

张殿发，王世杰，周德全，等.2001. 贵州省喀斯特地区土地石漠化的内动力作用机制. 水土保持通报，21（4）：1-5.

张娟，徐维新，肖建设，等.2014. 近20年长江源头各拉丹东冰川变化及其对气候变化的响应. 干旱区资源与环境，28（3）：142-147.

张可云.2007. 主体功能区的操作问题与解决方法. 中国发展观察，3：26-27.

张明东，陆玉麒.2009. 我国主体功能区划的有关理论探讨. 地域研究与开发，28（3）：7-11.

张佩昌，陈学军.1992. 论中国三级绿色生态屏障的建设. 林业资源管理，6：17-22.

张伟.2010. 沙坡头建在麦草方格上的绿洲，中国国家地理，1：74-80.

张喜旺，周月敏，李晓松，等.2010. 土壤侵蚀评价遥感研究进展. 土壤通报，41（4）：1010-1017.

张燕婷.2014. 北方防沙带土地利用格局演变特征及防风固沙功能变化评估研究. 南昌：江西财经大学硕士学位论文.

张镱锂，刘林山，摆万奇，等.2006. 黄河源地区草地退化空间特征. 地理学报，61（1）：3-14.

张颖，牛健植，谢宝元，等.2008. 森林植被对坡面土壤水蚀作用的动力学机理. 生态学报，28（10）：5084-5094.

张渊萌.2015. 基于CCSM4的青藏高原气温变化特征分析及其海拔依赖性成因初探. 成都：成都信息工程大学硕士学位论文.

章予舒，王立新，张红旗，等.2003. 甘肃疏勒河流域环境因子变异对荒漠化态势的影响. 资源科学，25（6）：60-65.

赵金龙，王泺鑫，韩海荣，等.2013. 森林生态系统服务功能价值评估研究进展与趋势. 生态学杂志，32（8）：2229-2237.

赵松桥.1983. 中国综合自然区划的一个新方案. 地理学报，38（1）：1-10.

赵同谦，欧阳志云，贾良清，等.2004. 中国草地生态系统服务功能间接价值评价. 生态学报，24（6）：1101-1110.

赵同谦，欧阳志云，郑华，等.2004. 中国森林生态系统服务功能及其价值评价. 自然资源学报，

19（4）：480-491.

赵峥. 2013. 甘肃省生态系统胁迫评估及生态恢复研究. 兰州：西北师范大学硕士学位论文.

赵志平，王军邦，吴晓莆，等. 2014. 1990-2005 年内蒙古兴安盟地区土壤水力侵蚀变化研究. 干旱区资源与环境，28（6）：124-129.

郑景云，郝志新，方修琦，等. 2014. 中国过去 2000 年极端气候事件变化的若干特征. 地理科学进展，33（1）：3-12.

郑荣宝，郑荣宝，刘毅华，等. 2009. 基于主体功能区划的广州市土地资源安全评价. 地理学报，64（6）：654-664.

郑肖然，李小雁，李柳，等. 2015. 干旱半干旱区灌丛斑块与降水量响应关系的熵模型模拟. 生态学报，35（23）：7803-7811.

中国国家林业局. 2006-06-21. 岩溶地域石漠化状况公报. 中国绿色时报，第 2 版.

钟诚，何晓蓉，李辉霞. 2003. 遥感技术在西藏那曲地区草地退化评价中的应用. 遥感技术与应用，18（2）：99-102.

钟祥浩，刘淑珍，王小丹，等. 2006. 西藏高原国家生态安全屏障保护与建设. 山地学报，24（2）：129-136.

钟祥浩，刘淑珍，王小丹，等. 2010. 西藏高原生态安全研究. 山地学报，28（1），1-10.

钟芸香. 2010. 长江上游经济带生态屏障建设的评价模式. 统计与决策，4：44-46.

周葆华，尹剑，金宝石，等. 2014. 30 年来武昌湖湿地退化过程与原因. 地理学报，69（11）：1697-1706.

周洁敏，寇文正. 2009. 中国生态屏障格局分析与评价. 南京林业大学学报：自然科学版，33（5）：1-6.

周婷. 2007. 长江上游经济带与生态屏障共建研究. 成都：四川大学博士学位论文.

周扬，李宁，吉中会，等. 2013. 基于 SPI 指数的 1981-2010 年内蒙古地区干旱时空分布特征. 自然资源学报，28（10）：1694-1706.

朱传耿. 2007. 地域主体功能区划理论·方法·实证. 北京：科学出版社.

朱文泉，潘耀忠，龙中华，等. 2005. 基于 GIS 和 RS 的区域陆地植被 NPP 估算——以中国内蒙古为例. 遥感学报，9（3）：300-307.

左太安，刁承泰，苏维词，等. 2014. 毕节试验区石漠化时空演变过程及其特征分析. 生态学报，34（23）：7067-7077.

Assessment M M E. 2005. Ecosystems and human well-being：synthesis. Washington：Island Press.

Bammer J L，Payne A J. 2004. Mass balance of the cryosphere：observations and modeling of contemporary and future changes. New York：Cambridge University Press.

Bellugi D G，Perron J，O'Gorman P A，et al.，2013. Assessing the impact of extreme precipitation changes on shallow landslide location and size//AGU Fall Meeting Abstracts. US：American Geophysical Union：17-19.

Blüthgen N，Dormann C F，Prati D，et al.，2012. A quantitative index of land-use intensity in grasslands：Integrating mowing, grazing and fertilization. Basic and Applied Ecology，13（3）：207-220.

Burrough P A. 1987. Principles of geographical information systems for land resources assessment. Oxford：Clarendon Press.

Canziani OF，Palutikof J P，van der Linden P J，et al. 2007. Climate change 2007：impacts, adaptation and vulnerability. Cambridege：Cambridge University Press.

Changeon S A，Roger A，Pielke J，et al.，2000. Human factors explain the increased losses from weather and climate extremes. Bulletin of the American Meteorological Society，81（3）：437-442.

Chen C. 2006. CiteSpace Ⅱ: Detecting and visualizing emerging trends and transient patterns in scientific literature. Journal of the American Society for Information Science and Technology, 57 (3): 359-377.

Contanza R, d'Arge R, de Groot R, et al. 1997. The value of the world's ecosystem services and natural capitals. Nature. 387 (6630): 253-260.

Coppin P, Jonckheerea I, Nackaerts K, et al., 2004. Digitalchange detection methods in ecosystem monitoring: a review. International Journal of Remote Sensing, 25 (9): 1565-1596.

Costanza R, d'Arge R, De Groot R, et al., 1997. The value of the world's ecosystem services and natural capital. Nature, 387: 253-260.

Cramer W, Kicklighter D, Bondeau A, et al., 1999. Comparing global models of terrestrial net primary productivity (NPP): overview and key results. Global Change Biology, 5 (S1): 1-15.

Daily G C. 1997. Nature's services: societal dependence on natural ecosystems. Washington: Island Press.

De Jong S M, Paracchini M L, Bertolo F, et al., 1999. Regional assessment of soil erosion using the distributed model SEMMED and remotely sensed data. Catena, 37 (3): 291-308.

Deng J S, Wang K, Hong Y, et al., 2009. Spatio-temporal dynamics and evolution of land use change and landscape pattern in response to rapid urbanization. Landscape and Urban Planning, 92 (3): 187-198.

De Roo A P J, Wesseling C G, Ritsema C J. 1996. LISEM: A single-event physically based hydrological and soil erosionmodel for drainage basins. Hydrological Processes, 10 (8): 1107-1118.

Easterling D R, Meehl G A, Parmesan C, et al., 2000. Climate extremes: Observations, modeling, and impacts. Science, 289 (5487): 2068-2074.

Farber S, Grasso M, Hannon B, Limburgk, et al.. 1997. Nature, 253-387.

Feng X M, Wang Y Y, Chen L D, et al., 2010. Modeling soil erosion and its response to land-use change in hilly catchments of the Chinese Loess Plateau. Geomorphology, 118 (3-4): 239-248.

Field C B, Randerson J T, Malmström CM. 1995. Global net primary production: combining ecology and remote sensing. Remote Sensing of Environment, 51 (1): 74-88.

Fisher B, Turner R K, Morling P, et al., 2009. Defining and classifying ecosystem servicesfor decision making. Ecological Economy, 68 (3): 643-653.

Foggin J M, Smith A T. 1996. Rangeland utilization and biodiversity on the alpine grasslands of Qinghai Province, People's Republic of China. In: Schei P J, Wang S, Xie Y (eds.), Conserving China's Biodiversity (Ⅱ). Beijing: China Environmental Science Press.

Fu B J, Liu Y, Lü Y H, et al., 2011. Assessing the soil erosion control service of ecosystems change in the Loess Plateau of China. Ecological Complexity, 8 (4): 284-293.

Gallant J, Prosser I P, Moran C, et al.. 2001. Prediction of sheet and rillerosion over the Australian continent, incorporating monthly soilloss distribution. CSIRO Land and Water Technical Report.

Gill R E, Piersma T, Hufford G, et al., 2005. Crossing the ultimate ecological barrier: evidence for an 11 000-km-long nonstop flight from Alaska to New Zealand and eastern Australia by bar-tailed godwits. The Condor, 107 (1): 1-20.

Gitelson A A, Kaufman Y J, Stark R, et al., 2002. Novel algorithms for remote estimation of vegetation fraction. Remote sensing of Environment, 80 (1): 76-87.

Hein L, Koppen K, Groot R S, et al., 2006. Spatial scales, stakeholders and the valuation of ecosystem services. Ecological Economics, 57 (2): 209-228.

Hua L, Gallant J, Prosser I P. 2001. Prediction of Sheet and Rill Erosion over the Australian Cantinent,

Incorporating Monthly Soil Loss Distribution. CSIRO Land and Water Technical Report，13（01）.

IPCC. Climate Change 2007：Impacts，Adaptation and Vulnerability. ParryML，etal.

Karabulut M，Ibrikci T. 2012. A bayesian scoring scheme based particle swarm optimization algorithm to identify transcription factor binding sites. Applied Soft Computing，12（9）：2846-2855.

Kinnell P. 2001. Slope length factor for applying the USLE-M to erosion in grid cells. Soil and Tillage Research，58（1）：11-17.

Krisp J M. 2004. Three-dimensional visualisation of ecological barriers. Applied Geography，24（1）：23-34.

Kuusk A，Nilson T. 2002. Forest reflectance and transmittance FRT user guide. Science in China（Series D），41：580-586.

Laliberté E，Wells J，DeClerck F，et al. 2010. Land use intensification reduces functional redundancy and response diversity in plant communities. Ecology Letters，13（1）：76-86.

Lantican M A，Pingali P L，Rajaram S. 2003. Is research on marginal lands catching up? The case of unfavourable wheat growing environments. Agricultural Economics，29（3）：353-361.

Larsen A N，Mikkelsen P S，Arnbjerg-Nielsen K. 2011. Climate Change Impacts on Floodrisk in Urban Areas due to Combined Effects of Extreme Precipitation and Sea Surges. Bulletin of the American

Latch E K，Scognamillo D G，Fike J A，et al. 2008. Deciphering ecological barriers to North American river otter （Lontra canadensis）gene flow in the Louisiana landscape. Journal of Heredity，99（3）：265-274.

Lin G C S，Ho S P S. 2003. China's land resources and land-use change：insights from the 1996 land survey. Land Use Policy，20（2）：87-107.

López-López P，Limiñana R，Mellone U，et al. 2010. From the Mediterranean Sea to Madagascar：Are there ecological barriers for the long-distance migrant Eleonora's falcon? Landscape ecology，25（5）：803-813.

Lü X G，Liu H Y. 2004. The Protection and Management of Wetland Ecosystems. Beijing：Chemical Industry Press.

Ma Y H，Fan S Y，Zhou L H，et al. 2007. The temporal change of driving factors during the course of land deser-tification in aridregion of North China：The case of Minqin County. Environment Geology，51：999-1008.

Meusburger K，Konz N，Schaub M，et al. 2010. Soil erosion modelled with USLE and PESERA using QuickBird derived vegetation parameters in an alpine catchment. International Journal of Applied Earth Observation and Geoinformation，12（3）：208-215.

Morgan R P C，Quinton J N，Smith R E，et al. 1998. The European soil erosion model（EUROSEM）：A dynamic approach forpredicting sediment transport from fields and small catchments. Earth Surface Processes and Landforms，23（6）：527-544.

North P R J. 1996. Three-dimensional forest light interaction model using a monte carlo method. IEEE Transactionson Geoscience and Remote Sensing，34：946-956.

Oerlemans J. 1994. Quantifying global warming from the retreat of glaciers. Science，26（5156）：243-245.

Ouyang Z Y，Zheng H，Xiao Y，et al. 2016. Improvements in ecosystem services from investments in natural capital. Science，352（6292）：1455-1459.

Oztas T，Koc A，Comakli B. 2003. Changes in vegetation and soil properties along a slope on overgrazed and erode-drangelands. Journal of Arid Environments，55（1）：93-100.

Peterson G D. 2002. Contagious Disturbance，Ecological Memory，and the Emergence of Landscape Pattern. Ecosystems，5（4）：329-338.

Piersma T，Hufford G，Servranckx R，et al. 2005. Crossing the ultimate ecological barrier：evidence for an

11000-km-long nonstop flight from Alaska to New Zealand and eastern Australia by bar-tailed godwits. The Condor, 107 (1): 1-20.

Remortel V, Maichle R, Hickey R, et al., 2004. Computing the RUSLE LS factor through array-based slope length processing of digital elevation data using a C++ executable. Computers & Geosciences, 30 (9-10): 1043-1053.

Renard K G, Ferreira V A. 1993. RUSLE model description and database sensitivity. Journal of Environmental Quality, 22 (3): 458-466.

Sandberg R, Moore F R. 1996. Migratory orientation of red-eyed vireos, Vireo olivaceus, in relation to energetic condition and ecological context. Behavioral Ecology and Sociobiology, 39 (1): 1-10.

Snyman H A, du Preez C C. 2005. Rangeland degradation in a semi-arid South Africa——II: influence on soil quality. Journal of Arid Environments, 60 (3): 483-507.

Suits G H. 1971. The Calculation of the Directional Reflectance of a Vegetative Canopy. Remote Sensing of Environment, 2 (71): 117-125.

Su Y, Li Y, Cui J, et al., 2005. Influences of continuous grazing and livestock exclusion on soil properties in a degraded sandygrassland, Inner Mongolia, northern China. Catena, 59 (3): 267-278.

Syrbe R U, Walz U. 2012. Spatial indicators for the assessment of ecosystem services: providing, benefiting and connecting areas and landscape metrics. Ecological indicators, 21: 80-88.

Tang S Z, Liu S R. 2000. Conservation and sustainability of natural forests in China. Review of China Agricultural Science and Technology, 2 (1): 42-46.

Van Der Pligt J. 1988. Applied decision research and environmental policy. Acta Psychologica, 68 (1-3): 293-311.

Van Remortel R, Maichle R, Hickey R, et al., 2004. Computing the LS factor for the Revised Universal Soil Loss Equation through array-based slope processing of digital elevation data using a C++ executable. Computers & Geosciences, 30 (9): 1043-1053.

Verburg P H, Erb K H, Mertz O, et al., 2013. Land system science: Between global challenges and local realities. Current Opinion in Environmental Sustainability, 5 (5): 433-437.

Verhoef W. 1984. Light scattering by leaf layers with application to canopy reflectance modeling: the SAIL model. Remote Sensing of Environment, 16: 125-141.

Viglizzo E F, Laterrae P, Jobbágy E G, et al., 2012. Ecosystem service evaluation to support land-use policy. Agriculture, Ecosystems and Environment, 154: 78-84.

Wang G, Qian J, Cheng G, et al., 2002. Soil organic carbon pool of grassland soils on the Qinghai-Tibetan Plateau and itsglobal implication. Science of the Total Environment, 291 (1-3): 207-217.

Wang S J, Zhang D F, Li R L. 2002. Mechanism of rocky desertification in the Karst Mountain Areas of Guizhou Province, Southwest China. International Review for Environmental Strategies, 3 (1): 123-135.

Williams J R, Dyke P T, Jones C A. 1983. Epic-a model for assessing the effects of erosion on soil productivity. Developments in Environmental Modelling, 5: 553-572.

Williams T J, Akama K T, Knudsen M G, et al., 2011. Ovarian hormones influence corticotropin releasing factor receptor colocalization with delta opioid receptors in CA1 pyramidal cell dendrites. Experimental Neurology, 230 (2): 186-196.

Wischmeier W H, Smith D D. 1960. A universal soil-loss equation to guide conservation farm planning. Transactions in International Congress on Soil Science: 418-425.

Wu R, Tiessen H. 2002. Effect of land use on soil degradation in alpine grassland soil, China. Soil Science Society of AmericaJournal, 66 (5): 1648-1655.

Xiao J W, Kang W X, Yin S H, et al., 2011. Evaluation for Service Functions of Urban Forest Ecosystem in Guangzhou. Chinese Agricultural Science Bulletin, 27 (31): 27-35.

Xiao Y, Chen S B, Zhang L, et al., 2011. Designing nature reserve systems based on ecosystem services in Hainan Island. Acta Ecologica Sinica, 31 (34): 7357-7369.

Zinnert J C, Shiflett S A, Via S, et al., 2016. Spatial-temporal dynamics in barrier island upland vegetation: the overlooked coastal landscape. Ecosystems, 19 (4): 685-697.

索　引